高性能小数分频频率合成技术

刘祖深　著

西安电子科技大学出版社

内 容 简 介

本书主要介绍高性能小数分频频率合成技术的基本原理和实现方法,重点介绍了模拟相位内插(API)和 Σ-Δ 调制小数分频等核心技术,以及具体实现方案;也对实现小数频率的各种模型设计、结构寄生与随机化模型设计、剩余量化噪声抑制和充电泵失配误差成型等关键技术进行了深入讨论。

本书内容深入浅出,叙述通俗易懂,可为从事频率合成器技术研究与产品开发的工程技术人员、硕士和博士研究生提供参考。

图书在版编目(CIP)数据

高性能小数分频频率合成技术/刘祖深著.

—西安:西安电子科技大学出版社,2017.3(2018.10 重印)

ISBN 978 - 7 - 5606 - 4403 - 5

Ⅰ. ①高… Ⅱ. ①刘… Ⅲ. ①分频—频率合成技术 Ⅳ. ①TN772 ②TN74

中国版本图书馆 CIP 数据核字(2017)第 039791 号

策划编辑 云立实
责任编辑 买永莲
出版发行 西安电子科技大学出版社(西安市太白南路 2 号)
电　　话 (029)88242885　88201467　　邮　　编　710071
网　　址 www.xduph.com　　　电子邮箱　xdupfxb001@163.com
经　　销 新华书店
印刷单位 陕西天意印务有限责任公司
版　　次 2017 年 3 月第 1 版　2018 年 10 月第 3 次印刷
开　　本 787 毫米×1092 毫米　1/16　印　　张 22
字　　数 517 千字
印　　数 1501~2500 册
定　　价 48.00 元

ISBN 978 - 7 - 5606 - 4403 - 5/TN

XDUP 4695001 - 3

* * * 如有印装问题可调换 * * *

序

由一个或多个频率精确、稳定的参考信号源，通过适当的操作，产生大量离散频率的过程，称为频率合成；而实现频率合成的电路则称为频率合成器。频率合成器是现代电子系统的重要组成部分，在通信、雷达、导航、电子对抗、精密测试等设备中几乎是不可或缺的。

频率合成技术大体上有直接模拟频率合成、锁相频率合成（或称间接频率合成）、直接数字频率合成等类型，它们各有优、缺点。实际应用中的重大需求之一是，希望输出频率的可调步长很短（甚至接近连续的调谐），同时又能保持优良的转换时间、相位噪声、部件尺寸以及成本等。为了应对这种需求，在间接频率合成技术发展过程中，陆续提出了多环合成技术、小数分频技术等。多环合成技术、模拟相位内插 API 小数分频技术和 Σ-Δ 调制小数分频技术陆续成为业界的研究热点，大量的实用化技术方案与核心技术取得了突破，形成了庞大的频率合成技术专利池，并有相应的市场化产品问世。

为了进一步推动我国高性能频率合成技术的发展，工程技术人员必须了解小数分频技术的原理和多种实现方法，建立分析模型，掌握亟待突破的关键技术。为了实现低杂散频谱特性，必须了解高阶 MASH 模型输出序列的周期特性，掌握消除结构寄生的方法以及新型 MASH 随机模型的设计技巧。为了实现高纯频谱特性，还要进一步了解和掌握剩余量化噪声的抑制技术和充电泵线性化技术。

本书的作者刘祖深研究员早年就读于南京大学，聪颖勤奋、成绩优秀，给我以很深的印象。转眼 30 多年过去了，我很高兴地看到，他在电子测试技术与仪器方面造诣精深、卓然成家，是中国电子科技集团公司的首席专家。他把自己对于频率合成技术独到而深入的认识与理解整理成书，学术思想新颖，内容具体翔实，有很大的实用价值，是一本密切结合装备现代化需要的高新技术专著。我相信，本书的出版对于从事频率合成技术研究与开发的工程技术人员和研究生是大有裨益的。

吴培亨

中国科学院院士、南京大学教授

2016 年 9 月

前　言

✻✻✻✻✻✻✻✻✻✻✻✻✻✻✻✻✻✻✻

　　在频率合成器的发展历程中，人们一直围绕高分辨率、低相位噪声、高频谱纯度和快速频率转换等核心性能指标的提升而展开着深入的研究。频率合成技术经历了模拟直接频率合成、间接频率合成、数字直接频率合成和混合频率合成等几个重要的发展阶段，与其它科学技术一样都是从实际需求中产生，并在实践中不断得到提高和发展的。

　　模拟直接频率合成技术能实现快速频率变换，可以实现较高的频率分辨率、较低的相位噪声，以及很高的输出频率。但是，它的构成需要很多的振荡器、混频器和带通滤波器等硬件设备，不仅体积庞大、造价高，而且输出拥有大量的杂波分量，频率范围越宽杂波往往也就越多，这是模拟直接频率合成的一个致命缺点。因此，几乎在所有的场合，都被采用锁相技术的间接合成技术所取代。随着百纳秒量级频率捷变的军事应用，在微波、毫米波波段上的直接频率合成技术又重新充满活力。

　　随着高速数字电路技术水平的提高，从相位概念出发直接合成所需波形的 DDS 频率合成技术得到了迅速发展，以有别于其它频率合成方法的优越性能而在现代频率合成技术中占有一席之地。除了输出杂散性能之外，DDS 在相对带宽、频率转换时间、相位连续性、正交输出、频率分辨率等性能指标方面都远远超过了传统频率合成技术所能达到的水平，特别是它与锁相环技术相结合构成的所谓混合频率合成器，可以实现向微波频段的进一步扩展。由于 DDS 具有纳秒级的频率捷变特性，以及 mHz 甚至 μHz 的频率分辨特性，所以在频率捷变和跳频通信设备中得到了广泛应用。目前，采用混合方式设计的频率合成器产品指标已达到：频率范围为 DC～40 GHz、频率分辨率为 0.01 Hz、频率捷变时间为 100 ns。窄带应用时，频率可以做到更高。

　　间接频率合成技术是利用锁相环相位负反馈原理将振荡器的输出频率锁定在参考频率上，保持固定的剩余相差，以频率再生的形式实现频率合成。随着大规模集成电路技术的发展，集成锁相环路的发展极为迅速，实现了数字化、小型化和通用化，其优越的性能又促使频率合成技术得以飞速发展。它在电子技术的各个领域都有广泛的应用，已经成为电子设备常用的基本部件。从 1968 年到 2013 年期间的频率合成器发明专利的检索情况来看，全球的频率合成专利申请超过了 5500 多项，主要集中在美国、中国、德国、日本、韩国、欧盟等六个国家和地区，约占据总申请量的 96%。在 DAS、DDS、PLL 和混合型等四种频率合成技术中，PLL 频率合成技术专利的数量高居榜首，西方发达国家对频率合成技术的研究也处于领先地位。

从 20 世纪 80 年代末和 90 年代初起，小数分频技术成为业界的研究热点，采用两个整数分频模，按照一定规律进行切换，利用统计原理实现平均意义上的小数分频比 $N.F$。在突破模拟相位内插(API)小数频率合成技术之后，10 MHz～50 GHz 的频率合成扫源产品诞生了，它具有 1 Hz 的频率分辨率，载频 10 GHz、频偏 100 Hz 处的单边带相位噪声优于－65 dBc/Hz，杂散优于 70 dB，并可以配合系列毫米波倍频器，将频率上限扩展到 110 GHz。在"锁滚"扫频技术的基础上增加了终止频率校准，在追求高功率、大范围、低谐波的同时，综合优化了频率转换时间、调制功能、功率平坦度的设计，使频率合成器的设计技术上了一个新的台阶。

这个时期，宽带频率合成器设计技术在我国电子测量仪器行业才刚刚起步，产品水平与国外的差距是巨大的。对于 10 MHz～18 GHz、频率分辨率为 1 Hz 的频率合成器来说，即便是国外已经成熟的多环频率合成器结构方案，国内也没有一个仪器厂家有信心触及，这不只是多环结构杂散性能和环路优化难度大的问题，还存在着诸多的宽带微波器件需要突破。而小数分频技术还处于原理性的消化阶段，一直到 20 世纪 90 年代末才解决了 API 小数分频技术，推出了 10 MHz～20 GHz 频率合成扫源，产品实现了 1 Hz 频率分辨率。

20 世纪 90 年代中后期，以数字化 Σ-Δ 调制技术实现小数频率合成器引起了世界各国的关注，在多次国际频率年会上都有相关研究报道，在国际期刊上也发表了相当数量的论文。一种基于数字化校正的小数 N 频率合成器技术获得了应用，环路分频比在 $N+4～N-3$ 范围内抖动，实现了频率分辨率优于 1 Hz 的核心环路。利用这个高分辨率环路与取样环、YTO 环和偏置环搭配，成功推出了 10 MHz～20 GHz 宽带基波频率合成器，频率分辨率为 1 Hz，载波 10 GHz、频偏 1 kHz 处的单边带相位噪声优于－98 dBc/Hz，最大输出功率为＋20 dBm，形成了一个崭新的频率合成器家族。

在锁相频率合成技术中，实现高分辨率频率合成器的技术手段主要有 API 技术和 Σ-Δ 调制技术。API 技术是利用小数分频原理模型与累加器余量对尾数调制进行实时补偿的，它需要研究小数分频的暂态干扰与固有非线性，以及高精度 API 补偿模型；需要解决大动态范围的 API 补偿模型设计、内插定时与控制，以及避免暂态干扰和提高温度稳定性等关键技术。Σ-Δ 调制技术采用噪声成型技术实现量化噪声的频谱扩展和搬移，使得量化噪声随机化，并将大部分能量推到频率高端，这种成型后的有色噪声最后依赖于 PLL 闭环传递函数的低通特性加以滤除。我们需要研究 Σ-Δ 调制小数分频线性化模型和小数 N 设计技术，需要解决多级噪声成型 MASH 模型中的结构寄生问题，包括基于抖动的 MASH 模型设计、新型 MASH 模型设计等。对于高频谱纯度的频率合成器来说，还需要解决大范围分频比抖动与环路非线性相结合所导致的噪声低频折叠问题。其中包括剩余量化噪声获取、抑制通路设计，以及环路充电泵线性化等关键技术。基于上述锁相频率合成器的技术发展脉络和急需突破的关键技术，本书的章节内容安排如下：

第一章为锁相环与频率合成器技术基础。本章主要包括锁相环基本工作原理、基本性能、线性相位模型、噪声过滤、电荷泵型锁相环的 z 域模型，以及振荡器相位噪声模型、相位噪声与时间抖动的转换关系、环路输出抖动的 z 域分析和频率合成技术基础等内容。这部分内容的书籍和参考资料比较多，有基础的读者可以略过。

第二章为模拟相位内插（API）小数分频技术。本章介绍了小数分频原理模型，并给出了尾数调制的来源，接下来的通用 DAC 的基本结构与工作原理可为 API 内插 DAC 设计打下基础。基于 API 补偿的 PFD 与充电泵系统设计方案、基于脉宽调制的 API 补偿方案、小数分频的暂态干扰与固有非线性、基于采样–保持的时分 API 补偿设计方案等是 API 小数分频频率合成器的核心技术。本章最后介绍了两点调制与数字化调频技术。

第三章为 Σ-Δ 调制小数 N 频率合成技术。本章从 Σ-Δ 调制 A/D 转换器基本原理出发，构建了数字化 Σ-Δ 调制器 MASH 模型，分析了小数分频 Σ-Δ 调制模型与环路输出相位噪声，给出了小数分频器 MASH 结构设计与实现的方法。同时，本章还介绍了前馈式单环 Σ-Δ 调制器结构方案、混合型和多环结构 Σ-Δ 调制器方案、基于多种级联组合的高阶 MASH 模型等多种调制器结构，并给出了多种 Σ-Δ 调制器的噪声成型特性与结构寄生性能对比，最后介绍了基于 HK-EFM 与 SP-EFM 模型的新型高阶随机 MASH 模型，以及半周期 Σ-Δ 调制器结构方案。

第四章为 Σ-Δ 调制器的结构寄生与随机模型。本章首先回顾了近代数学与数论基础知识，为量化器结构寄生的数学描述和 MASH 模型的序列长度分析打下必要的基础。其次，研究了量化器的结构寄生，详细分析了 Σ-Δ 调制器 MASH 模型的序列长度，得到避免极短周期的有用设计结论，获得最大序列长度的有效方法。再次，对 HK-EFM-MASH 模型和 SP-EFM-MASH 模型的序列长度进行了详细分析，证明了它们是能够获得极长周期的新型 MASH 模型。最后，对多电平量化器 EFM 模型与序列长度也进行了分析，在常用的几种初始条件下，给出了周期长度结论。

第五章为基于抖动的 SDM 模型与输出序列长度。本章首先回顾了伪随机序列基础知识，给出了三种抖动序列和序列多重求和的奇偶性分析，可为序列的长度分析打下基础。其次，详细分析了基于三种抖动信号的高阶 MASH 模型的输出序列长度，同时，也对注入 ±1 方波调制抖动的 SDM 模型与序列长度进行了分析讨论。最后，介绍了伪随机抖动信号的成型处理方法。

第六章为剩余量化噪声抑制与 CP 泵失配误差成型技术。本章首先介绍了对 Σ-Δ

调制器成型噪声的获取和抑制技术，该技术一是减轻了对 PLL 设计的苛刻要求；二是减小了由于环路非线性导致的噪声低频折叠，提升了近端频谱纯度；三是等效拓宽了 PLL 环路带宽，有利于更高速率的环内数字调制的实现。其次，介绍了充电泵失配误差成型技术，包括动态单元匹配(DEM)技术和分段失配成型技术。其中涉及 Pedestal 充电泵线性化技术、NMES 失配误差成型技术、PMES 失配误差成型技术，这些都是提高频谱纯度、实现高性能频率合成器的关键技术。

第七章为微波毫米波频率合成信号发生器技术方案。为使其具有代表性，本章选取了射频、微波和毫米波三种频段的频率合成信号发生器进行分析，它们分别是射频捷变频信号发生器、250 kHz～67 GHz 微波毫米波频率合成信号发生器、75～110 GHz /110～170 GHz BWO 基波频率合成信号发生器。其中涵盖了模拟相位内插 API 技术、Σ-Δ 调制小数分频技术，以及延时线鉴频技术，读者可以充分了解和掌握频率合成信号发生器的整机工作原理和设计方案，特别是小数分频的实际应用。

特别感谢中国电科仪器仪表有限公司对出版该书所给予的资助，尤其感谢我的夫人所给予的大力支持，也感谢高铁给了我良好的写作环境，使得许多资料的整理、消化和大多数章节的撰写能够在出差的路上得以完成。

限于作者的水平，书中难免有不足之处，敬请广大读者批评指正。

编　者
2016 年 7 月

目　录

锁相环与频率合成器技术基础

1.1　锁相环基本工作原理与线性相位模型

在无线电技术中，自动控制技术包括的自动增益控制、自动频率控制和自动相位控制在无线电设备中都有广泛的应用。锁相技术是实现相位自动控制的一门学科，是专门研究系统相位关系的新技术。

锁相的概念可以追溯到 17 世纪，霍金斯在观察肩并肩挂在墙上的两座钟摆的运动时，发现两个钟摆通过空气媒质相互影响，时钟的速度一样，达到了相互间相位长期锁定。这是锁相原理的第一手观察资料，也给出了两个振荡器之间出现相位锁定的物理解释。锁相原理的数学理论始于 20 世纪 30 年代，法国工程师贝尔赛什（Bellescize）采用电真空管实现了用于相干解调的第一个锁相环路，公开发表了锁相环路的数学描述，提出了同步检波理论。40 年代锁相技术第一次成功地应用于电视机行同步装置中，有效抑制外界噪声干扰，使电视图像的同步性能得到极大改善，获得了稳定清晰的图像。50 年代，杰费和里希廷利用锁相环路作为导弹信标的跟踪滤波器获得成功，发表了包含有噪声效应的锁相环路线性理论分析的文章，一定程度上解决了锁相环路最佳化设计的问题。60 年代，维特比（Viterbi）研究了无噪声锁相环路的非线性理论问题，出版了《相干通信原理》一书。70 年代，林特塞（Lindscy）和查利斯（Charles）进行了有噪声的 1 阶、2 阶和高阶锁相环路的非线性理论分析，并且做了大量实验来充实其理论分析。至今，锁相技术已经形成为一门比较系统的理论学科，锁相技术的应用遍及整个无线电领域。

锁相就是自动完成相位同步。实现两个信号相位同步的自动控制系统叫做锁相环路（PLL），通常简称为锁相环。锁相环路种类较多，如果按环路组成部件进行分类，大致可以分为：① 模拟锁相环路，环路部件全部采用模拟电路；② 采样锁相环路，采用采样-保持鉴相器的锁相环路；③ 数字锁相环路，环路部件部分或全部采用数字电路；④ 集成锁相环路，环路部件全部做在一个单片集成电路中。PLL 是一个相位负反馈系统，它通常由鉴相器（PD）、环路滤波器（LF）和压控振荡器（VCO）三个基本部件组成，基本框图如图 1.1 所示。

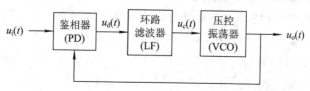

图 1.1　PLL 的基本框图

鉴相器是将 VCO 输出信号 $u_o(t)$ 与输入参考信号 $u_i(t)$ 进行相位比较，输出一个正比于两个信号相位差的误差电压 $u_d(t)$，完成了一个相位差转化为电压的变换器功能。鉴相器输出的误差电压 $u_d(t)$ 经过环路滤波器将高频成分和噪声滤除之后形成控制电压 $u_c(t)$，$u_c(t)$ 控制 VCO 的输出信号 $u_o(t)$ 的频率和相位，使它朝着减小两个信号的频率和相位差方向变化。当 $u_o(t)$ 信号的频率等于 $u_i(t)$ 信号的频率，且相位差等于一个固定常数时，环路达到了锁定状态。在理想情况下，鉴相器输出相位差应保持恒定。但是，实际上环路受到噪声和输入信号寄生调制等因素的影响，会使相位同步产生一定的误差。

锁相环是一个相位负反馈系统，是输入信号 $u_i(t)$ 的相位在起作用，输出信号 $u_o(t)$ 的相位受到 $u_i(t)$ 相位的控制。假设输入和输出信号分别为

$$u_i(t) = U_i e^{j[\omega_i t + \Phi_i(t)]} \tag{1.1}$$

$$u_o(t) = U_o e^{j[\omega_o t + \Phi_o(t)]} \tag{1.2}$$

式(1.1)中，$\omega_i t + \Phi_i(t)$ 是输入信号 $u_i(t)$ 的瞬时相位，$\Phi_i(t)$ 是以 $\omega_i t$ 为参考的瞬时相位。如果 $u_i(t)$ 是未调制信号，则 $\Phi_i(t)$ 是 $u_i(t)$ 的初始相位，是一个常数。如果 $u_i(t)$ 是调频或调相信号，则 $\Phi_i(t)$ 是一个时间的函数。式(1.2)中，$\omega_o t + \Phi_o(t)$ 是输出信号 $u_o(t)$ 的瞬时相位，$\Phi_o(t)$ 是以 $\omega_o t$ 为参考的瞬时相位。在开环状态下，$\Phi_o(t)$ 是一个常数；在闭环受控状态下，$\Phi_o(t)$ 跟踪 $\Phi_i(t)$ 的变化，也是一个时间的函数。

通常我们定义瞬时相位差为

$$\begin{aligned}\Phi_e(t) &= [\omega_i t + \Phi_i(t)] - [\omega_o t + \Phi_o(t)] \\ &= \Delta\omega_o t + \Phi_i(t) - \Phi_o(t)\end{aligned} \tag{1.3}$$

式中，$\Delta\omega_o = \omega_i - \omega_o$，是环路的固有频差。我们统一 $\Phi_i(t)$ 和 $\Phi_o(t)$ 的参考相位，通常假设以 $\omega_o t$ 为参考相位，$u_i(t)$ 的瞬时相位为

$$\omega_i t + \Phi_i(t) = \omega_o t + \Delta\omega_o + \Phi_i(t)$$

上式表明，$u_i(t)$ 以 $\omega_o t$ 为参考的瞬时相位是 $\Delta\omega_o + \Phi_i(t)$，记为 $\Phi_1(t)$。考虑到 $u_o(t)$ 以 $\omega_o t$ 为参考的瞬时相位是 $\Phi_o(t)$，记为 $\Phi_2(t)$。关系式(1.3)可以表示为

$$\Phi_e(t) = \Phi_1(t) - \Phi_2(t) \tag{1.4}$$

在后续的相位模型建立和公式推导中均是以 $\Phi_1(t)$ 和 $\Phi_2(t)$ 为变量进行的。

鉴相器分为两大类：一类是乘法器电路，输出是两个信号相位差的函数，也包括一些高频分量，其中的高频分量将被后面的低通滤波器滤除；另一类是数字时序电路，输出是两个信号过零点的时间差的函数。

当使用正弦鉴相器时，在滤除高频分量之后的输出电压为

$$u_d(t) = K_m u_i(t) \cdot u_o(t) = U_d \sin\Phi_e(t)$$

其中，K_m 为乘法器的乘法系数，$U_d = 0.5 K_m U_i U_o$ 是鉴相器输出的最大电压。

锁相环路的滤波器通常采用低通滤波器，有 RC 积分滤波器、无源比例积分滤波器、有源比例积分滤波器等多种形式。在频域分析中常用传递函数 $F(s)$ 表示，s 为复频率。在时域分析中常用传输算子 $F(p)$ 表示，$p = \mathrm{d}/\mathrm{d}t$ 为微分算子。

压控振荡器(VCO)的输出频率随着控制电压 $u_c(t)$ 的变化而线性地变化，通常有很多种类，例如石英晶体振荡器、LC 振荡器和环形振荡器等。其中，LC 振荡器又分为反馈型 LC 振荡器、负阻型 LC 振荡器等。反馈型 LC 振荡器的三种典型拓扑结构分别为 Colpitts

振荡器、Hartley 振荡器和 Clapp 振荡器，它们之间的区别主要是谐振电路的结构不同。负阻型 LC 振荡器的两种基本类型是串联型负阻振荡器和并联型负阻振荡器。不管哪种形式的 VCO，在其控制线性范围之内，它的输出相位都可以表示为

$$\Phi_2(t) = \frac{K_V}{p} u_c(t)$$

之所以采用输出相位的形式来表示，是因为 VCO 的输出反馈到鉴相器上产生误差电压的不是它的频率，而是其相位 $\Phi_2(t)$。相位是频率的积分，因此，分母上出现一个 p 微分算子。

图 1.1 所示的基本锁相环的时域相位模型如图 1.2 所示。环路的输入相位 $\Phi_1(t)$ 和反馈的输出相位 $\Phi_2(t)$ 进行相位比较，得到误差相位 $\Phi_e(t)$，由误差相位产生误差电压 $u_d(t)$，经过环路滤波器 $F(p)$ 的过滤后得到控制电压 $u_c(t)$，控制电压 $u_c(t)$ 调整 VCO 产生频率偏移，跟踪输入频率的变化。环路锁定后，VCO 的频率和输入频率相同，两者维持一定的稳态相差。

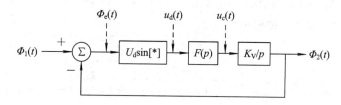

图 1.2 锁相环时域相位模型

根据图 1.2 所示的相位模型，可以得到环路的动态方程为

$$p\Phi_e(t) = p\Phi_1(t) - KF(p)\sin\Phi_e(t) \tag{1.5}$$

其中，$p = \mathrm{d}/\mathrm{d}t$ 是微分算子，$F(p)$ 是环路滤波器的传输算子，$K = K_V U_d$ 是环路增益。

我们利用近似线性鉴相特性 $K_d\Phi_e(t)$ 来取代正弦鉴相器 $U_d\sin\Phi_e(t)$，这样不拘泥于正弦鉴相特性，适合于任何鉴相器形式。只要在鉴相器工作的线性范围内，在复频域上的动态方程可以表示为

$$s\Phi_e(s) = s\Phi_1(s) - KF(s)\Phi_e(s) \tag{1.6}$$

其中，$\Phi_e(s)$ 和 $\Phi_1(s)$ 是 $\Phi_e(t)$ 和 $\Phi_1(t)$ 的拉普拉斯（Laplace）变换，$F(s)$ 是环路滤波器的传递函数。

在复频域上的锁相环线性 s 域相位模型如图 1.3 所示。在研究锁相环时，采用复频域上的线性相位模型是非常方便的，它已经将一个线性微分方程简化为线性代数方程。我们常常将环路的开环传递函数 $H_o(s)$、闭环传递函数 $H(s)$ 和误差传递函数 $H_e(s)$ 定义为

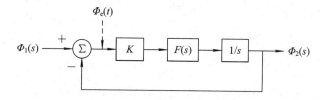

图 1.3 锁相环线性 s 域相位模型

$$H_o(s) = \frac{\Phi_2(s)}{\Phi_1(s)}\Big|_{开环} = \frac{KF(s)}{s}$$

$$H(s) = \frac{\Phi_2(s)}{\Phi_1(s)}\Big|_{闭环} = \frac{KF(s)}{s + KF(s)} \qquad (1.7)$$

$$H_e(s) = \frac{\Phi_e(s)}{\Phi_1(s)}\Big|_{闭环} = \frac{s}{s + KF(s)}$$

很容易得出 $H_o(s)$、$H(s)$ 和 $H_e(s)$ 三个传递函数之间的关系为

$$H(s) = \frac{H_o(s)}{1 + H_o(s)}$$

$$H_e(s) = \frac{1}{1 + H_o(s)} \qquad (1.8)$$

$$H_e(s) = 1 - H(s)$$

在频率合成器的设计中，总是将锁相环设计成一个倍频环路，以便扩大输出频率范围。因此，大多数情况下在反馈通路中都设置一个 N 分频器，如图 1.4 所示。此时的环路输出频率 $\omega_2 = N\omega_1$，线性相位模型如图 1.5 所示。

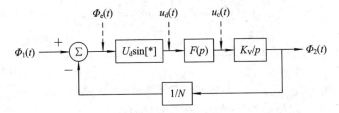

图 1.4　具有反馈的锁相环时域相位模型

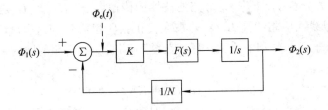

图 1.5　具有反馈的锁相环 s 域线性相位模型

对应的 $H_o(s)$、$H(s)$ 和 $H_e(s)$ 三个传递函数之间的关系为

$$H(s) = \frac{NH_o(s)}{N + H_o(s)} \qquad (1.9)$$

$$H_e(s) = 1 - \frac{1}{N}H(s) \qquad (1.10)$$

将开环传递函数 $H_o(s) = KF(s)/s$ 代入式(1.9)，可以得到

$$H(s) = \frac{NH_o(s)}{N + H_o(s)} = \frac{NKF(s)}{sN + KF(s)} \qquad (1.11)$$

带有反馈分频比 N 的闭环传递函数呈低通特性，通带内 $|H(j\omega)| = N$。误差传递函数呈高通特性，通带内 $|H_e(j\omega)| = 1$。锁相环的闭环传递函数和误差传递函数如图 1.6 所示，该特性在锁相环相位噪声的传递分析时会经常用到。

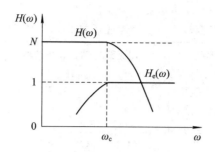

图 1.6　闭环传递函数与误差传递函数

根据式(1.7)的分母中 s 的最高幂次和在原点的极点数目，定义锁相环的阶数和类型，锁相环的阶数指的是分母中 s 的最高幂次，锁相环的类型指的是在原点的极点个数。

常用的 RC 滤波器、无源比例积分滤波器和有源比例积分滤波器等滤波器的结构形式如图 1.7 所示，很容易得到它们相应的传递函数 $F(s)$，结果见表 1.1 中所示。由于 $F(s)$ 的分母中 s 最高次幂是 1，故滤波器本身均为 1 阶的。但在锁相环中，由于频率与相位之间的关系，在 VCO 的输出相位反馈上表现出一个积分因子，因此，$H(s)$ 的分母中 s 的最高次幂是 2，属于 2 阶锁相环路。我们将 $F(s)$ 代入式(1.11)和式(1.10)就可以得到相应的 $H(s)$ 和 $H_e(s)$，参见表 1.1 中所示，表中 $\tau_1 = (R_1+R_2)C$ 和 $\tau_2 = R_2C$ 是两个时间常数。

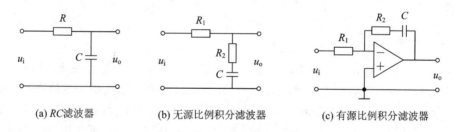

(a) RC滤波器　　　　　　(b) 无源比例积分滤波器　　　　　(c) 有源比例积分滤波器

图 1.7　常见的三种滤波器电路结构

表 1.1　不同滤波器形式下的传递函数表达式（具有反馈分频比 N 的情况）

滤波器形式	采用 RC 滤波器的 2 阶环	采用无源比例积分滤波器的 2 阶环	采用理想积分滤波器的 2 阶环
$F(s)$	$\dfrac{1}{1+s\tau_1}$	$\dfrac{1+s\tau_2}{1+s\tau_1}$	$\dfrac{1+s\tau_2}{s\tau_1}$
$H_e(s)$	$\dfrac{s^2+s\dfrac{1}{\tau_1}}{s^2+s\dfrac{1}{\tau_1}+\dfrac{K}{N\tau_1}}$	$\dfrac{s^2+s\dfrac{1}{\tau_1}}{s^2+s\left(\dfrac{1}{\tau_1}+\dfrac{K\tau_2}{N\tau_1}\right)+\dfrac{K}{N\tau_1}}$	$\dfrac{s^2}{s^2+s\dfrac{K\tau_2}{N\tau_1}+\dfrac{K}{N\tau_1}}$
$H(s)$	$\dfrac{\dfrac{K}{\tau_1}}{s^2+s\dfrac{1}{\tau_1}+\dfrac{K}{N\tau_1}}$	$\dfrac{s\dfrac{K\tau_2}{\tau_1}+\dfrac{K}{\tau_1}}{s^2+s\left(\dfrac{1}{\tau_1}+\dfrac{K\tau_2}{N\tau_1}\right)+\dfrac{K}{N\tau_1}}$	$\dfrac{s\dfrac{K\tau_2}{\tau_1}+\dfrac{K}{\tau_1}}{s^2+s\dfrac{K\tau_2}{N\tau_1}+\dfrac{K}{N\tau_1}}$

2 阶锁相环经线性化后，动态方程是一个 2 阶线性微分方程，具有 2 阶线性系统的一般性能特点，通常用类似于无阻尼振荡频率 ω_n 和阻尼系数 ξ 的系统参数来描述系统的响应。采用 RC 滤波器、无源比例积分滤波器和理想积分滤波器环路的 ω_n 和 ξ，以及相应的

$H_e(s)$ 和 $H(s)$ 传递函数如表 1.2 所示。

表 1.2 系统参数 ω_n、ξ 和传递函数 $H_e(s)$ 和 $H(s)$ 的关系式

滤波器形式	采用 RC 滤波器的2 阶环	采用无源比例积分滤波器的2 阶环	采用理想积分滤波器的2 阶环
ω_n	$\sqrt{\dfrac{K}{N\tau_1}}$	$\sqrt{\dfrac{K}{N\tau_1}}$	$\sqrt{\dfrac{K}{N\tau_1}}$
ξ	$\sqrt{\dfrac{N}{4K\tau_1}}$	$\left(\tau_2+\dfrac{N}{K}\right)\sqrt{\dfrac{K}{4N\tau_1}}$	$\tau_2\sqrt{\dfrac{K}{4N\tau_1}}$
$H_e(s)$	$\dfrac{s^2+2\xi\omega_n s}{s^2+2\xi\omega_n s+\omega_n^2}$	$\dfrac{s\left(s+\omega_n^2\dfrac{N}{K}\right)}{s^2+2\xi\omega_n s+\omega_n^2}$	$\dfrac{s^2}{s^2+2\xi\omega_n s+\omega_n^2}$
$H(s)$	$\dfrac{N\omega_n^2}{s^2+2\xi\omega_n s+\omega_n^2}$	$\dfrac{sN\left(2\xi\omega_n-\omega_n^2\dfrac{N}{K}\right)+N\omega_n^2}{s^2+2\xi\omega_n s+\omega_n^2}$	$\dfrac{2N\xi\omega_n s+N\omega_n^2}{s^2+2\xi\omega_n s+\omega_n^2}$

1.2 锁相环的基本性能

1.2.1 窄带滤波特性

在锁相环的实际应用中，总是存在着一定的噪声和干扰。噪声和干扰大致分为两类，一类是伴随信号一起进入环路的输入噪声和谐波干扰，例如，输入噪声或信道产生的高斯噪声、信号调制噪声；另一类是环路器件的内部噪声，以及各种寄生和谐波干扰。如果同时考虑这些噪声与干扰对环路性能的影响，则分析起来相当困难，通常都是根据环路的运用场合以及噪声与干扰的强度，重点考虑一些主要的噪声和干扰。如果环路用作信号源，则主要考虑触发噪声、VCO 内部噪声和鉴相器泄漏等。如果环路用作跟踪接收，载波与位同步提取，则重点考虑的是输入相加噪声或输入调制噪声对环路输出信噪比的影响。然而，在噪声和干扰作用下的环路的动态方程是多个随机函数驱动的非线性随机微分方程，只能在一定的假设条件下进行一定的近似分析。通常假设各类噪声和干扰都是统计独立的，强度比较小，均处在环路的线性区，分析时可以运用叠加原理。

考虑一个窄带白高斯噪声和输入信号一起作用于环路的情况，设输入信号为

$$u_i = U_i\sin\left[\omega_o t+\Phi_i(t)\right]$$

窄带白高斯噪声电压为

$$n(t) = n_c(t)\cos\omega_o t-n_s(t)\sin\omega_o t$$

信号与噪声之和 $u_i+n(t)$ 输入到鉴相器的一端，并与输出信号 $u_o=U_o\cos\left[\omega_o t+\Phi_2(t)\right]$ 的反馈信号在鉴相器中相乘，在不考虑谐波项的情况下可以得到

$$u_d = U_d\sin\left[\Phi_e(t)+N(t)\right]$$

式中，$N(t)$ 为等效相加噪声电压，表达式为

$$N(t)=\frac{U_d}{U_i}\left[n_c(t)\cos\Phi_2(t)+n_s(t)\sin\Phi_2(t)\right]$$

U_d 为误差电压幅度，$U_d = 0.5K_m U_i U_o$，其中，K_m 为乘法器的乘法系数。

上式表明，$N(t)$ 的统计特性与 $n_c(t)$、$n_s(t)$ 和 $\Phi_2(t)$ 有关。然而，一般情况下的环路带宽总是比输入信号带宽要小得多，由噪声引起的环路输出相位 $\Phi_2(t)$ 的变化比 $n_c(t)$ 和 $n_s(t)$ 要慢得多，可以将 $\Phi_2(t)$ 看成与 $n_c(t)$ 和 $n_s(t)$ 是相互独立的。因此，$N(t)$ 也是均值为零、自相关函数与 $n_c(t)$ 和 $n_s(t)$ 相同的窄带白高斯噪声，方差为 $(U_d/U_i)^2 N_o B_i$，其中，B_i 为环路输入带宽，N_o 为输入噪声在 B_i 带宽内均匀分布的单边功率谱密度。

VCO 的输出相位和误差相位满足：

$$\Phi_2(t) = \frac{K_V F(p)}{p} \{ U_d \sin[\Phi_e(t) + N(t)] \} \tag{1.12}$$

$$p\Phi_e = p\Phi_1(t) - K_V F(p)[U_d \sin\Phi_e(t) + N(t)] \tag{1.13}$$

式(1.13)是环路非线性随机微分方程，2 阶以上的非线性微分方程的处理方法通常采用线性化近似、Booton 准线性近似、求解 Fokker-Planck 方程等。线性化处理后的相位模型如图 1.8 所示，其中 $\Phi_{ni}(s)$ 是鉴相器输出噪声 $N(s)$ 等效到鉴相器输入端的相位噪声，表示为 $\Phi_{ni}(s) = N(s)/K_d$。

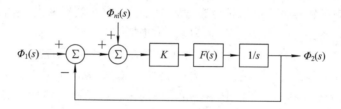

图 1.8　线性化噪声相位模型

环路输出为

$$\Phi_2(s) = H(s)\Phi_{ni}(s)$$

环路输出相位噪声方差为

$$\sigma_{\Phi no}^2 = \int_0^{\frac{B_i}{2}} \left(\frac{2N_o}{U_i^2} \right) |H(j2\pi f)|^2 \, df \approx \left(\frac{2N_o}{U_i^2} \right) \int_0^\infty |H(j2\pi f)|^2 \, df = \left(\frac{2N_o}{U_i^2} \right) B_L$$

$$B_L = \int_0^\infty |H(j2\pi f)|^2 \, df$$

式中，B_L 是环路单边等效带宽，B_L 越小，则表明环路对输入噪声的抑制能力就越强。几种常用的环路 B_L 关系式如下：

RC 积分滤波器的 2 阶环：

$$B_L = \frac{K}{4}$$

有源比例积分滤波器 2 阶环：

$$B_L = \frac{\omega_n}{8\xi}(1 + 4\xi^2)$$

无源比例积分滤波器 2 阶环：$B_L = \frac{\omega_n}{8\xi} \left[1 + \left(2\xi - \frac{\omega_n}{K} \right)^2 \right]$，当 $K \gg \omega_n$ 高环路增益时，无源比例积分 2 阶环近似为理想 2 阶环。

环路信噪比$(S/N)_L$定义为环路输入端的信号功率$U_i^2/2$与B_L内的噪声功率N_0B_L之比，则有如下关系：

$$\left(\frac{S}{N}\right)_L = \left(\frac{S}{N}\right)_i \left(\frac{B_i}{B_L}\right)$$

在锁相环的设计中，由于$B_i \gg B_L$，所以环路信噪比远大于输入信噪比，表明环路对输入噪声的抑制能力是很强的。换句话说，环路具有窄带滤波特性。当环路锁定后，环路输出频率锁定在输入频率上。对于输入信号而言，锁相环路可以等效为一个以输出频率为中心的窄带带通滤波器，其带宽可以做到很窄。例如，在几十兆赫兹的频率上可以实现几十赫兹的窄带滤波，这是通常RC、LC和晶体滤波器很难做到的。

1.2.2 环路的同步与捕获特性

当环路处于锁定状态时，输出频率f_0与参考频率f_r满足关系式$f_0 = Nf_r$，当$N=1$时，输出频率等于输入频率，输出和输入之间存在一个较小的稳态相差。当输出信号发生相位或频率变化时，例如受到一定的干扰或调制情况下，环路通过自身的相位负反馈作用，输出信号的频率和相位会再次锁定在输入信号上，这个过程称为环路的同步。能够维持环路锁定所允许的最大频率偏离称为环路的同步带。

当输入信号产生缓慢漂移时，输出信号将跟随输入信号作线性变化，保持环路的锁定状态，这个过程称为跟踪。也就是说，锁相环路除具有窄带带通滤波特性外，其压控振荡器的输出频率可以跟踪输入信号的频率变化，表现出良好的跟踪特性。通常根据锁相环路带宽的宽窄，分为两种不同的跟踪状态。第一种是锁相环路带宽设计得足够宽，使得输入信号的调制频谱全部落在环路带宽范围之内，这时压控振荡器的输出频率跟踪输入信号的调制变化，一般称为"调制跟踪环路"；第二种是锁相环路带宽设计得非常窄，使得输入信号的调制频谱全部落在环路带宽之外，这时压控振荡器的输出频率只跟踪输入信号的载频漂移，而与输入信号的调制信号无关，一般称为"载波跟踪环路"。

环路的跟踪主要包括两种响应特性，一是输入信号频率或相位为正弦变化时系统的输出响应，称为系统的正弦稳态响应；另一种是输入信号的频率或相位发生阶跃变化时系统的输出响应，称为系统的暂态响应或瞬态响应。

环路的同步性能由同步带描述，以采用无源比例积分滤波器的2阶环为例，滤波器的传递为$F(p) = (p\tau_2 + 1)/(p\tau_1 + 1)$，在固定频差输入的情况下，$\dot{\Phi}_e = d\Phi_e/dt = \Delta\omega_0$，环路动态方程(1.13)可以写为

$$\frac{d^2\Phi_e}{dt^2} + \frac{1}{\tau_1}(1 + K\tau_2\cos\Phi_e)\frac{d\Phi_e}{dt} + \frac{1}{\tau_1}(K\sin\Phi_e - \Delta\omega_0) = 0 \qquad (1.14)$$

也可以写为

$$\frac{d\dot{\Phi}_e}{\dot{\Phi}_e} + \frac{1}{\tau_1}(1 + K\tau_2\cos\Phi_e) + \frac{1}{\tau_1\dot{\Phi}_e}(K\sin\Phi_e - \Delta\omega_0) = 0 \qquad (1.15)$$

关系式(1.15)称为相轨迹方程。根据环路具体的设计参数作出相平面图，根据相轨迹在横轴上的奇点来获得稳定平衡点，即锁定点情况，也可以得到不稳定平衡点，即鞍点情况。稳定平衡点表现为许多相轨迹都趋向该点，不稳定平衡点则表现为有些相轨迹趋向该

点，还有些相轨迹离开该点。

依据关系式(1.14)，令 $\mathrm{d}\Phi_e/\mathrm{d}t=0$ 和 $\mathrm{d}^2\Phi_e/\mathrm{d}t^2=0$，可以得到平衡点：

$$\Phi_e = \arcsin\frac{\Delta\omega_o}{K} \pm 2n\pi \tag{1.16}$$

式中，$n=0,1,2,\cdots$，所对应的不稳定点在 $\pi-\Phi_e$ 处。

关系式(1.16)表明 $\Delta\omega_o \ll K$ 是非理想 2 阶环存在锁定点，即能维持锁定的必要条件。因此，环路同步带为

$$\Delta\omega_H = K$$

上述环路的窄带滤波和跟踪特性都是假设环路处于锁定状态下的。实际上，频率合成器在开机或设置新的频率输出的时候，锁相环总是要经历一个从失锁到重新锁定的过程，这个过程通常称为捕获。捕获过程分为频率捕获和相位捕获。根据锁相环的工作原理，鉴相器输出的差拍电压是上下不对称的波形，即直流分量不为零，通过环路滤波器的积分作用，使控制电压中的直流分量不断增加，牵引着 VCO 的平均频率 $\bar{\omega}_v$ 不断向输入参考频率 ω_i 靠近，因而使平均频差 $\overline{\Delta\omega_e}$ 不断减小。当平均频率减小到进入快捕带时，频率捕获过程结束，此后进入相位捕获过程，$\Phi_e(t)$ 变化不再超越 2π 周期，最终频率锁定在输入频率上，没有频差，只有较小的固定相差，捕获的全部过程结束。

根据捕获的工作原理分析，环路滤波器实质上起到了对差拍电压中的交流分量进行按比例衰减的作用，同时对其中的直流分量进行积分。因此，2 阶环的捕获过程可以通过如图 1.9 所示的牵引模型来描述，误差信号被分成两路，一路是直流 DC 通路，另一路为交流 AC 通路。DC 通路完成对差拍信号中的直流分量进行积分，实现频率捕获；AC 通路完成对差拍电压中的交流信号进行按比例衰减，实现相位捕获。

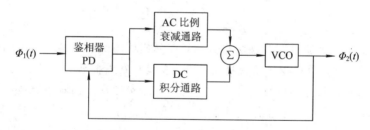

图 1.9　2 阶环捕获牵引模型

环路捕获性能的好坏用捕获带 $\Delta\omega_P$ 和捕获时间 T_P 来描述。所谓捕获带，就是确保环路能进入锁定的最大固定频差，所对应的时间也就是捕获时间。由于捕获过程通常包括频率捕获和相位捕获两个过程，通常又把保证环路只有相位捕获过程的最大频差值称为快捕带 $\Delta\omega_L$，所对应时间称为快捕时间或相位捕获时间。频率捕获过程的时间称为频率捕获时间或频率牵引时间。频率捕获时间比相位捕获时间要长很多，一般说来，捕获时间常常只考虑频率捕获时间，除非在快速相位捕获有特殊需求的应用场合。

当 $\Delta\omega_o \leqslant \Delta\omega_P$ 时，直流分量被不断地积分，牵引着平均频率 $\bar{\omega}_v$ 向 ω_i 靠拢。当平均误差频率 $\overline{\Delta\omega_e}$ 减小到小于快捕带 $\Delta\omega_L$ 时，亦即 $\overline{\Delta\omega_e} \leqslant \Delta\omega_L$，频率捕获过程结束，进入相位捕获过程。随着控制电压直流量的不断增加，交流量的频率和幅度不断减小，到环路进入锁定时，交流分量消失。因此，2 阶环的捕获过程是一个牵引过程。然而，1 阶环路没有环路滤波

器，不能对差拍电压中的直流分量进行积分，所以没有频率捕获过程。因此，1 阶环的捕获过程是一个渐近稳定过程。

当 $\Delta\omega_o > \Delta\omega_P$ 时，1 阶和非理想 2 阶环都不能锁定，表现为稳定的差拍状态。差拍中的直流分量仍然存在一定的牵引，但无法使平均频率 $\bar{\omega}_v$ 与输入频率 ω_i 相等。对于理想 2 阶环，无论 $\Delta\omega_o$ 多么大，亦即差拍中的直流分量多么小，只要在鉴相器和 VCO 正常工作范围内，经过长时间的积分，总能使得环路进入锁定状态。

在捕获过程中，环路的瞬时相差 $\Phi_e(t)$ 变化比较大，因此，环路捕获性能的分析不能采用线性化环路动态方程，而是需要求解环路的非线性方程。鉴于高阶环路分析的复杂性，通常采用相平面法和准线性法来处理。其中，相平面法是一种利用 $d\Phi_e/dt \sim \Phi_e$ 之间的关系曲线，图解分析 2 阶非线性微分方程的方法；准线性法是将环路滤波器输出的控制信号近似分解成直流信号和正弦波信号，直流信号使得环路的平均频差得以减小，差拍频率逐渐减小，根据直流平衡与基波平衡的条件来分析环路的捕获性能。

采用准线性法得到具有正弦型鉴相特性的 2 阶环捕获性能有如下结论：

（1）采用有源比例积分滤波器的 2 阶环捕获带 $\Delta\omega_P = \infty$，捕获时间为

$$T_P = \frac{\Delta\omega_o^2}{2\xi\omega_n^3}$$

（2）采用无源比例积分滤波器的 2 阶环捕获带 $\Delta\omega_P = K\sqrt{2\tau_2/\tau_1}$，在满足 $K \gg \omega_n$ 时，简化为 $\Delta\omega_P \approx 2\sqrt{K\xi\omega_n}$。捕获时间为 $T_P = \Delta\omega_o^2\tau_1^2/(K^2\tau_2)$，在高增益的条件下，即 $K\tau_2/\tau_1 \approx 2\xi\omega_n$，无源比例积分环 T_P 与有源比例积分的 T_P 相同。

（3）采用 RC 积分滤波器的 2 阶环时，在满足 $K \gg 1/\sqrt{2\tau_1}$ 的条件下，环路的捕获带为

$$\Delta\omega_P = 1.68\sqrt{\frac{K}{\tau_1}}$$

上述捕获带结论是通过准线性法得到的，在锁相环的设计中具有一定的指导作用。但在实际工程应用中，单单指望环路自身来捕获，总是存在着捕获时间长、捕获带窄的状况，还可能出现延滞和假锁等不可靠现象。况且人们总是希望环路捕获带宽越宽越好，同步范围越大越好，这两者在需求上往往存在着矛盾。例如，为了改善捕获性能，除了设法减小环路的起始频差之外，还应进一步提高环路的增益 K 或增加滤波器的带宽。然而，提高环路增益或加大滤波器带宽往往与提高环路的跟踪性能和滤波性能的要求是相互矛盾的。因此，通常优先考虑环路的跟踪性能和滤波性能，而捕获性能再想办法利用一定的辅助装置来改善。

由于环路的频率捕获时间远大于相位捕获时间，因此辅助捕获装置多数是针对频率捕获来设计的，除非对相位捕获时间有严格要求的应用场合。频率捕获有辅助扫描、辅助鉴频、鉴频鉴相、变带宽和变增益等多种方法，前三种方法是减小环路的起始频差，并尽快落入快捕带内，从而达到快捕锁定的目的；后两种方法是确保捕获时环路具有较大的带宽或增益，锁定后是环路带宽或增益减小，这类捕获装置中往往需要一个非线性元件。在电子测量仪器的设计中，上述辅助捕获装置都有成功的应用案例。

上面介绍了环路的同步带 $\Delta\omega_H$、捕获带 $\Delta\omega_P$ 和快捕带 $\Delta\omega_L$ 的概念，其中，$\Delta\omega_H$ 描述的是一个静态或锁定的状态，表示环路能够静态地保持行为捕获的最大频率范围。只有在 $\Delta\omega_H$

范围内才能有条件地稳定。当频差超过 $\Delta\omega_H$ 时，环路产生失锁。$\Delta\omega_P$ 描述的是环路的一种动态性能，在这个范围内，环路经历捕获过程而总是能达到锁定状态。如果频差大于 $\Delta\omega_P$，环路则不能达到锁定状态。$\Delta\omega_L$ 描述的是环路完成频率捕获后只有相位捕获过程的最大频差值。

　　锁相环还有一个拉出范围 $\Delta\omega_{PO}$ 参数，它描述了环路的一个静态性能，也是一个稳定过程中的动态限制。在锁定状态下，环路承受一个频率阶跃信号的冲击，当频率阶跃的范围小于 $\Delta\omega_{PO}$ 时，系统仍然能回到锁定状态。当频率阶跃范围超过 $\Delta\omega_{PO}$ 时，环路将跳出锁定状态，也有可能通过长时间的捕获或辅助捕获装置，再次得到锁定。环路的静态和动态参数范围如图 1.10 所示，图中也表示出了动态不稳定区和有条件稳定区。

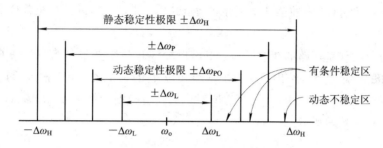

图 1.10　PLL 动态和静态参数范围

1.2.3　环路的暂态响应特性

　　当 VCO 输出信号频率 f_o 与参考信号频率 f_r 相等或满足 $f_o = Nf_r$，且两者之间存在较小的稳态相差时，环路达到锁定状态。在环路受到干扰或调制情形下，输入信号的相位或频率就会发生变化，但是，由于环路自身的相位负反馈的作用，环路的输出信号的频率或相位会跟踪输入信号的变化，这就是所谓的环路跟踪特性。锁相环路在锁定状态下的稳态相差 Φ_e 是比较小的，在跟踪状态下，输出信号的相位 Φ_o 跟踪输入信号的相位 Φ_i。跟踪过程中 Φ_e 是变化的，使 VCO 控制电压也随之发生变化，从而控制频差和相差的增大，最终环路达到稳定状态。如果是理想的跟踪，两者的频率和相位时时刻刻都是相同的。实际上，环路需要经历一个跟踪过程，首先出现暂态过程，存在暂态相位误差；其次在达到稳态之后，根据输入信号形式的不同，也存在着不同的稳态相位误差。在频率合成器的设计中，经常采用改变(或等效改变)输入信号频率和相位，以实现诸如调制和扫频等功能，暂态相位误差和稳态相位误差是衡量锁相环跟踪性能好坏的重要标志。

　　研究暂态过程通常在相位阶跃、频率阶跃和频率斜升等几种典型输入情况下，分析所对应的误差相位 Φ_e 的变化情况。$\Phi_e(t)$ 跟随输入 $\Phi_1(t)$ 变化情况知道了，$\Phi_2(t)$ 的变化情况也就清楚了。首先我们求出输入信号 $\Phi_1(t)$ 的拉普拉斯变换式 $\Phi_1(s)$，与环路闭环传递函数 $H_e(s)$ 相乘得到输出信号的拉普拉斯变换式 $\Phi_e(s)$，然后再进行拉普拉斯反变换，求出 $\Phi_2(t)$ 表达式。

　　输入信号的相位阶跃、频率阶跃和频率斜升三种情况下的 $\Phi_1(t)$，以及对应的拉普拉斯变换 $\Phi_1(s)$ 表达式参见表 1.3。表中的 $\Delta\Phi$ 为输出相位阶跃量，$\Delta\omega$ 为输出频率阶跃量；$1(t)$ 为阶跃函数；R 为输入频率的变化速率。

表 1.3 三种典型的输入 $\Phi_1(t)$ 及其拉普拉斯变换式

输入形式	$\Phi_1(t)$ 表达式	拉普拉斯变换式 $\Phi_1(s)$
输入相位阶跃	$\Phi_1(t) = \Delta\Phi \cdot 1(t)$	$\Phi_1(s) = \Delta\Phi / s$
输入频率阶跃	$\Phi_1(t) = \Delta\omega t \cdot 1(t)$	$\Phi_1(s) = \Delta\omega / s^2$
输入频率斜升	$\Phi_1(t) = 0.5Rt^2 \cdot 1(t)$	$\Phi_1(s) = R / s^3$

环路的误差相位为

$$\Phi_e(s) = H_e(s)\Phi_1(s) \tag{1.17}$$

根据采用 RC 滤波器的 2 阶环、理想 2 阶环和无源比例积分滤波器构成的 PLL 所对应的误差传递函数 $H_e(s)$，并将表 1.3 所示的 $\Phi_1(s)$ 代入上式，然后进行拉普拉斯反变换：

$$\Phi_e(t) = \mathscr{L}^{-1}\{\Phi_e(s)\} \tag{1.18}$$

关系式(1.18)就是环路的暂态响应。下面以输入相位阶跃信号为例，分析 RC 滤波器的 2 阶锁相环的暂态过程，给出所对应的误差相位 Φ_e 的关系式。由于输入的是相位阶跃的信号，其表达式为 $\Phi_1(t) = \Delta\Phi \cdot 1(t)$，它所对应的拉普拉斯变换为 $\Phi_1(s) = \Delta\Phi / s$，$RC$ 滤波器的 2 阶环的误差传递函数是

$$H_e(s) = \frac{s^2 + 2\xi\omega_n s}{s^2 + 2\xi\omega_n s + \omega_n^2}$$

为了简化计算，误差传递函数采用了反馈分频比 $N=1$ 时的表达式。环路误差相位 $\Phi_e(s)$ 表示为

$$\Phi_e(s) = H_e(s)\Phi_1(s) = \frac{(s + 2\xi\omega_n)\Delta\Phi}{s^2 + 2\xi\omega_n s + \omega_n^2} \tag{1.19}$$

通过关系式(1.19)可以得到 s_1 和 s_2 两个极点：

$$s_1 = -\omega_n(\xi + \sqrt{\xi^2 - 1})$$

$$s_2 = -\omega_n(\xi - \sqrt{\xi^2 - 1})$$

将式(1.19)因式分解并展开成部分分式：

$$\Phi_e(s) = \frac{(s + 2\xi\omega_n)\Delta\Phi}{s^2 + 2\xi\omega_n s + \omega_n^2} = \frac{A}{s - s_1} + \frac{B}{s - s_2} \tag{1.20}$$

式中的 A 和 B 分别为

$$A = (s - s_1)\Phi_e(s)\big|_{s=s_1} = \frac{(s_1 + 2\xi\omega_n)\Delta\Phi}{s_1 - s_2} = \frac{\Delta\Phi(\sqrt{\xi^2 - 1} - \xi)}{2\sqrt{\xi^2 - 1}}$$

$$B = (s - s_2)\Phi_e(s)\big|_{s=s_2} = \frac{(s_2 + 2\xi\omega_n)\Delta\Phi}{s_2 - s_1} = \frac{\Delta\Phi(\xi + \sqrt{\xi^2 - 1})}{2\sqrt{\xi^2 - 1}}$$

对关系式(1.20)实施拉普拉斯反变换，并将 A 和 B 代入，得到

$$\Phi_e(t) = \Delta\Phi e^{-\xi\omega_n t}\left[\frac{\Delta\Phi(-\xi + \sqrt{\xi^2 - 1})}{2\sqrt{\xi^2 - 1}}e^{-\omega_n\sqrt{\xi^2 - 1}t} + \frac{\Delta\Phi(\xi + \sqrt{\xi^2 - 1})}{2\sqrt{\xi^2 - 1}}e^{\omega_n\sqrt{\xi^2 - 1}t}\right]$$

上式就是采用 RC 滤波器的 2 阶锁相环对于输入相位阶跃信号时 $\Phi_e(t)$ 暂态过程表达式。为了更详细地了解暂态特性，还需要根据阻尼系数 ξ 的取值不同，分为三种情况讨论。

（1）当 $\xi > 1$ 时，利用 $e^{\pm x} = \cosh x \pm \sinh x$ 关系式展开，简化后得到

$$\Phi_e(t) = \Delta\Phi e^{-\xi\omega_n t}\left\{\cosh\omega_n\sqrt{\xi^2-1}t - \frac{\xi}{\sqrt{\xi^2-1}}\sinh\omega_n\sqrt{\xi^2-1}t\right\} \tag{1.21}$$

（2）当 $\xi = 1$ 时，$s_1 = s_2 = -\omega_n$，误差相位为

$$\Phi_e(s) = \frac{(s+2\omega_n)\Delta\Phi}{s^2+2\omega_n s+\omega_n^2} = \frac{(s+2\omega_n)\Delta\Phi}{(s+\omega_n)^2} = \Delta\Phi\left[\frac{1}{(s+\omega_n)} + \frac{\omega_n}{(s+\omega_n)^2}\right]$$

利用拉普拉斯变换中的位移定理，得到

$$\Phi_e(t) = \Delta\Phi e^{-\omega_n t}(1+\omega_n t) \tag{1.22}$$

（3）当 $0 < \xi < 1$ 时，$\sqrt{\xi^2-1} = j\sqrt{1-\xi^2}$，再利用欧拉（Euler）公式 $e^{\pm jx} = \cos x \pm j\sin x$，关系式简化为

$$\Phi_e(t) = \Delta\Phi e^{-\xi\omega_n t}\left\{\cos\omega_n\sqrt{1-\xi^2}t + \frac{\xi}{\sqrt{1-\xi^2}}\sin\omega_n\sqrt{1-\xi^2}t\right\} \tag{1.23}$$

可以看出，阻尼系数 $\xi < 1$ 时的暂态输出波形呈现较为明显的振荡特性，随着 ξ 的增大振荡幅度减弱，$\xi = 1$ 是临界阻尼情况。由于输出幅度存在指数衰减项 $e^{-\xi\omega_n t}$，输出振荡波形的包络呈现明显的衰减趋势。可以利用上述方法得到不同输入情况下的不同环路的暂态响应，详细内容读者可以参考文献[1]。

利用暂态响应关系式，在时间趋于无穷大时可以得到稳态响应。对于同样的输入暂态信号，不同的锁相环路有不同的稳态相差。如果只考虑稳态相差的话，可以利用拉普拉斯变换的中值定理得到：

$$\Phi_e(\infty) = \lim_{s\to 0}s\Phi_e(s) = \lim_{s\to 0}sH_e(s)\Phi_1(s)$$

将环路的 $H_e(s)$ 和输入暂态信号 $\Phi_1(s)$ 代入上式求极限即可获得稳态相差。关于稳态相差的重要结论是：稳态相差与环路的阶数无关，它取决于开环传递函数中处于原点的极点个数，也就是说和环路的型数相关。对于相位阶跃信号来说，各种环路都可以没有误差地跟踪。对于频率阶跃信号来说，采用 RC 滤波器或无源比例积分滤波器的非理想环路，存在着固定的稳态相差 $\Delta\omega/K$。这是由于采用 RC 滤波器或无源比例积分滤波器的环路是 Ⅰ 型的非理想环路，而理想 2 阶环路和理想 3 阶环路分别是 Ⅱ 型和 Ⅲ 型的，它可以无误差地跟踪频率阶跃信号。对于频率斜升信号来说，1 阶环和采用 RC 积分滤波器或采用无源比例积分滤波器的非理想环路，已经无法跟踪，理想 2 阶环存在固定的稳态相差，理想 3 阶环可以无误差地跟踪。

1.3 环路对各种噪声的线性过滤

理想的锁相环输出是一个标准的纯净的正弦信号，可以表示为

$$v_o = V_o\cos(\omega_o t + \Phi_o)$$

它在频域中是一条纯净的谱线，但实际的信号总是不可避免地存在着一定的寄生调幅和调相，输出信号表示为

$$v_o = V_o[1+a(t)]\cos[\omega_o t + \Phi(t)]$$

式中，$a(t)$ 代表寄生调幅，$\Phi(t)$ 代表寄生调相。上式表述的信号在频域中已经不再是一条

纯净的谱线了，而是具有一定边带噪声的谱线。由于寄生调幅容易通过限幅或稳幅技术得到降低，所以在频率合成器的设计中，寄生调幅通常可以做到非常小，而寄生调相却是影响频率合成器输出信号频谱纯度的重要因素。

相位噪声功率谱密度 $S_\Phi(f_m)$ 是相位噪声的最基本的表示形式，它定义为 1 Hz 带宽内的相位起伏的均方功率，关系式为

$$S_\Phi(f_m) = \frac{\Delta \Phi_{rms}^2(f_m)}{B_m} \qquad rad^2/Hz \qquad (1.24)$$

式中，f_m 为调制频率，也是基带频率，B_m 是测量带宽。在测量带宽 B_m 内，$S_\Phi(f_m)$ 对偏离 f_m 的任何变化均可忽略。

另外，频率起伏谱密度 $S_f(f_m)$ 也是分析相位噪声的另一种常用表示形式，它的定义是 1 Hz 带宽内的频率起伏的均方功率，关系式为

$$S_f(f_m) = \frac{\Delta f_{rms}^2(f_m)}{B_m} \qquad Hz^2/Hz \qquad (1.25)$$

由于频率和相位之间的关系满足 $\Delta f(f_m) = f_m \Delta \Phi(f_m)$，两者的谱密度关系为

$$S_f(f_m) = f_m^2 S_\Phi(f_m)$$

相对频率起伏 $\Delta f / f_o$ 的功率谱密度 $S_{\Delta f/f}$ 为

$$S_{\Delta f/f}(f_m) = \frac{1}{f_o^2} S_f(f_m) = \frac{f_m^2}{f_o^2} S_\Phi(f_m)$$

相位噪声可以用相位起伏 $S_\Phi(f_m)$ 或频率起伏 $S_f(f_m)$ 等效处理，多数情况下都是习惯采用相位噪声功率谱密度进行描述，相位噪声功率谱密度的运算关系式如下：

当两个具有相位噪声 Φ_{n1} 和 Φ_{n2} 的信号通过混频器完成频率的加减时，混频之后的相位为

$$\Phi_{no} = \Phi_{n1} \pm \Phi_{n2} \qquad (1.26)$$

假设 Φ_{n1} 和 Φ_{n2} 不相关，混频输出的相位噪声功率谱密度等于两个输入信号相位噪声功率谱密度之和，即

$$S_{\Phi_{no}}(f_m) = S_{\Phi_{n1}}(f_m) + S_{\Phi_{n2}}(f_m) \qquad (1.27)$$

在关系式 (1.26) 中，相位噪声之间是有加减的。但是，对于功率谱密度来说，不相关的随机函数之间的加或减没有什么区别，相减只是代表倒相，它们的功率谱密度总是相加的。

一个理想的 N 分频器完成对输入信号频率 f_i 除 N 的操作，而自身不产生额外的随机噪声，它的输出频率为 $f_o = f_i/N$。与此同时，输出相位为 $\Phi_{no} = \Phi_{ni}/N$，输出相位噪声功率谱密度 $S_{\Phi_{no}}(f_m)$ 与输入相位噪声功率谱密度 $S_{\Phi_{ni}}(f_m)$ 的关系为

$$S_{\Phi_{no}}(f_m) = \frac{S_{\Phi_{ni}}(f_m)}{N^2} \qquad (1.28)$$

一个理想的 N 倍频器完成对输入信号频率 f_i 乘以 N 的操作，而自身不产生额外的随机噪声，它的输出频率为 $f_o = Nf_i$。与此同时，输出相位为 $\Phi_{no} = N\Phi_{ni}$，输出相位噪声功率谱密度 $S_{\Phi_{no}}(f_m)$ 与输入相位噪声功率谱密度 $S_{\Phi_{ni}}(f_m)$ 的关系为

$$S_{\Phi_{no}}(f_m) = N^2 S_{\Phi_{ni}}(f_m) \qquad (1.29)$$

　　实际的倍频器和分频器自身总是产生噪声的，大部分情况下都可以忽略不计，当主要相位噪声来源得到优化并逐步降低到一定程度时，倍频器和分频器自身产生的噪声就需要考虑了。在频率合成器的设计中，我们需要在性能和成本之间进行折中考虑，确定合适的倍频器和分频器。

　　在锁相环的噪声分析中，通常都是将环路部件视为理想无噪的，把噪声看成是从外部不同地点注入到环路中的，环路线性化相位模型如图 1.11 所示。其中的 $\Phi_{ni}(s)$ 是输入白高斯噪声形成的等效相位噪声，可以是频率参考缓冲放大器的噪声在环路输入端的等效，也可以是频率参考分频器的触发相噪；$U_{PD}(s)$ 为鉴相器本身的输出噪声电压，可以是数字鉴相器的触发噪声在鉴相器输出端的等效；$\Phi_{vco}(s)$ 是压控振荡器的相位噪声，$\Phi_N(s)$ 为环路反馈分频器自身引起的相位噪声。

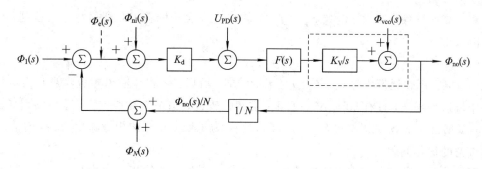

图 1.11　考虑多个噪声来源的环路线性化相位模型

根据图 1.11 所示的相位模型，输出相位噪声可以写为

$$\Phi_{no}(s) = \left[\Phi_{ni}(s)K_d - \Phi_N(s)K_d - \Phi_{no}(s)\frac{K_d}{N}\right]F(s)\frac{K_V}{s} + U_{PD}F(s)\frac{K_V}{s} + \Phi_{vco}(s)$$

简化后得到

$$\Phi_{no}(s) = \left[\Phi_{ni}(s) - \Phi_N(s)\right]H(s) + \frac{U_{PD}}{K_d}H(s) + \Phi_{vco}(s)H_e(s) \tag{1.30}$$

式中，

$$H(s) = \frac{NK_dK_VF(s)}{Ns + K_dK_VF(s)}$$

$$H_e(s) = 1 - \frac{1}{N}H(s) = \frac{Ns}{Ns + K_dK_VF(s)}$$

　　关系式(1.30)表明相位噪声 $\Phi_{ni}(s)$、$\Phi_N(s)$ 和 $U_{PD}(s)/K_d$ 是通过闭环传递函数 $H(s)$ 的低通特性滤波之后输出的，通常称作低通型噪声。相位噪声 $\Phi_{vco}(s)$ 则是通过闭环误差传递函数 $H_e(s)$ 的高通特性滤波之后输出的，称为高通型噪声。假设这些噪声是各自独立的，且 $S_{\Phi_{ni}}(f_m)$ 是 $\Phi_{ni}(t)$ 的相位噪声功率谱密度，$S_{\Phi_N}(f_m)$ 是 $\Phi_N(t)$ 的相位噪声功率谱密度，$S_{U_{PD}}(f_m)$ 是 $U_{PD}(t)$ 的电压噪声功率谱密度，$S_{\Phi_{vco}}(f_m)$ 是 $\Phi_{vco}(t)$ 的相位噪声功率谱密度，可以得到环路输出的总相位噪声功率谱密度为

$$S_{\Phi_{no}}(f_m) = \left[S_{\Phi_{ni}}(f_m) + S_{\Phi_N}(f_m) + \frac{S_{U_{PD}}(f_m)}{K_d^2}\right]|H(j2\pi f_m)|^2 + S_{\Phi_{vco}}(f_m)|H_e(j2\pi f_m)|^2$$

　　上式中第一项为环路的低通输出相位噪声功率谱密度，亦即，$S_{\Phi_{ni}}(f_m)$、$S_{\Phi_N}(f_m)$ 和

$S_{U_{PD}}(f_m)$ 都是通过呈低通特性的 $H(j2\pi f_m)$ 闭环传递函数滤波之后输出的。第二项为环路高通输出相位噪声功率谱密度，即 $S_{\Phi_{vco}}(f_m)$ 是通过呈高通特性的 $H_e(j2\pi f_m)$ 误差传递函数滤波之后输出的。

对于低通型噪声来说，例如 $S_{\Phi_{ni}}(f_m)$，输出受到闭环传递函数低通特性的抑制，由于带内满足

$$\left| H(j2\pi f_m) \right|^2 = N^2$$

因此，低通型噪声在带外受到闭环传递函数的极大抑制，但是在带内却恶化了 N^2。锁相环的输出频率为 $f_o = N f_i$（f_i 为输入信号频率），输出相位噪声功率谱密度恶化了 N^2 倍，这和倍频器输出关系式(1.29)是一致的。用对数单位表述的话，输出相噪将恶化 $20\log N$，N 为环路反馈分频比。

对于高通型噪声来说，例如 $S_{\Phi_{vco}}(f_m)$，输出受到误差传递函数高通特性的抑制，由于通带内满足

$$\left| H_e(j2\pi f_m) \right|^2 = 1$$

因此，输出噪声在通带内是 $S_{\Phi_{vco}}(f_m)$ 直接传输的。所以，锁相环输出相位噪声在近载波处取决于低通型噪声，且有 $20\log N$ 的恶化，在频偏较远处取决于高通型噪声。在锁相环的设计中，根据已知的 $S_{\Phi_{ni}}(f_m)$ 和 $S_{\Phi_{vco}}(f_m)$ 的大小，为了获得良好的相噪输出特性，存在一个环路带宽的优化问题。

在忽略鉴相器和分频器噪声的情况下，根据近端和远端的相位噪声指标要求，选择合适的频率参考与 VCO 型号，将已知的 $S_{\Phi_{ni}}(f_m)$ 和 $S_{\Phi_{vco}}(f_m)$ 归一化，寻找 $S_{\Phi_{ni}}(f_m)/f_r^2$ 和 $S_{\Phi_{vco}}(f_m)/f_o^2$ 两条归一化相位噪声功率谱密度曲线的交点，该交点频率 f_c 通常被选为环路低通截止频率，最佳环路低通截止频率 f_c 示意图如图 1.12 所示。较小的截止频率有利于滤除参考相位噪声，较大的截止频率有利于抑制 VCO 相位噪声。在实际工程应用中，根据 VCO 频率调谐范围的需求，确定反馈分频比 N 的取值范围。反馈分频比 N 的改变会造成环路增益和带宽的变化，这往往需要进行补偿和优化设计，甚至采用可变环路带宽的设计方案，以便满足整体相噪指标要求。

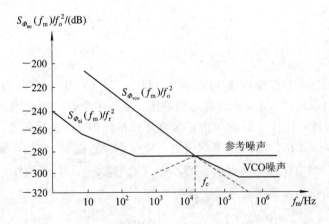

图 1.12 最佳环路低通截止频率 f_c 示意图

应该指出，上述对频率归一化的谱密度表述是鉴于工程设计上的近似处理，也是因为

VCO 振荡器和参考振荡器的相位噪声功率谱密度经常以相对相位噪声功率谱密度形式 $S_{\Phi_{vco}}(f_m)/f_o^2$ 给出的缘故。在环路输出总相位噪声功率谱密度 $S_{\Phi_{no}}(f_m)$ 的关系式两边同时除以 f_o^2，考虑到 $f_o = Nf_i = Nf_r$ 和式 $(1.11)|H(j2\pi f_m)|^2$ 分子上的 N^2 将被约掉，关系式为

$$\frac{S_{\Phi_{no}}(f_m)}{f_o^2} = \left[\frac{S_{\Phi_{ni}}(f_m)}{f_r^2} + \cdot \frac{S_{\Phi_N}(f_m)}{f_r^2} + \frac{S_{U_{PD}}(f_m)}{f_r^2 K_d^2}\right]|H(j2\pi f_m)|^2$$

$$+ \frac{S_{\Phi_{vco}}(f_m)}{f_o^2}|H_e(j2\pi f_m)|^2$$

上式中的 $H(j2\pi f_m)$ 等同于反馈分频比 $N=1$ 时的闭环传递函数，此时带内相噪没有 N 倍恶化，仍然呈现着低通特性，但和原先略有不同。$H_e(j2\pi f_m)$ 是 $N \neq 1$ 时的误差传递函数。虽然存在着一定的误差，但作为工程处理的一种方法是可以的，它方便了实现环路带宽的优化设计。

1.4 CP-PLL 的 s 域线性相位模型

电荷泵型锁相环(CP-PLL)的基本构成如图 1.13(a)所示，它由鉴频鉴相器(PFD)、电荷泵电路(CP)、环路滤波器、压控振荡器和分频器等部分组成。CP-PLL 的基本工作原理是：PFD 比较参考信号与输出反馈信号的频率和相位，产生反映两者相位差的脉宽信号，调节电荷泵电路的电流大小或充放电的时间长短，改变了充放电电荷。这些电荷存储在环路滤波电容上，所产生的电压来调节 VCO 的输出频率。参考信号与输出反馈信号之间的相位差趋于一个理论上为零的常数。

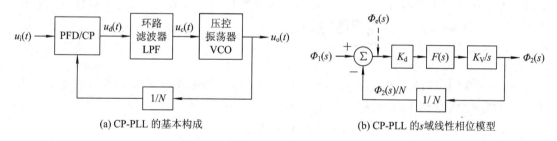

(a) CP-PLL 的基本构成　　　　　　(b) CP-PLL 的 s 域线性相位模型

图 1.13　CP-PLL

CP-PLL 线性化模型中与前面介绍的 PLL 线性化模型相比，最大的不同点就是 PFD 和 CP 电路的线性化处理，正是由于 PFD 和 CP 电路的引入，使得整个 PLL 电路具有离散的、非线性，甚至是周期时变的特点，环路分析变得十分复杂。虽然采用连续时间的分析方法具有一定的局限性，但却被 PLL 电路设计者广泛接受和使用，其主要原因一是设计者习惯于模拟电路的连续小信号分析与设计方法；二是引入的误差不太大，可以满足工程应用要求。

图 1.14 为鉴频鉴相器和电荷泵电路简图，图 1.15 所示为 PFD 充放电波形。由于引入了时序逻辑电路鉴频鉴相器 PFD 和电荷泵 CP 电路，每次的相位比较都发生在鉴相参考时钟沿上，相当于一个采样电路，CP-PLL 变成了一个离散采样复杂非线性系统。因此，s 域线性相位模型的建立必须在环路锁定状态下，再进行一定的线性化处理后才能得到。

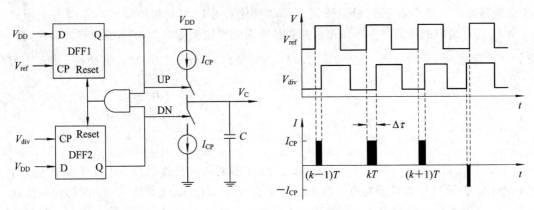

图 1.14　PFD/CP 电路简图　　　　　图 1.15　PFD 充放电波形

在 PFD&CP 线性化处理过程中，假定 PLL 已经锁定并且相差 $\Phi_e(t)$ 远小于 2π，这个条件大多数情况下都是成立的。充电泵的导通时间 $\Delta\tau$ 取决于相差 $\Phi_e(t)$，可以写为

$$\Delta\tau = \frac{\Phi_e(t)}{2\pi}T_{\text{ref}}$$

式中，T_{ref} 是参考周期，$T_{\text{ref}} = \dfrac{1}{f_r}$。

$\Delta\tau$ 为负值时表示反馈信号相位超前参考信号。假设电荷泵在一个鉴相周期内的平均电流为 $\bar{i}(t)$，可以写为

$$\bar{i}(t) = \frac{I_{\text{CP}}\Delta\tau}{T_{\text{ref}}} = \frac{I_{\text{CP}}}{2\pi}\Phi_e(t)$$

式中，I_{CP} 是电荷泵电流幅值。$\bar{i}(t)$ 是电荷泵在每个鉴相周期内的平均电流，这样我们就可以将 PFD&CP 线性化，其线性传递系数 K_d 为

$$K_d = \frac{I_{\text{CP}}}{2\pi} \tag{1.31}$$

在 PFD&CP 线性化处理之后，我们可以得到 CP-PLL 的 s 域线性相位模型，如图 1.13(b) 所示。考虑到 VCO 的输出，可以表示为

$$\omega_o(t) = K_V V_c(t) + \omega_{\text{free}}$$

式中，K_V 是压控振荡器的调谐灵敏度。对上式积分，并忽略相位的线性部分后得到

$$\Phi_o(t) = \int \omega_o(t)\,\mathrm{d}t = K_V \int V_c(t)\,\mathrm{d}t$$

该关系式对应的频域传递函数为

$$\Phi_o(s) = \frac{K_V}{s}V_c(s)$$

因此，图 1.13(b) 中的压控振荡器模型为 K_V/s，$F(s)$ 为环路滤波器传递函数。我们可以看出，图 1.13(b) 模型和图 1.5 模型具有相同的结构形式。其实，如果考虑到只有在采样时刻的相差 $\Phi_e(t)$ 才能对系统产生影响，相当于内嵌了一个采样器。而线性化的电流相当于用保持电路将离散的电流恒定持续了一个鉴相周期，即采样器后接了一个零阶保持器。

根据线性相位模型，闭环传递函数为

$$H(s) = \frac{\varPhi_o(s)}{\varPhi_i(s)} = \frac{NK_d K_V F(s)}{Ns + K_d K_V F(s)}$$

图 1.16 列举了一些比较常用的无源滤波器，其中的图(a)是一个 I 型 2 阶环路滤波器，图(b)是一个 II 型 2 阶环路滤波器，图(c)是一个 I 型 3 阶环路滤波器，图(d)是一个 II 型 3 阶环路滤波器，它们的传递函数分别为

$$F_a(s) = \frac{V_o}{I_{in}} = \frac{R_1}{1 + sR_1 C_1}$$

$$F_b(s) = \frac{V_o}{I_{in}} = \frac{1}{s(C_1 + C_2)} \cdot \frac{1 + sR_1 C_2}{1 + sR_1 C_\Sigma} \quad \left(式中，C_\Sigma = \frac{C_1 C_2}{C_1 + C_2}\right)$$

$$F_c(s) = \frac{V_o}{I_{in}} = \frac{R_1}{1 + sR_1 C_1 + s^2 L_1 C_1}$$

$$F_d(s) = \frac{V_o}{I_{in}} = \frac{1}{s(C_1 + C_2)} \cdot \frac{1 + sR_1 C_2}{1 + sR_1 C_\Sigma + s^2 L_1 C_\Sigma} \quad \left(式中，C_\Sigma = \frac{C_1 C_2}{C_1 + C_2}\right)$$

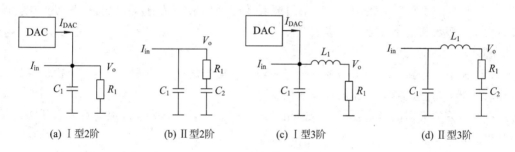

(a) I 型2阶   (b) II 型2阶   (c) I 型3阶   (d) II 型3阶

图 1.16 无源环路滤波器电路原理图

无源滤波器设计简单，和有源滤波器相比没有引入较大的噪声，工作范围较少受到限制。但是，在集成锁相环芯片的设计中，无源滤波器不但缺少灵活性，还会占用较大的芯片面积。对 3 阶以上高阶的滤波器一般需要使用电感才能实现，不利于锁相环的集成化应用。

有源滤波器通常在集成锁相环中应用较多，由于使用了运算放大器等有源器件，因此增加了功耗和器件噪声，但是匹配性得以最佳，也能实现阻抗转换，很容易实现高阶滤波器并易于集成化。图 1.17 列出了一些比较常用的有源滤波器。其中图(a)是一个 I 型 2 阶

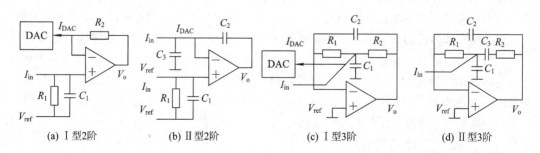

(a) I 型2阶   (b) II 型2阶   (c) I 型3阶   (d) II 型3阶

图 1.17 有源环路滤波器电路原理图

环路滤波器，图(b)是一个Ⅱ型2阶环路滤波器，图(c)是一个Ⅰ型3阶环路滤波器，图(d)是一个Ⅱ型3阶环路滤波器，它们的传递函数分别为

$$F_a(s) = \frac{V_o}{I_{in}} = \frac{R_1}{1 + sR_1C_1}$$

$$F_b(s) = \frac{V_o}{I_{in}} = \frac{1 + sR_1(C_1 + C_2 + C_3)}{sC_2(1 + sR_1C_1)}$$

$$F_c(s) = \frac{V_o}{I_{in}} = \frac{-R_2}{1 + s(R_1 + R_2)C_2 + s^2 R_1 R_2 C_1 C_2}$$

$$F_d(s) = \frac{V_o}{I_{in}} = \frac{-1}{s(C_1 + C_2)} \cdot \frac{1 + sR_2C_3}{1 + sC_\Sigma[R_1(1 + C_1/C_2) + R_2] + s^2 R_1 R_2 C_1 C_\Sigma}$$

式中，

$$C_\Sigma = \frac{C_2 C_3}{C_2 + C_3}$$

CP-PLL 的阶数和型数是根据闭环传递函数的分母来定义的，阶数指的是分母中 s 的最高次幂，型数指的是在原点的极点个数。

必须注意的几点：

(1) 充电泵电路的输出端需要直接连接到一个电容的一端，滤除高频的干扰信号进入运算放大器，防止运算放大器出现非线性现象。

(2) 运算放大器的带宽要远大于锁相环路的带宽，确保不影响环路特性，如环路的零点和极点位置等。

(3) 有源滤波器中的运算放大器是直流开路使用的，当直流增益很大时，单独的运算放大器通常是不稳定的，但是在锁相环路的控制下，环路可以为它提供稳定的工作状态。

1.5　电荷泵型锁相环的 z 域模型

建立电荷泵型锁相环离散模型有三种方法。第一种方法是用空间状态方程来描述 CP-PLL，采取一定的近似将状态方程线性化，并转化为差分方程，最后得到 z 变量离散域的传递函数 $H(z)$，这就是所谓的 Gardner 模型。第二种方法是将 s 域传递函数 $H_o(s)$ 进行拉普拉斯反变换，求得时域冲击响应 $h(t)$，再对 $h(t)$ 进行采样得到 $h(nT)$，通过对 $h[n]$ 求 Z 变换得到 z 域传递函数 $H_o(z)$，这就是所谓的 Hein 模型。第三种方法是将基于离散锁相环系统特征的 s 域传递函数转化到 z 域，从而得到 z 域传递函数 $H(z)$。第一种方法求解 z 域传递函数的过程比较繁琐，然而，它可以得到环路的稳定性极限，这在连续 s 域模型中是无法体现出来的，即 s 域的线性化模型在临界条件下难以判断环路的稳定性。第二种方法简单，但是在 s 域的 CP-PLL 相位模型中没有体现出系统的离散特点，不能给出环路稳定性极限。第三种方法通过引入采样和保持环节建立了 CP-PLL 离散相位模型，体现出了采样离散系统的本质。下面我们简单介绍一下利用第三种方法建立电荷泵型锁相环离散模型的过程和结论。

　　由于数字鉴频鉴相器的引入，使得每次进行相位比较只发生在参考时钟的触发沿上，相当于一个采样电路，比相之后表现为保持行为。在建立和分析 CP-PLL 的 z 域模型时，必须将 CP-PLL 视为一个离散系统，离散系统原理框图如图 1.18 所示。

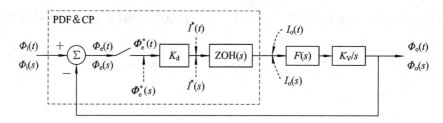

图 1.18　CP-PLL 离散系统原理框图

　　基本的信号流程是这样的，相差 $\Phi_e(t)$ 仅仅在 $t=kT$，$T=T_s$ 的时刻才被采样为离散的冲击串 $\Phi_e^*(t)$，经过 K_d 倍放大后变成电流信号 $I^*(t)$，离散信号 $I^*(t)$ 再经过零阶保持器 ZOH 而重新变成连续信号 $I_o(t)$。经过环路滤波器后调整压控振荡器的相位 $\Phi_o(t)$。图中同时给出了时域信号和对应的拉普拉斯变换。其中，保持电路将第 nT 时刻的采样信号一直保持到第 $(n+1)T$ 时刻，从而将一个脉冲序列变成一个连续的阶梯信号，因为在每一个采样区间内连续的阶梯信号的幅值均为常数，其 1 阶导数为零，因此常常称为零阶保持。

　　如果零阶保持器的冲激响应为 $h(t)$，按照保持器的功能，当 $kT \leqslant t < (k+1)T$ 时，在鉴相器输出脉冲电流序列中，第 k 个样值 $I(kT)$ 满足

$$I(kT)\delta(t-kT) \otimes h(t) = I(kT) \tag{1.32}$$

式中，$\delta(t)$ 是狄拉克函数，$\otimes$ 表示卷积，上式也可以写为

$$I(kT)h(t-kT) = I(kT)$$

　　我们取 $k=0$，则可以得到零阶保持器的冲激响应 $h(t)$ 为

$$h(t) = \begin{cases} 1 & 0 \leqslant t < T \\ 0 & t \geqslant T \end{cases}$$

　　可以利用单位阶跃函数 $u_{-1}(t)$，把上式写成

$$h(t) = u_{-1}(t) - u_{-1}(t-T) \tag{1.33}$$

　　将式（1.33）实施拉普拉斯变换，我们可以得到零阶保持器的传递函数为

$$\mathrm{ZOH}(s) = \frac{1 - \mathrm{e}^{-sT}}{s} \tag{1.34}$$

　　根据图 1.18 离散系统原理框图进行 CP-PLL 的 z 域建模，分析并获取 z 域传递函数。我们知道采样实质上就是一个冲击串调制器，离散冲击串 $\Phi_e^*(t)$ 的输出可以表示成

$$\Phi_e^*(t) = \sum_{k=-\infty}^{\infty} \Phi_e(t)\delta(t-kT) \tag{1.35}$$

　　对上式两边进行拉普拉斯变换：

$$\mathscr{L}\{\Phi_e^*(t)\} = \int_{-\infty}^{\infty} \sum_{k=-\infty}^{\infty} \Phi_e(\tau)\delta(\tau-kT)\mathrm{e}^{-s\tau}\,\mathrm{d}\tau$$

　　$\mathscr{L}\{*\}$ 表示拉普拉斯变换，利用 $\delta(t)$ 函数的性质，同时定义 $\Phi_e^*(s) = \mathscr{L}\{\Phi_e^*(t)\}$，得到

$$\Phi_e^*(s) = \mathscr{L}\{\Phi_e^*(t)\} = \sum_{k=-\infty}^{\infty} \Phi_e(kT)\mathrm{e}^{-ksT} \tag{1.36}$$

根据定义，$\Phi_e^*(s)$ 表示信号 $\Phi_e(t)$ 在时域中被采样之后，变成了离散信号 $\Phi_e^*(t)$，然后再其进行拉普拉斯变换，即 $\Phi_e^*(s) = \mathscr{L}\{\Phi_e^*(t)\}$。

我们先介绍两个非常有用的关系式。如果一个离散信号 $X^*(t)$ 经过一个冲击响应为 $h(t)$ 的网络之后，输出再次变为一个连续信号 $Y(t)$ 的话，输出信号 $Y(t)$ 对应的 $Y^*(s)$ 满足：

$$Y^*(s) = [X^*(s)H(s)]^* = X^*(s)H^*(s) \tag{1.37}$$

式中，

$$X^*(s) = \mathscr{L}\{X^*(t)\}, \quad H^*(s) = \mathscr{L}\{h^*(t)\}$$

由于输出信号 $Y(t)$ 是 $X^*(t)$ 和冲击响应为 $h(t)$ 的卷积，即 $Y(t) = X^*(t) \otimes h(t)$，对等式两边进行采样操作，并考虑到 $X^*(t)$ 本身已经是个离散信号，采样的结果为

$$Y^*(t) = X^*(t) \otimes h^*(t)$$

对上式再进行拉普拉斯变换，根据卷积定理，关系式（1.37）成立。该关系式表明 $X^*(t)$ 可以视为常数从 $(\cdot)^*$ 运算中提取出来的。

如果传递函数分别为 $1 - e^{-sT}$ 和 $H(s)$ 的两个网络级联的话，则

$$[(1 - e^{-sT})H(s)]^* = (1 - e^{-sT})H^*(s) \tag{1.38}$$

根据拉普拉斯的叠加定理和延时定理，对 $(1 - e^{-sT})H(s)$ 进行反拉普拉斯变换：

$$\mathscr{L}^{-1}[(1 - e^{-sT})H(s)] = h(t) - h(t - T)$$

上式进行采样后再实施拉普拉斯变换，左边根据定义正是 $[(1 - e^{-sT})H(s)]^*$，右边根据叠加定理和延时定理，为 $(1 - e^{-sT})H^*(s)$，关系式（1.38）成立。该关系式表明 $1 - e^{-sT}$ 可以视为常数从 $(\cdot)^*$ 运算中提取出来的。

根据图 1.18，可以得到

$$\Phi_o(s) = \Phi_e^*(s)K_d\text{ZOH}(s)F(s)\frac{K_V}{s} \tag{1.39}$$

根据关系式（1.37），有

$$\Phi_o^*(s) = K_d K_V \Phi_e^*(s)\left[\text{ZOH}(s)\frac{F(s)}{s}\right]^*$$

由于 $\Phi_e^*(s) = \Phi_i^*(s) - \Phi_o^*(s)$ 成立，所以得到闭环传递函数为

$$H^*(s) = \frac{\Phi_o^*(s)}{\Phi_i^*(s)} = \frac{K_d K_V\left[\text{ZOH}(s)\dfrac{F(s)}{s}\right]^*}{1 + K_d K_V\left[\text{ZOH}(s)\dfrac{F(s)}{s}\right]^*}$$

对应的开环传递函数为

$$H_o^*(s) = K_d K_V\left[\text{ZOH}(s)\frac{F(s)}{s}\right]^*$$

将零阶保持器的传递函数 $\text{ZOH}(s)$ 代入上式，并注意到关系式（1.38），$H_o^*(s)$ 和 $H^*(s)$ 分别为

$$H_o^*(s) = K_d K_V(1 - e^{-sT})\left[\frac{F(s)}{s^2}\right]^* \tag{1.40}$$

$$H^*(s) = \frac{\Phi_o^*(s)}{\Phi_i^*(s)} = \frac{K_d K_V (1 - e^{-sT}) \left[\dfrac{F(s)}{s^2} \right]^*}{1 + K_d K_V (1 - e^{-sT}) \left[\dfrac{F(s)}{s^2} \right]^*} \tag{1.41}$$

我们以图 1.19 所示的典型 CP-PLL 为例，忽略 C_1 以便简化计算，环路滤波器变为 R_2 和 C_2 串联形式，这时的环路滤波器为

$$F(s) = R_2 \left(1 + \frac{1}{s R_2 C_2} \right)$$

带入关系式(1.40)，开环传递函数为

$$H_o^*(s) = K(1 - e^{-sT}) \left(\frac{1}{s^2} + \frac{1}{s^3 R_2 C_2} \right)^* \tag{1.42}$$

式中，$K = K_d K_V R_2$，$(\cdot)^*$ 表示将括号中的内容进行反拉普拉斯变换，转换为时域信号，经过采样后再进行离散拉普拉斯变换。

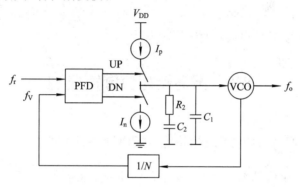

图 1.19　典型的 II 型 3 阶 CP-PLL 原理图

我们将式(1.42)变换到 z 域的表示式，从而获得 z 域传递函数。在令 $z = e^{sT}$ 情况下，离散信号的拉普拉斯变换正是时域序列信号的 Z 变换。可以将式(1.42)中 $(\cdot)^*$ 括号中的内容进行反拉普拉斯变换，成为时域信号后，经过离散化后进行 Z 变换。这样，关系式(1.42)可以写成

$$H_o(z) = K(1 - z^{-1}) \mathscr{Z} \left\{ \mathscr{L}^{-1} \left(\frac{1}{s^2} + \frac{1}{s^3 R_2 C_2} \right) \right\} \tag{1.43}$$

由于

$$\mathscr{Z} \left\{ \mathscr{L}^{-1} \left(\frac{1}{s^2} \right) \right\} = T \frac{z}{(z-1)^2}$$

$$\mathscr{Z} \left\{ \mathscr{L}^{-1} \left(\frac{1}{s^3} \right) \right\} = \frac{T^2}{2} \cdot \frac{z(z+1)}{(z-1)^3}$$

代入到关系式(1.43)中，得到

$$H_o(z) = KT \left[\frac{z(1+a) + (a-1)}{(z-1)^2} \right] \tag{1.44}$$

式中，$a = \dfrac{T}{2 R_2 C_2}$，$K = K_d K_V R_2$。

关系式(1.44)就是图 1.19 所示的典型 3 阶电荷泵型锁相环的 z 域开环传递函数。

对于 N 阶 Ⅱ 型的电荷泵型锁相环来说，也是更具有实用价值的 CP-PLL，根据上述讨论，电荷泵型锁相环的通用 z 域模型如图 1.20 所示。

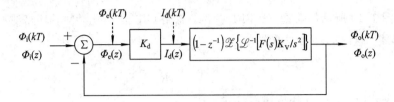

图 1.20　N 阶 Ⅱ 型电荷泵型锁相环的通用 z 域模型

根据 z 域模型，我们可以方便地得到开环传递函数为

$$H_o(z) = \frac{\Phi_o(z)}{\Phi_i(z)} = K_d(1-z^{-1})\mathscr{Z}\left\{\mathscr{L}^{-1}\left[\frac{F(s)K_V}{s^2}\right]\right\} \tag{1.45}$$

式中，$\mathscr{Z}\{\mathscr{L}^{-1}(F(s)K_V/s^2)\}$ 是将 $F(s)K_V/s^2$ 反拉普拉斯变换为时域信号，然后对时域信号采样，再经过 Z 变换后得到最终的结果。

1.6　振荡器相位噪声模型

1.6.1　噪声电压功率谱密度与相位噪声功率谱密度的关系

任何振荡器的输出信号都不是一个标准的纯净的正弦信号，总是存在着一定的寄生调幅和调相，可以表示为

$$v_o = V_o[1+a(t)]\cos[\omega_o t + \Phi(t)]$$

式中，$a(t)$ 代表寄生调幅，$\Phi(t)$ 代表寄生调相。

在频率合成器的设计中，我们可以轻松地将寄生调幅做到很小，而且它也不是相位反馈系统中研究的重点，人们最关心的还是寄生调相对频率合成器输出频谱纯度的影响。因此，通常不考虑寄生调幅信号。我们假设寄生调相 $\Phi(t)$ 是由随机相位噪声 $\Phi_n(t)$ 造成的，在满足 $\Phi_n(t) \ll 1$ 且是一个平稳随机过程的条件下，输出信号表示为

$$v_o(t) = V_o\cos[\omega_o t + \Phi_n(t)] \approx V_o\cos\omega_o t - V_o\Phi_n(t)\sin\omega_o t \tag{1.46}$$

上式中的第一项为有用信号，第二项则表示一个寄生调相或调频的噪声电压，用 $v_n(t)$ 来表示，关系式为

$$v_n(t) = V_o\Phi_n(t)\sin\omega_o t$$

噪声电压 $v_n(t)$ 的自相关函数为

$$R_{v_n} = \lim_{T\to\infty}\frac{1}{2T}\int_{-T}^{T}v_n(t)v_n(t+\tau)\mathrm{d}\tau$$

$$= \lim_{T\to\infty}\frac{1}{2T}\int_{-T}^{T}V_o^2\Phi_n(t)\Phi_n(t+\tau)\sin\omega_o t\sin\omega_o(t+\tau)\mathrm{d}\tau$$

将上式中的 $\sin\omega_o(t+\tau)$ 展开，利用 $\sin2x=2\sin x\cos x$ 和 $\sin^2 x=(1-\cos2x)/2$ 三角恒等式，关系式可以改写成

$$R_{v_n} = \lim_{T \to \infty} \frac{1}{2T} \int_{-T}^{T} \frac{1}{2} V_o^2 \Phi_n(t) \Phi_n(t+\tau) [\cos\omega_o\tau - \cos2\omega_o t\cos\omega_o\tau + \sin2\omega_o t\sin\omega_o\tau] d\tau$$

考虑到 $\Phi_n(t)\Phi_n(t+\tau)$ 与 $\sin2\omega_o t$ 和 $\cos2\omega_o t$ 不相关，上式积分进一步表示为

$$R_{v_n} = \lim_{T \to \infty} \frac{1}{2T} \int_{-T}^{T} \frac{1}{2} V_o^2 \cos\omega_o\tau \Phi_n(t) \Phi_n(t+\tau) d\tau = \frac{1}{2} V_o^2 \cos\omega_o\tau R_{\Phi_n} \tag{1.47}$$

式中，R_{Φ_n} 是相位噪声 $\Phi_n(t)$ 的自相关函数，表达式为

$$R_{\Phi_n} = \lim_{T \to \infty} \frac{1}{2T} \int_{-T}^{T} \frac{1}{2} \Phi_n(t) \Phi_n(t+\tau) d\tau \tag{1.48}$$

我们知道平均值不为零的信号不是平方可积的，这种情况下也就没有傅里叶变换。由于锁相环中的大量随机过程都可以近似为平稳的，亦即它的所有统计特性皆与时间无关。依据维纳-辛钦定理（Wiener-Khinchin），如果它是一个平稳随机过程，它的功率谱密度就是其自相关函数的傅里叶变换。相位噪声 $\Phi_n(t)$ 的双边带功率谱密度为

$$S_{2\Phi_n} = \int_{-\infty}^{\infty} R_{\Phi_n}(\tau) e^{-j\omega\tau} d\tau$$

根据关系式（1.47）可以得到噪声 $v_n(t)$ 的双边带功率谱密度为

$$S_{2v_n} = \int_{-\infty}^{\infty} R_{v_n}(\tau) e^{-j\omega\tau} d\tau = \int_{-\infty}^{\infty} \frac{1}{2} V_o^2 \cos\omega_o\tau R_{\Phi_n}(\tau) e^{-j\omega\tau} d\tau$$

利用欧拉恒等式 $e^{jx} = \cos x + j\sin x$，上式改写为

$$S_{2v_n} = \frac{P_S}{2} [S_{2\Phi_n}(\omega+\omega_o) + S_{2\Phi_n}(\omega-\omega_o)] \tag{1.49}$$

式中，P_S 为有用信号功率，$P_S = V_o^2/2$，$S_{2\Phi_n}(\omega+\omega_o)$ 和 $S_{2\Phi_n}(\omega-\omega_o)$ 分别为 $\omega = \pm\omega_o$ 处的两个边带的噪声功率谱密度，表达式分别为

$$S_{2\Phi_n}(\omega+\omega_o) = \int_{-\infty}^{\infty} R_{\Phi_n}(\tau) e^{-j(\omega+\omega_o)\tau} d\tau$$

$$S_{2\Phi_n}(\omega-\omega_o) = \int_{-\infty}^{\infty} R_{\Phi_n}(\tau) e^{-j(\omega-\omega_o)\tau} d\tau$$

实际上，关系式（1.49）正是调制理论中频谱搬移定理的结果。由于负频是不存在的，只是数学上的一个定义，如果只考虑正频部分的话，就是所谓的噪声单边带功率谱密度 S_{v_n}，且 $S_{v_n} = 2S_{2v_n}$，那么，噪声电压 $v_n(t)$ 的相对单边带功率谱密度为

$$\frac{S_{v_n}}{P_S} = S_{\Phi_n}(\omega+\omega_o) = S_{\Phi_n}(\omega-\omega_o) \tag{1.50}$$

根据调制理论，射频单边带相位噪声功率谱密度 $S_{\Phi_n}(\omega-\omega_o)$ 与基带单边带相位噪声功率谱密度 $S_{\Phi_n}(\Delta\omega)$ 存在如下关系：

$$S_{\Phi_n}(\omega-\omega_o) = \frac{1}{2} S_{\Phi_n}(\Delta\omega)$$

所以

$$\frac{S_{v_n}(\omega)}{P_S} = \frac{1}{2} S_{\Phi_n}(\Delta\omega) \tag{1.51}$$

式中，$\Delta\omega = \omega - \omega_o = \Omega = 2\pi f_m$ 为基带调制角频率，常常将 f_m 称为频偏。

关系式(1.51)表明噪声电压 $v_n(t)$ 的相对单边带功率谱密度是相位噪声 $\Phi_n(t)$ 的单边带功率谱密度 $S_{\Phi_n}(\Omega)$ 的一半。

单边带相位噪声功率谱密度 $S_{\Phi_n}(\Omega)$、双边带噪声电压相对功率谱密度 $S_{2v_n}(\omega)/P_S(\omega)$ 和单边带噪声电压相对功率谱密度 $S_{v_n}(\omega)/P_S(\omega)$ 的谱形如图 1.21 所示。

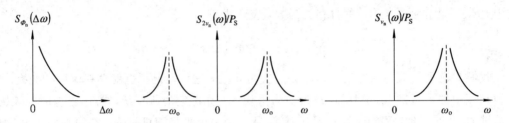

图 1.21　相位噪声与噪声电压功率谱密度示意图

由于直接测试相位噪声 $\Phi_n(t)$ 的单边带功率谱密度 $S_{\Phi_n}(\Omega)$ 比较困难，人们经常通过测量 $\Phi_n(t)$ 引起的噪声电压 $v_n(t)$ 的相对单边带功率谱密度来获得相位噪声，为了表征上的统一和规范化，定义单边带相位噪声 $L_\Phi(f_m)$ 为：在偏离载频 f_m 处，单位频带内的噪声功率相对于平均载波功率的比值，即

$$L_\Phi(f_m) = \frac{P_n(\text{offset} = f_m, \Delta f = 1\ \text{Hz})}{P_S}$$

如果采用对数形式，则定义式如下（单位为 dBc/Hz）：

$$L_\Phi(f_m) = 10\log\frac{P_n(\text{offset} = f_m, \Delta f = 1\ \text{Hz})}{P_S}$$

依据相位噪声的定义，关系式(1.51)可改写为

$$L_\Phi(f_m) = \frac{1}{2}S_{\Phi_n}(f_m) \tag{1.52}$$

关系式(1.52)是测量相位噪声的重要理论依据。

1.6.2　反馈型振荡器与相位噪声功率谱密度

反馈型振荡器通常由放大器和反馈网络组成，其核心就是一个在一定频率范围内能够实现正反馈的环路。当正反馈足够大时，放大器产生振荡，变成一个振荡器。所谓产生振荡是指这时放大器不需要外加激励信号，而是由本身的正反馈信号来代替外加激励信号作用。

闭环反馈框图如图 1.22 所示，图中 A 为放大单元电压的放大倍数，F_β 为反馈单元电压的传递系数，闭环电压增益为

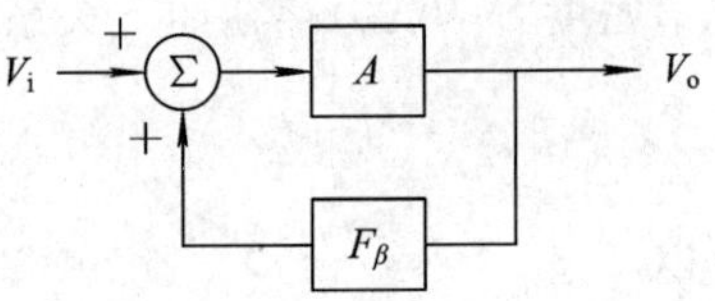

$$K_A = \frac{V_o}{V_i} = \frac{A}{1 - F_\beta \cdot A}$$

图 1.22　闭环反馈框图

对于振荡器来说，因为输入为零，若想得到非零的输出，必然满足：

$$F_\beta \cdot A = 1$$

这就是众所周知的正反馈放大器产生振荡的基本条件，此时 $K_A \to \infty$，放大器变成了振荡器。如果晶体管放大器工作于小信号线性状态下，则它的放大倍数 A 为常数。事实上，放大器的增益是振幅的函数。由于自给偏压的作用，振荡器起振以后，随着振荡幅度的不断增加，放大器便由线性的甲类工作状态迅速过渡到非线性的甲乙类以至丙类工作状态，这时的晶体管成为非线性器件。因此，当振荡器工作在乙类以至丙类工作状态时，A 是不断降低的。反馈网络 F_β 是由无源线性网络构成的，不受振荡幅度的影响。

为了维持一定振幅的振荡，起振时要求 $F_\beta \cdot A > 1$，随着振幅的增强增益逐渐降低，直到振幅增大到某一程度，满足 $F_\beta \cdot A = 1$，振荡达到一个平衡状态。因此，振荡器的起振条件为

$$F_\beta \cdot A > 1$$

振荡器的平衡条件为

$$F_\beta \cdot A = 1$$

如果采用模和相角来表示放大器和反馈网络，则 $A = A_0 \mathrm{e}^{j\Phi_A}$，$F_\beta(\omega) = \beta \mathrm{e}^{j\Phi_\beta}$，平衡条件改写为

$$A_0 \cdot \beta = 1 \tag{1.53}$$

$$\Phi_A + \Phi_\beta = 2n\pi \quad n = 0,1,2,\cdots \tag{1.54}$$

关系式(1.53)称为振幅平衡条件，式(1.54)称为相位平衡条件，利用振幅平衡条件可以确定振荡器的振幅，利用相位平衡条件可以确定振荡器的频率。这两个关系式对任何类型的反馈振荡器都是适用的。

图 1.23 绘出了放大倍数 A 与反馈系数的倒数 $1/\beta$ 随输出电压 V_o 的振幅 V_{om} 变化的曲线，放大倍数 A 随着 V_{om} 的增大逐渐下降，β 与振幅 V_{om} 无关，$1/\beta$ 是一条平行直线。两条曲线的交点 Q 就是振幅平衡点。如果某种因素使振幅增大超过了 V_{omQ}，此时出现 $A\beta < 1$ 的情况，振幅就自动衰减而回到 V_{omQ}，反之亦然。Q 点是个幅度平衡点，在平衡点附近，放大倍数随振幅的变化特性具有负斜率，即

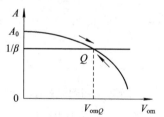

图 1.23　软自激振荡特性

$$\left. \frac{\partial A}{\partial V_{om}} \right|_{V_{om}=V_{omQ}} < 0 \tag{1.55}$$

关系式(1.55)表示平衡点的振幅稳定条件。另一个稳定条件是相位平衡的稳定条件，所谓相位稳定条件，就是指当相位平衡条件遭到破坏时，自身能重新建立起相位平衡点，仍能保持稳定振荡的条件。如果振荡器的相位是稳定的，其频率也必然是稳定的。当相位平衡遭到破坏时，反馈相位会发生超前或滞后，必然会带来频率的增大或减小，此时振荡电路中能够产生一个新的相位变化，以抵消由外因引起的相位变化，因而二者符号应该相反，亦即相位稳定条件为

$$\frac{\Delta\Phi}{\Delta\omega} < 0 \tag{1.56}$$

上式表明，只有谐振回路的相频特性曲线具有负的斜率时，才能满足相位稳定条件。

而 LC 并联谐振回路不但决定了振荡器频率，而且还是稳定振荡频率的机构。

根据反馈型 LC 振荡器工作原理，振荡器模型可以用一个放大器和一个反馈网络构成，如图 1.24 所示。假设放大器的电压放大系数为 K_A，功率放大系数为 G_A，$G_A = K_A^2$，放大器的噪声系数为 F_1，开环状态下的放大器总输出噪声电压为 $v'_{no}(t)$，对应的总输出噪声功率为 $P_{v'_{no}}(t)$。根据噪声系数的定义，当规定输入端温度处于 290 K 时，网络输入端信号功率和噪声功率之比 $P_{v_{si}}/P_{v_{ni}}$ 与输出端信号功率和噪声功率之比 $P_{v'_{so}}/P_{v'_{no}}$ 的比值定义为噪声系数，即

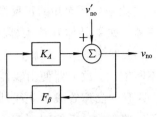

图 1.24 振荡器模型

$$F_1 = \frac{P_{v_{si}}/P_{v_{ni}}}{P_{v'_{so}}/P_{v'_{no}}} = \frac{P_{v'_{no}}}{G_A P_{v_{ni}}}$$

总输出噪声电压 $v'_{no}(t)$ 所对应的单边带功率谱密度 $S_{v'_{no}}(\omega)$ 为

$$S_{v'_{no}}(\omega) = G_A F_1 S_{v_{ni}}(\omega)$$

式中，$S_{v_{ni}}(\omega)$ 是放大器输入噪声单边带功率谱密度。

由于开环的放大器总输出噪声电压为 $v'_{no}(t)$，根据图 1.24 的振荡器模型，闭环后输出噪声电压 $v_{no}(s)$ 满足方程：

$$v_{no}(s)F_\beta(s)K_A + v'_{no}(s) = v_{no}(s)$$

$$v_{no}(s) = \frac{v'_{no}(s)}{1 - F_\beta(s)K_A} \tag{1.57}$$

式中，$F_\beta(s)$ 为反馈型谐振网络的电压传递函数。对于单谐振回路来说，$F_\beta(s)$ 的具体表达式是

$$F_\beta(j\omega) = \frac{F_{\beta 0}}{1 + jQ\left(\dfrac{2\Delta\omega}{\omega_0}\right)} \tag{1.58}$$

式中，ω_0 为谐振角频率；$\Delta\omega = \omega - \omega_0$ 为失谐角频率；$F_{\beta 0}$ 为 $\omega = \omega_0$ 时的传递系数；Q 为单调谐回路的等效品质因数。

根据关系式(1.57)和式(1.58)，并考虑到 $\omega = \omega_0$ 处满足振荡平衡条件 $K_A F_{\beta 0} = 1$，我们可以得到 $v_{no}(t)$ 的输出噪声功率谱密度 $S_{v_{no}}(\omega)$ 的表达式为

$$S_{v_{no}}(\omega) = \left[1 + \left(\frac{\omega_0}{2Q\Delta\omega}\right)^2\right] S_{v'_{no}}(\omega) \tag{1.59}$$

根据相位噪声单边带功率谱密度 $S_{\Phi_{no}}$ 与噪声电压相对功率谱密度之间的关系式(1.51)，考虑到 $\Delta\omega = \omega - \omega_0 = \Omega = 2\pi f_m$，$f_m$ 为基带调制频率。从方程(1.59)可以得到相位噪声功率谱密度：

$$S_{\Phi_{no}}(f_m) = \left[1 + \left(\frac{f_o}{2Q f_m}\right)^2\right] S_{\Phi'_{no}}(f_m) \tag{1.60}$$

式中，$S_{\Phi_{no}}(f_m)$ 为输出相位噪声功率谱密度，$S_{\Phi'_{no}}(f_m)$ 为开环时输出相位噪声功率谱密度。这个关系表明振荡器的输出相位噪声功率谱密度较放大器增加了 $M(f_m)$ 倍，$M(f_m)$ 称为放大器通过正反馈构成振荡器时的噪声倍增系数，即

$$M(f_\mathrm{m}) = \left[1 + \left(\frac{f_\mathrm{o}}{2Qf_\mathrm{m}} \right)^2 \right]$$

$S_{\Phi'_\mathrm{no}}(f_\mathrm{m})$ 取决于放大器中的晶体管噪声。通常来说，晶体管噪声主要分为热噪声、散粒噪声、分配噪声和 $1/f$ 噪声。其中热噪声和散粒噪声是白噪声，其余的一般情况下均为有色噪声。

1）热噪声

热噪声是处于一定热力学状态下的导体中所出现的无规电涨落，是由导体中自由电子的无规热运动引起的，其大小取决于物体的热力学状态。热噪声电压的平均值为零，通常用均方电压、均方电流或功率来描述热噪声的大小。就晶体管而言，这类由电子热运动所产生的噪声，主要存在于基极电阻 $r_{\mathrm{bb}'}$ 内。而发射极和集电极电阻的热噪声一般很小，通常可以忽略。根据热力学统计理论，电阻热噪声电压均方值为

$$\overline{U_\mathrm{n}^2} = 4kTR\Delta f$$

其中，$k = 1.3805^{-23}\,\mathrm{J/K}$ 为玻尔兹曼常数；T 为电阻绝对温度（K）；R 为电阻值；Δf 为测量设备的带宽。

根据等效电压源原理，当负载电阻 R 温度为 T 时，在带宽 B 内所产生的资用热噪声功率为

$$P = \frac{\overline{U_\mathrm{n}^2}}{4R^2}R = kT\Delta f$$

资用热噪声功率是单端口网络所能传输到负载上的最大功率，它仅与噪声发生器特性有关，而与负载无关。上式表示资用热噪声功率是温度 T 的普适函数，相应的资用热噪声功率的谱密度为

$$S_\mathrm{n} = kT$$

上式表明，电阻输出的单位带宽资用热噪声功率只与热力学温度 T 成正比，而与电阻的类型和阻值无关，也与电阻两端的电压和通过的电流无关。

2）散粒噪声

散粒噪声也称散弹噪声，是由少数载流子通过 PN 结注入基区的，即使在直流工作情况下也体现为一个随机量。由于单位时间内注入的载流子数目不同，因而到达集电极的载流子数目也不同，由此引起的噪声称为散粒噪声。散粒噪声具体表现为发射极电流以及集电极电流的起伏现象，它和热噪声一样都属于白噪声。散弹噪声存在一个直流电流，而热噪声电压与直流无关。散弹噪声的平均电流起伏为零，电流均方值为

$$\overline{I_\mathrm{n}^2} = 2qI\Delta f$$

其中，$q = 1.59 \times 10^{-19}$（C）是电子电荷；I 是直流电流；Δf 为测量设备的带宽。

3）分配噪声

晶体管发射极注入到基极的少数载流子中，一部分经过基区到达集电极形成集电极电流，一部分在基区复合。载流子复合时，其数量时多时少。分配噪声就是集电极电流随基区载流子复合数量的变化而变化所引起的噪声，即由发射极发出的载流子分配到基极和集电极的数量随机变化而引起的。

4）闪烁噪声

闪烁噪声也称 $1/f$ 噪声，它是由于半导体接触表面的不规则和结电阻上载流子密度起伏造成的，具有高斯分布，谱密度与频率成反比。它主要在低频范围产生影响，在高频工作时通常不考虑它的影响。

在众多晶体管的噪声来源中，通常考虑热噪声和闪烁噪声这两种主要噪声，放大器的输出相位噪声单边带功率谱密度近似表示为

$$S_{\Phi'_{no}}(\Omega) \approx \frac{a_{-1}}{f_m} + a_0 \tag{1.61}$$

式中，a_{-1} 为闪烁噪声常数；a_0 为白噪声常数。

将式(1.61)代入式(1.60)，可以得到输出相位噪声功率谱密度为

$$S_{\Phi_{no}}(f_m) = \left(\frac{f_o}{f_m}\right)^2 \frac{a_{-1}}{4Q^2 f_m} + \left(\frac{f_o}{f_m}\right)^2 \frac{a_0}{4Q^2} + \frac{a_{-1}}{f_m} + a_0 \tag{1.62}$$

如果采用相对值表示，即为常见的相对相位噪声幂律谱表示式：

$$\frac{S_{\Phi_{no}}(f_m)}{f_o^2} = \frac{h_{-1}}{f_m^3} + \frac{h_0}{f_m^2} + \frac{h_1}{f_m} + h_2 \tag{1.63}$$

式中，h_{-1}、h_0、h_1 和 h_2 分别为

$$h_{-1} = \frac{a_{-1}}{4Q^2}, \quad h_0 = \frac{a_0}{4Q^2}, \quad h_1 = \frac{a_{-1}}{f_o^2}, \quad h_2 = \frac{a_0}{f_o^2}$$

如果我们只考虑白噪声项，由于 $S_{v'_{no}}(\omega) = K_A^2 F_1 S_{v_{ni}}(\omega)$，并考虑调幅和调相噪声各占一半，则输出相位噪声功率谱密度为

$$S_{\Phi'_{no}}(\Omega) = 2 \frac{\frac{1}{2} S_{v'_{no}}(\omega)}{P_o} = \frac{G_A F_1 S_{v_{ni}}(\omega)}{P_o}$$

式中，P_o 是输出信号功率。作为振荡器来说，限幅发生器输入噪声就是反馈谐振网络等效电阻的热噪声，其均方电压为 $\overline{U}_n^2 = 4kTR\Delta f$，均方电压功率谱密度为

$$S_{v_{ni}}(\omega) = 4kT$$

$$S_{\Phi'_{no}}(\Omega) = \frac{G_A F_1 4kT}{P_o}$$

$$S_{\Phi_{no}}(f_m) = \left[1 + \left(\frac{f_o}{2Qf_m}\right)^2\right] \frac{G_A F_1 4kT}{P_o}$$

$$= \frac{kTG_A F_1}{P_o} \left(\frac{f_o}{Qf_m}\right)^2 + \frac{4kTG_A F_1}{P_o}$$

输出单边带相位噪声是相位噪声功率谱密度的一半，即

$$L_\Phi(f_m) = \frac{1}{2} S_{\Phi_{no}}(f_m) = \frac{kTG_A F_1}{2P_o} \left(\frac{f_o}{Qf_m}\right)^2 + \frac{2kTG_A F_1}{P_o} \tag{1.64}$$

式中，$k = 1.38 \times 10^{-23}$ J/K 是波尔兹曼常数，T 是绝对温度，在环境温度 $T = 290$ K 时，$kT = -174$ dBm/Hz，G_A 为功率增益，F_1 为限幅放大器的噪声系数，f_o 是振荡频率，P_o 是输出信号功率，Q 是谐振回路的品质因数，f_m 为频偏。

关系式(1.64)中的第一项为随着频偏增大而减小的相位噪声项，与限幅放大器的增益

和噪声系数相关，第二项是噪声基底。

1.6.3 负阻型振荡器与小信号非时变相位噪声模型

负阻型振荡器是把一个呈现负阻特性的有源器件直接与谐振电路相连接，在满足一定条件下产生等幅振荡的。根据如图 1.25 所示的伏安特性的不同，负阻的器件可分两大类。图 1.25(a)展示的是一类，电流随电压升高而升高，呈现单值变化。但是，当电压升高超过 A 点时，电流反而迅速下降。在 AB 区间内，电压升高时电流反而下降的特性称为电压控制型负阻特性，它等效的交流电源类似于交流恒压源。例如隧道二极管等器件就具有这类特性。图 1.25(b)展示的是另一类，电压随电流单值变化，当电流升高超过 A 点后，电压反而下降，这一段电流升高电压反而下降的特性称为电流控制型负阻特性，它等效的交流电源类似于交流恒流源。如单结晶体管、工作于雪崩击穿压的晶体三极管等器件具有这类特性。因此，负阻振荡器分为串联反馈振荡器和并联反馈振荡器，如图 1.26 所示，串联电路中的 r_m 是负阻器件的等效电阻，并联电路中的 g_m 是负阻器件的等效电导。由于负阻振荡器也是利用器件的非线性进行稳幅的，因此，电流控制型负阻应该与谐振网络串联，电压控制型负阻应该与谐振网络并联。

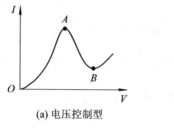
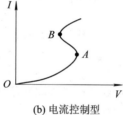

(a) 电压控制型　　　　　　　　(b) 电流控制型

图 1.25　负阻器件类型

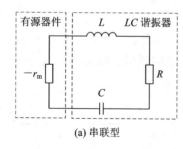
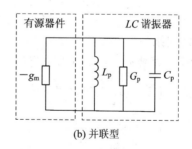

(a) 串联型　　　　　　　　(b) 并联型

图 1.26　串联和并联负阻振荡器等效模型

一个实际的 LC 回路总是存在一定的正电阻，它属于耗能元件，在振荡器的设计中必须引入一个负电阻，将回路本身的正电阻完全抵消，从而获得等幅振荡。正反馈电路相当于引入了一个负电阻，它抵消了 LC 回路的正电阻。而负阻振荡器电路中的有源器件本身具有负阻特性，它可以抵消 LC 回路的正电阻，产生振荡。利用反馈理论和方法进行的振荡器的设计，主要集中在射频与微波频段上，但也有不少在毫米波频段上的设计案例，例如，单片 W 频段 HEMT VCO 利用不同长度的反馈传输线，实现了 74.4～76.4 GHz 和 77.7～78.2 GHz 的振荡器设计，最大输出功率达到 8 dBm，1 MHz 频偏的相噪达到

$-70\sim-80$ dBc/Hz。通常来说，与反馈型振荡器相比，负阻型振荡器更适用于较高的工作频段。负阻型振荡器具有噪声小、温度性能好、电路简单和成本较低等优势，同时也存在输出功率较低、输出频率稳定度和功率稳定度不如反馈型振荡器等劣势。

采用有源器件组成的串联反馈型负阻振荡器的框图如图 1.27 所示，其中的 Z_1、Z_2 表示反馈元件，Z_3 表示输出负载元件，$[Z]$ 表示有源器件。稳态单频振荡条件为

$$Z_{\mathrm{OUT}}(I,\omega)+Z_{\mathrm{L}}(\omega)=0 \qquad (1.65)$$

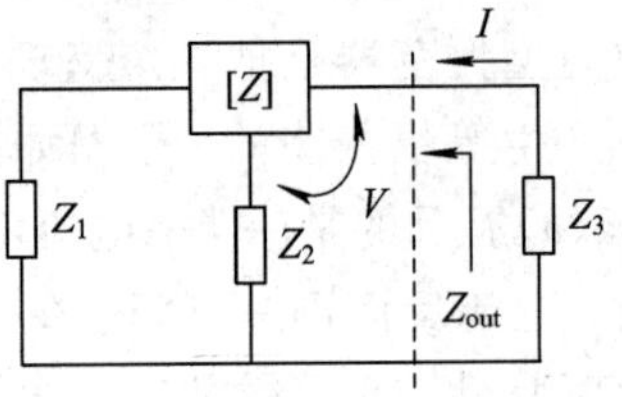

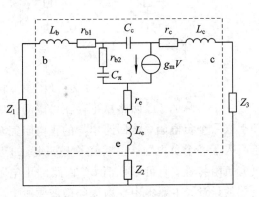

图 1.27　串联反馈型负阻振荡器的框图

式中，$Z_{\mathrm{OUT}}(I,\omega)$ 是等效单端网络输出阻抗，$Z_{\mathrm{OUT}}(I,\omega)=R_{\mathrm{OUT}}(I,\omega)+\mathrm{j}X_{\mathrm{OUT}}(I,\omega)$，其中，$I$ 是负载电流幅度。$Z_{\mathrm{L}}(\omega)$ 是负载阻抗，$Z_{\mathrm{L}}(\omega)=R_{\mathrm{L}}(\omega)+\mathrm{j}X_{\mathrm{L}}(\omega)$。

输出阻抗可以用三极管等效电路和反馈参数表示为

$$Z_{\mathrm{OUT}}=Z_{22}+Z_2-\frac{(Z_{12}+Z_2)(Z_{21}+Z_2)}{Z_{11}+Z_2+Z_1} \qquad (1.66)$$

根据谐振电路最佳值估算方法，通过求解最佳判据关系式(1.67)，可以得到对应于负值 $R_e Z_{\mathrm{out}}$ 最大的两个点，这就是最佳值 $I_{\mathrm{m}}Z_1^0=X_1^0$ 和 $I_{\mathrm{m}}Z_2^0=X_2^0$。

$$\left.\begin{array}{l}\dfrac{\partial R_e Z_{\mathrm{out}}}{\partial I_{\mathrm{m}}Z_1}=0\\[3mm]\dfrac{\partial R_e Z_{\mathrm{out}}}{\partial I_{\mathrm{m}}Z_2}=0\end{array}\right\} \qquad (1.67)$$

最佳值 X_1^0、X_2^0 依赖于有源双端网络的阻抗参数：

$$X_1^0=\frac{R_{21}-R_{12}}{X_{21}-X_{12}}\left(\frac{R_{12}+R_{21}}{2}-R_{11}-R_1\right)-X_{11}+\frac{X_{12}+X_{21}}{2} \qquad (1.68)$$

$$X_2^0=\frac{2(R_2+R_{12}+R_{21})(R_{21}-R_{12})}{2(X_{21}-X_{12})}-\frac{X_{12}+X_{21}}{2} \qquad (1.69)$$

有源双端网络的阻抗参数与晶体管内部等效电路参数相关，一种双极三极管等效电路如图 1.28 所示。根据这个等效电路，有源双端网络的阻抗参数 Z 可以通过下式表示为

$$R_{11}=R_{12}=a\left[\frac{1}{g_{\mathrm{m}}}+r_{\mathrm{b2}}\left(\frac{\omega}{\omega_T}\right)^2\right]$$

$$R_{21}=R_{22}=R_{11}+\frac{a}{\omega_T C_{\mathrm{c}}}$$

$$X_{11}=X_{12}=-a\,\frac{\omega}{\omega_T}\left(\frac{1}{g_{\mathrm{m}}}-r_{\mathrm{b2}}\right)$$

$$X_{21}=X_{11}+\frac{a}{\omega C_{\mathrm{c}}}$$

$$X_{22}=X_{11}-\frac{a}{\omega_T C_{\mathrm{c}}}\left(\frac{\omega}{\omega_T}\right)^2$$

图 1.28　双极三极管等效电路

式中，$a=\dfrac{1}{1+(\omega/\omega_T)^2}$，$\omega_T$ 为双极三极管的截止角频率。

考虑外部反馈元件 Z_1、Z_2 和 Z_L 中的三极管寄生串联电阻和引线电感,此外,还需要考虑反馈元件中 r_{b1} 和 r_e 的损耗。根据式(1.68)和式(1.69),利用双极三极管等效电路参数表达式的反馈元件的最佳虚部值 X_1^0 和 X_2^0,可以用下式计算:

$$X_1^0 = \frac{1}{2\omega C_c} - r_{b1}\frac{\omega}{\omega_T}, \quad X_2^0 = -\frac{1}{2\omega C_c} - (r_{b2} + r_c)\frac{\omega}{\omega_T}$$

在负阻振荡器的设计中,将三极管等效电路的具体参数代入上式,即可得到最佳谐振元件值,分别为感性和容性。

最佳输出阻抗 $Z_{out}^0 = R_{out}^0 + jX_{out}^0$ 的实部和虚部分别为

$$R_{out}^0 = r_c + \frac{1}{r_{b1} + r_e + R_{11}}\left[r_{b1}\left(r_e + R_{11} + \frac{1}{a\omega_T C_c}\right) - \frac{1}{a}\left(\frac{1}{2\omega C_c}\right)^2\right]$$

$$X_{out}^0 = \omega L_c - \frac{1}{2\omega C_c} + (R_{out}^0 - r_c)\frac{\omega}{\omega_T}$$

采用有源器件组成的并联反馈型负阻振荡器的模型如图 1.29(a)所示,有源器件构成了一个简单的跨导放大器,并和 LC 谐振网络形成一个正反馈。有源器件等效为一个负阻 $-R_m = -1/g_m$,g_m 是对应的跨导,如图 1.29(b)所示。如果满足振荡判据,负阻将准确地抵消谐振网络的等效并联电阻,负阻振荡器的稳态振荡器条件可以表示为

$$-R_m + R_p = 0$$

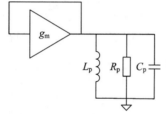

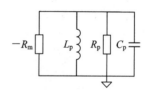

(a) 有源器件构成一个简单的跨导放大器　　　(b) 有源器件等效为一个负阻

图 1.29　并联反馈型负阻振荡器的模型

这表示有源器件必须提供足够的能量以补偿谐振网络线路的损耗。负阻 R_m 的幅值必须小于谐振电路的并联阻抗 R_p,换句话说,跨导 g_m 必须大于等效谐振网络的损耗 $1/R_p$,跨导 g_m 和等效 LC 谐振网络 $g_p = 1/R_p$ 的比值叫做安全起振因子,即

$$\alpha = \frac{g_m}{g_p} = g_m R_p \tag{1.70}$$

安全起振因子 α 通常至少选择为 2,当起振条件满足时,依照小信号线性模型,振荡器的输出将是指数增长的正弦波。应该指出,较大的起振负阻并不能获得指数增长的输出幅度,因为非线性效应限制了最大电压的摆幅。起振过程是这样的,当信号电平很小时,系统有两个右半平面的极点它的时间响应是增长的正弦波。由于非线性效应,信号电平的增长将降低负跨导。最终,负跨导降低到一个值,它准确地取消 $1/R_p$,最终得到一个稳定的振荡电平。

第一个也是被广泛应用的相噪模型是李森(Leeson)模型。谐振网络中的电感和电容寄生引起的谐振损耗由 g_p 表示,$g_p = 1/R_p$,体现在等效并联电阻 R_p 上。在较小频偏的情况下,LC 谐振网络的阻抗为

$$Z(\omega) = \cfrac{1}{\cfrac{1}{R_p} - \cfrac{1}{R_m} + \cfrac{1}{j\omega L_p} + j\omega C_p} \approx j\frac{\omega_o^2 L_p}{2\Delta\omega} = jR_p\frac{\omega_o}{2Q\Delta\omega}$$

式中，$\Delta\omega = \omega - \omega_o$，$\omega_o$是谐振角频率，$R_m$是有源器件的等效负阻，$R_p$是整个谐振网络的等效并联电阻，$Q$为网络的品质因数。谐振角频率$\omega_o$和$Q$因子的表达式为

$$\omega_o = \frac{1}{\sqrt{L_p C_p}}, \quad Q = \frac{R_p}{\omega_0 L_p}$$

假设谐振网络的等效损耗电阻产生热噪声，均方电流为$\overline{i_n^2} = 4kTg_p\Delta f$，是一个白噪声谱，其功率谱密度与频率无关。由于谐振网络的选频特性，功率谱密度变得与谐振网络幅频特性一致。根据相位噪声的定义，考虑到调幅噪声和调相噪声功率相等，而且我们也只是关心调相噪声，因此，我们得到单边带相位噪声为

$$L_\Phi(f_m) = \frac{1}{2}\left(\frac{\overline{v_{no}^2}}{\overline{v_{so}^2}}\right) = \frac{1}{2}\left(\frac{|Z(\omega)|^2\,\overline{i_n^2}/\Delta f}{V_o^2/2}\right) = \frac{kTR_p}{V_o^2}\left(\frac{f_o}{Qf_m}\right)^2 \tag{1.71}$$

式中，V_o是输出峰值电压，f_o为振荡频率，f_m为频偏。在采用输出功率的形式表示时，$V_o^2 = 2R_L P_o$，上式可以表示为

$$L_\Phi(f_m) = \frac{kTR_p}{2P_o R_L}\left(\frac{f_o}{Qf_m}\right)^2 \tag{1.72}$$

式中，R_L是负载电阻，P_o是输出信号功率。

为了包括有源器件的噪声贡献，在关系式(1.72)中引入一个试探性噪声因子F，这样一来，相位噪声可以表示为

$$L_\Phi(f_m) = \frac{kTR_p(1+F)}{V_o^2}\left(\frac{f_o}{Qf_m}\right)^2 \tag{1.73}$$

式中，F是试探性噪声因子；Q是谐振回路的品质因数；$k = 1.38\times10^{-23}$ J/K 是波尔兹曼常数；T是绝对温度。

式(1.73)就是被广泛采用的李森相位噪声关系式。李森模型是基于LC谐振器的线性模型，是对LC谐振网络引起的相噪进行分析建模的结果。其中的噪声因子F是一个经验参数，它体现了有源器件的影响。因此，在对 VCO 相位噪声性能进行优化时，必须具有噪声因子F的先验知识。针对确定的振荡器电路，理解相位噪声机理并建立适当的相噪模型对于振荡器的设计与优化来说是非常重要的。

有源器件的噪声对输出相噪的贡献，可以通过串联型或并联型负阻振荡器的等效电路加以分析，并联型负阻振荡器的等效电路如图 1.30 所示，串联型负阻振荡器的等效电路如图 1.31 所示。

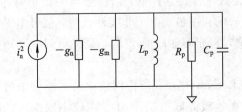

图 1.30　负阻振荡器并联噪声模型

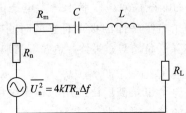

图 1.31　负阻振荡器串联噪声模型

在图 1.30 所示的并联等效电路中，假设噪声功率全部来自有源器件，均方噪声电流为

$$\overline{i_n^2} = 4kTg_n\Delta f$$

式中，g_n 是有源器件噪声源相关的跨导，$g_n = 1/R_n$。

等效谐振网络阻抗为

$$Z(\omega) = \cfrac{1}{\cfrac{1}{R_p} - \cfrac{1}{R_m} + \cfrac{1}{R_n} + \cfrac{1}{j\omega L} + j\omega C}$$

令 $\Delta g = g_p - g_m + g_n$，输出噪声功率谱密度为

$$S_{no}(\omega) = \frac{|Z(\omega)|^2 \overline{i_n^2}}{\Delta f} = \frac{4kTg_nR_p}{\left(\dfrac{\Delta g}{g_p}\right)^2 + \left(\dfrac{2Q\omega_m}{\omega_o}\right)^2} \tag{1.74}$$

对输出噪声功率谱密度 S_{no} 进行积分，可以得到输出的总噪声功率 P_L 为

$$P_L = \frac{1}{2\pi}\int_0^\infty S_{no}(\omega)\,d\omega = \frac{1}{\pi}\int_0^\infty \frac{4kTg_nR_p}{\left(\dfrac{\Delta g}{g_p}\right)^2 + \left(\dfrac{2Q\omega_m}{\omega_o}\right)^2}\,d\omega_m = \left(\frac{\omega_0}{2Q_L}\right)^2 \frac{4kTg_nR_p}{2\Delta\omega_n}$$

式中，$\Delta\omega_n$ 称为劳伦兹线宽，表征了振荡器的频谱线宽。它受晶体管热噪声和散粒噪声的影响，表现出相位波动的特征，且有效频谱线宽变宽。劳伦兹线宽 $\Delta\omega_n$ 的表达式为

$$\Delta\omega_n = \frac{\Delta g}{g_p}\frac{\omega_0}{2Q} \tag{1.75}$$

根据相位噪声的定义，并利用劳伦兹线宽，我们得到单边带相位噪声为

$$L_\Phi(f_m) = \frac{1}{2}\left(\frac{\overline{v_{no}^2}}{\overline{v_{so}^2}}\right) = \frac{1}{2}\left(\frac{|Z(\omega)|^2\,\overline{i_n^2}/\Delta f}{V_o^2/2}\right) = \frac{4kTg_nR_p^2}{V_o^2}\frac{1}{\Delta\omega_n^2 + \omega_m^2}\left(\frac{\omega_o}{2Q}\right)^2 \tag{1.76}$$

当考虑频偏较大时，$\omega_m \gg \Delta\omega_n$，上式简化成

$$L_\Phi(f_m) = \frac{kTg_nR_p^2}{V_o^2}\left(\frac{f_o}{Qf_m}\right)^2 \tag{1.77}$$

或者

$$L_\Phi(f_m) = \frac{kTg_nR_p}{2P_o}\left(\frac{f_o}{Qf_m}\right)^2 \tag{1.78}$$

比对式(1.73)与式(1.77)，并联型负阻振荡器中的噪声因子 F 为

$$F = g_nR_p \tag{1.79}$$

在图 1.31 所示的串联型等效电路中，假设噪声功率全部来自有源器件，其均方噪声电压 $\overline{U_n^2} = 4kTR_n\Delta f$，$R_n$ 是与有源器件噪声源相关的电阻，负阻 R_m 和等效输出电容 C 表示有源器件输出的负阻抗，电感 L 和 R_L 表示负载阻抗。

从均方噪声电压源流入负载的均方电流的幅度为

$$\overline{I_n^2} = \frac{\overline{U_n^2}}{(R_n + R_m + R_L)^2 + \left(\omega L - \dfrac{1}{\omega C}\right)^2}$$

令 $\Delta R = R_n + R_m + R_L$，并利用谐振角频率 ω_0 和有载品质因数 Q_L，在频偏较小的情况下，上式简化成

$$\overline{I_n^2} = \frac{1}{\left(\dfrac{\Delta R}{R_L}\right)^2 + \left(\dfrac{2Q_L\omega_m}{\omega_0}\right)^2} \frac{\overline{U_n^2}}{R_L^2} \tag{1.80}$$

式中，

$$\omega_0 = \frac{1}{\sqrt{LC}}, \qquad Q_L = \frac{\omega_0 L}{R_L} = \frac{1}{R_L}\sqrt{\frac{L}{C}}$$

因为噪声均方电压为 $\overline{U_n^2} = 4kTR_n\Delta f$，输出噪声功率谱密度为

$$S_{no} = \frac{\overline{I_n^2}R_L}{\Delta f} = \frac{4kTR_n/R_L}{\left(\dfrac{\Delta R}{R_L}\right)^2 + \left(\dfrac{2Q_L\omega_m}{\omega_0}\right)^2} = \frac{S_{U_n}}{\left(\dfrac{\Delta R}{R_L}\right)^2 + \left(\dfrac{2Q_L\omega_m}{\omega_0}\right)^2} \tag{1.81}$$

式中，$S_{U_n} = 4kTR_n/R_L$，表示对负载归一化的晶体管均方噪声电压功率谱密度。对 S_{no} 进行积分就可以得到输出总噪声功率 P_L：

$$P_L = \frac{1}{2\pi}\int_0^\infty S_{no}(\omega)\,\mathrm{d}\omega = \frac{1}{\pi}\int_0^\infty \frac{S_{U_n}}{\left(\dfrac{\Delta R}{R_L}\right)^2 + \left(\dfrac{2Q_L\omega_m}{\omega_0}\right)^2}\,\mathrm{d}\omega_m = \left(\frac{\omega_0}{2Q_L}\right)^2 \frac{S_{U_n}}{2\Delta\omega_n}$$

式中，$\Delta\omega_n$ 是串联型负阻振荡器的劳伦兹线宽，$\Delta\omega_n$ 的关系式为

$$\Delta\omega_n = \frac{\Delta R}{R_L}\frac{\omega_o}{2Q_L} \tag{1.82}$$

利用劳伦兹线宽 $\Delta\omega_n$，式(1.81)可以表示成

$$S_{no} = \frac{4kTR_n/R_L}{\Delta\omega_n^2 + \omega_m^2}\left(\frac{\omega_o}{2Q_L}\right)^2$$

根据相位噪声的定义，我们得到单边带相位噪声为

$$L_\Phi(f_m) = \frac{1}{2}\frac{S_{no}}{P_o} = \frac{4kTR_n}{V_o^2}\frac{1}{(\Delta f_n^2 + f_m^2)}\left(\frac{f_o}{2Q_L}\right)^2 \tag{1.83}$$

当考虑频偏较大时，$\omega_m \gg \Delta\omega_n$，上式简化成

$$L_\Phi(f_m) = \frac{1}{2}\frac{S_{no}}{P_o} = \frac{kTR_n}{V_o^2}\left(\frac{f_o}{Q_L f_m}\right)^2 \tag{1.84}$$

或者

$$L_\Phi(f_m) = \frac{kTR_n/R_L}{2P_o}\left(\frac{f_o}{Q_L f_m}\right)^2 \tag{1.85}$$

1.6.4　差分 *LC* 振荡器与大信号线性时变模型

在 CMOS 技术中，采用单个有源器件可以实现振荡器，例如 Hartley 和 Colpitts 振荡器等。然而，实现 CMOS *LC* 振荡器的方案多数采用差分拓扑结构。在集成电路中，差分拓扑结构具有许多优点，一方面它对片上供电电压的噪声不敏感；另一方面，集成的混频器大多数采用双平衡吉尔伯特(Gilbert cell)拓扑结构，而用差分振荡器就不需要再另外设计单端到差分的变换电路。因此，差分 *LC* 振荡器广泛地应用于高频系统，它的相位噪声性能也一直是模拟集成电路领域研究的热点问题。

最简单的差分振荡器拓扑结构如图 1.32(a)所示，它是一种交叉耦合 LC 振荡器，利用两个交叉耦合 NMOS 晶体管产生负阻，类似图 1.30 中的跨导。这种电路的直流分析很简单，直流偏置为 $V_{GS}=V_{DD}$ 和 $V_{DS}=V_{DD}$，其漏源电流可以写为

$$I_{DS} = \frac{1}{2}\alpha_n C_{\alpha x}\frac{W}{L}(V_{GS}-V_{th})^2$$

式中，α_n 为 NMOS 沟道电子表面迁移率，C_{ox} 是单位面积上的氧化电容，V_{th} 是器件的门槛电压。在平衡状态下，单个 FET 的跨导是

$$g_m = \frac{\partial I_{DS}}{\partial V_{GS}}\bigg|_{V_{GS}=V_{DS}=V_{DD}} = \alpha_n C_{ox}(V_{GS}-V_{th})$$

交叉耦合 NMOS 晶体管的输入阻抗是 $-2/g_m$，为了使电路振荡，负阻幅值必须小于等效并联谐振电路的阻抗。

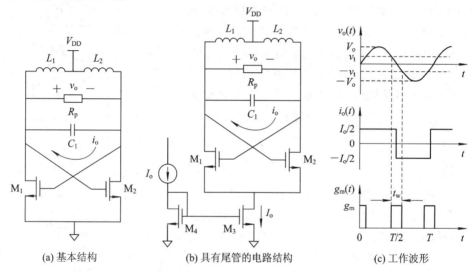

(a) 基本结构　　　(b) 具有尾管的电路结构　　　(c) 工作波形

图 1.32　差分 LC 振荡器的电路结构与工作原理

由于图 1.32(a)中是固定的直流偏置，$V_{GS}=V_{DS}=V_{DD}$，它严重限制了电路的灵活性。通常改变负阻将改变振荡器的幅度，改变振荡器幅度也将改变相噪性能。于是，需要拥有控制负阻的手段，一种方案是通过限制电源电流来控制负阻。图 1.32(b)展示的是一种改进结构，即一种具有尾电流管的 NMOS 差分结构，一个 FET 镜像电流源用于控制偏置电流，从而达到控制负阻的目的。流过镜像器件的偏置电流作为尾电流的参考，这个尾电流的大小会影响振荡器的整个功耗，控制偏置电流的大小也成为设计者在相噪和功耗之间进行折中的手段。

图 1.32(c)给出了输出电压、输出电流和差分对管的时变跨导三种波形示意图，显示了差分输出电流 $i_o(t)$ 与差分对管的时变跨导 $g_m(t)$ 随输出电压 $v_o(t)$ 的变化情况。振荡器的差分输出电流近似为矩形波，幅值是尾管 M_3 提供的偏置电流 I_o 的一半。当输出电压 $-v_t < v_o(t) < +v_t$ 时，差分对管 M_1 和 M_2 均导通，差分输出电流线性变化，该区域称为振荡器的过渡区 t_w；其它情况下，差分对管 M_1 和 M_2 只有一个导通，另一个关断，差分输出电流固定在 $I_o/2$ 或者 $-I_o/2$，v_t 的大小是由差分对管的跨导和尾电流共同决定的。

差分对管的等效跨导是一个周期时变函数，变化频率为谐振频率的 2 倍。假设差分对

管中两个晶体管的跨导分别为 g_{m1} 和 g_{m2}，并有 $g_m = g_{m1} = g_{m2}$，在过渡区 t_w 内，差分对管的等效跨导 g_{mw} 为单个晶体管跨导的一半。

$$g_{mw} = \frac{I_o}{2v_t} = \frac{1}{2}g_m \qquad (1.86)$$

式中，g_m 为差分对管中单个晶体管工作在饱和区时的跨导。

在其它时间内，差分输出电流由尾电流确定，与输出电压无关，差分对管的等效跨导为零。过渡时间内所对应的相位为

$$\Delta\Phi = \frac{\pi}{2}\frac{1}{g_{mw}R_p} \qquad (1.87)$$

上式表明，过渡相位主要是由环路增益 $g_{mw}R_p$ 决定的。为了使电路振荡，负阻幅值必须小于等效并联谐振电路的阻抗，环路增益 $g_{mw}R_p$ 必须大于 1。

N-PMOS 互补交叉耦合 LC 振荡器电路是采用 PMOS 和 NMOS 交叉耦合对并联产生负阻，一种简单的互补交叉耦合 LC 振荡器原理如图 1.33 所示。由于同样的偏置电流通过 PMOS 和 NMOS 器件，在同样的功耗下，负阻是两倍。该电路的总负阻是两个交叉耦合 FET 电路各自负阻的并联结果。负阻由下式给出：

$$R_{nw} = \frac{-2}{g_{mn} + g_{mp}} \qquad (1.88)$$

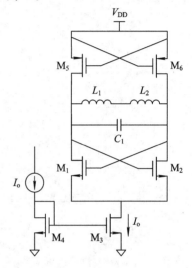

图 1.33 互补型差分 LC 振荡器的
电路结构

式中，g_{mn} 和 g_{mp} 分别表示 NMOS 和 PMOS 管工作在饱和区时的跨导。这种互补对拓扑结构具有一定的优势，一是在同样的偏置电流情况下，它能得到两倍的输出幅度；二是可以通过优化获得对称的输出波形，具有较小的 $1/f$ 噪声上变换性能。

差分 LC 振荡器的相位噪声主要来源于谐振网络、交叉耦合 MOSFET 差分对管和尾管三个部分。除了由于振荡器固有的非线性，导致传统的线性分析方法基本无效之外，这种振荡器相噪分析的困难来自于相噪对噪声源的时变特性非常敏感，以及差分对管工作在开关状态，非线性时变分析比较复杂且难以计算。最初，常常采用线性时不变方法来研究该振荡器，这种方法可以用来分析谐振网络等效电阻热噪声对输出相位噪声的贡献，但不能精确得到其它部分相位噪声的贡献，也不能解释噪声的折叠问题。对于具有非线性时变特征的交叉耦合 LC 振荡器来说，目前共有三种有效的分析方法。一种是用时变等效跨导模拟差分对管中的周期稳态噪声，推导出差分对管对输出相位噪声的贡献；另一种是采用平均导抗代替差分对管开关工作的时变导抗，进而获得差分对管输出相位噪声；再一种是采用冲激敏感函数（ISF）方法，可以得到不同类型振荡器的相位噪声的通用表达式。下面结合图 1.32(b) 所示的差分 LC 振荡器，介绍利用平均导抗方法和 ISF 方法，获得谐振网络、耦合对管和尾管噪声对输出相位噪声的贡献。

1）平均导抗方法

平均导抗方法是假设即便差分对管工作在开关状态下，其沟道热噪声依然是白噪声，

利用平均导抗替代时变导抗，并借用已知的静态噪声源模型和分析结果，进而得到差分 LC 振荡器的输出相位噪声。

（1）LC 谐振网络噪声。

LC 谐振网络噪声引起的输出相位噪声由李森线性模型得到，关系式如下：

$$L_\Phi(f_m) = \frac{kTR_p}{V_o^2}\left(\frac{f_o}{Qf_m}\right)^2$$

（2）差分对管噪声。

差分对管的热噪声对输出相位噪声的贡献是非常大的，在李森模型中是采用试探性因子 F 来表示的，也称噪声因子。假设差分对管的单边跨导是 g_m，那么差分总跨导是 $g_m/2$，为了确保振荡器的稳定起振，通常设计为

$$\frac{g_m}{2} > \frac{1}{R_p}$$

令 i_{n1} 和 i_{n2} 是交叉耦合对管中 M_1 和 M_2 晶体管的噪声电流，其均方电流为

$$\overline{i_{n1}^2} = \overline{i_{n2}^2} = 4kT\gamma g_m \Delta f$$

式中，γ 是 MOS 器件噪声参数，长沟道器件 $\gamma = 2/3$，短沟道器件 $\gamma = 2\sim5$。

假设两个电流噪声源是互不相干的，考虑到两个均方电流源分别在另一个源的 g_m 上存在功率损耗，则差分 LC 谐振网络上的总均方电流噪声功率谱密度为

$$\frac{\overline{i_n^2}}{\Delta f} = \frac{1}{4}\left(\frac{\overline{i_{n1}^2}}{\Delta f} + \frac{\overline{i_{n2}^2}}{\Delta f}\right) = 2kT\gamma g_m = \frac{4kT\gamma\alpha}{R_p} \tag{1.89}$$

上式中用到 $g_m/2 = \alpha/R_p$，α 是安全起振因子，通常选择 $3\sim5$。

总噪声电流对输出相位噪声的贡献可以根据并联型负阻振荡器相位噪声关系式(1.77)得到，仅仅将式中的 g_n 由下面的式(1.90)替代即可：

$$g_n = \frac{\gamma\alpha}{R_p} \tag{1.90}$$

$$L_\Phi(f_m) = \frac{kTg_nR_p^2}{V_o^2}\left(\frac{f_o}{Qf_m}\right)^2 = \frac{kT\gamma\alpha R_p}{V_o^2}\left(\frac{f_o}{Qf_m}\right)^2 \tag{1.91}$$

这就是差分对管的热噪声对输出相位噪声的贡献关系式，该式意味着李森模型中的噪声因子 F 在交叉耦合对中是

$$F = \gamma\alpha \tag{1.92}$$

由于长沟道和短沟道器件噪声因子不同，所以它们对输出信号相位噪声的贡献也是不同的。

应该指出，上述分析没有考虑到交叉耦合对管总是开关工作的实际情况。由于器件的偏置点在周期性地改变，差分对管的电流噪声功率谱密度也具有周期性的时变统计特征，采用静态噪声源进行建模和处理存在一定的误差。所幸的是，尽管偏置点随时间变化，沟道热噪声依然是白噪声，采用时变导抗代替固定导抗的话，电流噪声功率谱密度具有相同的形式。因此，可以计算导抗的平均值，进而获得输出相位噪声。

当交叉耦合对管单边处于截止状态时，交叉耦合对管的噪声对输出贡献较小。当耦合对管都工作在饱和区域时，它们才对输出相位噪声的贡献较大，时变导抗特性如图 1.32(c)所示。在 T_w 区域内，亦即在两边都工作的期间是两个导抗的串联，总的差分导抗为

$$g(t) = \frac{g_{m1}(t)g_{m2}(t)}{g_{m1}(t) + g_{m2}(t)}$$

均方电流功率谱密度为

$$\frac{\overline{i_n^2}}{\Delta f} = 4kT\gamma\,\overline{g(t)} \qquad (1.93)$$

平均导抗 $\overline{g}$ 必须等于整个并联谐振网络导抗：

$$\overline{g} = \frac{1}{R_p}$$

因此，差分对管的噪声对输出相位噪声的贡献为

$$L_\Phi(f_m) = \frac{kTR_p\gamma}{V_o^2}\left(\frac{f_o}{Qf_m}\right)^2 \qquad (1.94)$$

（3）尾电流源噪声。

对于偏置电流源来说，交叉耦合对管如同一个单平衡混频器，它将尾电流源的基带低频噪声上变换至 f_o，并将 $2f_o$ 的噪声下变换至 f_o，变换示意图如图 1.34 所示，它的变换增益为

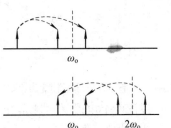

图 1.34　尾电流源噪声的上变换和下变换

$$G(f_m) = \frac{2R_p}{\pi}\frac{f_o}{2Qf_m} \qquad (1.95)$$

基带低频噪声上变换和 $2f_o$ 噪声下变换对输出相位噪声的贡献是不一样的。对于基带低频噪声而言，我们有

$$\cos(\omega_m t + \Phi)\cos\omega_o t = \frac{1}{2}\{\cos[(\omega_o + \omega_m)t + \Phi] + \cos[(\omega_o - \omega_m)t - \Phi]\}$$

上式表明，基带噪声上变换至 f_o 的噪声仅仅产生调幅噪声。

对于下变换噪声而言，由于

$$\cos[(2\omega_o + \omega_m)t + \Phi_1]\cos\omega_o t = \frac{1}{2}\{\cos[(\omega_o + \omega_m)t + \Phi_1] + \cos[(3\omega_o + \omega_m)t + \Phi_1]\}$$

$$\cos[(2\omega_o - \omega_m)t + \Phi_2]\cos\omega_o t = \frac{1}{2}\{\cos[(\omega_o - \omega_m)t + \Phi_2] + \cos[(3\omega_o - \omega_m)t + \Phi_2]\}$$

式中，Φ_1 和 Φ_2 是不同噪声源的相位，而且是不相关的。所以，下变换噪声将产生一半的调幅噪声和一半的调相噪声。偏置电流源引起的输出相噪是

$$L_\Phi(f_m) = \frac{8kT\gamma_b g_{mb}R_p^2}{\pi^2 V_o^2}\left(\frac{f_o}{Qf_m}\right)^2 \qquad (1.96)$$

式中，γ_b 是尾管器件噪声参数，g_{mb} 是尾管跨导。

最后，综合包括谐振网络在内的各种噪声源对输出相位噪声的贡献，振荡器的总输出噪声因子可以写为

$$F = \gamma + \frac{8}{\pi^2}\gamma g_{mb}R_p \qquad (1.97)$$

2）ISF 方法

ISF 方法是在建立 Hajimiri 模型中引入的，是分析振荡器的非线性时变电路比较精确的一种方法，称为冲激敏感函数(ISF, Impulse Sensitive Function)法。它用 ISF 函数来描

述在任何时间点上加入一个单位脉冲所引起的相移大小，相移响应单位脉冲可以表示为

$$h_{\Phi}(t,\tau) = \frac{\Gamma(\omega_o t)}{q_{max}} u(t-\tau) \tag{1.98}$$

式中，$\Gamma(\omega_o t)$ 是输出波形的 ISF 函数，它表示振荡器输出相位对扰动的时变灵敏度；q_{max} 是谐振电容上的最大电荷量。由噪声电流引起的总附加相位可以写为

$$\Phi(t) = \int_{-\infty}^{\infty} h_{\Phi}(t,\tau) i(t) dt = \int_{-\infty}^{t} \frac{\Gamma(\omega_o t)}{q_{max}} i(t) dt \tag{1.99}$$

再用相位调制获得相位到电压的变换，得到的单边带相位噪声为

$$L_{\Phi}(\omega_m) = \frac{\overline{i_n^2}/\Delta f}{8 q_{max}^2 \omega_m^2} \sum_{n=0}^{+\infty} c_n^2 \tag{1.100}$$

式中，$\overline{i_n^2}/\Delta f$ 是输入的均方电流噪声功率谱密度，c_n 为 ISF 函数 $\Gamma(\omega_o t)$ 的傅里叶变换系数。

由于在振荡器中，任意一个噪声电流 $i_n(t)$ 对输出相位的调制都可以分解为两个过程，即将 $i_n(t)$ 转换成谐振网络中的噪声电流 $i_{nc}(t)$，然后 $i_{nc}(t)$ 再对输出相位进行调制，

$$i_{nc}(t) = i_n(t) H_i(\omega_o t) \tag{1.101}$$

式中，$H_i(\omega_o t)$ 是电流传递函数，它是一个确定的周期函数。实际上，$H_i(\omega_o t)$ 也是所谓的噪声调制函数 NMF。如果 $i_n(t)$ 所对应的 ISF 函数为 $\Gamma(\omega_o t)$，那么，$i_{nc}(t)$ 所对应的等效 ISF 函数可以写成

$$\Gamma_e(\omega_o t) = \Gamma(\omega_o t) H_i(\omega_o t) \tag{1.102}$$

将电荷与电压的关系式，以及并联谐振 Q 关系式一并代入式（1.100）中，得到均方电流噪声 $\overline{i_n^2}$ 对输出相位噪声的贡献为

$$L_{\Phi}(f_m) = \frac{\overline{i_n^2}}{\Delta f} \frac{R_p^2}{V_o^2} \sum_{n=0}^{+\infty} c_n^2 \left(\frac{f_o}{2Q f_m}\right)^2 \tag{1.103}$$

式中，R_p 为等效并联谐振电阻，Q 为谐振网络的品质因数，V_o 为输出电压峰值，f_o 为谐振频率，f_m 为频偏。

根据 Parseval 定理，系数 c_n 的平方和为

$$\sum_{n=0}^{+\infty} c_n^2 = \frac{1}{\pi} \int_0^{2\pi} |\Gamma_e(\omega_o t)|^2 d(\omega_o t) \tag{1.104}$$

显然，当确定了等效 ISF 函数 $\Gamma_e(\omega_o t)$，计算出它的傅里叶系数 c_n 的平方和之后，依据关系式（1.103）就可以获得噪声源 $\overline{i_n^2}$ 对输出相位噪声的贡献。

下面根据差分交叉耦合 LC 振荡器中不同的噪声源对输出相位的影响，求出对应的 NMF 和等效 ISF。基于等效 ISF 函数，利用上述关系式可以得到各种噪声源引起的输出相位噪声的表达式。

（1）谐振网络噪声。

并联谐振网络等效电阻 R_p 的热噪声 $\overline{i_n^2}$ 对输出相位噪声的贡献是比较简单的，它对应的 ISF 函数为

$$\Gamma(\omega_o t) = \cos(\omega_o t) \tag{1.105}$$

$\Gamma(\omega_o t)$ 的傅里叶变换系数的平方和为 1。将并联谐振网络等效电阻 R_p 的均方电流噪声功率谱密度 $\overline{i_n^2}/\Delta f = 4kT/R_p$ 代入关系式（1.103），得到输出的相位噪声为

$$L_\Phi(f_m) = \frac{kTR_p}{V_o^2}\left(\frac{f_o}{Qf_m}\right)^2$$

该式和李森模型得到的结论是一致的。

（2）差分对管噪声。

根据交叉耦合 LC 振荡器的工作原理，对管 M_1 和 M_2 的噪声同时对输出相位噪声产生贡献，仅仅工作在过渡期间时才会出现，且 NMF＝1，在 M_1 和 M_2 单独工作的期间内，M_1 和 M_2 的噪声对输出相位没有影响，对应的 NMF＝0。由于在输出的一个周期波形中有两个过渡区，因此，差分耦合对相应的 NMF 是周期为 π 的函数，具体表达式为

$$H_{i,\,pair}(\omega_o t) = \begin{cases} 1 & \omega_o t \in (-\Delta\Phi/2,\ \Delta\Phi/2] \\ 0 & \omega_o t \notin (-\Delta\Phi/2,\ \Delta\Phi/2] \end{cases} \tag{1.106}$$

差分对管相应的等效 ISF 函数 $\Gamma_{e,\,pair}(\omega_o t)$ 是 $\Gamma(\omega_o t)$ 与 $H_{i,\,pair}(\omega_o t)$ 的乘积。

$$\Gamma_{e,\,pair}(\omega_o t) = \Gamma(\omega_o t)H_{i,\,pair}(\omega_o t)$$

$H_{i,\,pair}(\omega_o t)$ 和 $\Gamma_{e,\,pair}(\omega_o t)$ 波形如图 1.35 所示，$\Gamma_{e,\,pair}(\omega_o t)$ 的周期为 2π，在周期 $(-\pi,\pi]$ 之内的表示式为

$$\Gamma_{e,\,pair}(\omega_o t) = \begin{cases} \cos(\omega_o t) & \omega_o t \in \left(-\pi,\ -\pi+\dfrac{\Delta\Phi}{2}\right] \cup \left(-\dfrac{\Delta\Phi}{2},\ \dfrac{\Delta\Phi}{2}\right] \cup \left(\pi-\dfrac{\Delta\Phi}{2},\ \pi\right] \\ 0 & \text{其他} \end{cases}$$

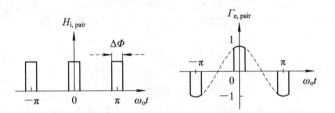

图 1.35　$H_{i,\,pair}(\omega_o t)$ 和 $\Gamma_{e,\,pair}(\omega_o t)$ 波形

$\Gamma_{e,\,pair}(\omega_o t)$ 的傅里叶系数的平方和为

$$\sum_{n=0}^{+\infty} c_{n,\,pair}^2 = \frac{1}{\pi}(\Delta\Phi + \sin\Delta\Phi) \approx \frac{2\Delta\Phi}{\pi} = \frac{2}{g_m R_p} \tag{1.107}$$

将关系式（1.89）和式（1.107）代入到式（1.103）中，得到差分对管噪声对输出相位噪声的贡献为

$$L_\Phi(f_m) = \frac{kT\gamma R_p}{V_o^2}\left(\frac{f_o}{Qf_m}\right)^2 \tag{1.108}$$

式中，γ 是 MOS 器件噪声参数。

式（1.108）表明差分对管对输出所贡献的相位噪声与差分对管跨导基本无关。

（3）尾管噪声。

尾管噪声通过差分对管 M_1 和 M_2 的来回切换，不断地传递到谐振网络中，形成差分噪声电流，进而形成对输出相位的调制。当 M_1 导通且 M_2 截止时，尾管噪声电流通过 M_1 传递到谐振网络，转换增益为 $1/2$，对应的 NMF＝$1/2$；当 M_2 导通且 M_1 截止时，尾管噪声电流通过 M_2 传递到谐振网络，方向是相反的，对应的 NMF＝$-1/2$；在 M_1 和 M_2 同时导通的过

渡区时，M_1 和 M_2 共同将尾管电流噪声传递到谐振槽中，传输增益是呈线性变化的。尾管噪声电流对应的 NMF 的波形如图 1.36 所示。

$$\Gamma_{e,\,\text{tail}}(\omega_o t) = \Gamma(\omega_o t) H_{i,\,\text{tail}}(\omega_o t)$$

$$= \begin{cases} -\dfrac{1}{2}\cos(\omega_o t) & \omega_o t \in \left(\dfrac{-\pi}{2},\ \dfrac{-\Delta\Phi}{2}\right] \\[2mm] \dfrac{\omega_o t}{\Delta\Phi}\cos(\omega_o t) & \omega_o t \in \left(\dfrac{-\Delta\Phi}{2},\ \dfrac{\Delta\Phi}{2}\right] \\[2mm] \dfrac{1}{2}\cos(\omega_o t) & \omega_o t \in \left(\dfrac{\Delta\Phi}{2},\ \dfrac{\pi}{2}\right] \end{cases}$$

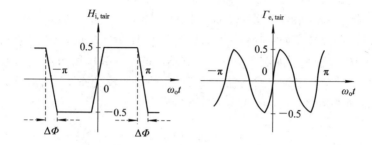

图 1.36　尾管噪声电流对应的 NMF 的波形

$\Gamma_{e,\,\text{tail}}(\omega_o t)$ 的波形如图 1.36 所示。$\Gamma_{e,\,\text{tail}}(\omega_o t)$ 的傅里叶系数的平方和为

$$\sum_{n=0}^{+\infty} c_{n,\,\text{tail}}^2 = \frac{1}{4}\left(1 - \frac{4\Delta\Phi}{3\pi}\right) = \frac{1}{4}\left(1 - \frac{4}{3g_m R_p}\right) \tag{1.109}$$

尾管噪声电流功率谱密度是 $4kT\gamma g_{mb}$，其中 g_{mb} 是尾管的跨导。将其和式(1.109)一并代入到式(1.103)中，得到尾管噪声对输出相位噪声的贡献是

$$L_\Phi(f_m) = \frac{kT\gamma g_{mb} R_p^2}{V_o^2}\left(\frac{1}{4} - \frac{1}{3g_m R_p}\right)\left(\frac{f_o}{Qf_m}\right)^2 \tag{1.110}$$

式(1.110)表明，尾管噪声对输出相位噪声的贡献不仅和尾管本身的跨导 g_{mb} 有关，还与差分对管的跨导 g_m 相关。假如差分对管是一个理想开关的话，过渡相位为 0，尾管噪声对输出相噪的贡献变为

$$L_\Phi(f_m) = \frac{kT\gamma g_{mb} R_p^2}{4V_o^2}\left(\frac{f_o}{Qf_m}\right)^2 \tag{1.111}$$

我们将谐振网络、差分对管和尾管噪声对输出相位噪声的贡献结论综合起来，得到振荡器的相位噪声，用 Lesson 等式表示为

$$L_\Phi(f_m) = \frac{kTR_p(1+F)}{V_o^2}\left(\frac{f_o}{Qf_m}\right)^2 \tag{1.112}$$

式中，噪声因子 F 的关系式为

$$F = \gamma + \gamma g_{mb} R_p\left(\frac{1}{4} - \frac{1}{3g_m R_p}\right) \tag{1.113}$$

关系式(1.112)就是根据 ISF 方法得到的差分交叉耦合 LC 振荡器整体相位噪声的解析式，它包括了谐振网络、差分对管和尾管的相位噪声贡献。晶体管的贡献体现在噪声因

子中，关系式(1.113)中的第一项表示差分对管的相位噪声贡献，第二项表示尾管的相位噪声贡献。

1.7　相位噪声与时间抖动的转换关系

频率合成器的一个重要性能指标是时间抖动，它和相位噪声之间是可以相互转化得到的。相位噪声和时间抖动(或相位抖动)是在不同的应用背景下对频率合成器输出信号稳定性的统计表征。在频域测试仪器与设备中，频率合成器的相位噪声表征方式使用广泛，而在时域测试仪器与设备中，频率合成器的时间抖动比较常见。

时间抖动是一个周期信号在噪声干扰下其相位特性在时域上的统计描述。时间抖动有周期抖动(Period Jitter 或 Cycle Jitter)、周期对周期抖动(Cycle-Cycle Jitter)和绝对抖动(Absolute Jitter)等多种不同的定义方法。根据不同的设备和应用场合，人们所关注的时间抖动是不一样的。对于大多数应用场合，周期抖动的性能较受关注，而对于数据采集系统，绝对抖动同样特别重要。

1. 周期抖动 ΔT_c

周期抖动如图 1.37(a)所示，它定义为振荡器的瞬时周期偏离理想周期的均方根，即

$$\Delta T_c = \lim_{N \to \infty} \sqrt{\frac{1}{N} \sum_{n=1}^{N} \Delta T_n^2} = \sqrt{E\left[(T_n - T_0)^2\right]} \tag{1.114}$$

式中，T_n 为瞬时周期，T_0 为理想周期，$E(*)$ 表示数学期望。

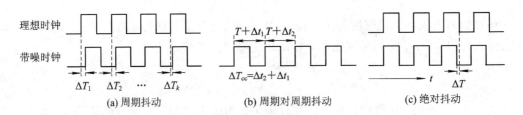

图 1.37　时间抖动示意图

在随机过程中，周期抖动就是振荡器瞬时周期的标准差或均方差。根据方差的定义，周期抖动的方差 ΔT_c^2 可以写为

$$\Delta T_c^2 = E\left\{\left[T_n - E(T_n)\right]^2\right\} \tag{1.115}$$

所谓理想周期就是无噪声状态下的信号周期，在白噪声干扰情况下，瞬时周期的平均值是 T_0，或者说瞬时周期的数学期望为 T_0，亦即 $E(T_n) = T_0$。关系式(1.114)写为

$$\Delta T_c^2 = E\left[(T_n - T_0)^2\right] \tag{1.116}$$

关系式(1.116)与式(1.114)是相同的，表明了周期抖动 ΔT_c 是振荡器瞬时周期 T_n 的标准差或均方差。

值得注意的是，在白噪声干扰情况下，$E(T_n) = T_0$，如果是有色噪声干扰，例如，小数分频尾数调制所产生的干扰等，则 $E(T_n) \neq T_0$。周期抖动描述的是瞬时周期 T_n 的分散程度，体现不出来信号周期的动态趋势。

2. 周期对周期抖动 ΔT_{cc}

周期对周期抖动如图 1.37(b)所示，周期对周期抖动 ΔT_{cc} 定义为振荡器连续两个瞬时周期之差的均方根，即

$$\Delta T_{cc} = \lim_{N \to \infty} \sqrt{\frac{1}{N} \sum_{n=1}^{N} (T_{n+1} - T_n)^2} \tag{1.117}$$

在随机过程中，周期对周期抖动就是振荡器两个瞬时周期差的标准差或均方差。连续两个瞬时周期之间的偏差是个随机变量，在白噪声干扰形成抖动的情况下，$E(T_{n+1} - T_n) = 0$，周期对周期抖动的方差为

$$\Delta T_{cc}^2 = E\{[(T_{n+1} - T_n) - E(T_{n+1} - T_n)]^2\} = E\{(T_{n+1} - T_n)^2\} \tag{1.118}$$

关系式(1.118)与式(1.117)是等同的。周期对周期抖动反映了瞬时周期的短期动态特性，周期对周期抖动是周期抖动的差分，能够表现出瞬时周期信号的高频成分。考虑到白噪声引起的时间抖动，两个瞬时周期是不相关的，所以 $\Delta T_{cc}^2 = 2\Delta T_c^2$ 成立。

3. 绝对抖动 ΔT_{abs}

绝对抖动如图 1.37(c)所示，绝对抖动定义为信号周期相对于 N 个理想时钟周期的偏差，即

$$\Delta T_{abs}(N) = \sum_{n=1}^{N} \Delta T_n$$

绝对抖动体现了振荡器中 $1/f$ 噪声或其它低频噪声对抖动的影响。

我们知道，相位噪声是随机噪声对载波信号的调相所进行的连续谱边带，而抖动是随机噪声调制对载波信号的上升沿和下降沿进行调制产生的周期抖动。它们是同一个物理现象，只是观察角度不同，描述的侧重点也不一样。但是，两者之间存在一定的关系，即相位噪声与抖动之间的关系。

一个理想的方波 $x(t)$ 可以采用连续单位阶跃函数表示为

$$x(t) = \sum_{k=-\infty}^{\infty} \left\{ u[t - kT_0] - u\left[t - \left(k + \frac{1}{2}\right)T_0\right] \right\} \tag{1.119}$$

式中，$u(t)$ 为单位阶跃函数。

我们知道，当信号受到噪声干扰时，对其相位的影响主要体现在信号的上升沿和下降沿的时间抖动上，可以表示为

$$x(t) = \sum_{k=-\infty}^{\infty} \left\{ u[t - kT_0 - a_k] - u\left[t - \left(k + \frac{1}{2}\right)T_0 - b_k\right] \right\} \tag{1.120}$$

式中，a_k 和 b_k 是随机变量，它们表征了信号在噪声干扰下上升沿和下降沿的变化情况。将 $x(t)$ 截断为一个窗口函数 $x_T(t)$，并进行傅里叶变换，得到 $X_T(j\omega)$。

$$\begin{cases} x_T(t) = \begin{cases} x(t) & |t| < T \\ 0 & |t| \geq T \end{cases} \\ X_T(j\omega) = \int_{-T}^{T} x_T(t) \, e^{-j\omega t} dt = -\int_{-T}^{T} x_T(t) \, \sin\omega t \, dt + j \int_{-T}^{T} x_T(t) \, \cos\omega t \, dt \end{cases} \tag{1.121}$$

设 $T = nT_0$，利用上式可求出 $X_T(j\omega)$ 的模值表达式为

$$|X_T(j\omega)|^2 = \left[\int_{-nT_0}^{nT_0} x_T(t) \, \sin\omega t \, dt\right]^2 + \left[\int_{-nT_0}^{nT_0} x_T(t) \, \cos\omega t \, dt\right]^2$$

将式(1.120)和式(1.121)代入上式，并利用求和平方转化关系式以及三角函数关系式，可以得到

$$|X_T(\mathrm{j}\omega)|^2 = \frac{1}{\omega^2} \sum_{i,j=-n}^{n} \cos\omega[(i-j)T_0 + b_i - b_j] + \cos\omega[(i-j)T_0 + a_i - a_j]$$
$$- \cos\omega\left[\left(i-j-\frac{1}{2}\right)T_0 + a_i - b_j\right] - \cos\omega\left[\left(i-j+\frac{1}{2}\right)T_0 + b_j - a_j\right] \tag{1.122}$$

我们知道，功率谱密度就是单位时间能量谱密度，即 $|X_T(\mathrm{j}\omega)|^2/T$，当 T 趋于无穷大时，就可以得到功率谱密度 $S_x(\omega)$ 的表达式为

$$S_x(\omega) = E\left[\lim_{T\to\infty} \frac{|X_T(\mathrm{j}\omega)|^2}{T}\right] = \lim_{T\to\infty} \frac{E[|X_T(\mathrm{j}\omega)|^2]}{T} \tag{1.123}$$

利用关系式(1.122)求解数学期望，再代入式(1.123)即可获得相应的功率谱。数学期望的求解涉及随机变量的处理，为此，将关系式(1.122)中的随机变量 a_i、a_j、b_i 和 b_j 采用维纳过程来描述，维纳随机变量是 $a_i(t)$ 或 $b_i(t)$，它的均值、自相关函数和方差分别为

$$\begin{cases} E[a_i(i \cdot T_0)] = 0 \\ R_{a_i}(i \cdot T_0, j \cdot T_0) = \alpha^2 T_0 \min\{i,j\} \\ \sigma_{a_i}^2(i \cdot T_0) = \alpha^2 \cdot i \cdot T_0 \end{cases} \tag{1.124}$$

对随机变量 $X(t)$ 的余弦函数 $\cos(aX+b)$ 求数学期望，有如下等式成立：

$$E\{\cos(aX + b)\} = \mathrm{e}^{-a^2\sigma_x^2/2}\cos b \tag{1.125}$$

式中，σ_x^2 是 $X(t)$ 的方差，a 和 b 均为常数，α^2 是随机过程的一个参量。根据上述关系以及周期抖动 ΔT_c^2 的定义，$\alpha^2 T_0 = \Delta T_c^2$。

利用关系式(1.125)，可以得到数学期望为

$$E|X_T(\mathrm{j}\omega)|^2 = \frac{1}{\omega^2} \sum_{k=-2n}^{2n} (2n+1-|k|) \{2\cos(\omega k T_0) \cdot \mathrm{e}^{-\frac{1}{2}\omega^2\Delta T_c^2|k|}$$
$$- \cos\left[\omega\left(k-\frac{1}{2}\right)T_0\right] \cdot \mathrm{e}^{-\frac{1}{2}\omega^2\Delta T_c^2\left|k-\frac{1}{2}\right|} - \cos\left[\omega\left(k+\frac{1}{2}\right)T_0\right] \cdot \mathrm{e}^{-\frac{1}{2}\omega^2\Delta T_c^2\left|k+\frac{1}{2}\right|}\}$$

根据式(1.123)功率谱的定义，设 $T = nT_0$，当 $n\to\infty$ 时，$T\to\infty$，同时考虑到系数在 $n\to\infty$ 时趋于 0 的事实，可以得到功率谱 $S_x(\omega)$ 为

$$S_x(\omega) = \lim_{T\to\infty} \frac{E|X_T(\mathrm{j}\omega)|^2}{2T}$$
$$= \frac{1}{\omega^2 T_0} \sum_{k=-\infty}^{\infty} \{2\cos(\omega k T_0) \cdot \mathrm{e}^{-\frac{1}{2}\omega^2\Delta T_c^2|k|} - \cos\left[\omega\left(k-\frac{1}{2}\right)T_0\right] \cdot \mathrm{e}^{-\frac{1}{2}\omega^2\Delta T_c^2\left|k-\frac{1}{2}\right|}$$
$$- \cos\left[\omega\left(k+\frac{1}{2}\right)T_0\right] \cdot \mathrm{e}^{-\frac{1}{2}\omega^2\Delta T_c^2\left|k+\frac{1}{2}\right|}\} \tag{1.126}$$

再利用级数求和等式：

$$1 + 2\sum_{k=1}^{\infty} \mathrm{e}^{-kt}\cos(kx) = \frac{\sinh t}{\cosh t - \cos x}$$

以及双曲函数的定义，在 $\omega T_0/2 \approx \pi$ 的近似下，式(1.126)可以简化为

$$S_x(\omega) = 4\sinh\frac{\omega^2\Delta T_c^2}{4} \cdot \frac{\cosh\dfrac{\omega^2\Delta T_c^2}{4} + \cos^2\dfrac{\omega T_0}{2}}{\omega^2 T_0\left(\cosh\dfrac{\omega^2\Delta T_c^2}{2} - \cos\omega T_0\right)} \tag{1.127}$$

$x(t)$ 的基波功率为 $2/\pi^2$，利用关系式(1.51)和(1.52)，单边带相位噪声为

$$L_\Phi(\omega) = \frac{2S_x(\omega)}{2/\pi^2} = \sinh\frac{\omega^2\Delta T_c^2}{4} \cdot \frac{\cosh\dfrac{\omega^2\Delta T_c^2}{4} + \cos^2\dfrac{\omega T_0}{2}}{f^2 T_0\left[\cosh\dfrac{\omega^2\Delta T_c^2}{2} - \cos\omega T_0\right]} \tag{1.128}$$

式(1.128)已经考虑到了将 $-\infty\sim0$ 频率范围内的功率谱密度折合到 $0\sim\infty$ 频率范围内，它代表了整个 $0\sim\infty$ 频段上的相噪表达式。如果设 $f = f_0 + \Delta f$，代到上式就可以得到基波附近的不同频偏的相位噪声。为了使表达式简明扼要，推导过程中需要进行一些简化处理，考虑到 $\sinh x\approx x$，$\cos(x)\approx1-x^2/2$，$\cosh x\approx1+x^2/2$ 的近似关系式，有如下近似：

$$\cosh\frac{\omega^2\Delta T_c^2}{4} + \cos^2\frac{\omega T_0}{2} \approx 1 + \frac{1}{2}\left(\frac{\omega^2\Delta T_c^2}{4}\right)^2 + \left[1 - \frac{1}{2}(\pi\Delta f T_0)^2\right]^2$$

$$\cosh\frac{\omega^2\Delta T_c^2}{2} - \cos\omega T_0 \approx \frac{1}{2}\left(\frac{\omega^2\Delta T_c^2}{2}\right)^2 + \frac{1}{2}(2\pi\Delta f T_0)^2$$

将上述近似关系式代入到式(1.128)中，可以得到

$$L_\Phi(\Delta f) = \frac{f_0^3\Delta T_c^2}{(\pi f_0^3\Delta T_c^2)^2 + \Delta f^2}\left\{1 + \frac{\pi^4}{4}\left(\frac{\Delta T_c}{T_0}\right)^4 - \frac{\pi^2}{2}\left(\frac{\Delta f}{f_0}\right)^2 + \frac{\pi^4}{8}\left(\frac{\Delta f}{f_0}\right)^4\right\} \tag{1.129}$$

考虑到相对频偏非常小，$\Delta f/f_0\ll1$，均方差抖动与 T_0 相比是很小的，$\Delta T_c/T_0\ll1$，因此，上式进一步简化为

$$L_\Phi(\Delta f) \approx \frac{f_0^3\Delta T_c^2}{(\pi f_0^3\Delta T_c^2)^2 + \Delta f^2} \tag{1.130}$$

式(1.130)分母上存在 $(\pi f_0^3\Delta T_c^2)^2$，造成相位噪声曲线有一个 3 dB 的拐角频率，频偏大约几十赫兹。一个受到热噪声干扰的振荡器，它的相位与理想振荡器的差值的方差随时间是发散的，相位噪声曲线在频率上是不可积的。由于拐点频率的存在，使得这个积分是有限值，产生这个问题的原因是上述相位噪声的计算不是依据相位的功率谱密度，而是振荡信号的电压功率谱密度。真正意义上的相位功率谱密度应该没有这个拐点，表达式可以写为

$$L_\Phi(\Delta f) \approx \frac{f_0^3\Delta T_c^2}{\Delta f^2} \tag{1.131}$$

其实，当我们分析频偏大于拐点频率的相位噪声时，利用式(1.130)得到的结果不会引入太大的误差。如果所关注的频偏在 100 Hz～10 MHz 范围之内，都是处于这个拐点频率之上，对频偏 100 Hz 以内的近载波相位噪声有特别需求时，可采用式(1.131)进行分析。

1.8　环路输出抖动的 z 域分析

锁相环路的相位负反馈特性使得相位抖动得到不同程度的抑制并趋于平稳，因此，我们假设相位抖动是个平稳随机过程，相位抖动的方差为

$$\sigma_{\Phi}^2 = 2\left[R_{\Phi}(0) - R_{\Phi}(\Delta T)\right] = 2\left[\int_{-\infty}^{\infty} S_{\Phi}(f)\mathrm{d}f - \int_{-\infty}^{\infty} S_{\Phi}(f)\cdot \mathrm{e}^{\mathrm{j}2\pi f\Delta T}\mathrm{d}f\right]$$

$$= 2\int_{-\infty}^{\infty} S_{\Phi}(f)(1 - \mathrm{e}^{\mathrm{j}2\pi f\Delta T})\mathrm{d}f \tag{1.132}$$

由于相位抖动和时间抖动的关系为 $\sigma_{\Phi}^2 = \omega_o^2 \sigma_t^2$，所以，时间抖动方差为

$$\sigma_t^2 = \frac{2}{\omega_o^2}\int_{-\infty}^{\infty} S_{\Phi}(f)(1 - \mathrm{e}^{\mathrm{j}2\pi f\Delta T})\mathrm{d}f$$

将上述关系式转换到 z 域，同时设 $\Delta T = nT_s$，T_s 为采样周期。环路锁定状态下，$T_s = T_{\mathrm{ref}}$。$z = \mathrm{e}^{\mathrm{j}2\pi fT_s}$，$\mathrm{d}z = \mathrm{j}2\pi zT_s\mathrm{d}f$，可以得到

$$\sigma_t^2 = \frac{2}{\omega_o^2}\oint_{|z|=1} S_{\Phi}(z)(1 - z^n)\cdot \frac{\mathrm{d}z}{\mathrm{j}2\pi zT_s} = \frac{1}{\mathrm{j}\pi\omega_o^2}\oint_{|z|=1} S_{\Phi}(z)\cdot \frac{1 - z^n}{zT_s}\mathrm{d}z \tag{1.133}$$

这是时间抖动方差在 z 域中的表达式，是在 $|z| = 1$ 单位圆上的积分结果，体现了相位噪声与抖动之间的转换关系。

1.8.1　VCO 造成环路输出的抖动

为了获得 VCO 的相位噪声或抖动对环路输出抖动的贡献，我们必须先得到环路的误差传递函数 $H_e(z)$，再与 VCO 的相位噪声 $S_{\Phi,\mathrm{vco}}(z)$ 相乘，得到环路输出相噪 $S_{\Phi,\mathrm{out}}(z)$，然后再代入到关系式(1.133)中，求出对应的环路输出时间抖动 $\sigma_{o,\mathrm{vco}}^2$。

根据开环传递函数式(1.44)，得到所对应的误差传递函数 $H_e(z)$ 为

$$H_e(z) = \frac{(1 - z^{-1})^2}{1 + \left[\frac{K'}{N}(1+a) - 2\right]z^{-1} + \left[1 + \frac{K'}{N}(a-1)\right]z^{-2}} \tag{1.134}$$

式中，N 是环路反馈分频比，$K = K_d K_V R_2$，$a = T_s/(2R_2C_2)$，$K' = KT_s = K_d K_V R_2 T_s$。考虑到在大多数情况下 $a \ll 1$ 是成立的，为方便起见，忽略 a，上式简化为

$$H_e(z) = \frac{1 - z^{-1}}{1 - \left(1 - \frac{K'}{N}\right)z^{-1}} \tag{1.135}$$

另外，根据线性时不变系统中的噪声的传递关系，我们知道

$$S_{\Phi,\mathrm{out}}(z) = S_{\Phi,\mathrm{vco}}(z)\left|H_e(z)\right|^2 \tag{1.136}$$

将式(1.136)代入到式(1.133)中，得到环路的输出抖动为

$$\sigma_{\mathrm{out,vco}}^2 = \frac{1}{\mathrm{j}\pi\omega_o^2}\oint_{|z|=1} S_{\Phi,\mathrm{out}}\cdot \frac{1 - z^n}{zT_s}\mathrm{d}z = \frac{1}{\mathrm{j}\pi\omega_o^2}\oint_{|z|=1} S_{\Phi,\mathrm{vco}}\left|H_e(z)\right|^2\cdot \frac{1 - z^n}{zT_s}\mathrm{d}z$$

$$\tag{1.137}$$

根据相位噪声功率谱密度关系式，考虑到 $s = \mathrm{j}\Omega = \mathrm{j}2\pi\Delta f$，可以得到

$$S_{\Phi,\mathrm{vco}}(s) = -\frac{4\pi^2 f_o^3 \Delta T_c^2}{s^2} = -\frac{k}{s^2}$$

其中，$k = 4\pi^2 f_o^3 \Delta T_c^2$。将 $S_{\Phi,\mathrm{vco}}(s)$ 变换到 z 域后，得到

$$S_{\Phi,\mathrm{vco}}(z) = T_s\cdot kT_s\frac{-z}{(z-1)^2} \tag{1.138}$$

将 $S_{\Phi,\,\mathrm{vco}}(z)$ 和 $H_e(z)$ 关系式代入式(1.137)，并考虑到 $|H_e(z)|^2 = H_e(z)H_e(z^{-1})$ 成立，整理后为

$$\sigma^2_{\mathrm{out},\,\mathrm{vco}} = \frac{-1}{\mathrm{j}\pi\omega_o^2}\oint_{|z|=1} kT_s \frac{z^n-1}{[1-(1-K'/N)z]\cdot[z-(1-K'/N)]}\mathrm{d}z \qquad (1.139)$$

这就是一个抖动为 ΔT_c 的 VCO 在环路输出端所呈现的抖动方差表示式。

关系式(1.139)中的被积函数在单位圆内只有一个孤立极点，$z_0 = 1-K'/N$，其留数为

$$\mathrm{Res}(1-K'/N) = \frac{(1-K'/N)^n-1}{1-(1-K'/N)^2}$$

根据留数定理，式(1.139)的积分结果为

$$\sigma^2_{\mathrm{out},\,\mathrm{vco}} = \frac{-1}{\mathrm{j}\pi\omega_o^2}\cdot 2\pi\mathrm{j}\sum_{n=0}^{k-1}\mathrm{Res}f(z_n) = \frac{2kT_s}{\omega_o^2}\frac{1-(1-K'/N)^n}{1-(1-K'/N)^2}$$

将 $k = 4\pi^2 f_o^3\Delta T_c^2$ 代入，则

$$\sigma^2_{\mathrm{out},\,\mathrm{vco}} = 2N\Delta T_c^2\frac{1-(1-K'/N)^n}{1-(1-K'/N)^2} \qquad (1.140)$$

这就是 VCO 的抖动在环路输出端所呈现出的抖动方差表达式。通过对上式的分析，我们可以得到环路输出的抖动和一些重要参数的依赖关系。

定义 $K_{\mathrm{loop}} = K_d K_V R_2/N$，$K_{\mathrm{loop}}$ 通常称为 2 阶 CP-PLL 的开环单位增益带宽，式(1.140)改为

$$\sigma^2_{\mathrm{out},\,\mathrm{vco}} = 2N\Delta T_c^2\frac{1-(1-K_{\mathrm{loop}}T_s)^n}{1-(1-K_{\mathrm{loop}}T_s)^2} \qquad (1.141)$$

在锁相环的设计中，环路带宽通常选取为参考频率的 $1\%\sim10\%$，因此，$K_{\mathrm{loop}}T_s\ll1$，考虑到

$$\lim_{n\to\infty}(1-K_{\mathrm{loop}}T_s)^n = 0$$

$$1-(1-K_{\mathrm{loop}}T_s)^2 = 2K_{\mathrm{loop}}T_s-(K_{\mathrm{loop}}T_s)^2\approx 2K_{\mathrm{loop}}T_s$$

所以，关系式(1.141)简化成

$$\sigma^2_{\mathrm{out},\,\mathrm{vco},\,n\to\infty} = \frac{N\Delta T_c^2}{K_{\mathrm{loop}}T_s} = \frac{f_o\Delta T_c^2}{K_{\mathrm{loop}}} \qquad (1.142)$$

可以看出，VCO 噪声抖动对环路输出抖动的贡献是随着环路带宽的增加而减小的。这也是比较容易理解的，因为 VCO 的噪声是通过环路误差传递函数抑制后输出的，误差传递函数呈现的是高通特性，环路带宽越大就对 VCO 噪声抑制程度越大，进而改善环路输出信号的抖动性能。由于分频比 N 出现在环路带宽 K_{loop} 中，在保证 K_{loop} 不变的情况下，输出信号的抖动与分频比呈简单的线性关系。在不考虑环路的实际工作情况下，随着 K_{loop} 继续增大，$K_{\mathrm{loop}}T_s\to1$，最终抖动的收敛值为

$$\sigma^2_{\mathrm{out},\,\mathrm{vco}} = 2N\Delta T_c^2 \qquad (1.143)$$

1.8.2　输入白噪声造成环路输出的抖动

下面考虑当输入白噪声时，经过环路过滤之后输出的抖动情况。如果环路的鉴相参考采用石英晶体振荡器，其相噪性能极为优秀，而且环路噪底又很大的情况下，可以等效为

白噪声进行分析。锁相环路的闭环传递函数 $H(z)$ 为

$$H(z) = \frac{K'}{z - (1 - K'/N)} \tag{1.144}$$

假设输入白噪声的功率谱密度为 N_{in}，输出信号的抖动为

$$\sigma_{out,in}^2 = \frac{1}{j\pi\omega_o^2} \oint_{|z|=1} N_{in} \cdot \frac{K'}{z-(1-K'/N)} \frac{K'}{z^{-1}-(1-K'/N)} \frac{1-z^n}{zT_s} dz$$

单位圆内只有一个 $z_0 = (1-K'/N)$ 的极点，根据留数定理，上式的积分结果为

$$\sigma_{out,in}^2 = \frac{2K'^2 N_{in}}{\omega_o^2 T_s} \frac{1 - (1 - K'/N)^n}{1 - (1 - K'/N)^2} \tag{1.145}$$

设 $K_{loop} = K_d K_V R_2/N$，因为 $K' = K_d K_V R_2 T_s$，所以 $K'/N = K_{loop} T_s$，代入上式得到

$$\sigma_{out,in}^2 = \frac{2N^2 T_s K_{loop}^2 N_{in}}{\omega_o^2} \cdot \frac{1 - (1 - K_{loop} T_s)^n}{1 - (1 - K_{loop} T_s)^2} \tag{1.146}$$

利用前面的简化关系式，上式进一步写为

$$\sigma_{out,in}^2 = \frac{N^2 K_{loop} N_{in}}{\omega_o^2} \tag{1.147}$$

这就是输入白噪声在环路输出端所呈现出的抖动方差表达式。显然，随着环路带宽的增加，环路输出信号的抖动变大。这是比较容易理解的，对于环路参考噪声而言，环路闭环传递函数 $H(z)$ 呈低通特性，带宽越大，更多的噪声分量被传递到环路输出端。在不考虑环路的实际工作情况下，带宽进一步增大，$K_{loop} T_s \to 1$，我们得到抖动的收敛值为

$$\sigma_{out,in}^2 \approx \frac{N^2 N_{in}}{2\pi^2 f_o} \tag{1.148}$$

利用关系式 (1.143) 和 (1.148)，我们可以优化环路带宽并获得最佳环路带宽 K_{loop}^* 的结果，当 $K_{loop} = K_{loop}^*$ 时，VCO 噪声和参考时钟噪声对环路输出抖动的贡献是相同的，即

$$\sigma_{out,vco,n\to\infty}^2 = \sigma_{out,in,n\to\infty}^2$$

令关系式 (1.143) 和 (1.148) 相等，可以得到最佳环路带宽 K_{loop}^* 的表达式为

$$K_{loop}^* = 2\pi \sqrt{\frac{f_o^3}{N^2}} \sqrt{\frac{\Delta T_c^2}{N_{in}}} \tag{1.149}$$

1.8.3 参考信号造成环路输出的抖动

当参考信号的相噪不是特别优秀，不能用白噪声进行等效处理的时候，根据相位噪声和抖动的关系式，参考振荡器的相噪为

$$S_{\Phi,ref}(s) = \frac{-4\pi^2 f_r^3 \Delta T_c^2}{s^2} = \frac{-k}{s^2}$$

式中，$k = 4\pi^2 f_r^3 \Delta T_c^2$，$\Delta T_c^2$ 为参考振荡器周期抖动方差，f_r 为参考频率。对应的 z 域表达式为

$$S_{\Phi,ref}(z) = kT_r^2 \frac{-z}{(z-1)^2} \tag{1.150}$$

参考噪声传递到环路输出端的抖动方差为

$$\sigma_{\mathrm{out,\,in}}^2 = \frac{1}{\mathrm{j}\pi\omega_o^2} \oint_{|z|=1} S_{\Phi,\,\mathrm{ref}}(z) \cdot H(z)H(z^{-1})\frac{1-z^n}{zT_s}\mathrm{d}z$$

将关系式(1.150)和(1.144)代入上式，则

$$\sigma_{\mathrm{out,\,in}}^2 = \frac{-kT_r^2}{\mathrm{j}\pi\omega_o^2 T_s} \oint_{|z|=1} \frac{K'}{z-(1-K'/N)} \cdot \frac{K'}{z^{-1}-(1-K'/N)} \cdot \frac{1-z^n}{(z-1)^2}\mathrm{d}z$$

$$\tag{1.151}$$

式(1.151)中的被积函数不但在单位圆内有一个极点 $z_0=1-K'/N$，而且积分路径 l 与实轴的交点上还有一个单极点 $z_1=1$，它的留数为

$$\mathrm{Res}f(1) = \lim_{z\to 1}\frac{\mathrm{d}}{\mathrm{d}z}\big[(z-1)^2 f(z)\big] = \frac{-nK'^2}{[1-(1-K'/N)]^2} = \frac{-nK'^2}{(K'/N)^2}$$

单位圆内极点 $z_0=1-K'/N$ 上的留数为

$$\mathrm{Res}f(1-K'/N) = \lim_{z\to 1-K'/N}\{[z-(1-K'/N)]f(z)\}$$

$$= \frac{(1-K'/N)K'^2}{(K'/N)^2} \cdot \frac{1-(1-K'/N)^n}{1-(1-K'/N)^2}$$

根据留数定理，式(1.151)积分结果为

$$\sigma_{\mathrm{out,\,in}}^2 = \frac{-kT_r^2}{\mathrm{j}\pi\omega_o^2 T_s}\big[2\pi\mathrm{j}\mathrm{Res}(1-K'/N) + \pi\mathrm{j}\mathrm{Res}(1)\big]$$

$$= \frac{-kT_r^2}{\omega_o^2 T_s}\left[\frac{2(1-K'/N)K'^2}{(K'/N)^2} \cdot \frac{1-(1-K'/N)^n}{1-(1-K'/N)^2} + \frac{-nK'^2}{(K'/N)^2}\right]$$

定义 $K_{\mathrm{loop}}=K_d K_V R_2/N$，$K_{\mathrm{loop}}$ 为 2 阶 CP-PLL 的开环单位增益带宽，上式改写为

$$\sigma_{\mathrm{out,\,in}}^2 = \frac{-kT_r^2}{\omega_o^2 T_s}\left[\frac{2(1-K_{\mathrm{loop}}T_s)K'^2}{(K_{\mathrm{loop}}T_s)^2} \cdot \frac{1-(1-K_{\mathrm{loop}}T_s)^n}{1-(1-K_{\mathrm{loop}}T_s)^2} + \frac{-nK'^2}{(K_{\mathrm{loop}}T_s)^2}\right]$$

利用前面的简化关系式，上式进一步写成

$$\sigma_{\mathrm{out,\,in}}^2 = -\frac{kT_r^2}{\omega_o^2 T_s}\left[\frac{(1-K_{\mathrm{loop}}T_s)K'^2}{(K_{\mathrm{loop}}T_s)^2} \cdot \frac{1}{K_{\mathrm{loop}}T_s} + \frac{-nK'^2}{(K_{\mathrm{loop}}T_s)^2}\right]$$

考虑到 $K'=K_d K_V R_2 T_s$，$K'/N=K_{\mathrm{loop}}\cdot T_s$，上式改写为

$$\sigma_{\mathrm{out,\,in}}^2 = -\frac{kT_r^2 N^2}{\omega_o^2 T_s}\left[\frac{(1-K_{\mathrm{loop}}T_s)}{K_{\mathrm{loop}}T_s} - n\right]$$

$$\tag{1.152}$$

将 $k=4\pi^2 f_r^3 \Delta T_c^2$ 代入上式，考虑到 $f_o=Nf_r$ 和 $T_s=T_r=T_{\mathrm{ref}}$，其中 f_o、f_r 和 T_s 分别为 VCO 输出频率、鉴相参考频率和取样周期，则

$$\frac{kT_r^2 N^2}{\omega_o^2 T_s} = \frac{4\pi^2 f_r^3 \Delta T_c^2 T_r^2 N^2}{\omega_o^2 T_s} = \frac{f_r^2 \Delta T_c^2 N^2}{f_o^2} = \Delta T_c^2$$

因此

$$\sigma_{\mathrm{out,\,in}}^2 = \Delta T_c^2\left[n - \frac{(1-K_{\mathrm{loop}}T_s)}{K_{\mathrm{loop}}T_s}\right]$$

$$\tag{1.153}$$

我们可以看到，上式中的第一项与环路带宽无关，它是参考振荡器自身的抖动；第二项随着 K_{loop} 的增大，抖动逐渐增大，趋于一个收敛值。这个不难理解，对于参考噪声来说，环路呈现低通特性，带宽越大，输出的噪声越大，时间抖动的方差就越大。因此，第二项体

现了环路对参考噪声抖动的抑制情况。在不考虑环路的实际工作情况下，K_{loop}继续增大到 $K_{loop}T_s = 1$ 时，全部的参考噪声通过环路在输出端呈现，此时的输出抖动方差为

$$\sigma_{out, in}^2 = n\Delta T_c^2 \tag{1.154}$$

关系式(1.154)就是参考振荡器自身的抖动表达式。实际上，一个周期抖动为 ΔT_c 的参考振荡器，所对应的时间抖动方差可以根据式(1.133)求出。

$$\sigma_{ref}^2 = \frac{1}{j\pi\omega_r^2} \oint_{|z|=1} S_{\Phi, ref}(z) \cdot \frac{1-z^n}{zT_s} dz$$

将参考的相位噪声关系式(1.150)代入，得到

$$\sigma_{ref}^2 = \frac{-kT_s}{j\pi\omega_r^2} \oint_{|z|=1} \frac{1-z^n}{(z-1)^2} dz \tag{1.155}$$

式(1.155)中的被积函数在单位圆内没有极点，而在积分路径 l 与实轴的交点上还有一个单极点 $z_0 = 1$，其留数为

$$\operatorname{Res} f(1) = \lim_{z \to 1} \frac{d}{dz} \left[(z-1)^2 f(z) \right] = \lim_{z \to 1} \left[-n \cdot z^{n-1} \right] = -n$$

考虑到 $k = 4\pi^2 f_r^3 \Delta T_c^2$ 和 $T_s = T_r$，式(1.155)的积分结果为

$$\sigma_{ref}^2 = \frac{-kT_s}{j\pi\omega_r^2} \cdot \pi j \operatorname{Res}(1) = n\Delta T_c^2 \tag{1.156}$$

可以看到，参考的抖动的方差式(1.156)与式(1.154)结果是相同的。

1.9　频率合成技术基础

频率合成技术就是对一个标准频率进行四则运算，产生具有同样稳定度和准确度的多个频率的技术，主要有直接频率合成、间接频率合成和混合频率合成等三种技术。其中直接频率合成技术又分为直接模拟频率合成(DAS)技术和直接数字频率合成(DDS)技术。

1.9.1　直接模拟频率合成技术

所谓直接模拟频率合成(DAS)就是用加减乘除从单一参考信号频率产生一个所需的信号频率。一种直接频率合成器方案如图1.38所示，频标为5 MHz，对这个参考进行乘除和混频，产生若干个固定频率，得到3 MHz和27～36 MHz，以1 MHz步进。可以将27～36 MHz之间的一个频率通过开关送到相应的混频器中与固定的3 MHz频率相加，然后再除10，形成100 kHz的频率分辨率。这样的电路级联后，可以得到3g.fedcba MHz的输出频率，再与30 MHz信号进行混频，可以获得 g.fedcba MHz的信号输出。字母 a～g可以选择0～9中的任意数。尽管大量滤波器的延时和滤波器偏置电压的稳态建立，使得开关时间会有所增大，但仍然可以在几微秒的时延量级上实现快速频率切换。有些频率点的频谱纯度比较好，基本上是参考的频谱复制，但无法摆脱因倍乘效应而增加的调频变带。而且电路上的不同时延又会引起不同的相位调制，这是由于理论上可以相减抵消的分量，实际上不能完全抵消而导致的。因此，在合成器的设计中，为了避免产生寄生分量和交调产物，必须进行细致的频率选择和精心的结构设计。

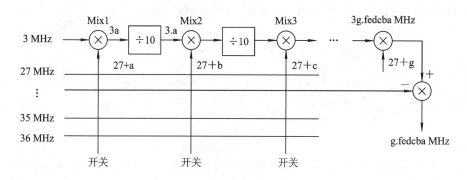

图 1.38　直接频率合成原理框图

虽然直接频率合成能实现快速频率变换，具有几乎任意高的频率分辨率、较低的相位噪声以及很高的输出频率，但是它的构成需要很多的振荡器、混频器和带通滤波器等硬件设备，不仅体积庞大、造价高，而且输出拥有大量的杂波分量，频率范围越宽杂散往往也就越多，对于高频谱纯度的频率合成器来说，杂散性能差是直接频率合成的一个较大的缺陷。因此，大多数应用场合，它都被间接频率合成或 DDS 技术所取代。

值得注意的是，在一些特殊应用需求下，还是离不开 DAS 技术的。例如，针对捷变频雷达的应用需求，需要设计一款 0.01～40 GHz 捷变频信号发生器，频率捷变时间为 200 ns。由于间接频率合成会受到闭环特性的影响，可以实现 10 μs 量级的频率捷变，难以满足百纳秒量级的频率捷变的需求。采用直接数字合成 DDS 技术可以实现 200 ns 频率捷变，但又受限于 DDS 的工作频率范围和工作频率上限，必须采用直接模拟合成技术实现微波波段的覆盖，实现任意频点之间的捷变。因此，采用 DDS＋DAS 是实现 0.01～40 GHz 捷变频信号发生器的一种最佳技术方案。

DAS 是最早出现的一种频率合成技术，适于大频率步进、频点数不多的电子系统，然而目前已经很少单独采用 DAS 进行频率合成了，大多数是采用 DDS＋DAS 或 PLL＋DAS 等混合频率合成方案。

1.9.2　直接数字频率合成技术

随着高速数字电路技术的进步，从相位概念出发的直接合成所需波形的数字频率合成技术得到飞速发展，通常称为直接数字频率合成（DDS）技术。由于正弦信号是周期性的，其相位与幅度之间具有一一对应的关系。将这个关系存储在 ROM 存储器中，形成一张查询表，该查询表的地址线对应相位信息，数据线对应幅度信息。因此，对正弦信号沿相位轴方向等间隔采样，就得到该信号的抽样序列，并将采样值用二进制数表示。改变频率控制字时，相位增量发生变化，采样值的周期随之而变，就可以合成所需要的频率。抽样序列通过数/模转换器形成一种量化的正弦波，最后通过滤波器平滑，形成标准的正弦波信号。DDS 以有别于其它频率合成方法的优越性能和特点，在现代频率合成技术中占有一席之地。

DDS 的工作原理框图如图 1.39 所示，它包括相位累加器、正弦查询表、数/模变换器（DAC）、低通滤波器和参考时钟五个部分。在参考时钟的控制下，相位累加器对频率控制字进行线性累加，得到的相位码对波形存储器寻址，输出相应的幅度码，经过 D/A 变换后得到相应的阶梯波,经过滤波器后成为所需要的频率信号波形。

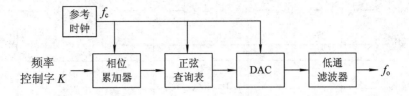

图 1.39 DDS 的工作原理框图

假设频率控制字 FCW 为 K,N 为相位累加器的字长,m 为 ROM 地址线位数,M 为 ROM 数据线位数,也是后面的 DAC 位数。在每一个时钟周期内,频率控制字在相位累加器中完成一次累加操作,相位的累加结果作为 ROM 当前地址去查询正弦函数表,当相位累加器达到满量 2^N 时,累加器自动溢出最高位,保留后面的 N 比特余量,即实施取模运算。换句话说,累加器中的余量对应 ROM 当前地址。DDS 的输出频率为

$$f_o = \frac{K}{2^N} f_c$$

输出频率分辨率为

$$\Delta f = \frac{f_c}{2^N}$$

可见,只要累加器的位数足够长,N 足够大,就可以得到所需的精细频率分辨率。由于 ROM 表的地址空间总是有限的,相位累加器的输出一般仅取高位作为寻址地址,实际应用中可以做到 μHz 量级。另外,由于 K 值的计算结果不一定正好是整数,这样就会存在一定的频率误差。

DDS 是一个开环结构,它的频率建立时间通常主要取决于数/模转换器 DAC 和滤波器的时延,其它的影响因素还包括数字电路的信号处理存在的时延。DDS 的频率转换时间比 PLL 快得多,可以达到纳秒级。

DDS 的频率范围不是太宽,而且还有难以消除的杂散信号。随着砷化镓器件的应用,输出带宽逐步扩大,而杂散是 DDS 所固有的,并且随着输出带宽的扩展,杂散也越来越明显地成为限制 DDS 应用的重要因素。由于只用相位累加器的高位作为地址寻址 ROM,造成了相位截断误差,而且这种相位截断误差具有周期性,这是导致 DDS 输出频谱中杂散分量的主要来源。除此之外,幅度量化误差和 DAC 的非线性所引起的误差也会导致杂散。DDS 的杂散来源如图 1.40 所示,图中 $\varepsilon(n)$ 是相位截断误差,$\varepsilon_A(n)$ 是幅度量化误差,$\varepsilon_{DA}(n)$ 是 D/A 变换误差。显然,如果满足以下三个条件就可以获得理想的 DDS:

(1) 相位累加器的输出用于查表寻址时,不存在舍位情况,即被舍弃的位数 $B = N - M = 0$。

(2) 存储的正弦幅度没有量化误差,即用无限长的二进制代码来表示。

(3) DAC 的分辨率为无穷大,并且 DAC 具有理想的数/模转换特性。

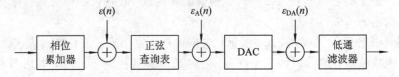

图 1.40 DDS 杂散来源

理想的 DDS 就是不存在相位截断误差、幅度量化误差和 DAC 误差，此时，整个 DDS 相当于一个理想的采样-保持电路。实际上这三个条件都难以满足。下面给出相位截断误差所引起输出杂散的结果。

当相位累加器位数为 N，ROM 的地址位数为 M 时，被舍弃的位数是 $B=N-M$，形成了相位截断误差 $\varepsilon(n)$，它所带来的输出波形误差序列为

$$E_e(n) = \frac{2\pi}{2^N}\varepsilon(n)\sin\left(\frac{2\pi}{2^N}nk\right)$$

该误差序列是 DDS 杂散的根源。将其写成一个周期内的表示式后，通过傅里叶变换得到其频谱。输出误差信号包含的杂散分量表示为

$$f = Lf_c \pm f_o \pm f_n$$

式中，$L=0, \pm 1, \pm 2\cdots$；$n=1, 2, \cdots, M$；f_n 是 $\varepsilon(t)$ 的谱在 $(0, f_c/2)$ 内幅度第 n 大的频率分量，频率 f 对应的幅度为

$$A_f = \pi\frac{2^{N-B}}{n}\mathrm{Sa}\left[\frac{(Lf_c \pm f_o)\pi}{f_c}\right]\mathrm{Sa}\left(\frac{f_n}{f_c}\right)$$

式中，$\mathrm{Sa}(x)$ 为采样函数，$\mathrm{Sa}(x) = \sin(x)/x$。

当 $L=0, 1$ 时，得到主谱周围的杂散，最强的杂散位于 $f = \pm f_o \pm \frac{a}{\lambda}f_c$，其幅度为

$$A_{\mathrm{spur}} = \pi 2^{N-B}\mathrm{Sa}\left(\frac{\pi f_o}{f_c}\right)\mathrm{Sa}\left(\frac{\pi a}{\lambda}\right)$$

主谱 f_o 的幅度为

$$A_0 = \pi\mathrm{Sa}\left(\pi\frac{f_o}{f_c}\right)$$

主谱与最强的杂散幅度比为

$$R = 20\log\left(\frac{A_0}{A_{\mathrm{spur}}}\right) = 20\log\left[\frac{1}{2^{N-B}}\mathrm{Sa}\left(\frac{\pi a}{\lambda}\right)\right] \geqslant 6.02(N-B)\,\mathrm{dB}$$

可见，相位截断引入的最强杂散对应的电平由 $(N-B)$ 决定，N 是相位累加器的位数，B 是相位舍取位数。舍位 B 每减少一位，杂散性能改善约 6 dB。高速 DDS 芯片的杂散可以做到 $-50 \sim -60$ dBc，一般情况下，窄带杂散会好很多。如果将截断误差序列随机化，就可以有效地抑制相位截断引起的杂散。一些如何抑制杂散的技术成为了 DDS 研究的热点，这也是 DDS 在高性能频率合成器应用中急需解决的关键技术。

在 DDS 芯片中，一般不会将大容量的 ROM 集成进去，这样对芯片成本和功耗都是不利的。尽管是外置 ROM，也出现了很多压缩 ROM 容量的算法。容量压缩之后，可以使用更大的 m 和 M 值，从而提高 DDS 的杂散性能。

由于正弦函数具有对称性，可以用 $0\sim\pi/2$ 的幅度值代替 $0\sim2\pi$ 的幅度值，用最高两位地址码表示象限。一种 Sunderland 结构可以将 $0\sim\pi/2$ 内的 ROM 进行一定的压缩，它是将相位累加器输出的地址位分为 A、B 和 C 三部分，再将地址为 M 比特的 ROM 分成两个地址位数为 $A+B$ 和 $A+C$ 的 ROM，最后将两个 ROM 的输出相加来构建正弦函数。

Sunderland 结构是将相位累加器的输出 Φ 分解为 α、β 和 γ 之和，它们对应的字长位数分别为 A、B 和 C，并满足如下关系：

$$\alpha < \frac{\pi}{2}, \quad \beta < \frac{\pi}{2} \cdot \frac{1}{2^A}, \quad \gamma < \frac{\pi}{2} \cdot \frac{1}{2^{A+B}}$$

考虑到如下关系式(1.157)的成立,因此,Sunderland 结构实现的框图如图 1.41 所示,这种方法的存储量压缩比为 12 : 1。

$$\sin(\alpha + \beta + \gamma) = \sin(\alpha + \beta) + \cos\alpha\sin\gamma \tag{1.157}$$

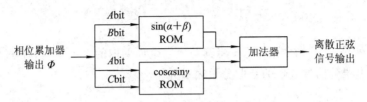

图 1.41　Sunderland 原理框图

还有一种属于改进型的 Sunderland 结构,它采用了粗调 ROM 和细调 ROM 两种 ROM 存储结构,粗调 ROM 产生相位分辨率的基本采样,在基本采样之间应用细调 ROM 进行内插,提供精细的相位分辨率。另外,还有 $\sin\Phi$-Φ 法和泰勒级数近似法,$\sin\Phi$-Φ 法是将查询表 ROM 中存储的函数由正弦函数变为 $\sin\Phi$-Φ;泰勒级数近似法将相位 Φ 分为 α 和 α-Φ 两部分,在 $\Phi=\alpha$ 处,将正弦函数展开为泰勒级数,取其前三项近似。除此之外,压缩 ROM 存储结构的算法还有 Nicholas 结构、CORDIC 算法和双三角近似等等,这里不再详述。

1.9.3　锁相环间接频率合成技术

锁相环利用相位负反馈原理使振荡器反馈频率和参考频率严格一致且相位相差一个固定常数,以频率再生的形式实现频率合成。与直接型和数字型合成器比较,锁相环频率合成器是闭环结构,速度慢是它的固有特性。就输出信号的相噪而言,处于环路带内的相噪由鉴相器、分频器和参考的噪声来决定,而带外主要由 VCO 决定。即对参考、鉴相器、N 分频器的相噪来说,传递函数为低通型;对 VCO 而言,其相噪的传递函数为高通型。总输出相位噪声是各部分噪声与各自传递函数乘积后在输出端的叠加,根据环路构成形式和芯片的本底噪声,可以获得带内噪声的理论计算公式。对于各种鉴相器、分频器和 VCO 等锁相环部件,以及较为复杂的 2 阶和 3 阶环、变频环和数字相位等技术,都有大量的文献讨论和分析。

锁相环路在电子技术的各个领域都有广泛的运用,已经成为电子设备常用的基本部件。为方便调整和提高可靠性,集成化、数字化、小型化和通用化一直是设计人员所期盼的。集成锁相环频率合成器片内可以包含参考频率振荡器、可供用户选择的参考分频器、双端输出的鉴相器、控制逻辑、可编程计数器等部分,可外接双模前置分频器组成吞脉冲程序分频器。大规模合成芯片的发展迅速,型号也琳琅满目,可以方便地构成完整的数控锁相环频率合成器。

由于简单锁相环频率合成器的设计存在着一些基本矛盾,主要体现在输出频率是参考频率的整数倍,即分辨率就是参考频率,环路的输出频率为

$$f_o = N f_r = N f_{ref}$$

式中，f_o 为锁相环输出频率；f_{ref} 为参考频率；N 为反馈网络分频比。环路输出的频率分辨率只能为参考频率 f_{ref}，降低 f_{ref} 可以进一步提高分辨率。然而，这与减小环路的暂态时间以及过滤 VCO 噪声的要求是矛盾的。转换时间反比于鉴相频率，转换时间大约为 25 个参考周期，降低参考频率使得环路捕捉时间增长，影响频率切换时间这一重要指标，同时，参考频率的降低也不利于参考泄露的抑制。因此，实现较高频率分辨率就需要设计一个多环结构。

一种可以产生 3.000～3.999 MHz，频率步进为 1 kHz 的多环频率合成器框图如图 1.42 所示，第一个环路 PLL1 的参考频率为 100 kHz，产生 3.0～3.9 MHz 输出，频率分辨率为 100 kHz。PLL1 的输出经过 10 分频后与 2 MHz 参考信号混频产生 1.61～1.70 MHz 的信号，分辨率 10 kHz，该信号经过带通滤波器提纯后作为 PLL2 的频率垫枕环路使用。1.61～1.70 MHz 信号与 PLL2 的输出混频，产生的中频滤波后再经过 47～56 变模分频器，与 100 kHz 参考频率进行鉴相，PLL2 的输出信号频率分辨率为 10 kHz。PLL2 的输出再次进行 10 分频与 2 MHz 参考信号混频输出 1.610～1.700 MHz 信号，分辨率为 1 kHz，作为 PLL3 的频率垫枕环路使用，原理与 PLL2 相同，最终 PLL3 环路输出 3.000～3.999 MHz 信号，分辨率为 1 kHz。在上述处理过程中，前一个环路的输出经过 10 分频后提高频率分辨率，再用于另一个环路的参考或用于混频时，需要变换一下频率，以便于频率垫枕之后进行适当的滤波处理。3 个环路实现了 1 kHz 频率分辨率，采用同样的处理方法可以进一步提高输出信号的频率分辨率。

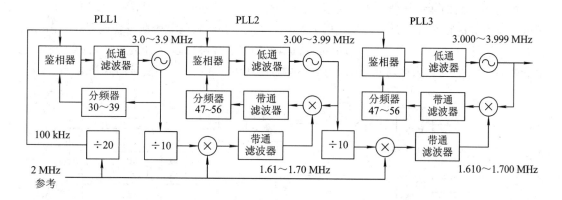

图 1.42 3.000～3.999 MHz 多环频率合成原理框图

宽带微波频率合成器的设计需要采用较宽的主振荡器，环路反馈网络可以采用分频器、混频器或采样器等部件。直接使用分频器的话，不但需要考虑工作频率上限、频率范围以及分辨率等性能指标的限制，而且相位噪声的恶化严重，一般只在窄带或点频微波频率合成器中使用。一般都是采用混频器、谐波混频器或取样器实现宽带微波频率合成，通常也称为频率垫枕技术。常用的微波频率合成器都是采用频率垫枕技术的锁相环，如图 1.43 所示，反馈网络采用谐波混频器或微波采样器，把微波主振频率下变频到射频频段进行鉴相处理，最终实现对微波主振的锁定。滤波隔离组件是为了避免本振馈输和采样器中的谐波干扰，形成不希望的泄漏或调制寄生输出。

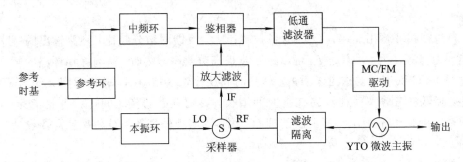

图 1.43　微波频率合成器原理框图

可以采用混频器或谐波混频器代替图中的采样器，由于谐波次数较低，相噪性能比使用采样器要好。不过它要求混频本振与微波主振具有相同的相对频宽，对宽带频率合成来说，宽带的低相噪本振设计往往也是比较困难的。因此，谐波混频器一般只用在相对窄带的频率合成中。

用采样器实现频率垫枕的同时，也把本振的相位噪声和杂散恶化了 $20\lg N(\mathrm{dB})$，N 为采样谐波次数，这是倍频的固有特性。因此，采样本振的低相噪设计技术是实现宽带微波频率合成器近端相噪的关键。通常总是在一定程度上牺牲频率范围和频率分辨率，甚至采用一些非常离散的频点实现采样，也要确保相位噪声的性能指标。采样本振留下的不足通常利用微波振荡器预置电路和中频合成技术来弥补。微波频率分辨率主要由中频环决定，在中频上实现高分辨率前面已经介绍过了，中频环的相噪是随载波线性地叠加到微波上去的，相噪没有采样本振的要求高。

当需求更高的频率分辨率时，可以采用如图 1.42 所示的方案，利用更多的 PLL 级联镶嵌。多环结构频率合成是一种成熟的方案，已经应用在经典的宽带频率合成源和频谱分析仪本振的设计中，一种 2.3～6.1 GHz 接收机本振频率合成器的设计方案如图 1.44 所示，它由参考环、20/30 环、采样环和 YIG 调谐振荡器（YTO）环等 4 个较为复杂的环路组成。

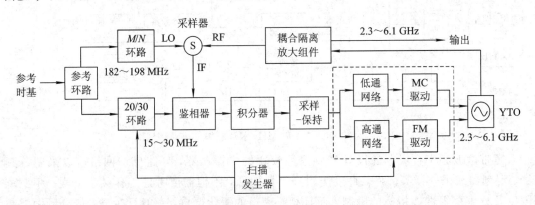

图 1.44　2.3～6.1 GHz 接收机本振频率合成器的设计方案

主振采用频率范围为 2.3～6.1 GHz 的 YIG 调谐振荡器，也称为 YTO，它具有频率范围宽、调谐灵敏度高、线性好和谐振 Q 值高等优点，被广泛运用于高性能接收机的第一本振。YTO 是以 YIG 小球为谐振子、微波晶体管为有源器件的固态微波信号发生器，其输出频率与内部调谐磁场有较好的线性关系。内部调谐磁场由主线圈和副线圈两部分产生，主线圈调谐灵敏度高、调谐范围宽、高频干扰抑制好，由于它的感抗大，因此调谐慢；副线圈也称调频线圈，它的调谐灵敏度低、调谐范围窄，由于感抗小，所以调谐速度快，具有良好的干扰抑制特性。YTO 的频率调谐是靠主线圈驱动和副线圈驱动来完成的，即环路的误差电压的低频成分加到主线圈驱动上，高频成分加到副线圈驱动上。

　　YTO 的输出经过耦合隔离放大器组件为整机提供 2.3～6.1 GHz 本振，并在组件中耦合出一路 2.3～6.1 GHz 的信号输入到采样器，用于锁相，并被 M/N 环提供的 182～198 MHz 本振信号所采样，产生采样中频信号。该中频与 20/30 环提供的 15～30 MHz 参考信号进行鉴相，误差信号经过积分器和采样-保持电路调整 YTO，最终实现环路的锁定。其中，20/30 环是一个高分辨率环，它采用了 5 个锁相环路镶嵌，实现了 1 Hz 的频率分辨率。在小频率扫宽时(例如 5 MHz)，强迫 20/30 环扫频，YTO 始终处于锁定状态。在大频率扫宽时，锁定起始频率，误差电压被采样并保持，将环路置成开环状态完成一次扫频。回扫时再次锁定扫频起点频率，采取所谓"锁滚"技术实现了合成器的扫频功能。多环结构频率合成技术是频率合成史上的一个里程碑。然而，多环结构频率合成器存在着不少缺点，除了环路复杂、体积大且成本高之外，环路间的辐射、传导泄漏和交调的抑制都是设计中令人头疼的事，一系列的折中处理又难以获得更高性能的频率合成器。

　　小数分频技术为锁相环频率合成器的进一步发展开辟了新天地，它的应用大大简化了复杂的频率分辨率环设计，它的核心思想是环路反馈分频比 N 不再不局限于整数，可以是预期的小数 $N.F$，这样锁相环输出的频率分辨率就不再受限于频率参考值，而是主要取决于分频比的小数部分，从而实现了输出频率的微小步进。采用小数分频器的环路输出方程写为

$$f_\circ = N.F f_{ref}$$

式中，$N.F$ 为小数分频器的分频比。可见，输出频率的分辨率为 $.F f_{ref}$，如果参考频率为 10 MHz，$.F$ 为 0.0000001，即可实现 1 Hz 的频率分辨率。

　　小数分频是利用两个或更多整数分频的平均效应来实现的，例如，采用反馈瞬时分频比 N 和 $N+1$ 之间转换来等效的话，可以在若干个 N 分频中，插入多个 $N+1$ 分频，使得分频器具有 $N.F$ 的等效分频比。但是，用整数分频的平均代替严格意义下的小数分频，必然造成瞬时相位误差，并形成对 VCO 的调制，称为小数分频尾数调制。虽然环路输出的平均频率满足分辨率的要求，但环路带内的尾数调制造成输出频谱纯度的恶化而无法实用化。换句话说，引入小数分频的最大代价就是同时引入了尾数调制。因此，尾数调制的抑制成为设计高分辨率频率合成器的关键技术，也是小数 N 频率合成器研究的热点。

　　由于尾数调制的机理是清楚的，相位误差量值也是明确的，因此，可以将误差经过 D/A 转换后补偿到鉴相电压中进行实时修正，实现尾数调制的抑制，称为模拟相位内插(API)技术。API 的主要困难是实用化的抑制模型设计，以及分辨率较高时受到 D/A 速度和字宽的限制，尾数调制的抑制可以达到 65 dB 以上。

　　Σ-Δ 调制小数频率合成技术是根据相位累加器余量的数字化特征，经过数字变换后预先对分频比进行适当的加减调制，从而获得一个高通型的传递函数，把低频的尾数调制噪声搬移到高频，再利用环路的低通特性加以滤除。小数分频技术极大地推动了高分辨率频率合成器的发展，成为频率合成史上一个新的里程碑，它的设计理论、噪声成型模型和实现方法仍在不断发展着。

1.9.4　DDS＋PLL 混合频率合成技术

利用 DDS 的高频率分辨率的特点，与 PLL 的高频率、宽频段和高频谱纯度的优势相结合，可以形成 DDS＋PLL 混合频率合成方案。其基本思想是利用 DDS 的高分辨率来解决 PLL 中的频率分辨率和频率转换时间之间的基本矛盾，通常有 DDS 驱动 PLL、DDS 作为 PLL 反馈环路和 DDS 作为频率垫枕环等三种基本方案。

（1）DDS 驱动 PLL。在 DDS 驱动 PLL 方案中，如图 1.45 所示，用 DDS 的输出作为 PLL 的参考频率输入信号，环路锁定后，输出频率 $f_o = N f_{ref} = N f_{DDS}$，利用 DDS 的高分辨率来获得环路输出频率的分辨率要求。同时，采用较高的鉴相频率可以提高 PLL 的转换速度。但是，由于这种结构的倍频关系，DDS 的杂散信号将产生 $20 \log N$ 的恶化，因此，输出的杂散信号较大。

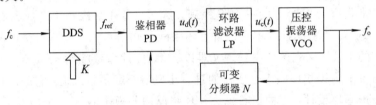

图 1.45　DDS 驱动 PLL 频率合成原理框图

（2）DDS 作为 PLL 反馈环路。DDS 可以作为环路可变分频器设计在环路反馈中，如图 1.46 所示，此时环路的输出作为 DDS 的时钟输入，DDS 的输出与参考信号进行鉴相。该方案将 DDS 作为小数分频器使用，等效分频比为

$$N = \frac{f_c}{f_{DDS}} = \frac{f_o}{f_{DDS}}$$

输出频率写为

$$f_o = N f_{ref} = N f_{DDS}$$

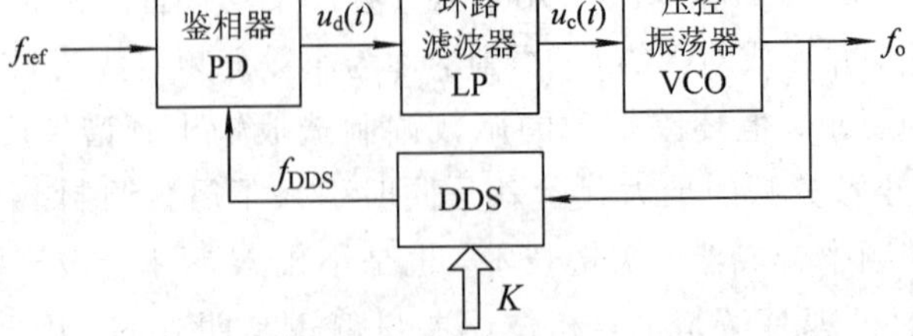

图 1.46　DDS 用于反馈的频率合成原理框图

该方案输出频谱中的杂散信号仍然较大。

上述两种方案通常在对输出杂散信号要求不高的场合下使用。

（3）DDS 作为频率垫枕环。应用效果较好的方案是将 DDS 作为频率垫枕环使用，可有效提高环路的输出频率和频谱纯度。DDS 作为频率垫枕环的方案如图 1.47 所示，DDS 的输出与 PLL 的输出进行混频，中频经过可变分频器 N 与环路参考信号进行鉴相，环路输出频率为

$$f_o = f_{ref} N + f_{DDS}$$

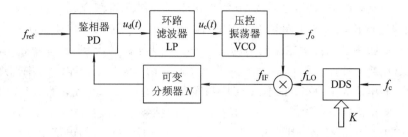

图 1.47 DDS 作为频率垫枕环的频率合成原理框图

可见，PLL 可以采用较高的鉴相频率，而 DDS 精细的频率间隔则保证了输出频率分辨率。DDS 作为频率垫枕环使用，环路输出的杂散信号不是太大。

1.9.5 频率合成技术专利统计

下面从全球频率合成器发明专利的检索结果中进一步了解频率合成技术的研究与创新情况。1968 年到 2013 年期间的频率合成技术专利申请统计如图 1.48 所示，它展示出频率合成技术专利的年限分布情况。受到发明专利公布周期和数据库加工周期等因素的影响，专利实际数量比检索到的要多些。全球的频率合成专利申请有 5532 项，主要集中在美国、中国、德国、日本、韩国、欧盟等六个国家和地区，约占据总申请量的 96%。

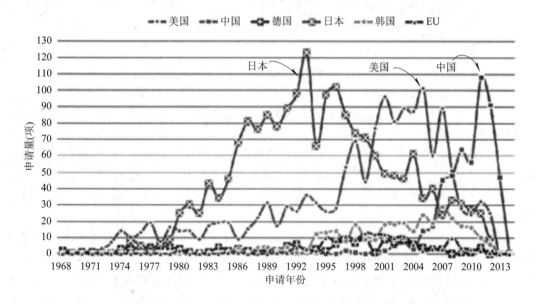

图 1.48 频率合成技术专利申请发展趋势

美国和德国开始频率合成研发的时间最早，在 1968～1995 年期间，美国创造的频率合成专利呈现缓慢平稳增长，1996～2005 年进入加速增长阶段，2005 年超过 100 项，达到峰值年。日本在 1975 年之后的短短 5 年内超越了美国，并持续迅猛发展，并于 1993 年超过 120 项，达到峰值年。中国 1985 年开始实施专利法，中国专利局当年受理的少量申请中，就有频率合成技术的专利申请，国内的企事业单位和科研机构关注频率合成技术的时间也是比较早的。但是，在 1985 年之后的 20 年里每年仅有几件频率合成专利申请，直到 2005 年以后呈现快速增长，2008 年超越美国和日本，于 2011 年达到峰值 108 项。从总体上来看，日本是早期频率合成技术专利申请的主力军；美国是 1996 年到 2006 年之间的主力军，这个期间正是小数分频技术和 DDS 技术的高速发展时期；从 2005 年以后，中国逐步成为频率合成技术专利申请的主力军，正是以 DDS 和混合频率合成技术为代表的高速发展时期。

图 1.49 展示了 DAS、DDS、PLL 和混合型等四种频率合成技术专利申请的发展趋势，可以看出，PLL 的申请最多，其次是 DDS、混合频率合成，DAS 的申请量则很少。

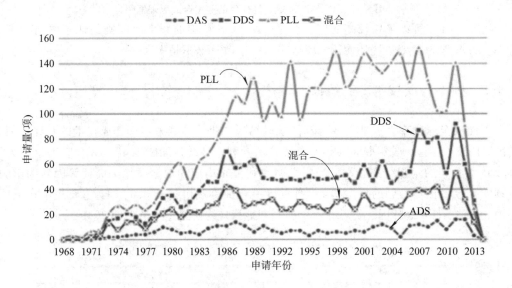

图 1.49 多种频率合成技术专利申请发展趋势

DAS 的专利申请量很少，历年均低于 20 项，主要原因是它具有结构复杂，输出谐波、杂散和寄生信号难以抑制等缺陷，且单独使用 DAS 的情况较少，绝大多数是 DAS 与 DDS 或 PLL 的组合应用。

PLL 频率合成技术一直倍受关注，是应用最广泛的频率合成技术之一，其创新成果始终远远超过其它频率合成技术。它于 1973 年进入快速发展阶段，并在 1989 年达到 129 项，至今仍维持在较高的水平，而且呈持续增长态势，在 2007 年达到峰值 153 项，一直是频率合成器研发的热点。

DDS 是一种较新颖的频率合成技术，其理论由美国学者于 1971 年首次提出，采样以全数字化方式实现，具有易于集成、跳频速度快和分辨率高等优点，但缺点是杂散较大和输出频率较低。DDS 的专利申请量从 1973 年开始突破 10 项且发展迅速，并于 1986 年达到 70 项，1987～2006 年间申请量虽有所回落，但每年仍基本维持在 40～60 项，2007 年和 2011 年为两个峰值年。

混合频率合成技术利用上述几种方法相互结合，弥补了单一方式存在的局限性，是近几年非常流行的合成技术，其中的 DDS+PLL 是一个主要研究方向。混合频率合成技术专利申请总量约为 DDS 的三分之一，与 DDS 的发展趋势极其类似。可见，混合频率合成技术是伴随着 DDS 的出现而快速发展的，而 DDS 也因与其它频率合成技术的结合而发展到新的高度。

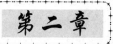

模拟相位内插(API)小数分频技术

锁相环利用相位负反馈原理使振荡器频率和参考频率严格一致且相位相差一个固定常数,以频率再生的形式实现频率合成。但是,用整数分频器构成反馈网络的锁相环存在着一个基本矛盾,即频率分辨率和环路捕捉时间不得同时兼顾。环路输出的频率分辨率只能为参考频率,降低参考频率可以进一步提高分辨率,但环路捕捉时间增长,影响频率切换时间这一重要指标,况且参考频率的降低也不利于参考泄露的抑制。小数分频技术的出现为锁相环频率合成技术的发展开创了新的历史篇章,是频率合成史上的一个里程碑。

小数 N 频率合成技术是利用改变瞬时分频模,获得等效平均分频比 $N.F$ 来实现精细频率分辨率的。在尾数调制的处理方面,采用模拟相位内插(即 API 内插)和 $\Sigma\text{-}\Delta$ 调制两种技术方法进行有效的抑制或消除,获得了较高的输出频谱纯度。本章介绍利用 API 补偿技术对尾数调制实施抑制的理论分析、模型设计和实验结果,重点解决高性能频率合成器设计中的几个比较棘手的问题,一是 API 补偿模型设计问题;二是实时补偿存在的暂态干扰问题;三是非均匀采样呈现出的小数分频的固有非线性问题。

2.1 小数分频原理模型与尾数调制

在第一章中介绍了传统锁相环路的构成,如图 1.1 和图 1.4 所示,鉴相器比较来自频率参考的输入信号 f_{ref} 和通过反馈网络来自 VCO 的输入信号 f_v,输出信号与两路输入信号的相位差成单调函数关系,称为误差电压,经环路滤波器形成调谐信号,调整 VCO 的输出频率,使得 f_v 的相位趋于 f_{ref}。根据负反馈理论可知,达到最终的稳态时,鉴相器的两个输入信号没有频差,只有较小的固定相差,锁相环路的输出满足

$$f_o = Nf_{ref}$$

这个关系式表明,输出信号频率 f_o 只能是参考频率 f_{ref} 的整数倍。由于分频比 N 是连续变化的整数,输出频率分辨率为 f_{ref}。为了提高分辨率,可以采用较小的 f_{ref},但是较小的 f_{ref} 会增加环路的捕捉时间,频率切换速度变慢,而且不利于参考泄露的抑制。

如果反馈分频器的分频比 N 可以取小数数值的话,例如分频比为 $N.F$,则环路输出信号的频率则为

$$f_o = N.Ff_{ref}$$

上式表明,环路输出的频率分辨率为 $\Delta f_o = .Ff_{ref}$,取决于 $.F$ 的大小。假设参考频率 f_{ref} 采用 1 MHz,如果要求实现输出的频率分辨率达到 1 Hz,则 $N.F$ 至少是具有小数点后 6 位的分频比数值。然而,分频器通常都是由计数器来实现的,无法直接实现具有小数的

分频模。但是，从统计的角度看，利用整数分频模是可以实现小数分频模的。以实现 $N.25$ 分频为例，我们可以利用一个 $N/N+1$ 双模分频器，完成 3 次 N 分频和 1 次 $N+1$ 分频，在 4 次分频周期中的平均分频比 $\overline{N}$ 为

$$\overline{N} = \frac{3N + 1(N+1)}{4} = N.25$$

可见，采用多个整数分频器，按照一定规律切换分频模，利用统计原理可以实现平均意义上的小数分频比。

实现上述统计平均需要提供一个相位累加器，通常包括一个常用的加法器、比较器和一个反馈逻辑，如图 2.1 所示。加法器输入的是分频比 $N.F$ 的小数部分 $.F$，其输出连接到一个比较器，当输入到比较器的数值低于给定的门限数值时，反馈逻辑直接将它送回到加法器中，称作累加器的余量，等待下一个时钟到来的时候与输入 $.F$ 再次相加。当输入到比较器的数值超过给定的门限数值时，相当于累加器满量状态，比较器产生一个进位信号，反馈逻辑从加法器输出中减去一个模，然后再次送到加法器中。如此反复工作就构成所谓的一阶相位累加器。之所以称为相位累加器，是因为输入的是 $.F$，在小数 N 合成器中它用于改变输出信号的频率，是相位偏移对时间的一阶微分等效。累加的效果是对这个微分相位的积分，输出施加在锁相环分频器的控制端上，这个控制信号是相位偏移的一阶等效。当累加器满量溢出时，环路分频比从 N 转换为 $N+1$，降低累加器相位误差 2π。

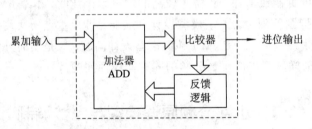

图 2.1 相位累加器原理框图

实现 $N.F$ 小数分频的原理框图如图 2.2 所示，反馈网络是分频比为 N 和 $N+1$ 的程控变模分频器，图中的累加器如图 2.1 所示，累加器的满量溢出信号 MC 控制 N 和 $N+1$ 之间的转换。将分频器置为 N 分频状态，设累加器满量为 M，M 是使 $D = M(.F)$ 为整数的最小整数，累加器的步进值为 $D = M(.F)$。

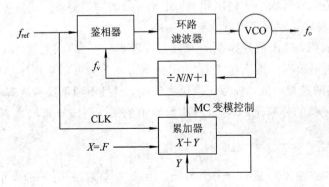

图 2.2 小数分频原理框图

在任意 X 个分频周期中，有 $(XD)/M$ 个 $N+1$ 分频和 $X-(XD)/M$ 个 N 分频，我们可以得到 $N/N+1$ 双模分频器输出的脉冲个数 P 为

$$P = \frac{XD}{M}(N+1) + \left(X - \frac{XD}{M}\right)N = XN + \frac{XD}{M} = X\left(N + \frac{D}{M}\right) = XN.F$$

所以，在 X 个分频周期中的平均分频比 N_{div} 为

$$N_{div} = \frac{XN.F}{X} = N.F$$

可以看出，预期的小数分频比 $N.F$ 可以通过在特定时间内的统计平均来获得。但是，上述小数分频呈现着固有的相位差，表现为分频器输出脉冲的瞬时相位差。每次 N 分频使输出脉冲相位超前 $2\pi(.F/N.F)$，而每次 $N+1$ 分频使输出脉冲相位滞后 $2\pi(1-.F)/N.F$。如果累加器从零开始，第 X 个脉冲时，累加器溢出了 Y 次，并有余量 L，即满足

$$DX = YM + L$$

则相位差 $\Delta\Phi$ 是

$$\Delta\Phi = 2\pi\frac{.F}{N.F}(X-Y) - 2\pi\frac{1-.F}{N.F}Y = 2\pi\frac{.FX-Y}{N.F} \tag{2.1}$$

考虑到关系式 $D=M(.F)$ 和 $L=DX-YM$ 成立，关系式(2.1)改写成

$$\Delta\Phi = \frac{2\pi L}{MN.F} \tag{2.2}$$

如果鉴相器灵敏度为 K_d，则鉴相器误差输出电压 ΔV 为

$$\Delta V = \frac{2\pi L K_d}{MN.F} \tag{2.3}$$

关系式(2.3)表明，相位误差电压正比于累加器中的余量 L，反比于 $N.F$ 分频比。累加器的余量 L 随着时钟的触发累加而不断增加，满量溢出时执行一次取模操作。因此，余量的变化是锯齿状的，鉴相器的输出电压也就呈现为锯齿状，变化的周期和预期的 $.F$ 相关。

将锯齿波电压理想成周期为 T、脉宽为 τ 和幅度为 ΔV 的方波，运用傅里叶分析得到该电压的频域表示式为

$$V = 2\Delta V\left(\frac{\tau}{T}\right)\left|\frac{\sin\left(\frac{n\pi\tau}{T}\right)}{\frac{n\pi\tau}{T}}\right| \tag{2.4}$$

考虑环路带内的基波和窄脉冲情况时，上式简化成

$$V = \frac{2\Delta V\tau}{T}$$

对于高增益 2 阶环路所引起的环路输出的相位偏移为

$$\Phi_o = \frac{N.FH(S)V}{K_d} = N.F\frac{2\Delta V\tau}{TK_d}\left|\frac{2\xi\omega_n(j\omega) + \omega_n^2}{(j\omega)^2 + 2\xi\omega_n(j\omega) + \omega_n^2}\right| \tag{2.5}$$

式中，$H(S)$ 为环路闭环传递函数，ω_n 为固有频率，ξ 为阻尼系数。Φ_o 实际上就是 VCO 输出调相波的调相指数 m_Φ，载波与边带的表示式为

$$V_{cn} = V_o J_n(m_\Phi)$$

式中，$J_n(*)$ 为 n 阶贝塞尔函数。

考虑到 $J_0(m_\Phi)=1$ 和 m_Φ 较小的情况，$J_1(m_\Phi)=m_\Phi/2$，第一对调制边带为

$$S = 20\log\left(\frac{V_{c1}}{V_{c0}}\right) = 20\log\left(\frac{\Phi_o}{2}\right) \tag{2.6}$$

可见，正是这个 ΔV 鉴相器输出电压的周期摆动造成对 VCO 输出的相位调制，称为尾数调制或杂散。尤其是当尾数调制频率比较低且位于环路带内时，环路的低通特性也无法滤除这些边带，造成环路输出信号的频谱中出现分立的杂散谱线。这种尾数调制造成的频谱恶化是无法容忍的，如何消除尾数杂散变得至关重要，也成为小数分频技术推广应用的关键。

小数分频技术最早是在吞脉冲技术基础上实现的，如图 2.3 所示，它是高分辨率频率合成器设计技术上的一个里程碑。从环路构成上来看，与整数分频环路相比，小数分频环路增加了 $.F$ 寄存器、加法器、相位累加器，以及 API 补偿 DAC 等部分。其中，脉冲吞噬器是由加法器的满量溢出信号 C 控制的，脉冲吞噬实际上完成的是 N 分频和 $N+1$ 分频。API 内插 DAC 部分产生小数分频相位误差信号，与鉴相器输出端的小数相位误差大小相等、符号相反，完成小数分频尾数调制的抑制。

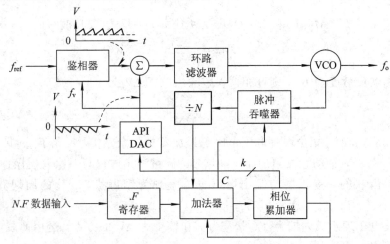

图 2.3　基于吞脉冲技术的 API 小数 N 原理框图

随着双模和多模分频器芯片技术的发展，小数分频环路的构成变得更加简洁，一种直接采用双模分频器构成环路的具有 API 补偿的小数 N 实现框图如图 2.4 所示。

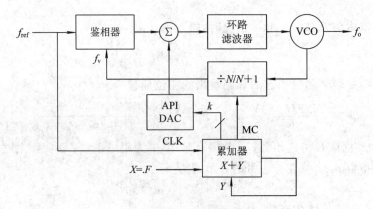

图 2.4　基于 $N/N+1$ 分频器的 API 小数 N 原理框图

由于小数分频呈现的瞬时相位差 $\Delta\Phi$ 满足关系式(2.2),我们注意到,相位误差 $\Delta\Phi$ 正比于累加器中的余量 L,反比于分频比 $N.F$,而且均是已知量。因此,我们可以从累加器中获得相位误差信息,通过数/模变换后形成补偿电流,施加在环路鉴相器的输出端,并与主路误差进行求和。如果满足大小相等、符号相反的条件,这种尾数调制将被有效抑制。

图 2.5 展示了当小数位为 0.25 时,瞬时相差、鉴相输出、累加器 ACC 余量、补偿电流以及求和等效相位误差的波形图。图中显示出了 3 次 4 分频和 1 次 5 分频为一个周期,鉴相器输出脉宽的变化量表明了瞬态相位误差量,对应的累加器 ACC 的余量和与之成正比的小数补偿电流波形的变化情况。图中显示的是三种 API 补偿方法中的一种,从鉴相器输出波形和小数补偿波形可以看出它们具有两种形式的调制特性,小数分频体现的是脉宽调制,补偿体现的是电平调制。将小数补偿充电泵与主充电泵进行求和,可形成等效的脉冲电平调制和脉宽调制。如果补偿适当的话,小数补偿电流脉冲面积就和主充电泵波动输出的面积相同,主充电泵电流中包含的频谱杂散也被减至最小。

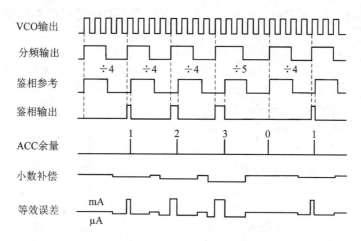

图 2.5 瞬时相位误差与补偿波形

在小数分频发展进程中,出现过多种 API 补偿形式和注入点。例如,小数分频 API 补偿的注入点可以放在分频器和鉴相器之间,也就是在可变分频器和鉴相器之间设置一个相位调制器,用补偿信号驱动这个相位调制器实施瞬态相位误差的补偿。一种基于相位调制

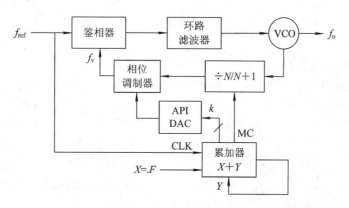

图 2.6 基于相位调制器的 API 小数 N 原理框图

器的 API 小数 N 原理框图如图 2.6 所示,从相位累加器中取出相位误差补偿量,进入 API-DAC 实施数/模变换,控制相位调制器,对 $N/N+1$ 输出的分频信号进行精确的实时补偿。显然,这种瞬态相位误差信号的精确补偿高度依赖于相位调制器驱动信号电平。有一种方法是利用反馈控制来校正驱动信号电平,实现对纹波信号的最佳补偿,但是,它依赖于 VCO 控制信号的纹波速率的提取。纹波信号的幅度与 VCO 控制信号相比非常小,准确地控制相位调制器驱动信号的电平是非常困难的。

上述介绍的是采用单累加器结构设计的 API 小数分频框图。最初单累加器系统沿用的 z 域等效模型如图 2.7 所示。累加器包括一个求和器,可以采用 X 位加法器的形式,接收数字输入 $X=D_i$,求和器的输出连接到一个数字积分器,它的输出连接到一个 1 bit 量化器上,在量化器与求和器之间形成一个反馈控制环路。关于累加器的模型设计将在第三章 $\Sigma\text{-}\Delta$ 调制器 MASH 模型中详细介绍。

图 2.7 所示的模型与通常的模型有一些差别,在积分环节上采用具有纹波型的结构,量化输出的反馈通路上也没有 z^{-1} 时延,表示累加器数值超过门限取模后立即反馈至求和器。

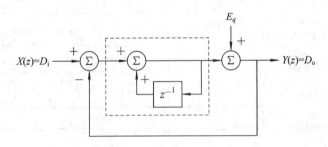

图 2.7 单累加器模型

根据图 2.7 模型,可以得到系统的传递函数为

$$D_o(z) = \frac{D_i}{2 - z^{-1}} + \frac{E_q(1 - z^{-1})}{2 - z^{-1}} \tag{2.7}$$

将对应的信号和噪声传递函数变换到频域,有

$$\text{Mag.}\left(\frac{D_o}{D_i}\right) = \frac{1}{(5 - 4\cos(\pi\nu))^{1/2}}$$

$$\text{Mag.}\left(\frac{D_o}{E_q}\right) = \left[\frac{2 - 2\cos(\pi\nu)}{5 - 4\cos(\pi\nu)}\right]^{1/2}$$

式中,ν 是相对于折叠频率的归一化频率。

可以看出,输入 $D_o(z)$ 明显地被低通特性所滤波,量化噪声 E_q 被高通特性所滤波。其实,这种技术最初是应用在无线电接收机和发射机中的。量化噪声的高通滤波特性具有降低寄生信号的效果,尤其是在寄生频率远低于高通转折频率,又处在接收机通道间的频率间隔处的寄生信号。选择 PLL 响应低通转折频率远低于高通转折频率,几乎可以抑制全部噪声。在单累加器系统中,高通特性具有每十倍频程 20 dB 抑制,因此,如果想获得更充分的噪声抑制,必须选取较高的参考频率,以便获得较高的高通特性转折频率。

为了改善小数分频结构的高通滤波特性,早在 20 世纪 80 年代,美国的 Martin 和 Frederick 等人研究出一种采用双累加器的小数 N 频率合成器的设计方法,合成器在不同整数分频值之间来回切换,采用双累加器实现噪声抵消,并利用环路抑制技术达到了进一步降低寄生信号的目的,使得上述的切换并没有伴随着产生明显的寄生信号。

双累加器系统的基本形式如图 2.8 所示。在双累加器系统中,第一级累加器中的数据作为第二级累加器的输入,除了第一级累加器的量化误差 E_{q1} 之外,第二级累加器也有它自己的量化误差 E_{q2}。然而,两个误差和单累加器系统相比都有所降低。第二级累加器的输出信号经过延时与直通的求和后,与第一级累加器的输出信号进行求和,产生有效的进位输出信号加到环路分频器上。因此,双累加器系统所产生的效果是第一级累加器进位输出的一阶相位偏移和第二级累加器的进位输出微分进行求和作为有效的进位输出信号。

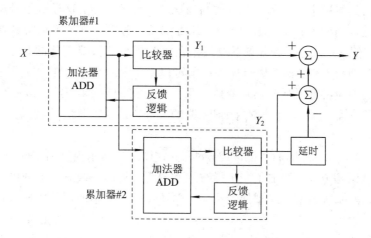

图 2.8 双累加器原理框图

双累加器的 z 域模型框图如图 2.9 所示。D_{o1} 是第一级累加器的数据输出,利用上面的方程,表示为

$$D_{o1}(z) = \frac{D_{in}}{2 - z^{-1}} + \frac{E_{q1}(1 - z^{-1})}{2 - z^{-1}}$$

第一级累加器的内容作为第二级累加器的输入 D_{i2},表示为

$$D_{i2}(z) = \frac{D_{in} - D_{o1}}{1 - z^{-1}}$$

第二级累加器的输出可以写为

$$D_{o2}(z) = \frac{D_{i2}}{2 - z^{-1}} + \frac{E_{q2}(1 - z^{-1})}{2 - z^{-1}}$$

将 D_{i2} 关系式代入上式,得到

$$D_{o2}(z) = \frac{D_{in}}{(2 - z^{-1})(1 - z^{-1})} + \frac{E_{q2}(1 - z^{-1})}{(2 - z^{-1})} - \frac{D_{in}}{(2 - z^{-1})^2(1 - z^{-1})} - \frac{E_{q1}}{(2 - z^{-1})^2}$$

$$D_o(z) = D_{o1} + D_{o2}(1 - z^{-1})$$

因此,两级累加器的传递函数可以写成

$$D_o(z) = \frac{D_{in}(3 - 2z^{-1})}{(2 - z^{-1})^2} + \frac{E_{q1}(1 - z^{-1})^2}{(2 - z^{-1})^2} + \frac{E_{q2}(1 - z^{-1})^2}{(2 - z^{-1})}$$

根据这个表达式,可以得到频域的信号和量化噪声的传递函数为

$$\left|\frac{D_{\mathrm{o}}}{D_{\mathrm{in}}}\right| = \frac{\left[13 - 12\cos(\pi\nu)\right]^{1/2}}{5 - 4\cos(\pi\nu)}$$

$$\left|\frac{D_{\mathrm{o}}}{E_{q1}}\right| = \frac{\left[2 - 2\cos(\pi\nu)\right]}{5 - 4\cos(\pi\nu)}$$

$$\left|\frac{D_{\mathrm{o}}}{E_{q2}}\right| = \frac{\left[2 - 2\cos(\pi\nu)\right]}{\left[5 - 4\cos(\pi\nu)\right]^{1/2}}$$

式中，ν 是相对于折叠频率的归一化频率。

在这种情况下高通的转折频率发生在单累加器同样的频率上，但是，由于 E_{q1} 和 E_{q2} 导致的噪声分量已经被每十倍频程 40 dB 的高通滤波特性所成型，这导致不希望的边带电平在单累加器系统基础上得到每十倍频程 20 dB 的改善。这样一来，可以将锁相环的带宽设计得更宽一点。例如，允许小数分频系统工作在比单累加器情况更低的频率上，仍然可以保留预期的噪声抑制。累加器的数目 n 理论上可以增加到任何想要的合成器阶数，对量化噪声的高通滤波响应特性增加到累加器数目乘上每十倍频程 20 dB，即 $n \cdot 20$ dB/decade。按照这样进行的加器级联构建方法就是所谓的"Pascal 三角形法"，累加器的阶数通常是 $(1 - z^{-1})^{n-1}$。

20 世纪 80 年代末，英国的 Thomas Jackson 在图 2.9 所示模型的基础上，研究出了一种新的双累加器结构方案，增加了一个微分求和单元，将第一级累加器的内容和微分后的量进行求和后，再馈送到第二级累加器中，这样导致第一级累加器的内插边带反相呈现在第二级累加器的输出端口上。最终带来的益处就是输出比特流中不存在第一级累加器的量化误差 E_{q1}，只有第二级量化误差存在 E_{q2}。改进型的双累加器结构模型如图 2.10 所示，图中的阴影部分展示出新增的直通与微分求和部分。与图 2.9 相比，明显可以看出它是双累加器的一种改进型。该结构的显著特点是，当工作在小数 N 模式时，第一级的量化器误差的抵消对抑制尾数调制所产生的边带有着极大的改善作用。

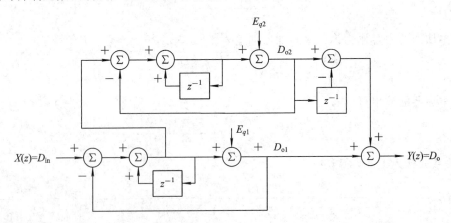

图 2.9　双累加器结构模型

图 2.10 所示的改进型双累加器系统的传递函数为

$$D_{\mathrm{o}}(z) = D_{\mathrm{in}} + E_{q2}\frac{\left(1 - z^{-1}\right)^2}{2 - z^{-1}}$$

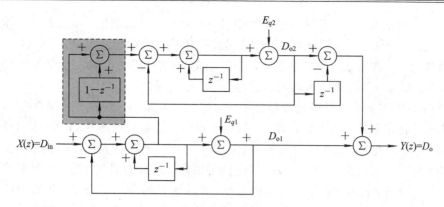

图 2.10　改进型双累加器结构模型

通过上式可以看出在单累加器的基础上有每十倍频程 20 dB 的改善。不但如此，由于 E_{q1} 的噪声不在内插比特流中，输出序列比以前的系统更加充分随机。

当输出信号加到环路的可变分频器后，考虑到频域到相域的变换，鉴相器实际上对输出进行了一次积分，鉴相器输出 V_d 是

$$V_d = K_d \left[\frac{D_{in}}{1 - z^{-1}} + \frac{E_{q2}(1 - z^{-1})}{2 - z^{-1}} \right] \tag{2.8}$$

式中，K_d 是鉴相器的增益。

根据单累加器的关系式(2.7)，第一级和第二级累加器的输出如下：

$$D_{o1}(z) = \frac{D_{in}}{2 - z^{-1}} + \frac{E_{q1}(1 - z^{-1})}{2 - z^{-1}}$$

$$D_{o2}(z) = \frac{D_{i2}}{2 - z^{-1}} + \frac{E_{q2}(1 - z^{-1})}{2 - z^{-1}}$$

根据量化关系式，第一级累加器中的内容 ACC_1 和第二级累加器中的内容 ACC_2 可以分别表示为

$$ACC_1 = D_{o1} - E_{q1} = \frac{D_{in}}{2 - z^{-1}} - \frac{E_{q1}}{2 - z^{-1}}$$

$$ACC_2 = D_{o2} - E_{q2} = \frac{D_{i2}}{2 - z^{-1}} - \frac{E_{q2}}{2 - z^{-1}}$$

由于

$$D_{i2} = V_1(2 - z^{-1}) = D_{in} - E_{q1}$$

所以，将第一级累加器内容 ACC_1 减去第二级累加器内容 ACC_2，可以得到

$$ACC_1 - ACC_2 = \frac{E_{q2}}{2 - z^{-1}}$$

这就是改进型双累加器模型所产生的寄生边带分量。上式经过微分后可以获得补偿信号 V_c：

$$V_c = \frac{E_{q2}(1 - z^{-1})}{2 - z^{-1}} \tag{2.9}$$

如果把这个电压反相地加在鉴相器的输出端口上，通过适当的内插可以准确地取消不希望的边带。由于第一级累加器的内插边带反相出现在第二级累加器的输出比特流中，当

两个比特流再次求和时，由于第一级累加器形成的边带自动抵消掉，不会在合成器输出端口上呈现调制，因此，该方案获得了比较充分随机的内插比特流。可见，这是比以往方案更具优越性的一种改进型双累加器系统，这个优越性能是利用增加第二级累加器的动态范围，并且通过馈输和微分第一级累加器的内容结合来实现的。

在 API 小数 N 频率合成器的设计方案中，绝大多数采用一个或两个累加器方案，累加器输出的比特流施加在可变分频器上，同时，输出补偿数据流通过 API 内插 DAC 加到鉴相器输出端，因此，内插产生的边带完全抵消了因瞬时相位误差产生的边带。在抵消波形和鉴相器输出端的纹波之间，单累加器电路可以保持较好的跟踪特性，但是很难对付由于温度、老化和振动所带来的电路性能的变化。由于涉及很高的灵敏度，初始校准也变得极其困难。双累加器电路产生一个更有效的输出比特流，它实际上是对尾数调制边带进行扩谱。这导致边带幅度在单累加器电路基础上以每十倍频程 20 dB 的速率降低。以串联或并联方式实现双累加器系统就可以达到这个效果。两个输出比特流适当地结合，可以形成另一个更高效率的比特流。由于幅度的量级因素，以及与良好跟踪相关联的问题得到一定程度的解决，因此，也不再特别担心抵消波形的匹配问题。

在改进型双累加器的结构中，尽管第一级量化噪声 E_{q1} 没有出现在输出序列中，而且第二级量化噪声 E_{q2} 受到高通特性的抑制之后，幅度具有每十倍频程 20 dB 的改善，但对于高频谱纯度的频率合成器来说，仍存在不容忽视的寄生调制，这些寄生调制信号还需要应用 API 技术进行抵消。由于调制边带受到强烈的抑制，对于 API 补偿动态范围的需求就会有明显的降低。

另外，单累加器的输出控制变模分频器 $N/N+1$，两级或多级累加器结构的输出序列控制一个多模分频器。实际上，双累加器的结构方案和二阶 Σ-Δ 调制小数 N 频率合成器的结构形式相同，如果采用同样的级联方式，可以构成高阶 Σ-Δ 调制器结构方案。此时的量化噪声已经变为随机噪声，且被高阶的高通滤波特性所成型，利用锁相环的低通特性加以滤除，已经不需要再应用 API 技术进行补偿了。这里介绍的双累加器结构设计技术的发展也是 Σ-Δ 调制器小数分频技术的一个前奏。

2.2　几种通用 DAC 的基本结构与工作原理

当我们得到瞬时相位误差信号之后，需要采用数/模变换器(DAC)将数字信号转变为模拟信号，再注入到环路滤波器中与主路信号进行求和，以便实现瞬态相位误差的抵消。

通常的 DAC 可分为电压型和电流型。电压型模拟开关在工艺上易于实现，但是寄生电容的充放电影响了开关速度。电流型开关在切换时，由于开关两端的电压没有明显的变化，因此开关速度比电压型的快。如果按照 DAC 中权电流或权电压发生电路的形式分类，DAC 可分为权电阻网络、权电容网络、梯形电阻网络、电压分段网络和电流源阵列等。也可按照个别性能进行分类，如转换速度、转换精度、分辨率等。按转换速度不同，DAC 可分为低速、中速、高速和超高速，建立时间分别为低速 10 μs、中速 1～100 μs、高速 50 ns～1 μs 和超高速(小于 50 ns)。按照分辨率来划分，DAC 可分为 8 位、10 位、12 位和 14 位等。根据不同的输入编码划分，DAC 可分为二进制输入型、BCD 码输入型和格雷码输入型等。按输入方式划分，DAC 又可分为串行输入和并行输入。按 DAC 的输出形式进行分类，可分为电压输出型和电流输出型,电流输出型比电压输出型的转换速度要快。按不同的工艺分类,DAC 可分为组件式、混合集成电路式和单片集成电路式。其中,单片集成电路式的 DAC 按内部有源器件类型来分,又可分为全双极型、全 MOS 型和双极 CMOS 相容型。还有一类是采用过采样和噪声整形技术的 Σ-Δ 调制型 DAC,它广泛应用在高精度和中低速的场合。不管 DAC 属于上述哪个分类,DAC 的基本功能都是将数字信号转变为模拟信号。

常见的 DAC 有电压定标型、电荷定标型和电流定标型,以及 Σ-Δ 调制型。虽然这几种相应的 DAC 芯片并没有直接应用在 API 补偿技术方案中,但是,它们的一些设计概念和设计思想有很好的借鉴作用,因此,我们先介绍一些常用 DAC 的基本结构和工作原理。

2.2.1　电压定标型 DAC

电压定标型 DAC 的加权网络的输出形式为电压,加权网络一般由 2^n 个串联电阻、开关和输出缓冲器组成。电压定标型 DAC 的原理如图 2.11 所示。

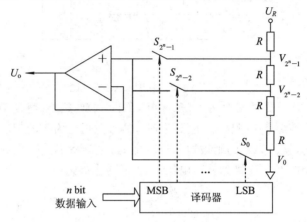

图 2.11　电压定标型 DAC 原理图

对 n 位的 DAC 来说,电压定标型 DAC 采用电阻式分压形成 2^n 个节点电压,这些节点电压就是由基准电压 U_R 被 2^n 个阻值相同的电阻分压获得的,节点电压值分别为

$$U_{i(2^n-1)} = \frac{2^n-1}{2^n}U_R \tag{2.10}$$

$$U_{i(2^n-2)} = \frac{2^n-2}{2^n}U_R \tag{2.11}$$

...

$$U_{i0} = 0$$

这些电压数值就是电压定标型 DAC 的采样值,它们都与一个对应的模拟开关相连,输入信号控制开关的导通与关闭状态,取出对应的样值并输出。输入信号与开关的控制信号之间的关系非常简单,直接对应二进制编码,如果是其它编码形式,可以通过译码器完成转换作为开关的驱动控制。

转换器的输出为

$$U_o = S_{2^n-1}\frac{2^n-1}{2^n}U_R + S_{2^n-2}\frac{2^n-2}{2^n}U_R + \cdots + S_1\frac{1}{2^n}U_R \tag{2.12}$$

式中，S_{2^n-1}、S_{2^n-2}、$\cdots$、S_1 为开关函数，取值 1 或 0，受控于输入数据。

电阻分压式的数/模转换器只需要用到一种电阻值，容易保证制造精度，即使阻值有较大的误差，也不会出现非单调性。电压定标型 DAC 特别适合 MOS 工艺，因为在 MOS 工艺中开关很容易实现，而且 MOS 缓冲放大器的直流偏置电流很小。对于 n 位 DAC 来说，这种结构需 2^n 个分压电阻、2^n 个模拟开关以及 2^n 条逻辑驱动线。因此，当 DAC 转换位数较多时，所需元器件数量急剧增加，成为这种电压定标型 DAC 的一个严重的缺点。

2.2.2　电荷定标型 DAC

电荷定标型 DAC 的加权网络由电容组成，原理如图 2.12 所示。

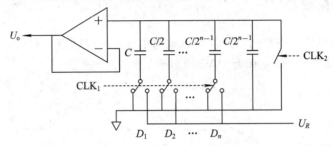

图 2.12　电荷定标型 DAC 原理图

这种 DAC 工作时需要两相时钟 CLK$_1$ 和 CLK$_2$，时钟 CLK$_2$ 将所有的电容与地短路，实现电容放电，电荷清零。在时钟 CLK$_1$ 到来时，输入数据位为 1 的相应开关被控制连接到基准电压 U_R，输入数据位为 0 的则被控制连接到地。也就是说，输入数据位相当于是一个开关控制信号，为 1 时开关连接到基准电压 U_R，否则连接到地。

连到 U_R 上的电容总量 C_R 为

$$C_R = D_1C + D_2C2^{-1} + D_3C2^{-2} + \cdots + D_nC2^{-(n-1)} \tag{2.13}$$

由于总电容量 C_Σ 为

$$C_\Sigma = C + C2^{-1} + C2^{-2} + \cdots + C2^{-(n-1)} + C2^{-(n-1)} = 2C \tag{2.14}$$

根据电容分压的关系，可以得到输出电压为

$$U_o = \frac{C_R}{C_\Sigma}U_R = (D_12^{-1} + D_22^{-2} + \cdots + D_n2^{-n})U_R \tag{2.15}$$

可见，输出取决于 D_1，D_2，$\cdots$，D_n，它们决定 n 个开关的位置，通过重新分配电容阵列中的电荷量实现了数/模转换的功能。

电荷定标型 DAC 的精度较高，随着 DAC 位数的增加，电容比值变得很大，例如 8 位转换器所需要的电容比为 128。电容较小则容易受到寄生电容的影响，电容较大则又会增大电路芯片的面积，加上需要两个时钟具有一定的复杂性，所以电荷定标结构通常适用于 8 位以下的 D/A 转换器。

2.2.3　电流定标型 DAC

电流定标型 DAC 加权网络的输出形式为电流，加权网络有很多种形式，如果按照加权网络实现的形式来分类，则有几种比较典型的电流定标型 DAC 结构，即权电阻电流定标型 DAC、R-$2R$ 梯形电阻网络电流定标型 DAC 和电流源加权型电流定标型 DAC。在电流源加权型电流定标型 DAC 中，根据电流源设计和权值的不同，又分为电流分配型 DAC、电流舵型 DAC 和温度计型 DAC 等几种形式。其基本原理就是设法产生二进制加权或其它权值的电流源，根据输入数据编码选择不同电流源的开关，从而将不同的输入数据编码映射成相应大小的电流，实现 DAC 转换的目的。

1. 权电阻电流定标型 DAC

权电阻电流定标型 DAC 的加权网络由权电阻和模拟开关等构成，如图 2.13 所示。图中包含了 n 个支路，每个支路由一个权电阻与开关串联构成。权电阻是按照二进制权系数关系顺序排列的，模拟开关分别受输入数据编码的控制，最高位控制阻值最小的支路开关，最低位控制阻值最大的支路开关，分别对应最大电流和最小电流。当某位数码为 0 时，开关使权电阻接地，该支路没有电流注入到运算放大

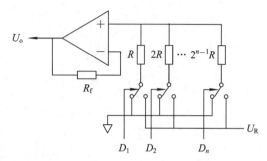

图 2.13　权电阻电流定标型 *DAC* 结构图

器；当某位数码为 1 时，开关使权电阻接 U_R，该支路电流注入到运算放大器，输出端就存在这一位的权电流分量。对于任意一个二进制输入数据，网络输出的总电流为各位输出权电流分量之和：

$$U_{\mathrm{o}} = - R_{\mathrm{f}} \frac{U_R}{2^{n-1} R} (D_1 2^{n-1} + D_2 2^{n-2} + \cdots + D_n 2^0) \qquad (2.16)$$

权电阻电流定标型 DAC 是一种最简单的网络结构。当位数明显增多时，电阻的取值范围过大，不利于集成化。另外，对最高位电阻精度要求过于苛刻也是不易做到的。因此，这种结构的 DAC 很少应用，仅在某些特殊电路中以分立元件的形式出现。为了克服上述缺点，在构成多位 DAC 时，采用分组衰减的权电阻网络。把 n 位电阻网络分成若干组，组内各位仍采用符合二进制权系数关系的权电阻，组间加衰减电阻进行分流。图 2.14 展示的是分组衰减的权电阻 8 位 DAC 的一个例子，图中的权重网络由两组 4 位组成，组内权电阻为 R、$2R$、$4R$ 和 $8R$，组间分流电阻为 R_A 和 R_B，组间对应位权电流衰减系数应为 16，取 R_A 为每组中的最大权电阻值 $8R$，可得到 R_B 为 $7.5R$。这种结构 DAC 中所用到的电阻值为 R、$2R$、$4R$、$7.5R$ 和 $8R$，可见，采用分组加衰减电阻的方法，可以使多位 DAC 电阻网络中电阻的数目和阻值范围大大减小。

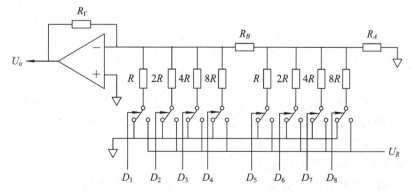

图 2.14　分组衰减的权电阻电流定标型 DAC 结构图

2. R-$2R$ 梯形电阻网络电流定标型 DAC

R-$2R$ 梯形电阻网络电流定标型 DAC 结构如图 2.15 所示。实际上，这是分组衰减的权电阻电流定标型 DAC 中的一种特殊情况，相当于一位一组的分组情形，只用了两种电阻值。R-$2R$ 梯形电阻网络电流定标型 DAC 的输出为

$$U_o = -R_f \frac{U_R}{2^n R} (D_1 2^{n-1} + D_2 2^{n-2} + \cdots + D_n 2^0) \tag{2.17}$$

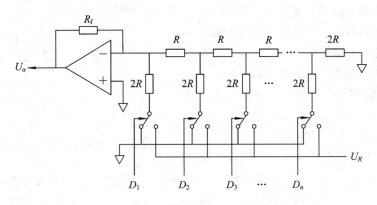

图 2.15　R-$2R$ 梯形电阻网络电流定标型 DAC 结构图

R-$2R$ 梯形电阻网络电流定标型 DAC 虽然克服了权电阻网络电阻值种类繁多的缺点，大大减少了 DAC 的芯片面积，但由于其自身是一种传输线结构，从模拟开关动作到梯形电阻网络建立稳定的输出需要一定的传输时间，转换器的位数越多，所需的传输时间就越长，因此在位数较多时将直接影响数/模转换器的转换速度，而且由于各级传输时延是不相等的，输出端容易产生瞬态尖峰脉冲干扰。

3. 电流源加权型电流定标型 DAC

电流源加权型电流定标型 DAC 通常采用有源器件构成的电流源来提供加权电流。与电阻加权型相比，电流源加权型电流定标型 DAC 速度快，对开关的寄生参数不敏感，提高了转换精度。根据加权网络中电流源的结构形式，可分为电流分配型 DAC 和电流舵型 DAC。

电流分配型 DAC 是一种参考源分配结构，如图 2.16 所示。先形成一个参考电流源 I_{ref}，对于 n 位 DAC 来说，参考电流 I_{ref} 均分给 $2^n - 1$ 个晶体管，最高位由 2^{n-1} 个晶体管组成，分配获得参考源电流的 $2^{n-1}/(2^n-1)$，次高位由 2^{n-2} 个晶体管组成，分配获得参考源电流的 $2^{n-2}/(2^n-1)$，依此类推，最低位由单个晶体管组成，获得参考源电流的 $1/(2^n-1)$，形成 n 位 DAC 的二进制权电流。数字输入控制开关，输出电流的大小就代表了数字输入所转换的模拟值。

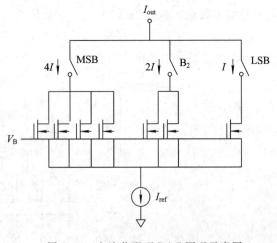

图 2.16　电流分配型 DAC 原理示意图

电流分配型 DAC 有两个缺点，一是晶体管序列会减小输出电压的范围，如果输出电压过低，晶体管可能进入饱和区；二是 I_{ref} 的大小是单个晶体管的 2^n-1 倍，对参考电流源提出了较高的要求。

电流舵型 DAC 是另一种电流源加权型电流定标型 DAC，如图 2.17 所示。一个 n 位二进制权重的 DAC，需要 n 个二进制权重的电流源，这些电流源通过镜像参考源获得，电流大小仅仅和镜像比例有关，n 个电流源的大小分别为 $2^{n-1}I$、$2^{n-2}I$，…，I，直接通过二进制码控制电流源的开关，来决定哪个电流源参与求和。不需要复杂的译码电路，提高了 DAC 的转换速度。由于 I_{ref} 也不在输出电流通路上，所以输出幅度不会受限。但是，在中码转换时，亦即从 011…1 转换到 100…0 状态时，存在严重的转换误差。因为所有低位电流源提供的电流之和，存在着较大的累积误差，再加上电流源失配情况，转换误差小于 0.5LSB 是相当困难的，严重时甚至可能出现非单调现象。同时，由于电荷注入和时钟馈通等开关的动态行为，将导致在输出信号中存在毛刺，这个问题在中码转换时更为严重。为解决这个问题，引入了温度计权重电流舵型 DAC 结构。

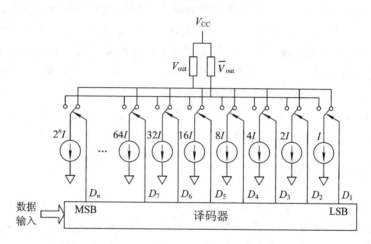

图 2.17 n 位二进制权重电流舵型 DAC 原理图

一个 n 位温度计权重电流舵型 DAC 拥有 2^n 个电流源，每一个电流源电流大小相同，受 2^n 个开关控制，如图 2.18 所示。数字输入经过译码器译码后控制电流源的开关，输入大小决定了多少个电流源参与工作。这种结构保证 DAC 转换具有很好的单调性，匹配要求不高，单位电流源匹配可达到 50%，非线性误差远小于 0.5LSB；开关的动态行为引起的输出信号中的毛刺非常小。但是，这种 DAC 结构每增加一位，就需要成倍增加电流源和开关的数量，电路规模扩大一倍，芯片面积消耗巨大；额外的译码控制逻辑和开关电路也会导致较大的功耗，太大的芯片面积会使电流源的失配变得较为严重。所以，二进制温度计权重电流舵型 DAC 的位数一般不超过 10 位。

二进制权重电流舵型 DAC 具有速度快和芯片面积小的优势，但存在误差大和非单调等不利因素，而温度计权重电流舵型 DAC 虽然解决了误差和非单调问题，却带来了规模大、芯片面积大、速度慢和位数不高等缺点。为了达到高速度、高精度 DAC 的设计要求，同时兼顾芯片面积与功耗，可以引入二进制权重与温度计权重混合的电流舵型 DAC，扬长避短，以便得到最优的 DAC 性能。

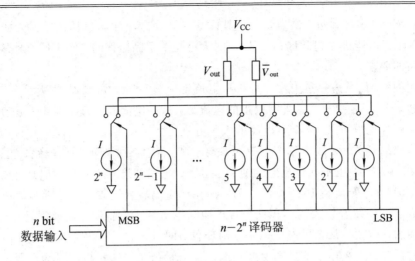

图 2.18　n 位温度计权重电流舵型 DAC 原理图

基于这种思想，采用分段式电流舵结构，段内采用温度计权重电流舵，段间采用二进制权重或任意权重电流舵。这样既避免了较大的毛刺、非单调与较差的微分非线性误差等问题，又减小了芯片面积消耗，进一步提高了 DAC 的转换速度。对于分段式权重结构来说，首要问题是如何选择二进制权重与温度计权重的比例，以妥善解决 DAC 性能和复杂程度之间的矛盾，寻找出最佳的折中方案。例如，在一个 500 MSa/s 采样率，采用 CMOS 工艺的 10 bit DAC 的设计中，在保证 DAC 性能的前提下，二进制编码和温度计编码之间的比例在 40% 和 80% 之间时，芯片面积将获得很好的优化。

2.2.4　Σ-Δ 调制型 DAC

前面介绍的几种 DAC 结构都是工作在奈奎斯特采样速率下的，人们不断尝试着改进数/模电路的结构，以期待 DAC 性能的提升。在线性度、精度和动态范围等几个重要指标中，转换精度的提高是最困难的。传统的权电阻、权电流网络和开关电容型结构的 DAC，主要采用奈奎斯特采样频率下的模拟电路来实现，对电路的设计和制造工艺要求很高，尤其在高分辨率的情况下，电阻或者电流单元的精度对转换的结果有着巨大的影响。例如，一个 20 位精度 DAC 在参考电压为 3 V 时，它的最大允许误差 1/2 LSB 大约为 1.43 μV，小于单个电子存储在 0.1 pF 的电容上所产生的电压，也小于典型的 MOS 运放输入热噪声。这个量级的电压精度很难靠模拟电路来保证。况且 IC 芯片电源电压还在进一步降低，这对模拟电路的精度要求更高，信噪比愈加恶化。此外，DAC 输出端需要用高阶的重构滤波器来平滑信号，这也增加了设计和工艺上的难度。同时，采用模拟电路实现带来的对时钟抖动的鲁棒性较差，不利于与大规模数字系统进行单片集成等缺点，也成为高精度 DAC 实现上的难题。采用过采样技术和噪声整形技术的 Σ-Δ 调制型 DAC，可以解决上述矛盾，并在近十多年来得到飞速发展和应用。

Σ-Δ 调制型 DAC 主要由数字插值滤波器、Σ-Δ 调制器、内部 D/A 转换电路和模拟低通滤波器构成，如图 2.19 所示。它的的核心部分是用于过采样的数字插值滤波器和用于噪声整形的 Σ-Δ 调制器。输入数字信号 $x[n]$ 的采样频率为 f_s，字长为 N_0，其中，f_s 一般比奈奎斯特速率稍大一点，也就是大于信号带宽的两倍。输入的数字信号首先经过数字插值滤波器,中心点位于 f_s,$2f_s$,$3f_s$,$\cdots$,(OSR-1)f_s 处的镜像频谱被滤除,采样频率被提升至 OSRf_s,此时的信号字长变为 N_1,N_1 与 N_0 相同或者比 N_0 稍大。

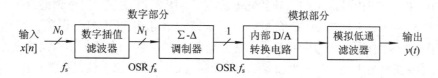

图 2.19　过采样 DAC 基本结构示意图

对输入信号 $x[n]$ 进行过采样调制,用高速率、粗量化的码流来表征原信号,实现降低原信号的位数,减小了数/模转换的难度。由于信号在 Σ-Δ 调制器中实现了噪声整形,并将字长截短后的噪声调制到信号的基宽范围之外,从而得到字长被截短至 1 比特或是低比特的信号数据流。大部分的噪声功率谱分布在基带以外,而信号频带内的噪声功率则被降低到与输入数字信号的量化噪声相当的水平上。经过调制器输出的低比特信号进入内部 D/A 转换电路,被转换成模拟电平输出。最后的模拟低通滤波器对重建信号进行平滑滤波,滤去高频噪声和谐波信号,最终得到所希望的模拟信号输出。

2.3　基于 API 补偿的 PFD 与充电泵系统设计方案

在获取累加器输出值(通常为余量 L)之后,需要一个 DAC 电路来完成小数补偿电流与主路的求和,最终达到 API 的补偿目的。我们很容易想到 n 位温度计权重电流舵 DAC 结构,如图 2.20 所示。累加器的输出值输入到编码/译码器中,形成对 2^n-1 个电流源的控制。选中的电流源之和构成补偿电流 I_{SC},并与鉴相充电泵电流 I_{CP} 一同注入到环路滤波器中,形成对 VCO 的控制。由于补偿电流 I_{SC} 所产生的充电电荷是 $-Q$,抵消了小数分频尾数调制所产生的 Q,因此,抑制了小数分频的尾数调制。当然,这里可以采用加权电流舵型 DAC 的结构形式,进一步减少电流源数量。

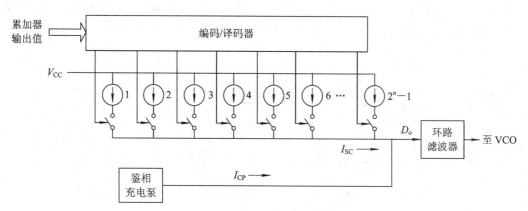

图 2.20　基于电流幅度与脉宽的相位误差补偿的方法

小数分频的 API 补偿方法可以分为三种。第一种方法是根据补偿恒等式(参见式(2.56)),在固定补偿脉宽 W 的情况下,利用余量 L 控制补偿电流的大小,该补偿电流与主充电泵进行求和,完成瞬态相位误差的补偿。第二种方法是利用余量 L 控制补偿电流脉宽，实施瞬态相位误差的补偿。该方法减少了电流源的数目，并将电流源的控制精度转化到对脉宽控制精度上。第三种方法是前两种的混合使用，补偿 DAC 的段间采取了控制补偿电流的大小，而段内采取了控制补偿充电脉宽。以图 2.21 为例，当小数位为 0.25 时，瞬时相差、鉴相输出、累加器 ACC 余量、补偿电流以及求和等效相位误差的波形图如图 2.21 所示。图(a)中的 f_r 是参考频率，f_v 是分频器输出频率，I_{CP} 是鉴相输出充电泵电流波形，也称为主充电泵电流，L 是累加器 ACC 余的量，I_{SC} 是补偿电流。补偿电流 I_{SC} 的脉宽通常由补偿恒等式确定，I_{SC} 的脉宽与余量 L 无关，其幅度与余量 L 成比例，求和后的波形如 D_o 所示。这属于小数分频尾数调制补偿的第一种方法，也称为水平切割法。在图(b)中，补偿电流 I_{SC} 的幅度是一定的，但脉宽是和余量 L 成正比的，图中的三个脉冲宽度分别与累加器余量 1、2 和 3 相对应，求和后的波形如图中的 D_o 所示。这属于小数分频尾数调制补偿的第二种方法，也称为垂直切割法。无论哪种方法都要确保 D_o 波形上下面积相等。

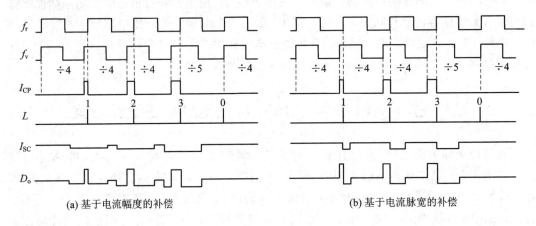

(a) 基于电流幅度的补偿　　　　　　　(b) 基于电流脉宽的补偿

图 2.21　基于电流幅度与脉宽的相位误差补偿方法

在控制 I_{SC} 幅度的水平切割补偿方式中，Yves Dufour 提出了一种新的 API 补偿结构方案，这是基于 API 补偿的 PFD 与充电泵系统一体化的设计方案。它采用了一种可变充电泵系统对分频器输出与鉴相参考之间的瞬态相位差提供有效补偿，一个显著的特点就是小数 N 补偿避免了前面提及的匹配问题，其框图如图 2.22 所示。

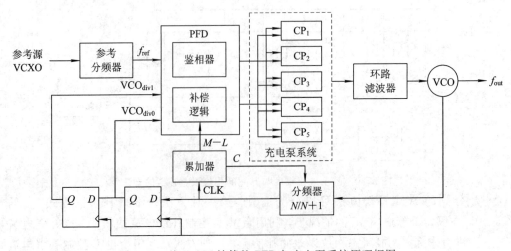

图 2.22　基于 API 补偿的 PFD 与充电泵系统原理框图

从环路构成来看，环路反馈分频器 $N/N+1$ 的输出不是直接到鉴相器，而是通过两个 D 触发器组成的延时电路，产生 VCO_{div0} 和 VCO_{div1} 信号，VCO_{div1} 的信号上升沿比 VCO_{div0} 延时一个 VCO 周期 T_{VCO}，为精确补偿提供一个定时信号。累加器利用分频器的输出作为时钟，步进量为 D，以 M 为满量溢出产生进位信号 C。进位信号 C 控制分频器变模，从当前的 N 分频变为 $N+1$ 分频。在每个参考周期内，累加器的余量为 L，将 $L^* = M - L$ 经过编码后输出到补偿逻辑，补偿逻辑控制参与充电的电荷泵数量，获得预期的总电量。以没有权重的 5 个充电泵组成的充电泵系统为例，累加器的余量 L^* 输出采用 5 bit 温度计编码，来表示累加器余量 L^* 数值 0～5 的每种状态，如表 2.1 所示。

表 2.1　累加器 5 bit 温度计编码

余量 L^*	编　码
0	00000
1	00001
2	00011
3	00111
4	01111
5	11111

相位比较器与电荷泵系统的连接关系和实现方案如图 2.23 所示。

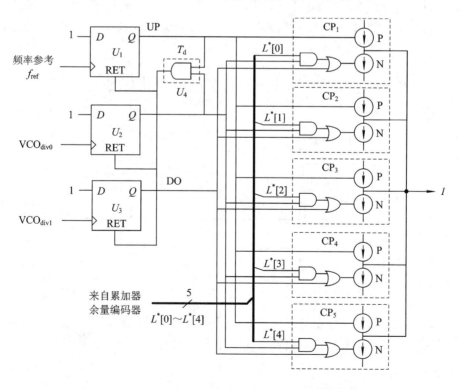

图 2.23　相位比较器与电荷泵系统的连接关系和实现方案

鉴相器提供 UP 命令信号和 DOWN 命令信号（DO）驱动充电泵系统。充电泵系统由许多个独立的充电泵组成，CP_1，CP_2，…，CP_M，在数目上等于 M。在这个 API 小数补偿电路中，充电泵的数目必须是 M 的倍数。显然，较大的数目将导致充电泵系统太复杂。实际上，充电泵系统可以包括具有一定权重的电荷泵。例如 $M=5$，替代 5 个独立的充电泵，可以应用 3 个权重分别为 1、1 和 2 的电荷泵。用这个加权的装置，累加器余量 $L^* = 0 \sim 4$ 之间的任何数值均可以得到。考虑到设计的复杂度，采用 5 个独立的电流源是比较合适的，通常满足预期的补偿精确即可。其基本工作原理如下：

当 D 触发器 U_2 的时钟 VCO_{div0} 上升沿到来时，U_2 的 Q 端输出高电平，该信号将充电泵 CP_1，CP_2，…，CP_5 中与门的一个输入端置高，另一个输入端是来自累加器的余量 L 的编码值 L_0^*，L_1^*，…，L_4^*。因此，在 VCO_{div0} 上升沿到来时，充电泵系统中部分 N 泵被打开，打开的数量就是当前累加器中的余量 L^*。当 D 触发器 U_1 的时钟，即频率参考时钟的上升沿到来时，U_1 的 Q 端输出高电平，即 UP=1，此时，充电泵系统中所有的 P 泵被打开。当 D 触发器 U_3 的时钟 VCO_{div1} 上升沿到来时，U_3 的 Q 端输出为高电平，将充电泵 CP_1，CP_2，…，CP_5 中或门的一个输入端置高，使得充电泵系统中的全部 N 泵被打开。换句话说，VCO_{div0} 上升沿打开部分 N 泵，VCO_{div1} 上升沿将剩下的 N 泵打开。例如，累加器当前余量 $L=1$ 时，在 VCO_{div0} 时钟上升沿时刻，将 CP_2，…，CP_5 的 N 泵打开；当鉴相参考信号上升沿到来的时候，CP_1，CP_2，…，CP_5 全部 P 泵打开；当 VCO_{div1} 信号的上升到来时，剩余的 CP_1 的 N 泵打开。VCO_{div1} 信号的上升沿比 VCO_{div0} 滞后一个 T_{VCO}，也可以设计成 T_{VCO} 的整数倍。U_1 和 U_2 的输出均变为高电平时，通过与门 U_4 为 U_1、U_2 和 U_3 提供一个复位信号。U_4 的时延为 T_d，确保当 VCO_{div1} 上升沿到来时，U_3 的 Q 端输出为高电平。UP、DO 控制信号和不同的余量 L 所对应的时序关系如图 2.24 所示。

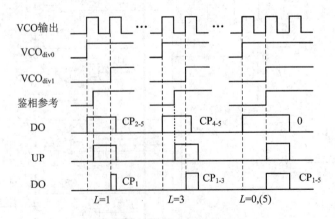

图 2.24 不同余量 L 取值与 API 补偿工作时序

图 2.25 展示了充电泵控制时序与充电电荷等效示意图，在 T_{VCO} 期间，N 电荷泵数目为 $M-L$，在 ΔT_d 期间，N 电荷泵数目为 M。总的 N 泵充电电荷为

$$Q_N = (M-L)I_{pump}T_{VCO} + MI_{pump}\Delta T_d \tag{2.18}$$

在整个 T_d 期间，P 电荷泵数目都为 M，P 泵充电电荷为

$$Q_P = MI_{pump}T_d = MI_{pump}(T_{VCO} - \Delta\tau + \Delta T_d) \tag{2.19}$$

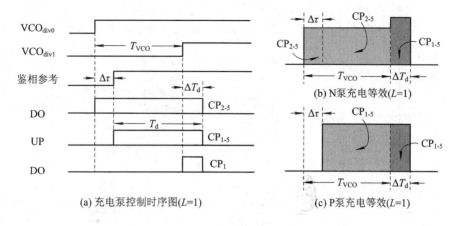

图 2.25　充电泵控制时序与充电电荷等效图

根据随时相位差的关系式 $\Delta\Phi = 2\pi L/(MN.F)$，考虑到 $T_{ref} = N.FT_{VCO}$ 成立，时间差 $\Delta\tau$ 可以表示成

$$\Delta\tau = \frac{L}{MN.F}T_{ref} = \frac{L}{M}T_{VCO} \qquad (2.20)$$

将式（2.16）代入式（2.15）中，P 泵充电电荷改写成

$$Q_P = MI_{pump}(T_{VCO} - \Delta\tau + \Delta T_d) = (M-L)I_{pump}T_{VCO} + MI_{pump}\Delta T_d \qquad (2.21)$$

关系式（2.18）和（2.21）表明，通过适当的补偿后，$Q_N = Q_P$，图 2.25（b）和（c）中的阴影部分面积相等，这和整数分频的情况一致，有效地消除了瞬态相位误差。

该技术方案采用 M 个较小的、各自独立的、可分别开关控制的充电泵组成充电泵系统，根据累加器当前余量的大小，超前于鉴相参考信号，将该充电泵系统中的部分充电泵提前打开，剩余的充电泵稍后打开。部分充电泵提前打开所产生的充电电量必须正比于小数分频引起的时延 $\Delta\tau$，以便完成瞬时相差的准确补偿。该方法消除了传统的匹配问题，补偿非常精确，保持了 API 小数 N 频率合成器的优势。

2.4　基于脉宽调制的 API 补偿方案

在控制 I_{SC} 脉宽的垂直切割补偿方式中，Oishi Kazuaki 和 Niratsuka Kimitoshi 提出了具有寄生信号取消电路的小数 N 频率合成器技术方案，采用相位误差补偿电路控制补偿电流源的脉冲宽度，形成补偿电流脉宽的调制，实现小数 N 瞬态相位误差的补偿，其工作原理框图如图 2.26 所示。该方案与传统的小数 N 频率合成器相比，增加了一个寄生信号取消电路，它包括一个脉冲成型器和一个恒流源 I_{SC}。脉冲成型电路的时钟信号 f_{CP} 来自环路反馈分频器中间环节，频率为 f_p，数值上是 VCO 输出频率的某个整数分频，也可以直接采用 VCO 的输出频率。脉冲成型电路的另一个输入是 Reset 复位信号，它来自环路反馈分频器输出；脉冲成型电路的数据输入是累加器的当前余量数值。脉冲成型电路产生一个与时钟信号 f_{CP} 同步的输出脉冲，脉冲前沿位于复位信号 Reset 到来时刻，其脉宽正比于累加器的当前余量 L。脉冲成型器输出控制恒流源 I_{SC} 充电，实现小数 N 瞬态相位误差的补偿。对于每个鉴相周期，累加器的当前余量数值都要输入到脉冲成型器中，形成与之对应的脉冲宽度。等同于电流源驱动脉冲宽度受到累加器余量 L 的调制，其充电电量与瞬态相位误差的充电电量相同，达到了实现小数分频瞬态相位误差补偿的目的。

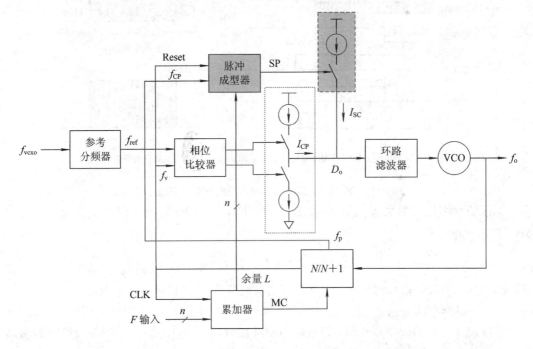

图 2.26 基于补偿电流脉宽调制的 API 补偿方案的工作原理图

脉冲成型器电路的输出波形如图 2.27 所示，可以看出 SP 脉冲宽度是正比于余量 L 的，脉冲成型器电路的时钟信号 CHIP-CP 是输出脉冲 SP 宽度的一个参考，SP 的脉宽也是输出补偿电流 I_{SC} 的脉冲宽度。如果累加器的位数为 n，由于输出脉冲 SP 宽度必须在一个鉴相周期中得到精确控制。因此，CHIP-CP 时钟频率 f_{CP} 必须大于 $2^n f_{\mathrm{ref}}$。f_{CP} 频率越高，脉冲成型电路的工作速度越快，不利的一面是随着输出频率分辨率的不断提高，累加器位数也相应增大，需要更高的 CHIP-CP 时钟，由此带来的电路规模和功率耗散在设计中将成为考虑的重点。

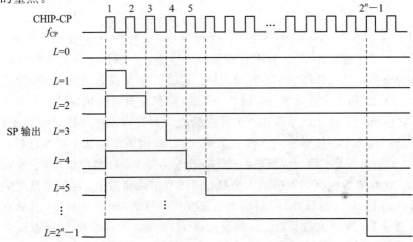

图 2.27 脉冲成型器电路的输出波形

脉冲成型器电路的一种结构形式如图 2.28 所示，U_{11}，U_{12}，$\cdots$，U_{1n} 组成异步计数器，输出连接到由 U_{21}，U_{22}，$\cdots$，U_{2n} 和 U_{20} 组成的匹配逻辑电路，当计数数值与累加器余量 L 匹配时，U_{20} 的输出状态改变，触发 U_{31}，U_{32}，$\cdots$，U_{34} 输出状态，形成 SP 输出电平的转换。SP 输出脉冲始于 Reset 脉冲到来的时刻，结束于 U_{11}，U_{12}，$\cdots$，U_{1n} 异步计数器匹配到累加器余量 L 的时刻，SP 输出脉宽的数值就是累加器的余量。

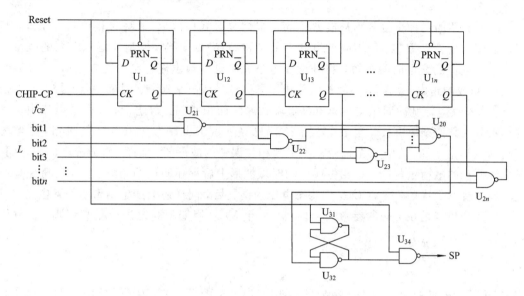

图 2.28　采用异步计数器的脉冲成型器原理图

脉冲成型器电路的另一种结构形式是采用同步计数器，如图 2.29 所示，基本原理是相同的，同步计数器的输出端 Q_1，Q_2，$\cdots$，Q_n 连接到由 U_{21}，U_{22}，$\cdots$，U_{2n} 和 U_{20} 组成的匹配逻辑电路，当计数数值与累加器余量 L 匹配时，结束 SP 高电平状态。SP 输出脉冲始于 Reset 脉冲到来的时刻，结束于同步计数器匹配到累加器余量 L 的时刻，SP 输出脉宽的数值就是累加器的余量。

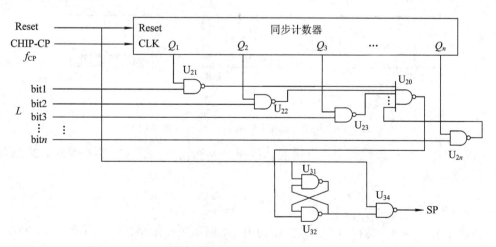

图 2.29　采用同步计数器的脉冲成型器原理图

2.5 小数分频的暂态干扰与固有非线性

2.5.1 实时补偿的暂态干扰

上面介绍的几种小数分频补偿方法都是根据关系式(2.2)，即瞬时相位差关系式，将累加器中的余量 L 取出，用不同的方式等效地进行 A/D 变换，控制补偿充电泵的电流量值或补偿电流的充电时间长短，将补偿充电泵充电电荷与主充电泵的充电电荷进行求和。小数 N 形成的是电平调制，小数补偿形成了脉宽调制或电平调制。通过适当的控制与补偿后，小数补偿电流脉冲面积与主充电泵电流脉冲的面积相同，因此，主充电泵电流中包含的小数分频频谱杂散也被减至最小。图 2.21 已经展示了小数为 0.25 时，瞬时相差、鉴相输出、ACC 余量和补偿电流，以及求和等效相位误差的波形图。然而，等效充电面积相同，只是说明总的电荷量相同，从相位误差的时域波形上看存在明显的纹波，它不可避免地产生所谓的暂态干扰现象。VCO 受到暂态电压的调制后，同样还会产生不希望的寄生输出。

小数分频就是在不同的参考周期内，对一个 VCO 周期不断地进行垂直切割，切割依赖于归一化的余量 L^*（如图 2.30(a)所示）：

$$L^* = \frac{L}{M}$$

式中，L^* 是对 M 归一化的累加器余量。图 2.30(a)中的 T_{VCO} 是 VCO 的周期，Φ_i 表示当前分割的信号相位。

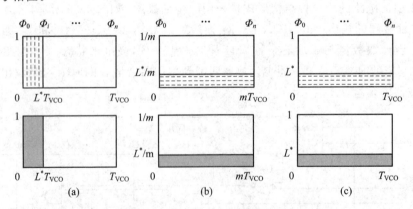

图 2.30 小数 N 与 API 补偿的垂直与水平切割

在传统的 API 补偿模型中，当我们选择 $W = mT_{\mathrm{VCO}}$ 时，根据补偿恒等式，补偿电流 I_{comp} 可以表示为

$$I_{\mathrm{comp}} = I_{\mathrm{pump}} \frac{L^*}{m} \tag{2.22}$$

小数分频的补偿就是在 $W = mT_{\mathrm{VCO}}$ 范围内，不断地进行水平切割，如图 2.30(b)所示，等同于纵轴范围 0~1 和横轴范围 0~T_{VCO} 的一个水平切割，如图 2.30(c)所示。经过适当的补偿后，图 2.30(a)中的阴影面积与图 2.30(c)中的阴影面积相等。

在基于脉宽调制的补偿模型中，脉宽成型电路的参考时钟 $f_{\text{CHIP-CP}}$ 通常有三种选取方式。一种是选择 VCO 输出信号；另一种是选择 VCO 的分频信号；再一种是选择 VCXO 的分频信号。不管选择哪种实现方式，它需要满足：

$$f_{\text{CHIP-CP}} > 2^n f_{\text{ref}} \tag{2.23}$$

式中，n 为累加器的位数，f_{ref} 为锁相参考频率。

基于脉宽调制的补偿模型也是一种垂直切割，它的切割是根据余量 L 对 $0\sim2^n T_{\text{CHIP-CP}}$ 周期实施垂直切割，如图 2.31(b)所示，也是根据归一化余量 L^* 对 $0\sim T_{\text{CHIP-CP}}$ 周期实施垂直切割，如图 2.31(c)所示。时钟周期 $T_{\text{CHIP-CP}}$ 可以表示为 $T_{\text{CHIP-CP}} = p T_{\text{VCO}}$，等价于对 $0\sim T_{\text{VCO}}$ 周期的切割，如图 2.31(d)所示。当图 2.31(a)和图 2.31(d)中的阴影面积相等时，实现了补偿的目的。

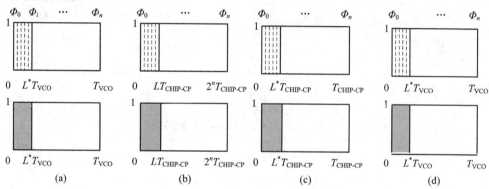

图 2.31 基于脉宽调制的 API 补偿垂直切割

在上述具有 API 补偿的 PFD 与充电泵系统中，小数分频在不同的参考周期内，对一个 VCO 周期不断地进行垂直切割，如图 2.32(a)所示，造成 P 泵充电时间随着累加器余量 L 的不同而发生变化，充电电荷也随之变化，形成了所谓的小数分频尾数调制。API 补偿就是根据累加器余量的大小，不断地对充电泵总电流量进行水平切割，如图 2.32(b)所示，它改变参与充电的电流源数量，使得 N 泵和 P 泵的充电电荷量相等，图 2.32(a)和(b)中的阴影面积相等，实现对小数分频尾数调制的补偿。

实际上，所谓面积相等就是直流情况下($\omega=0$)误差为零，但在 $\omega\neq0$ 的情况下，存在着的误差会对 VCO 产生瞬态干扰。可见这种面积相等的实时补偿还存在着不可避免的瞬态干扰现象。水平切割和垂直切割的频域图如图 2.33 所示。

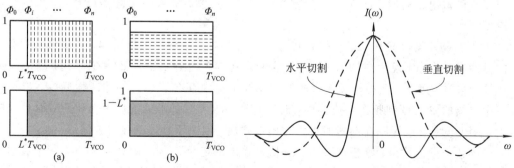

图 2.32 小数 N 与 API 补偿的垂直与水平切割　　图 2.33 水平切割与垂直切割的频域图

如何解决这种瞬态干扰呢？一种方法是数字增益补偿法，将增益误差求出来，在对送到相频检波器的余量进行预补偿。以图 2.32 为例，我们将归一化后的垂直与水平切割的时域波形进行傅里叶变换，再利用泰勒级数展开并保留二阶项，得到误差 $I_e(j\omega)$ 关系式为

$$I_v(j\omega) = \frac{1}{j\omega}(e^{-j\omega L^* T_{VCO}} - e^{-j\omega T_{VCO}}) \tag{2.24}$$

$$I_h(j\omega) = \frac{1-L^*}{j\omega}(1 - e^{-j\omega T_{VCO}}) \tag{2.25}$$

$$I_e(j\omega) \approx \frac{-j\omega L^*(1-L^*)}{2} \tag{2.26}$$

从上式可以得出，误差 $I_e(j\omega)$ 仅仅和累加器余量相关。在控制补偿泵之前，进行数字增益补偿，完成误差修正的模型框图可以由一个与 $L^*(1-L^*)$ 相关的查表操作 LUT 和一个数字微分器 $(1-z^{-1})$ 组成，如图 2.34 所示。通过这种数字增益补偿的方法，瞬态干扰可以获得优于 20 dB 的改善。

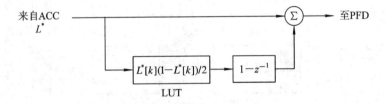

图 2.34　数字增益补偿框图

另一种方法是采用采样-保持单元实现等效面积守恒，它有效地阻止了瞬态电压干扰的馈输。特别是在补偿模型的设计中，主充电泵与补偿泵在一个鉴相周期内按时分方式工作，有效地解决了相互间的串扰，是一种高精度的实现方案，相关内容将在后面章节中详细介绍。

2.5.2　小数分频的固有非线性

在 CP-PLL 的设计中，由于时序逻辑电路鉴频鉴相器 PFD 和电荷泵 CP 电路的引入，每次的相位比较都发生在鉴相参考时钟沿上，它相当于一个采样电路，CP-PLL 成为一个离散采样的非线性系统。在第一章中，通过对 PFD&CP 线性化处理后，可以采用连续时间的分析方法处理，虽然具有一定的局限性，但却被广泛地接受和使用，主要原因是设计者习惯于模拟电路的连续小信号分析与设计方法，其次是引入的误差不是太大，可满足工程应用。

在小数分频状态下，由于 PFD 以非均匀方式对相位误差进行采样，其输出是脉宽变化的脉冲串，并分别发生在均匀采样点的前后，在参考时钟沿上形成一个时间扩展，造成了非均匀采样。因此，在小数频率合成器的拓扑结构中存在着固有的非线性问题。将在第三章中介绍的 Σ-Δ 调制频率合成器中，时间扩展在参考时钟沿的前后都会出现，而且范围更大。API 频率合成器则在参考时钟沿之前或之后，取决于具体的设计方案。

小数分频器输出、鉴相器输出和补偿泵输出的定时波形如图 2.35 所示，图中展示了参考与分频输出信号的瞬时相位差，鉴相输出信号也体现出了 CP-PLL 的等效内置采样与保持的波形。

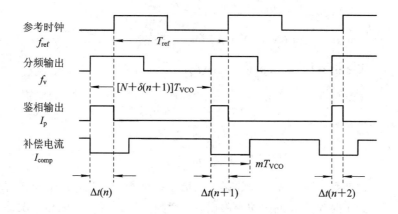

图 2.35　小数 N 非均匀采样定时误差波形

根据前面介绍的小数分频工作原理，累加器的变模输出信号控制 $N/N+1$ 分频模的转换，鉴相器输出脉冲具有可变的脉宽，其前沿分别超前于参考信号沿。假设累加器提供的抖动用 $\delta(n)$ 表示，这是由 0 和 1 组成的输出序列。在 Σ-Δ 调制频率合成器中，这种抖动将会更大。

根据图 2.35 的定时波形，可以得到定时偏差为

$$\Delta t(n+1) = \Delta t(n) + T_{\text{ref}} - [N + \delta(n+1)] T_{\text{VCO}} \tag{2.27}$$

小数分频是利用统计平均来实现的，是平均频率满足关系式：

$$\overline{f_{\text{VCO}}} = N.F \times f_{\text{ref}}$$

或

$$\overline{T_{\text{VCO}}} = \frac{T_{\text{ref}}}{N.F}$$

式中，$\overline{f_{\text{VCO}}}$ 是 VCO 的平均频率，$\overline{T_{\text{VCO}}}$ 是 VCO 的平均周期，$N.F$ 是平均分频比。

在每一个鉴相周期中，VCO 周期受到 $\delta(n)$ 的调制成为一个变量 $T_{\text{VCO}}(n)$。在高调制率情况下，由于环路没有足够的锁定时间，瞬态方程 $T_{\text{ref}} = (N + \delta(n)) \cdot T_{\text{VCO}}(n)$ 并不成立。为了获取定时偏差，我们假设环路处于窄带调制情况下，VCO 具有相对较小的频偏，T_{VCO} 可以近似为常数处理。实际上，小数分频调制在通过精确 API 补偿之后，使得 VCO 频率靠近 $N.F$ 分频所对应的频率，即使在低调制率情况下，这个近似也是合理的。

考虑到 $\delta(n)$ 的平均值为 $.F$，关系式 $T_{\text{ref}} = N.F T_{\text{VCO}}$ 成立，我们再定义

$$\delta^*(n) = \delta(n) - .F \tag{2.28}$$

关系式(2.27)可以写成

$$\Delta t(n+1) = \Delta t(n) - \frac{T_{\text{ref}} \delta^*(n+1)}{N.F} \tag{2.29}$$

对上式进行 Z 变换，得到

$$\Delta t(z) = -\frac{T_{\text{ref}}}{N.F} \left(\frac{1}{1 - z^{-1}} \right) \delta^*(z) \tag{2.30}$$

时域离散信号 $\Delta t(n)$ 和相位 $\Delta \Phi(n)$ 之间满足：

$$\Delta \Phi(n) = \frac{2\pi}{T_{\text{ref}}} \Delta t(n) \tag{2.31}$$

联合关系式(2.29)和(2.31)，可以得到

$$\Delta\Phi(n+1) = \Delta\Phi(n) - \frac{2\pi\delta^*(n+1)}{N.F} \tag{2.32}$$

对式(2.32)实施拉普拉斯(Laplace)变换：

$$\Delta\Phi(s) = \frac{2\pi\delta^*(s)}{N.F} \frac{e^{sT_{ref}}}{1-e^{sT_{ref}}} = -\frac{2\pi}{N.F} \frac{1}{1-e^{-sT_{ref}}} \delta^*(s) \tag{2.33}$$

对应的 Z 变换的结果是

$$\Delta\Phi(z) = -\frac{2\pi}{N.F} \frac{1}{1-z^{-1}} \delta^*(z) \tag{2.34}$$

关系式(2.34)表明小数分频带来的误差经历了一个积分过程，这个积分过程的本质是由于 $\delta^*(n)$ 引起的定时误差导致鉴相频率误差，而频率误差再转换成相位误差要通过一个积分获得。该误差对环路输出端的贡献，受到环路低通特性的抑制。

为了分析非均匀采样脉冲串所具有的固有非线性和它的传递函数，参考图 2.35 定时波形，我们对充电泵的输出电流 $i_o(t)$ 实施傅里叶变换：

$$I_o(f) = \int_{-\infty}^{\infty} i_o(t) e^{-j2\pi ft} dt = \sum_{n=-\infty}^{\infty} \int_{nT_{ref}-\Delta t(n)}^{nT_{ref}} I_{CP} e^{-j2\pi ft} dt \tag{2.35}$$

对上式积分求解以后，可以得到

$$I_o(f) = I_{CP} \sum_{n=-\infty}^{\infty} \frac{-1}{j2\pi f} e^{-j2\pi fnT_{ref}} (1-e^{j2\pi f\Delta t(n)}) \tag{2.36}$$

对上式中的 $e^{j2\pi f\Delta t(n)}$ 进行泰勒级数展开并取到二阶项，可以得到傅里叶变换的二阶简化式为

$$I_o(f) = I_{CP} \sum_{n=-\infty}^{\infty} \frac{-1}{j2\pi f} e^{-j2\pi fnT_{ref}} \left\{ 1 - \left[1 + j2\pi f\Delta t(n) - \frac{1}{2} \left[j2\pi f\Delta t(n) \right]^2 \right] \right\}$$

$$= I_{CP} \sum_{n=-\infty}^{\infty} \Delta t(n) e^{-j2\pi fnT_{ref}} - j\pi f I_{CP} \sum_{n=-\infty}^{\infty} \Delta t(n)^2 e^{-j2\pi fnT_{ref}} \tag{2.37}$$

显然，上式中的第一项是一个简单的量化噪声的线性滤波形式，正如通常线性模型所预测的那样。第二项表明了由于非均匀脉冲串而导致的非线性效应，其输出电流分量记为 $I_{oNL}(f)$，表达式单独写为

$$I_{oNL}(f) = -j\pi f I_{CP} \sum_{n=-\infty}^{\infty} \Delta t(n)^2 e^{-j2\pi fnT_{ref}} \tag{2.38}$$

考虑到离散信号 $\Delta t(n)^2/2$ 的傅里叶变换式为

$$FFT\left[\frac{1}{2}\Delta t(n)^2 \right] = T_{ref} \sum_{n=-\infty}^{\infty} \frac{1}{2}\Delta t(n)^2 e^{-j2\pi fnT_{ref}} \tag{2.39}$$

鉴相器的增益 K_d 为

$$K_d = \frac{I_{CP}}{2\pi}$$

关系式(2.38)可以改写成

$$I_{oNL}(f) = -sK_d \frac{2\pi}{T_{ref}} FFT\left[\frac{1}{2}\Delta t(n)^2 \right] \tag{2.40}$$

关系式(2.40)表明非均匀采样导致的非线性效应所对应的等效相位差 Φ_{NL} 为

$$\Phi_{NL} = -s\frac{2\pi}{T_{ref}}FFT\left[\frac{1}{2}\Delta t(n)^2\right] \tag{2.41}$$

顺便指出,在 Σ-Δ 调制频率合成器中,这种非均匀采样造成的非线性效应则更加明显。我们可以在环路线性模型中引入一个非线性 NL 单元,该单元用一个已滤波的量化噪声的平方的傅里叶变换,再加上一个微分器来等效。定时误差非线性效应传递模型如图 2.36 所示。

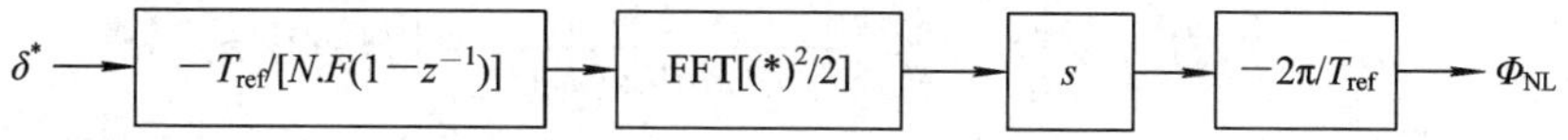

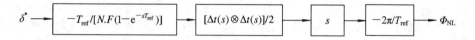

图 2.36 定时误差非线性效应传递模型

图中的 $FFT[(*)^2/2]$ 表示对 $\Delta t(n)$ 平方的傅里叶变换,对于 $\Delta t(s)$ 而言,采用卷积表示为 $[\Delta t(s)\otimes\Delta t(s)]/2$。定时误差非线性效应传递模型如图 2.37 所示。

图 2.37 定时误差非线性效应传递模型

综上所述,在小数分频状态下,PFD 产生可变长度的 UP 和 DOWN 脉冲,造成采样点出现在参考时钟沿的前后,形成了一定范围的时延扩展。这种以非均匀方式采样相位误差,形成了一种高度非线性现象,这种非线性会将高频噪声或杂散信号搬移到低端,即所谓的高频噪声和杂散的低端折叠。在高性能频率合成器设计中,这种折叠噪声和杂散对整个输出频谱纯度的影响是不能忽视的。为了改善非均匀采样所带来的输出频谱恶化问题,一个有效的方法是在传统的小数分频环路结构中真实地引入一个采样-保持单元。

基于非线性效应的环路模型如图 2.38 所示,其中包括定时误差传递单元和非线性 NL 单元,以及采样-保持单元 $e^{-s\tau_{SH}}$。采样-保持单元的作用将在后续章节中介绍。该模型没有假设用于抖动分频模的调制类型,因此,它对任何形式的小数分频结构都是有效的。

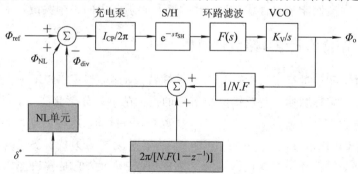

图 2.38 基于非线性效应的环路模型

根据图 2.38 所示的环路模型,环路闭环传递函数为

$$H(s) = \frac{\dfrac{I_{CP}}{2\pi}e^{-s\tau_{SH}}F(s)\dfrac{K_{VCO}}{s}}{1+\dfrac{I_{CP}}{2\pi}e^{-s\tau_{SH}}F(s)\dfrac{K_{VCO}}{s}\dfrac{1}{N.F}} \tag{2.42}$$

根据关系式(2.34)，考虑到 $z=\mathrm{e}^{sT_{\mathrm{ref}}}$，$s=\mathrm{j}2\pi f$，$|1-z^{-1}|=2\sin(\pi fT_{\mathrm{ref}})$ 成立，抖动 δ^* 导致的相位误差 $\Delta\Phi$ 的功率谱密度 $S_{\Delta\Phi}(f)$ 为

$$S_{\Delta\Phi}(f)=\left[\frac{\pi}{N.\,F\sin(\pi fT_{\mathrm{ref}})}\right]^2 S_{\delta^*}(f) \tag{2.43}$$

式中，$S_{\delta^*}(f)$ 为 δ^* 的功率谱密度。

对应的环路输出相噪为

$$L_{\Phi,\,\mathrm{out}}(f)=S_{\Delta\Phi}(f)\,|H(\mathrm{j}2\pi f)|^2=\left[\frac{\pi}{N.\,F\sin(\pi fT_{\mathrm{ref}})}\right]^2|H(\mathrm{j}2\pi f)|^2 S_{\delta^*}(f) \tag{2.44}$$

对于一级累加器 API 小数分频来说，$S_{\delta^*}(f)$ 是一个离散谱，如果采用多级累加器，则可以是一个成型的噪声谱。

根据关系式(2.30)，抖动 δ^* 导致的定时误差的功率谱密度 $S_{\Delta t}(f)$ 为

$$S_{\Delta t}(f)=\left[\frac{T_{\mathrm{ref}}}{2N.\,F\sin(\pi fT_{\mathrm{ref}})}\right]^2 S_{\delta^*}(f) \tag{2.45}$$

定时误差通过 NL 模型单元，再经过环路闭环传递函数低通特性的抑制，对应的环路输出端的相噪为

$$L_{\Phi,\,\mathrm{NL},\,\mathrm{out}}(f)=4\pi^4 f^2\left[S_{\Delta t}(f)\otimes S_{\Delta t}(f)\right]|H(\mathrm{j}2\pi f)|^2 \tag{2.46}$$

式中，$\otimes$ 表示卷积。这就是非均匀采样造成的非线性效应对环路输出相噪的贡献。

2.6　基于采样-保持的时分 API 补偿设计方案

前面介绍的 API 补偿模型采用了基于补偿的 PFD 和充电泵系统，以及脉宽调制等技术手段，巧妙地补偿了小数分频的瞬态相位误差，在一定程度上解决了小数分频的实用化问题。但是，它们还存在着这样几个问题，一是充电泵系统过于庞大；二是在满足高分辨率需求时，补偿电流脉宽形成电路过于复杂；三是存在实时补偿瞬态干扰现象和小数 N 固有非线性效应，在高性能频率合成器设计中，这是必须解决的一个关键技术。

2.6.1　采样-保持单元与环路线性模型

在第一章中，我们进行了 CP-PLL 离散采样特点的介绍。CP-PLL 只是等效嵌入了一个采样保持器，其采样脉冲就是反馈鉴相信号的沿。在小数分频状态下，反馈鉴相信号的沿是抖动的，造成采样点是抖动的，造成相差 $\Phi_{\mathrm{e}}(t)$ 的抖动，这种周期性抖动对环路的输出产生了调制。CP-PLL 中等效嵌入的采样-保持器是无能为力的。要实现高性能小数 N 频率合成器，就必须在环路中真正嵌入一个采样-保持单元，它是解决 API 瞬时补偿所形成的暂态干扰难题的有效手段。

一种具有采样-保持 S/H 的环路构成如图 2.39 所示，图中采用了一个开关电容积分器，不但能完成采样功能，而且还具有积分功能，在以往的电路结构中都是由环路滤波器完成积分功能的。存储在电容 C_1 上的电荷 Q_{C_1} 为

$$Q_{C_1}=\frac{T_{\mathrm{ref}}I_{\mathrm{CP}}}{2\pi}\Delta\Phi(t) \tag{2.47}$$

式中，$\Delta\Phi(t)$ 是进入相频检波器 PFD 的相位误差，T_{ref} 是鉴相参考时钟周期，I_{CP} 是充电泵电流。

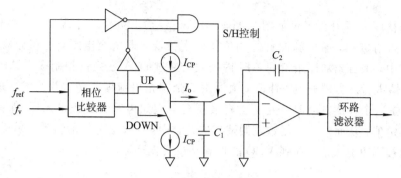

图 2.39　具有 S/H 单元的锁相环部分电路原理图

经过一定的 τ_{SH} 时延后，电荷 Q_{C_1} 转移到 C_2 中，并与先前存储的电荷相加，存储在电容 C_2 上的电荷 Q_{C_2} 为

$$Q_{C_2}(t) = Q_{C_2}(t - T_{\text{ref}}) + Q_{C_1}(t - \tau_{\text{SH}}) \tag{2.48}$$

将式(2.47)代入式(2.48)，可以得到

$$Q_{C_2}(t) = Q_{C_2}(t - T_{\text{ref}}) + \frac{T_{\text{ref}} I_{\text{CP}}}{2\pi} \Delta\Phi(t - \tau_{\text{SH}}) \tag{2.49}$$

$$V_{C_2}(t) = V_{C_2}(t - T_{\text{ref}}) + \frac{T_{\text{ref}} I_{\text{CP}}}{2\pi C_2} \Delta\Phi(t - \tau_{\text{SH}}) \tag{2.50}$$

对式(2.50)实施拉普拉斯变换，可以得到

$$\frac{V_{C_2}(s)}{\Delta\Phi(s)} = \frac{T_{\text{ref}} I_{\text{CP}}}{2\pi C_2} \frac{e^{-s\tau_{\text{SH}}}}{1 - e^{-s\tau_{\text{SH}}}} \tag{2.51}$$

由于环路中增加了采样-保持器，其保持电路的作用是保持第 nT 时刻的采样值不变，直到第 $(n+1)T$ 时刻到来。同样的，把第 $(n+1)T$ 时刻的采样值一直保持到 $(n+2)T$ 时刻，依次类推，从而把一个脉冲序列变成一个连续的阶梯信号。因为在每一个采样区间内连续的阶梯信号幅值均为常值，其一阶导数为零，故称为零阶保持器。它的传递函数为

$$H_{\text{ZOH}}(s) = \frac{1 - e^{-s\tau_{\text{SH}}}}{sT_{\text{ref}}} \tag{2.52}$$

根据关系式(2.51)和(2.52)，可以写出从 PFD 输入到积分器输出的传递函数为

$$\frac{V_{\text{o}}(s)}{\Delta\Phi(s)} = H_{\text{ZOH}}(s) \frac{V_{C_2}(s)}{\Delta\Phi(s)} = \frac{I_{\text{CP}}}{2\pi s C_2} e^{-s\tau_{\text{SH}}} \tag{2.53}$$

图 2.39 所示电路的线性化模型如图 2.40 所示，其中，积分 $1/(sC_2)$ 已经归到环路滤波器传递函数 $F(s)$ 中了，此时的环路滤波器 $F(s)$ 表达式与以前有所不同。具有采样-保持器的环路线性模型增加了时延 τ_{SH} 单元，图 2.39 所示的时延 τ_{SH} 等于半个参考周期。

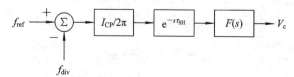

图 2.40　具有 S/H 单元的环路线性模型

2.6.2　时分 API 补偿模型设计

一种高精度 API 补偿模型如图 2.41 所示，VCO 输出信号经过 $N/N+1$ 变模分频器后与频率参考进行鉴相，输出脉冲打开相位比较电流源，即主充电泵，对积分器进行充电。在补偿通路中，来自累加器余量的 API 内插数据通过 D/A 变换器控制多个 API 补偿电流源，对积分器进行反方向充电。补偿电流源由 5 个精密电流源组成，并构成十进制补偿量值关系。正是这个补偿电流源改变了主充电泵充电起始电平，才获得采样-保持单元的输出电平为恒定值，从而消除了尾数调制造成的采样-保持输出电平的抖动。采样-保持单元的输出电压被隔离放大后，加到 VCO 的控制端口实现环路的锁定。

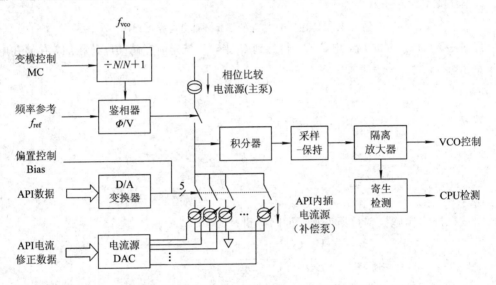

图 2.41　基于采样-保持的时分 API 补偿模型

模型中增加的采样-保持单元，以一定的时间间隔采样积分器的输出电平，消除了前面分析的非线性效应。运用采样-保持单元的另一个益处是阻止了鉴相参考的泄漏。对于采样-保持控制信号的馈输，在隔离放大器的电路设计中，需要针对采样控制信号馈通的抑制进行设计。图 2.41 中还包括一个寄生检测单元，检测到的电平由主控单元 CPU 处理，并通过 API 电流修正数据端口对电流源 D/A 变换器提供微调修正，有效地解决了 API 模拟电路随温度变化的特性，拓宽了 API 内插的温度适应范围。

该模型还将主充电泵和补偿充电泵进行时分处理，在一个参考时钟周期内完成抵消操作，不仅避免了两个电流源线路的相互干扰，而且线路易于实现。采样-保持单元的运用，解决了暂态干扰的馈输问题。将补偿充电泵和主充电泵进行时分处理，结合采样-保持技术运用在 API 小数频率合成器的设计中，解决了小数补偿暂态干扰问题，改善了非均匀采样和通路间串扰难题。图 2.41 是一个非常成功的 API 补偿模型，具有里程碑意义。

主充电泵工作时，来自鉴相器的误差充电电量由下式表示：

$$Q = I_{\text{pump}} L \frac{T_{\text{VCO}}}{M} \tag{2.54}$$

式中，Q 表示充电电量，I_{pump} 是主充电泵电流，L 是累加器的余量，T_{VCO} 是 VCO 周期，M

是使 $D = M \times . F$ 为整数的最小整数。

在每个鉴相周期中，都可以迅速获得这些瞬时参数并用于计算电荷量。因此，完全能够利用补偿电流泵产生一个 $-Q$，实现对误差充电电量 Q 的充分抵消。但是，$-Q$ 电量的产生在小数 N 补偿电路设计中始终是一个棘手的问题，也是应用中常常产生抵消不彻底或补偿不充分的症结所在。

通常的补偿电量由下列关系式给出：

$$Q_{\text{comp}} = - I_{\text{comp}}^{*} WL = - I_{\text{comp}} W \tag{2.55}$$

式中，Q_{comp} 是补偿泵的充电电量，I_{comp}^{*} 是单位补偿泵的电流($L=1$)，I_{comp} 为总补偿电流，W 是补偿脉冲的宽度。

为了实现补偿，必须满足 $Q_{\text{comp}} = -Q$。根据关系式(2.54)和(2.55)，我们可以得到补偿恒等式为

$$I_{\text{pump}} L \frac{T_{\text{VCO}}}{M} = W I_{\text{comp}} \tag{2.56}$$

从补偿恒等式(2.56)可以看出，补偿充电泵的设计基本上取决于余量 L 和小数比值 M 等参数。但是，它还蕴藏着内在的匹配和定时两个问题，也正是这些棘手的问题才导致了工程设计与实用化的困难。首先，在补偿电流脉冲的脉宽 W 内，任何误差都会像增益失配一样导致不完全抵消。当输出频率改变时，W 也必须随着 VCO 的周期变化。通常 W 选取为 T_{VCO} 的若干整数倍，电路的定时误差可以等效为归一化抵消增益误差进行处理。其次，I_{pump} 和 I_{comp} 幅度上存在着巨大差异，I_{pump} 有比较大的幅度，通常为毫安量级；I_{comp} 具有非常小的幅度，通常是微安甚至纳安量级。单就调谐电压和温度变化而言，两个电流的匹配是一项艰巨的任务。因此，实际设计中需要重点解决这个匹配问题。另外，对补偿电流泵的动态特性也要求非常苛刻，同时还需要解决小电流的定标以及容性耦合等问题。

匹配和定时问题一直困扰着设计者，由此出现了不少新的技术手段，但都是企图缓解和减轻上述出现的问题。一种比较好的方法是选取 $W = 64 T_{\text{VCO}}$，对应的产生补偿电荷的关系式为

$$Q_{\text{comp}} = - 64 I_{\text{comp}} T_{\text{VCO}} \tag{2.57}$$

补偿恒等式变为

$$I_{\text{pump}} \frac{L}{M} = 64 I_{\text{comp}} \tag{2.58}$$

补偿脉冲宽度 W 的选取依赖于特定的应用，W 可为 $64 T_{\text{VCO}}$、$100 T_{\text{VCO}}$ 和 $128 T_{\text{VCO}}$。对于 $W = 64 T_{\text{VCO}}$，假设 $L=1$ 和 $M=5$，主电流泵与补偿泵的电流比值 $I_{\text{pump}} / I_{\text{comp}}$ 为 320，消除了一些幅度差异，匹配难题得到一定程度的缓解，但依然还是一个需要重点关注的设计问题。例如，当需要 20 nA 的补偿电流和 1 μs 的切换时间时，补偿电荷量 $Q_{\text{comp}} = 20$ fC，只有20 飞库仑的电量，控制起来是非常困难的，也特别容易受到容性耦合的影响。因此，微小电流对补偿泵的动态特性的要求也比较苛刻，也是很关键的。

当采用图 2.41 所示的基于采样-保持的时分 API 补偿模型，并选取 $W = 100 T_{\text{VCO}}$ 后，可以适当减轻与匹配和定时相关的设计难度，补偿恒等式可以写为

$$I_{\text{pump}} \frac{L}{M} = 100 I_{\text{comp}}$$

图 2.42 展示了 API 补偿控制、偏置 BIAS 及采样–保持 S/H 的时序波形。CHIP-CP 为时钟信号，每个大周期中包含 20 个 $f_{vco}/10$ 信号的脉冲。CY-STA 为变换触发信号，下降沿有效，周期与频率参考信号一致。S/H 为采样–保持控制信号，高电平是采样状态，低电平是保持状态。在保持状态下，BIAS 偏置控制信号变高，使得偏置电流源以一个固定电流和 API 补偿电流一起为积分器充电，等效提高了补偿电流源的幅度分辨率。$API_1 \sim API_5$ 相位内插信号按照不同的时钟节拍打开各自的电流源，为积分器反向充电。$API_1 \sim API_5$ 信号的后沿不变，前沿随余量变化，采用垂直分割代替水平分割方法，和前面介绍的基于脉宽调制的 API 技术方案相比，这里采用了分组 DAC 技术方案，组内采取脉宽调制技术方案，既没有复杂的充电泵系统，也减小了脉冲成型电路的复杂度。

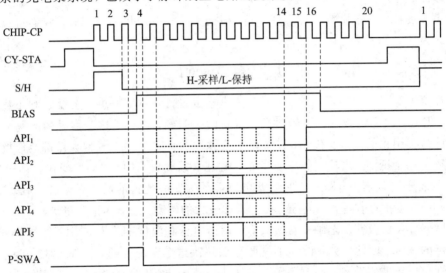

图 2.42　API 补偿控制、偏置 BIAS 和采样–保持 S/H 的时序波形

累加器相应位余量为 0 所对应的 API 内插最小脉宽为 2 个 CHIP-CP 周期，相应位余量为 1 所对应的最大脉宽为 11 个 CHIP-CP 周期，余量为 2 对应的脉宽为 10 个 CHIP-CP 周期，依次递减。另外，将吞脉冲信号 P-SWA 设计在 S/H 采样之后和 API 内插开始之前，避免相互间的干扰。出于实现上的便利和运用上的灵活，这里采用了反码结构，除常态不同以外，其余的结论是相同的。

上面介绍了基于采样–保持的时分 API 补偿方案的基本原理，其实，在 API 补偿电流源、积分器、N 计数器的设计方面，还有许多技术细节需要特别关注。

1. 电流源的设计

当鉴相频率为 200 kHz，API 采用图 2.41 所示的方案时，具体的 API 补偿电流源和控制电路的设计是非常讲究的。在控制方面，需要设计一个由二极管组成的偏置与开关组合，完成主电流泵和补偿泵之间的切换，按要求进行时分工作；5 个 API 补偿电流源分别受到 5 个 $SW_1 \sim SW_5$ 开关信号的控制，按照图 2.42 要求的时序节拍工作。在电流源的设计方面，包括 5 个 API 电流源，1 个 I_{bias} 偏置电流源和 1 个 I_{pump} 电流源。由于幅度差异的悬殊，需要选取不同的器件设计电流源。在 API_1、API_2、API_3 基准电流源和 I_{pump} 电流源的设计中，选取 N 沟道 JFET 晶体管，API_4 和 API_5 基准电流源选取 NPN 晶体管，保证具有满足大电流处理并兼顾小信号处理以及提高电流精度和速度的需求。

基准电流源负责提供 5.29 mA、2.7 mA 和 0.65 mA 三种电流，通过一个高精度和高稳定度的电阻网络分流后再形成 5 个 API 补偿电流，分流比值为 1：99、1：499、1：4990、1：12195 和 1：121950，最终的 API 补偿电流分别是 54 μA、5.4 μA、540 nA、54 nA 和 5.4 nA，满足十进制关系。分流网络电阻封装在一起，使环境温度的变化对分流比的影响降至最低。I_{bias} 电流源提供 620 μA 的电流。API 满量补偿电流约占总电流的 10%，I_{pump} 电流源提供约 5.4 mA 的电流，整个补偿电流与主电流的比为 10 倍左右。

2. 积分器与采样信号的泄漏

模型中的积分器、采样器及采样脉冲泄漏抑制部分的设计也是非常重要的，电路原理图如图 2.43 所示。积分器的输入级采用差分结构，输入差分对管由 Q_{1A} 和 Q_{1B} 构成，使用单端输入双端输出，输出级由 Q_2 和 Q_3 组成推挽形式，使积分器具有较大的动态范围和线性区域。采用 Q_{4A} 和 Q_{4B} 双管组成采样-保持开关，其中 Q_{4A} 对积分器的输出信号进行采样。值得注意的是，采样-保持开关信号 S/H 必然会有泄漏问题，会严重影响环路输出的频谱纯度。因此，还需要增加一个泄漏抑制电路。利用双管采样的目的，就是采用一个 Q_{4A} 设置在运算放大器的同相端，完成对积分器输出信号的采样；另一个 Q_{4B} 插入在运算放大器的反馈通路中，即连接在运算放大器的反相端。采样-保持控制信号 S/H 和 $\overline{S/H}$ 经过由 Q_5 和 Q_6 构成的差分放大器，输出通过可调电位器 R 分别连接到运算放大器的同相端和反相端，达到求和抵消的目的。

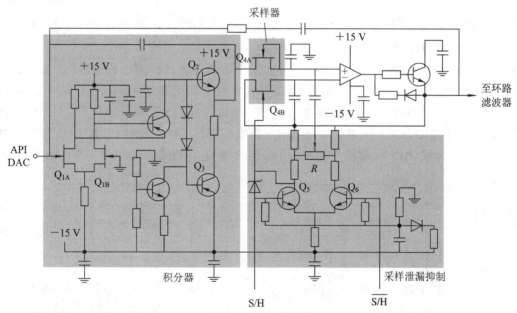

图 2.43　积分器与采样-保持电路原理图

积分器的输出波形如图 2.44 所示，图(a)为积分器的输出波形；图(b)是整数分频时，没有补偿的积分器输出波形的底部放大图；图(c)是小数分频时，具有小数补偿时的波形。可以看出正是底部的抖动对尾数调制进行了实时补偿，改变了鉴相充电过程的起始电平，使得鉴相充电的终止电平得以恒定，亦即消除了尾数调制引起的电平抖动。这里鉴相充电和补偿是时分操作的，避免了主充电泵和补偿泵之间的干扰耦合。采样-保持的应用消除了暂态电压干扰调制，实现了尾数调制相位误差的精确抵消。该模型可以将尾数调制抑制到 -75 dB 的水平，输出相噪和杂散指标满足高性能频率合成器的需求，模型具有较高的实用化程度，已用于高分辨率频率合成器的设计中。

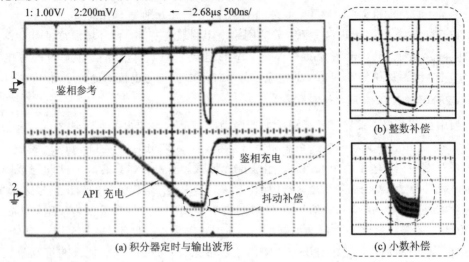

图 2.44　积分器定时与输出波形及其小数补偿

2.6.3　N 计数器与定时触发电路原理

小数分频比 $N.F$ 首先装入小数 N 运算控制单元，小数部分 $.F$ 在内部累加器进行累加运算，溢出信号通过脉冲吞除单元控制预分频器，预分频器实现 2 分频和 3 分频。N 计数器与定时触发电路原理框图如图 2.45 所示。分频数 N 是通过小数 N 控制器单元输入到移位寄存器中，通过预置触发器输出的触发信号置入到 LSD 计数器、2ND 计数器和 MSD 计数器。预置触发器的输出触发周期开始触发器，输出信号就是周期开始信号 CY-STA，波形如图 2.42 所示。预置触发器的输出同时也触发 CHIP 时钟计数器，产生 CHIP-CP 时钟信号，为小数分频 API 补偿提供内插 ADC 段内垂直切割的基准信号，波形如图 2.42 所示。

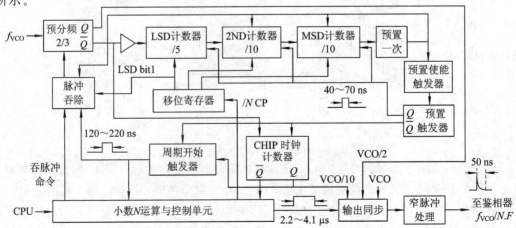

图 2.45　API 小数分频 N 计数器与定时触发电路原理框图

　　小数分频 N 计数器由三个串联可预置的计数器组成，它们是 LSD 计数器、2ND 计数器和 MSD 计数器，分别形成个、十、百位计数器，N 值是以 9 的补码形式输入的。如果 N 为偶数，例如，N 为 400，其补码为 599，N 计数器从预置数 599 计到 999，然后再装同样的数目，除非改变频率值更换新的 N 值。每次计数到 999 时均输出一个满量进位脉冲控制分频比。为了保证分频器的输出脉冲与 VCO 信号之间有一个适当的相位关系，分频器的输出脉冲首先由 VCO/10 同步，然后再与 VCO/2 同步，最终由 VCO 同步。同步后的分频信号经过窄脉冲处理单元输出至鉴相器。如果 N 为奇数，例如 N 为 301，那么在每个参考周期内计数器必须计数 301 个 VCO 周期。在电路设计中，由于计数来自前置分频器输出 VCO/2 信号的是最低有效字数除 5 计数器，只能对偶数进行计数。因此，为了计数一个奇数，前置分频器在每一个参考周期内强迫计数一个附加脉冲。为此，当预置数值（BCD）的最低有效位是偶数时，将使能脉冲吞除电路。

2.7　两点调制与数字化调频

　　在信号发生器的设计中，拥有大频偏和高调制速率的调频特性一直是人们追求的重要目标。通常的交流耦合调频（AC FM）是将调制信号注入到 PLL 环路滤波器中形成调频输出的，此时的锁相环路保持锁定状态。对于直流耦合调频（DC FM）情况，环路通常必须工作在开环状态下，确保较低的调制频率信号不会被环路反馈信号所抵消，而未锁定的环路又存在着频率漂移问题。随着小数分频技术的突破，数字化调频技术得到应用，成为一种消除频率漂移的标准 DC FM，大大降低了传统方案中的频率漂移和偏移。

　　根据锁相环的工作原理，如果把一个调制信号叠加到鉴相器输出端，而调制率又比较低并处在环路带内，则环路必然作出响应，其结果是成比例地调整输出相位，从而线性地调整鉴相器反馈端的信号相位，使之输出反相的误差电压，把合成电位拉回平衡点。在环路锁定状态下，输出频率对应着唯一的驱动电平，因此，上述调制的结果就是实现了从调制信号输入到 VCO 带内调相的变换。当调制率较高时，由于环路的低通特性，带内不能实现的高频调相，可以通过把调制信号微分后直接加在 VCO 的驱动电路上，以带外调频形式实现高频调相。这就是常用的带内调相和带外调相的实现方法。

　　低频调频也可以将调制信号积分后，叠加到鉴相器输出的相位误差信号上，在锁相环锁定情况下以调相形式实现调频。在高频调频时，可以把调制信号直接加在 VCO 的驱动电路上实现调频。然而，带内调频存在一定的问题，调频激励信号将被合成器输出的误差修正信号实时地抵消掉，带内调频是不能与锁相同时实现的。对于调制率大于锁相环截止频率的高频调制可以与锁相同时实现，而更低的调制率甚至直流调频只能在开环状态下才能实现。

　　为了使带内和带外都能实现锁相频率调制，可以采用两点调制技术。两点调制需要两个注入点，一个注入点在鉴相器的输入端或输出端，形成带内调制；另一个在滤波器的输出端，形成带外调制。这种跨越锁相环通频带的调制方法称为两点调制。

2.7.1　基于相位调制器的两点调频

　　将一个相位调制器单元插入环路反馈通路中，位于分频器之后，调制信号 V_{m2} 积分后对通过相位调制器单元的信号进行相位调制，线性相位模型如图 2.46 所示。图中用了两个调制信号 V_{m1} 和 V_{m2}，考虑到线性叠加和 $\omega_o = s\Phi_o$ 关系，对于 V_{m1} 调制信号而言，满足

$$\frac{\omega_o}{V_{m1}} = \frac{K_V}{D} \tag{2.59}$$

$$D = \left[1 + K_d K_V \frac{F(s)}{sN} \right]$$

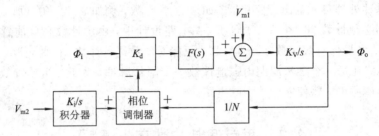

图 2.46　采用相位调制的两点调频模型框图

关系式(2.59)是 V_{m1} 的频率调制传递函数，具有高通特性，输出调频速率大于环路带宽。对于 V_{m2} 调制信号而言，满足

$$\frac{\omega_o}{V_{m2}} = \frac{K_i K_d K_V F(s)}{sD} \tag{2.60}$$

关系式(2.60)是 V_{m2} 的频率调制传递函数，具有低通特性，调制率受环路带宽的限制。如果两个调制信号 V_{m1} 和 V_{m2} 采用同一个调制信号，即 $V_m = V_{m1} = V_{m2}$，则

$$K_m = \frac{\omega_o}{V_m} = \frac{K_V}{D} \left[1 + \frac{K_i K_d F(s)}{s} \right] \tag{2.61}$$

通过设置带内调频通路的 $K_i = K_V/N$，即可获得平坦的调制响应，环路闭环传递函数的带宽对频率调制没有影响，不论调制率处于环路带宽之内还是之外，调制频响仅仅取决于 K_V 的特性。

这种调制方案也存在着一定的局限性，一是对于宽频段的 VCO 来说，压控灵敏度 K_V 不是一个恒定的常数，并且锁相环的分频比 N 随着输出频率的改变也要求其相应地变化。因此，为得到固定的频偏，K_i 必须随输出频率变化；二是对于理想的积分器来说，输入端的任何直流偏置都将引起中心频率的偏移。对于许多应用场合，输出频率必须准确地锁定在指定的中心频率上，因此，需要用交流耦合的调频替代直流耦合。

2.7.2　基于参考调制的两点调频

调制参考的两点调频模型框图如图 2.47 所示。为了分析方便，图中采用了角频率为变量的分析模型，V_{m1} 产生的调制为

$$\omega_o = \left[V_{m1} - \frac{\omega_o K_d F(s)}{sN} \right] K_V \tag{2.62}$$

$$\frac{\omega_o}{V_{m1}} = \frac{K_V}{D} \tag{2.63}$$

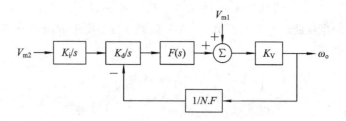

图 2.47 调制参考的两点调频模型框图

关系式(2.63)是 V_{m1} 的调制传递函数，具有高通特性，允许调制速率远大于环路带宽。V_{m2} 在参考处产生的调制为

$$\omega_o = \left(V_{m2}K_r - \frac{\omega_o}{N}\right)\frac{K_d K_V F(s)}{s} \tag{2.64}$$

$$\frac{\omega_o}{V_{m2}} = \frac{K_r K_d K_V F(s)}{sD} \tag{2.65}$$

关系式(2.65)是 V_{m2} 的调制传递函数，具有低通特性，调制速率被限制在环路带宽之内。当 V_{m1} 和 V_{m2} 采用同一个调制信号 $V_m = V_{m1} = V_{m2}$，并且 $K_r = K_V/N$ 时，可获得平坦的频率响应，环路闭环传递函数的带宽对频率调制没有影响，不论调制率处于环路带宽之内还是之外，调制频响仅仅取决于 K_V 的特性。

这种方案的优点是环路中去除了一个积分器，但也有一些缺点，如果参考振荡器采用压控晶体振荡器（VCXO），则最大频偏会受到限制。由于在晶体带外寄生频率点上存在过冲现象，限制了 VCXO 的最大调制频率，要求远小于此频率。如果环路频率小于寄生频率，可在调制前插入一个低通滤波器，其 3 dB 带宽应介于两个频率之间，这样既不影响环路带宽，又有助于抑制晶体寄生频率点上的外来信号。

2.7.3 基于滤波器前后注入的两点调频

当两点调频的注入点分别设置在环路滤波器前后时，如图 2.48 所示，V_{m1} 产生的调制和关系式(2.62)、(2.63)相同。V_{m2} 产生的调制为

$$\omega_o = \left(\frac{V_{m2}K_i}{s} - \frac{\omega_o K_d}{sN}\right)K_V F(s) \tag{2.66}$$

$$\frac{\omega_o}{V_{m2}} = \frac{K_i K_V F(s)}{sD} \tag{2.67}$$

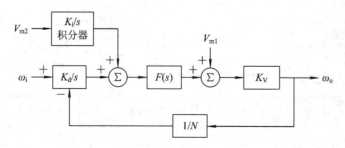

图 2.48 采用环路带内的调制方案

设 $V_m = V_{m1} = V_{m2}$，令带内的调频通道参数满足 $K_i = K_d K_V / N$ 时，可以获得平坦的调频频响。这种方案存在的局限性与图 2.46 方案类似。为了便于分析环路特性，把调制部分电路进一步合并处理。

$$\left(\frac{V_{m2} K_i}{s} + V_e\right) F(s) + V_{m1} = V_o$$

考虑到 $V_m = V_{m1} = V_{m2}$，以及 $K_i = K_d K_V / N$ 成立，可以得到

$$V_m D + V_e F(s) = V_o \tag{2.68}$$

所以，图 2.48 框图的等效电路形式如图 2.49 所示。

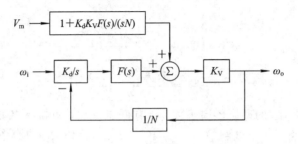

图 2.49 调制等效框图

2.7.4 数字化调频

采用数字化调频技术可以实现环路带内高精度的锁相调频，调制原理框图如图 2.50 所示。输入的 FM 信号首先利用 D/A 变换器进行适当的分段定标处理，完成准确的信号幅度处理和进一步扩大动态范围；再经过低通滤波器提纯和采样-保持之后，利用 A/D 变换器转化为数字信号，然后进入 FM 数据处理单元。通过调频信号、调频频偏和载波频率来决定分频数的大小，将不同情况下的相应分频数存储在存储器中，再查表获取。查表得到的分频数同步进入小数分频电路，改变环路瞬时分频数，从而改变环路输出频率，达到数字化调频的目的。在调频过程中，分频比的小数部分需要实时累加，API 模拟相位内插实

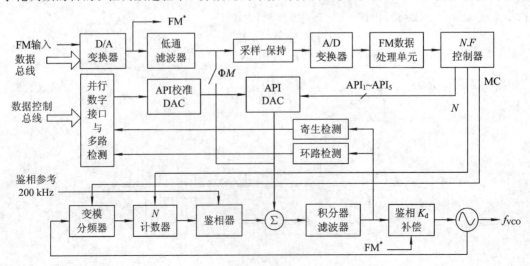

图 2.50 数字化频率调制原理框图

时工作。图中增加了寄生检测电路，自动检测尾数调制幅度，通过 API 校准 DAC 实现自动调整 API 补偿数据，达到更好的补偿效果，避免了繁琐的手工调试，也拓宽了温度环境适应性。

综上所述，数字化调频就是将调频信号数字化并加到小数 N 频率合成器中，用改变环路反馈中的分频比数值的方法实现调频。可以认为数字化调频是一种消除频率漂移的标准 DC FM，它大大降低了传统方案中的频率漂移和偏移。剩余的漂移来自对调频信号实施模/数变换的 ADC 器件，它和开环 VCO 的漂移相比完全可以忽略。由于 ADC 的输出精度和 VCO 的模拟调谐曲线相比非常高，所以，这种调频技术在低调频速率情况下非常准确。具有较大调频频偏，调频速率从 DC 到环路带宽。然而，数字化调频也有它的不足。其一，数字化调制信号需要时间，造成在 PLL 带宽内近似 30 μs 的群时延，数字 FM 的群时延频响比线性 FM 要差得多，如图 2.51 所示，群时延的带内平坦度造成调制信号的失真，有些情况下，还会造成环路的失锁。其二，当数字化调频用于反馈通路时，ADC 的量化步进会造成相位的不连续。

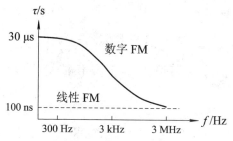

图 2.51　数字 FM 的群时延特性

至于宽带调频的实现，我们仍然需要采用上述的两点调制技术，一路通过数字化调频，调整环路分频器实现带内调制，另一路用调制信号 FM* 直接调制 VCO，如图 2.50 所示，实现带外调制，在满足一定的增益条件下，两路合成结果将不受环路闭环传递函数带宽的影响，不论调制率处于环路带宽之内还是之外，调制频响仅仅取决于 K_V 的特性，从而实现宽带调制。例如，在 252 kHz～4120 MHz 频率合成器的设计中，核心环路的频率范围为 515～1030 MHz，鉴相参考频率为 200 kHz，应用 API 模拟相位内插技术实现小数分频，其 FM 最大调制率(3 dB 带宽)达到了 10 MHz。

图 2.50 所示的数字化调频可以简化成图 2.52 所示的两点调频框图。

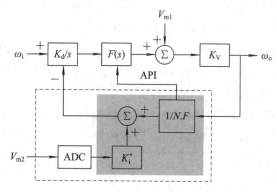

图 2.52　直流数字两点调制线性频率模型框图

图 2.52 中，改变环路分频比 $N.F$ 实现对 $\omega_v = \omega_o/N.F$ 的频率调制，该调制的输入是调制信号 V_{m2}，经过 A/D 变换之后成为数字信号，通过查表换算获得 ΔN：

$$\Delta N = K_i \cdot V_{m2} \tag{2.69}$$

在 $\Delta N \ll N.F$ 情况下，由 ΔN 导致的瞬时反馈频差 $\Delta \omega_v$ 为

$$\Delta \omega_v \approx -\frac{\omega_o \Delta N}{N.F^2} = -\frac{\omega_{ref} \Delta N}{N.F} = K_i^* V_{m2} \tag{2.70}$$

$$K_i^* = -\frac{\omega_{ref} K_i}{N.F} \tag{2.71}$$

K_i^* 就是图中调频信号 V_{m2} 通路的调制增益系数。

图 2.52 中的 V_{m1} 产生的频率调制满足

$$\omega_o = \left[V_{m1} - \frac{\omega_o K_d F(s)}{s N.F} \right] K_V \tag{2.72}$$

$$\frac{\omega_o}{V_{m1}} = \frac{K_V}{D} \tag{2.73}$$

$$D = \left[1 + K_d K_V \frac{F(s)}{s N.F} \right] \tag{2.74}$$

关系式(2.73)就是 V_{m1} 的调制传递函数，它具有高通特性。V_{m2} 产生的频率调制满足

$$\frac{\omega_o}{V_{m2}} = \frac{-K_i^*}{D} \cdot \frac{K_d}{s} F(s) K_V \tag{2.75}$$

在图 5.52 线性模型假设下，将 V_{m1} 和 V_{m2} 线性叠加，利用关系式(2.73)和(2.75)，并令 $V_m = V_{m1} = V_{m2}$，则有

$$\frac{\omega_o}{V_m} = \frac{K_V}{D} \left[1 - K_i^* \frac{K_d}{s} F(s) \right] \tag{2.76}$$

当 $K_i^* = -\omega_{ref} K_i/N.F$ 成立，即 $K_i = K_V/\omega_{ref}$ 成立时，式(2.76)变为

$$\frac{\omega_o}{V_m} = K_V$$

此时，调制传递函数与环路带宽没有关系，可以获得平坦的调频频响，从而实现宽带调频输出。由于宽带 VCO 的压控灵敏度 K_V 不是一个固定常数，并且环路分频比 $N.F$ 也不是常数，因此，在具体实现方案中还要采用分频段增益补偿的方法进行处理。

在工程化应用中，对于线性调频方式，中心频率准确度为 1% FM 频偏；载波中心漂移近似 1 kHz/℃；调频频偏准确度为 5%。对于数字化调频方式，可以实现中心频率准确度为 0.1% FM 频偏；载波温度漂移小于 0.1% FM 频偏；调频频偏准确度是 ADC 的函数，在 1 kHz 以下调制率时，典型值为 1%。在调制频偏小于最大可用频偏 5% 的情况下，数字化调频对输出相噪的影响可以忽略，对较大的调频频偏，相噪会有所增加。线性调频时，近载波处的相噪上升 20 dB，但是对于大调制频偏却没有数字化调频增加的那么多。在调频频偏大于 20 kHz 时，偏离载波 10 kHz 以内的相噪比数字化调频要好。

第三章

Σ-Δ 调制小数 N 频率合成技术

应用 Σ-Δ 调制技术实现小数 N 频率合成器得到了世界各国的极大关注，并在多次国际频率年会上都有相关研究报道。美国的 Brian Miller 和 Bob Conley 对 Σ-Δ 调制小数分频芯片和前置 IC 芯片的设计开展了研究，并作为核心环路，成功地应用在 10 MHz～20 GHz 宽带基波频率合成器中，实现了 1 Hz 输出频率分辨率。在小数环中，环路反馈回路分频比的抖动范围为 $N+4$～$N-3$，实现了优于 1 Hz 的频率分辨率。小数环路再和采样环、YTO 环和偏置环等配合完成了 10 MHz～20 GHz 的频率覆盖，实现了全频段 1 Hz 频率分辨率，在 10 GHz 载波 1 kHz 频偏处的单边带相噪达到 -98 dBc/Hz，最大输出功率为 $+20$ dBm，形成了一个崭新的频率合成器家族。此后，很多国家的研究机构也陆续研制出相应的频率合成器产品，频率分辨率提高到 0.001 Hz，10 GHz 载波 1 kHz 频偏处的相噪也提升到 -120 dBc/Hz。

Σ-Δ 调制频率合成器的基本原理是利用调制技术对量化噪声实施频谱搬移，尾数调制则表现为量化噪声，调制的结果使得尾数调制不再表现为分立的谱线，而成为调制到频率高端的相位噪声，再借助锁相环路的低通特性对这种高频噪声进行抑制。因此，Σ-Δ 调制是继 API 补偿技术实现小数分频频率合成器之后，从本质上消除小数分频尾数调制的一个频率合成技术。在 Σ-Δ 调制器（SDM）设计方面，也有很多结构新颖的研究成果。例如，Matsuya 提出了三个或更多的一阶调制器的级联结构；Ribner 采用一阶调制器级联一个二阶调制器的结构实现噪声成型；Chao 提出了一个具有前馈和反馈通路的单环结构的高阶 Σ-Δ 调制器。Hosseini 等人提出了新的误差反馈模型（EFM），利用一个素数模量化器增加输出序列长度，构成无结构寄生的 HK-EFM-MASH 模型；Jinook Song 等人合理地在输入信号中引入非零均值信号，在有效增加输出序列长度的同时，保持输出序列平均与输入数值的匹配，构成新颖的无结构寄生的 SP-EFM-MASH 模型。

Σ-Δ 调制器的结构大体上可以归纳为：多级噪声成型 MASH 结构、前馈式单环 Σ-Δ 调制器结构、混合 Σ-Δ 调制器结构、多环 Σ-Δ 调制器结构，以及切比雪夫（Chebyshev）环 Σ-Δ 调制器结构等。完全可以说，Σ-Δ 调制技术进一步推动了微波毫米波频率合成信号发生器的快速发展，使频率合成技术水平迈上一个新台阶。

3.1　Σ-Δ 调制 A/D 变换器基本原理

我们知道，模拟信号的数字化处理是通过 A/D 变换器实现的，将连续信号 $x(t)$ 经过采样后变成数字信号 $x(nT_s)$，如果输入信号是有限带宽的，其最高频率为 f_c，在对 $x(t)$ 进行采样时，若采样频率 $f_s \geqslant 2f_c$，可以从 $x(nT_s)$ 中恢复出 $x(t)$。也就是说，$x(nT_s)$ 保留了 $x(t)$ 的全部信息。这是奈奎斯特和香农分别于 20 世纪 20 年代和 40 年代提出的，被称为奈奎斯特采样定理或香农采样定理。这是信号采样时必须遵守的基本原则，采样频率 f_s 成为奈奎斯特频率，是不会造成频谱混叠的最小采样频率，也称最小采样频率。

一种过采样 A/D 变换器原理框图如图 3.1 所示，它由求和器、积分器、量化器、D/A 变换器和数字抽取滤波器等组成。负反馈环路使得驱动积分器的电压趋向零，D/A 变换器的输出将逼近输入值，输出数字信号逼近输入信号，从而完成 A/D 变换功能。采样频率设置为 Kf_s，通常 K 远大于 1。由于采用过采样技术，对抗混叠滤波器的要求有所降低，一定程度上避免了由于采样过程而产生的信号混叠失真。

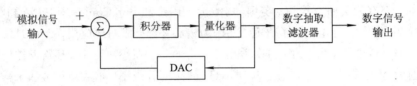

图 3.1　一种过采样 A/D 变换器原理框图

当输入信号是一个随机信号，并且幅度大于量化阶 q 时，量化噪声的功率谱密度在 $0 \sim f_s/2$ 频带内均匀分布，概率分布如图 3.2 所示。量化噪声具有白噪声的性质，与输入信号的关系是相加性的。

量化误差信号的均值和方差为

$$m_e = E[e(n)] = \int_{-\infty}^{\infty} \tau P(\tau) \mathrm{d}\tau = -\frac{q}{2} \tag{3.1}$$

$$\sigma_e^2 = E\{[e[n] - m_e]^2\} = \int_{-\infty}^{\infty} (\tau - m_e)^2 P(\tau) \mathrm{d}\tau = \frac{q^2}{12} \tag{3.2}$$

量化噪声的功率谱密度为

$$S_e = \frac{q^2}{6f_s} \tag{3.3}$$

上式表明，在量化阶 q 相同的情况下，采样频率越高，量化噪声功率谱密度就越低。在过采样情况下，上式中的 f_s 由 Kf_s 代替，量化噪声功率谱密度如图 3.3 所示。采样频率提高 K 倍，在有用信号带宽内的量化噪声功率谱密度就下降为原来的 $1/K$。有用信号功率是不变的，所以提高采样频率就可以改善信噪比。

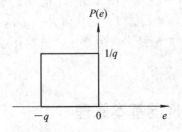

图 3.2　量化噪声概率分布

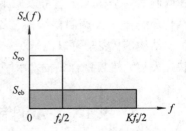

图 3.3　功率谱密度示意图

用提高采样速率 Kf_s 的方法对输入信号进行采样，奈奎斯特频率增加至 $Kf_s/2$，整个量化噪声总量仍为 $q/\sqrt{12}$，所以量化噪声是原来的 $1/\sqrt{K}$，总信噪比提高了 $10\lg K$，可以用低分辨率 A/D 变换实现高分辨率 A/D 变换的目的。每提高一位分辨率，信噪比就提高 6 dB，但是过采样率就需要提高 4 倍，由于会受到器件制造工艺的限制，采用提高过采样率的手段也是有限的。输入信号的最高电平和采样比特数一旦确定，量化噪声的总能量就确定了。过采样技术降低了有用信号带宽内的量化噪声功率谱密度，并不会改变噪声功率谱的形状。为使采样速率不超过一个合理的界限，需要对量化噪声的频谱进行成型处理，使得大部分噪声位于 $f_s/2 \sim Kf_s/2$ 之间，而仅仅小部分噪声位于 DC$\sim f_s/2$ 之间，这样就可以有效地提高信噪比了。把量化噪声整形到频率高端，这正是 Σ-Δ 调制器噪声成型技术所完成的任务。Σ-Δ 调制技术可以通过对噪声进行整形，改变量化噪声功率谱的形状，进一步降低在有用信号带宽范围内的量化噪声能量，从而获得更好的信噪比，噪声成型后的谱密度示意图如图 3.4 所示。Σ-Δ 调制器采用过采样技术，具有良好的噪声整形特性，已经广

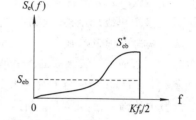

图 3.4　噪声成型后的谱密度示意图

泛运用在 A/D 变换器中。虽然这是以速度换取的精度，但是，它避免了元器件失配对 ADC 精度的限制，实现了高精度的 A/D 变换。

3.2　Σ-Δ 调制器 MASH 模型

所谓噪声整形技术，就是改变量化噪声的功率谱密度的分布，在总量化噪声能量不变的情况下，把大部分噪声功率推到频率高端，进一步减小有用信号带宽内的噪声功率，从而获得进一步改善信噪比的目的。以图 3.1 所示的 Σ-Δ 调制 ADC 为基础，单级 Σ-Δ 调制线性化 s 域模型如图 3.5 所示。输入 $V_{in}(s)$ 和输出 $V_o(s)$ 是输入 $v_{in}(t)$ 和输出 $v_o(t)$ 的拉普拉斯变换。假设量化器由理想的 ADC、DAC 和噪声源 E_q 构成，ADC 和 DAC 是具有无限分辨率的理想器件。在图 3.1 中，由于抽取滤波的作用是提纯有用信号，对频带外的杂散信号和量化噪声进行抑制，与噪声整形作用关系不大，因此在模型中予以省略。假设积分器是理想的，不计采样率和零阶保持等采样效应。根据图 3.5 所示的线性化模型，输入 $V_{in}(s)$ 和量化噪声 E_q 引起的输出经过线性叠加后为

$$V_o(s) = \frac{V_{in}(s)G(s)}{1+G(s)} + \frac{E_q}{1+G(s)} \tag{3.4}$$

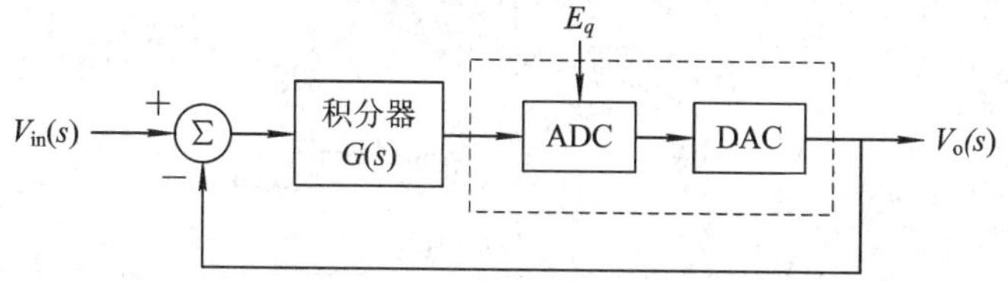

图 3.5　单级 Σ-Δ 调制器噪声成型线性化模型

如果 $G(s)$ 是理想积分器，则 $G(s) = 1/s$，上式进一步写为

$$V_o(s) = \frac{1}{1+s}[V_{in}(s) + sE_q] \tag{3.5}$$

式(3.5)表明,无论对于输入信号的传递函数还是量化噪声的传递函数,都有一个 $(1+s)^{-1}$ 的系数项,$s=-1$ 是唯一的一个极点,它位于 s 平面的左半部分,系统是稳定的。这是最简单的 1 阶系统,冲击响应为 $h(t)=e^{-t}$,等同于一个 RC 1 阶低通滤波器。对于输入信号 $V_{in}(s)$ 而言,就是通过了一个低通滤波器而已。但是,对于量化噪声来说,由于分子上还有一个 s,量化噪声功率谱密度具有一定的成型效果,即随着频偏的增加而逐渐增大,低频处的量化噪声受到一定的抑制。换句话说,在有用信号频带内,量化噪声功率变得较小了,从而大大改善了信噪比。

采用多个单级调制器级联后,可以形成高阶调制器,也必然会对量化噪声进行多次成型,从而获得更理想的噪声成型效果。对输入信号而言,可无失真地传输,只是增加了一定的滤波与延时。三级级联的 Σ-Δ 调制器线性化模型如图 3.6 所示,这就是所谓的多级噪声成型(MASH)模型。为了避免由于积分器串联造成相移超过 π,导致系统出现稳定性问题,模型中的输入信号是不参与后面级联工作的,仅仅是对量化噪声进行级联。第一级积分器的输出与第一级 DAC 的输出相减获得第一级的量化噪声 E_{q1}。第二级对 E_{q1} 进行量化,产生第二级量化噪声 E_{q2},继续转入第三级量化。

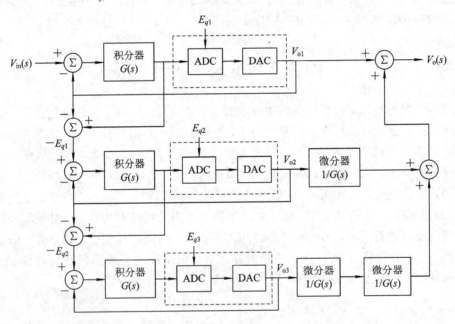

图 3.6   多级 Σ-Δ 调制器噪声成型线性化模型

根据图 3.6 所示模型,三个单级调制的输出依据式(3.4)可以得到

$$V_{o1}(s) = \frac{V_{in}(s)G(s)}{1+G(s)} + \frac{E_{q1}}{1+G(s)} \tag{3.6}$$

$$V_{o2}(s) = \frac{-E_{q1}G(s)}{1+G(s)} + \frac{E_{q2}}{1+G(s)} \tag{3.7}$$

$$V_{o3}(s) = \frac{-E_{q2}G(s)}{1+G(s)} + \frac{E_{q3}}{1+G(s)} \tag{3.8}$$

经过线性叠加后，总输出为

$$V_o(s) = V_{o1}(s) + \frac{V_{q2}(s)}{G(s)} + \frac{V_{o3}(s)}{G^2(s)} = \frac{G(s)}{1+G(s)}V_{in}(s) + \frac{E_{q3}}{[1+G(s)]G(s)^2} \quad (3.9)$$

我们假设积分器和微分器均是理想的，积分器的传递函数分别为 $1/s$，微分器的传递函数是 s，以 $G(s)=1/s$ 代入上式，可以得到

$$V_o(s) = \frac{V_{in}(s)}{1+s} + \frac{s^3}{1+s}E_{q3} \quad (3.10)$$

从关系式(3.10)可以看出，第一级量化噪声被第二级调制器抑制，第二级的量化噪声被第三级调制器抑制，仅第三级的量化噪声 E_{q3} 出现在方程式中，并以 s^3 的形式成型。接近 DC 处的量化噪声受到极大的抑制，这是以较大频率处的噪声提高为代价换来的。量化噪声功率谱密度 $S(W)$ 的分布如图 3.7 所示。如果 ADC 和 DAC 假设具有良好的线性，唯

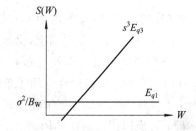

图 3.7　量化噪声功率谱密度示意图

一的误差就是由此引入的量化噪声。量化噪声模型具有 ± 0.5LSB(最低有效位)均匀分布的误差，具有 $\text{LSB}^2/12$ 方差的白噪声。如果环路增益 $H(s)$ 是高增益低通型函数，输出电压将在 3 dB 带内跟踪输入信号，量化噪声在同样的频率范围内将受到极大的抑制。

上面是在 s 域中介绍了噪声成型的原理。在研究数字系统时，经常需要采用 z 域进行分析，我们也将在数字 Σ-Δ 调制 MASH 模型的建立与分析、Σ-Δ 调制剩余误差获取模型等方面，都采用 z 域进行分析。

对于时域里的序列 $x(n)$，它的 Z 变换被定义为

$$X(z) = \sum_{n=-\infty}^{\infty} x(n)z^{-n} \quad (3.11)$$

其中，z 为 Z 平面上的复变量：

$$z = e^{(\alpha+j\omega)} = re^{j\omega}$$

现实世界的信号都是具有因果关系的，物理上有一个时间的起点，当 $n<0$ 时，$x(n)=0$，此时的 Z 变换的关系式改写为

$$X(z) = \sum_{n=0}^{\infty} x(n)z^{-n} \quad (3.12)$$

对于连续函数 $f(t)$ 的采样数据 $f(nT)$ 可以表示为

$$f(nt_s) = f(t_n)I(nt_s) = \sum_{k=-\infty}^{\infty} f(t_k)\delta(t_k - nt_s) \quad (3.13)$$

式中，$I(nt_s)$ 是单位冲激序列，对于所有 n 取值，$I(nt_s)=1$，$\delta(t_k - nt_s)$ 为单位冲激 δ 函数，$t_k=nt_s$ 时 $\delta(t_k - nt_s)=1$，其余情况下取值为 0。

对于因果系统，$n<0$，$f(nT)=0$，上式的求和区间改写为

$$f(nT) = \sum_{k=0}^{\infty} f(t_k)\delta(t_k - nT) \quad (3.14)$$

拉普拉斯变换常用于连续函数，这里对上式采样数据 $f(nT)$ 作变换，可以得到

$$F(s) = \sum_{n=0}^{\infty} f(nT) e^{-nsT} \tag{3.15}$$

式中，$s = \alpha + j\omega$。如果我们令 $z = e^{sT}$，则式(3.15)和 Z 变换的定义关系式(3.12)是一样的。因此，从采样数据的拉普拉斯变换到它的 Z 变换，就是从 S 平面到 Z 平面的映射。

我们将 Z 变换的定义式分解为

$$X(z)\big|_{z=re^{j\omega}} = \sum_{n=-\infty}^{\infty} x(n) z^{-n} = \sum_{n=-\infty}^{\infty} \left[x(n) r^{-n} \right] e^{j\omega n} \tag{3.16}$$

式(3.16)正是输入序列 $x(n)$ 乘以指数序列 r^{-n} 后再作傅里叶变换的结果，特别是，对于 $r=1$，在 Z 平面的单位圆上，Z 变换就是傅里叶变换。

在介绍数字化 Σ-Δ 调制成型技术之前，我们先回顾一下在第二章中介绍的累加器情况。在第二章中，我们已经介绍了单数字累加器结构、Martin 和 Frederick 双累加器结构，以及 Thomas Jackson 双累加器改进型结构方案等，这些研究成果都是针对相位误差补偿技术的，为模拟相位内插 API 技术的推广和应用起到了较大的作用，尤其是双累加器获得了更高效率的比特流，进一步降低寄生调制信号幅度，解决了相位补偿电路大动态范围的设计难点，以及与良好跟踪相关联的问题，也不再担心内插抵消波形的匹配问题。实际上，双累加器结构已经涉及 Σ-Δ 调制技术方案，也正是噪声成型的效果才得以获得寄生信号幅度的降低，只是当时的调制器阶数较低。随着过采样技术和 Σ-Δ 调制多级噪声成型(MASH)技术的发展，高阶 MASH 技术已经广泛应用在小数分频器的设计中，实现了量化噪声的频谱扩展和搬移，成为实现高性能频率合成器的重要手段。

在 z 域中，单级 Σ-Δ 调制噪声成型模型如图 3.8 所示，$X(z)$ 为输入信号 $x(n)$ 的 Z 变换，$Y(z)$ 为输出信号 $y(n)$ 的 Z 变换，假设量化噪声是一种可加性白噪声序列，用一个噪声源 $E_q(z)$ 表示，$H(z)$ 是一个单位增益离散时间积分器。单级累加器模型如图 3.9 所示，积分器的传输函数表示为

$$H(z) = \frac{z^{-1}}{1 - z^{-1}} \tag{3.17}$$

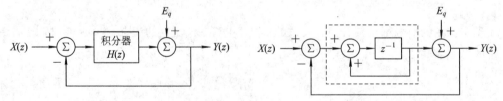

图 3.8 噪声成型模型　　　　　　　图 3.9 单级累加器模型

利用上述模型，我们可以得到单级噪声成型的输出为

$$Y(z) = \frac{H(z)}{1 + H(z)} X(z) + \frac{1}{1 + H(z)} E_q \tag{3.18}$$

将式(3.17)代入式(3.18)中，得到

$$Y(z) = z^{-1} X(z) + (1 - z^{-1}) E_q \tag{3.19}$$

从式(3.19)可以看出，对于输入信号 $X(z)$ 而言，一个单位增益离散时间积分器仅仅起到一个延时 z^{-1} 的作用，这就是信号传递函数 STF，即 STF$=z^{-1}$；对量化噪声 $E_q(z)$ 起到一个 $1-z^{-1}$ 微分作用，这就是噪声传递函数 NYF，即 NTF$=1-z^{-1}$。

应该指出，由累加器构成积分器具有两种形式，它们的传递函数也略有差别。一种累加器的模型如图 3.9 所示，传递函数由关系式 (3.17) 描述；另一种累加器的模型如图 3.10 所示，它的传递函数为

$$H(z) = \frac{1}{1 - z^{-1}} \qquad (3.20)$$

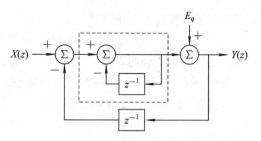

图 3.10　单级累加器模型

由于信号传输通路是直通的，在输出 $Y(z)$ 的反馈环路上增加一个 z^{-1} 延时。应用这种模型设计的单级 Σ-Δ 调制器的传递函数为

$$Y(z) = X(z) + (1 - z^{-1})E_q \qquad (3.21)$$

从式 (3.21) 可以看出，该模型实现了对输入 $X(z)$ 信号的无失真传输，对量化噪声 $E_q(z)$ 而言，两个累加器模型都是一样的，均为 $1 - z^{-1}$ 微分作用。因此，两种模型在后面的小数分频 Σ-Δ 调制的原理与设计中都是可以采用的。然而，由于在级联后的高阶调制器中，数据累加需要经历一个暂态过程才能达到稳定，这个暂态过程对输出会产生纹波干扰效应。图 3.10 模型存在一定的纹波效应，图 3.9 模型是无纹波效应的，虽然这两个模型都可以使用，但在高指标的应用中不能忽略纹波效应的影响。

如果将 $z = \mathrm{e}^{-\mathrm{j}\omega T_{\mathrm{ref}}}$ 代入噪声传递函数 $1 - z^{-1}$ 中，可以得到它的模：

$$|1 - z^{-1}| = 2\sin\frac{\omega T_{\mathrm{ref}}}{2} \qquad (3.22)$$

关系式 (3.22) 表明，式 (3.21) 中的量化噪声已经被 Σ-Δ 调制成型，这种单环结构为一阶噪声成型环路，由于成型的效果不好而很少采用。

假如我们采取输入信号不参与级联，而仅对量化噪声进行多级整形的方法，可以获得 2 阶、3 阶或更高阶的 Σ-Δ 调制器。图 3.11 是 2 阶 Σ-Δ 调制器框图，单级输出关系式为

$$Y_1(z) = X(z) + (1 - z^{-1})E_{q1}$$

$$Y_2(z) = -E_{q1}(z) + (1 - z^{-1})E_{q2}$$

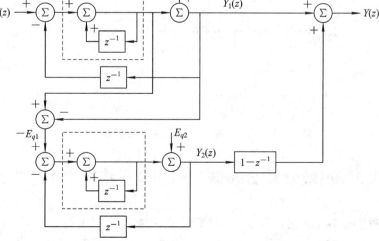

图 3.11　2 阶 Σ-Δ 调制器框图

两级线性叠加后得到

$$Y(z) = Y_1(z) + (1 - z^{-1})Y_2(z) = X(z) + (1 - z^{-1})^2 E_{q2} \qquad (3.23)$$

上述关系式表明，2 阶环路实现了对输入信号无失真传输，而对量化噪声则进行了二次微分，即 $NYF = (1 - z^{-1})^2$，噪声成型的效果变得更好。

图 3.12 是 3 阶 Σ-Δ 调制器 MASH 模型，可以得到它的传递函数为

$$Y(z) = X(z) + (1 - z^{-1})^3 E_{q3} \qquad (3.24)$$

3 阶 Σ-Δ 调制器对量化噪声是三次微分，即噪声传递函数 $NYF = (1 - z^{-1})^3$，3 阶 Σ-Δ 调制器比 2 阶具有更理想的噪声整形效果。由于 m 阶 Σ-Δ 调制器对量化噪声是 m 次微分，因此，阶数越高，量化噪声的整形效果就越好。但是，考虑到累加器数据的稳定时间和时钟周期的适当比例，以及过高的电路复杂度等诸多因素，同时考虑到锁相环的非线性效应会产生高频噪声的低频折叠，因此，在实际应用中大多数都选择 3 阶或 4 阶 Σ-Δ 调制器。

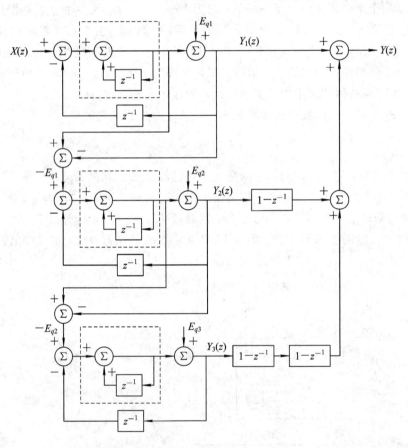

图 3.12　3 阶 Σ-Δ 调制器 MASH 模型

3.3　小数分频 Σ-Δ 调制模型与环路输出相位噪声

过采样和 Σ-Δ 调制多级噪声成型技术的应用实现了量化噪声的频谱扩展和搬移，在合理的采样速率下，实现了用低分辨率 ADC 达到高分辨率 ADC 的目的。相关的 MASH 技

术已经逐步应用到小数分频器的设计上，成功地利用整数分频模完成非整数分频，输出频率的步进大小不再仅是参考频率的整数倍，还可以拥有小数部分，克服了单环 PLL 的限制，并且可以保持较高的参考频率和较宽的环路带宽。

我们将预期的环路分频比 $N.F$ 中的小数部分 $.F$ 作为相位累加器的输入信号，对其进行 1 bit 量化，引入的量化误差为 E_q，累加器满量进位即输出 Y，Y 为 0 和 1 的比特流信号作为程控分频器的分频比的控制信号，在不同的分频比之间不断切换。在 API 技术章节中，已经知道小数瞬时相位误差正比于量化误差，也是形成小数分频尾数调制的根本原因。Σ-Δ 调制频率合成技术就是要通过 MASH 技术，将量化误差更加随机化，并将大部分能量推到频率高端，通过环路的低通特性，或其它技术抑制掉。因此，MASH 技术、量化噪声抑制技术、噪声成型模型随机化技术等是高性能频率合成器需要解决的关键技术。

图 3.13 为相位累加器等效 z 域模型，它与 1 阶 Σ-Δ 调制器具有相同的数学模型，其中，$.F$ 为分频比的小数部分的 z 域表示，$Y(z)$ 为累加器满量溢出值的 z 域函数，$E_q(z)$ 为量化噪声，即累加器余数的 z 域函数。输出 $Y(z)$ 表示为

$$Y(z) = .F(z) + (1 - z^{-1})E_q \tag{3.25}$$

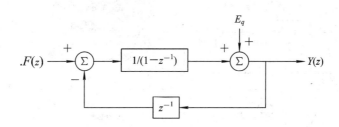

图 3.13　单级相位累加器等效 z 域模型

显然，虽然单级累加器作为 1 阶数字 Σ-Δ 调制器对量化误差具有一定的滤波作用或成型作用，但量化噪声功率谱分布大部分还是集中在低频区，而且输出序列的规律性太强，在特定输入情况下，还是个重复周期很短的周期信号，小数分频的尾数调制非常显著。这种单级相位累加器模型通常只适合于 API 补偿使用。其实，不仅单级 Σ-Δ 调制的噪声成型特性作用十分有限，采用双累加器结构的 Σ-Δ 调制器成型效果也不是十分令人满意。因此，必须对量化误差进行再次量化处理，通过多级噪声成型 MASH 技术，获得更好的相位误差的传递特性。通常采用三级或四级噪声成型 MASH 的 Σ-Δ 调制器才能满足高性能频率合成器的设计需求。

如图 3.14 是一个 m 阶小数分频的 MASH 模型，它采用了 m 个稳定的 1 阶回路进行级联，每级输出再通过噪声取消电路后输出分频模的抖动数值。图中的阴影部分为噪声取消电路，虚线框所示的是 MASH 部分。输入是预期的整数部分 N 和小数部分 $.F$，E_q 是量化噪声。积分器的传递函数为 $1/(1 - z^{-1})$，微分器的传递函数为 $1 - z^{-1}$，z 是离散时域中的拉普拉斯变量。积分器运用累加器完成，满量溢出信号就是累加器的输出，该过程是一个取模运算，反馈量是一个单位时延 z^{-1}。MASH 模型的输出为 ΔN_{div}，再与 N 进行求和，从而获得瞬时分频比 $N_{\mathrm{div}}(z)$ 的大小。

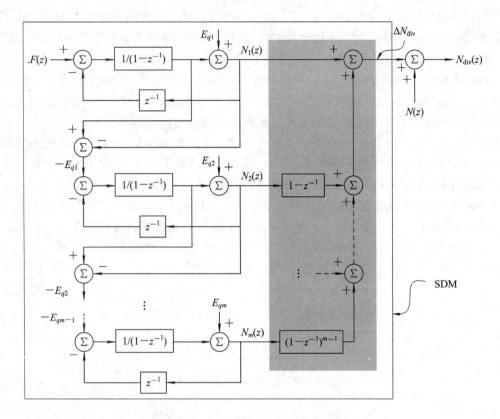

图 3.14　m 阶小数分频的 MASH 模型

每个单级调制器环路的输出为

$$N_1(z) = .F(z) + (1 - z^{-1})E_{q1} \tag{3.26}$$

$$N_2(z) = -E_{q1} + (1 - z^{-1})E_{q2} \tag{3.27}$$

$$N_m(z) = -E_{qm-1} + (1 - z^{-1})E_{qm} \tag{3.28}$$

经过 m 级 Σ-Δ 调制级联后的输出为

$$\Delta N_{\text{div}}(z) = \sum_{i=1}^{m}(1 - z^{-1})^{i-1}N_i(z) = .F(z) + (1 - z^{-1})^m E_{qm} \tag{3.29}$$

$\Delta N_{\text{div}}(z)$ 与 N 值求和，得到环路瞬时分频比为

$$N_{\text{div}}(z) = N + \sum_{i=1}^{m}(1 - z^{-1})^{i-1}N_i(z) = N.F(z) + (1 - z^{-1})^m E_{qm} \tag{3.30}$$

关系式(3.30)表明，利用 m 个单级 Σ-Δ 调制器级联，可以实现 m 阶 Σ-Δ 调制器。将 $.F$ 输入到一个 Σ-Δ 调制器中，经过多个参考周期的平均以后，输出为 $.F+Q$，其中，$.F$ 是想要的分频比的小数部分，Q 是整个 Σ-Δ 调制器的输出量化误差。Σ-Δ 调制器具有成型这个量化误差频谱密度的能力，成型后的噪声在低频处得到充分降低，在高频处得到倍增。即在参考频率 f_{ref} 和 Nf_{ref} 充分降低，量化噪声被推到 $f_{\text{ref}}/2$ 和 $Nf_{\text{ref}} + f_{\text{ref}}/2$ 处。由于成型后的量化误差大部分处于高频处，而被锁相环闭环传递函数的低通滤波特性滤除。因此，Σ-Δ 调制技术从根本上消除了小数分频带来的尾数调制。

Σ-Δ 调制小数 N 频率合成器原理如图 3.15 所示，它拥有一个 Σ-Δ 调制器和一个具有连续多模的程控分频器，Σ-Δ 调制器实质上就是一个误差成型数字高通滤波器，该滤波器由鉴相参考为周期的信号时钟来触发的，也可以使用鉴相反馈信号作为触发时钟。Σ-Δ 调制器中的量化器提供一个从高分辨率到低分辨率信号的量化操作，高阶调制具有多比特的输出信号，这个信号表示分频比的变化量 ΔN。量化器的输出 ΔN 和另一个输入 N 求和，产生瞬时分频比信号 N_{div}，图 3.15 中的阴影部分就是由图 3.14 实现的，N_{div} 满足式 (3.30)。这个信号控制环路程控多模分频器，瞬时分频比的平均值就是 $N.F$。与 API 技术方案相比，程控分频器的分频比不再是 N 和 $N+1$ 两个模，而是 $N-K$ 到 $N+K+1$ 多个连续变化的分频模。其中的 k 值是个正整数，其取值范围取决于 Σ-Δ 调制器的阶数。对于每个参考周期，程控分频器都可能变换一次分频比。

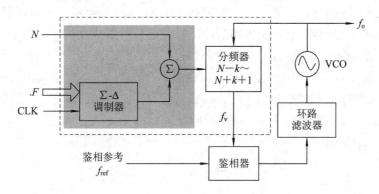

图 3.15　Σ-Δ 调制小数 N 频率合成器原理图

当图 3.15 中环路锁定后，输出频率为

$$f_o = N.Ff_{ref} + (1-z^{-1})^m f_{ref} E_{qn} \tag{3.31}$$

式中，第一项正是我们想要的频率输出，第二项是由于 Σ-Δ 调制小数分频造成的频率噪声。可以看出，第一级量化噪声被第二级调制器抑制，第二级的量化噪声被第三级调制器抑制，仅第 m 级的量化噪声 E_{qn} 出现在方程式中，数值上和该级的累加器余量相同。多级累加的结果使其成为 0 和满量等概率出现的周期极长的伪随机变量，在 DC～f_{ref} 频带内，E_{qn} 的方差为 $1/12$，功率谱密度是 $1/(12f_{ref})$。

如果设 $v(z)$ 表示输出频率起伏，则小数分频的噪声功率谱密度为

$$S_v(z) = |(1-z^{-1})^m f_{ref}|^2 \frac{1}{12f_{ref}} = |1-z^{-1}|^{2m} \frac{f_{ref}}{12} \tag{3.32}$$

在 0～T_s 区间内对频率起伏进行积分可以获得相位起伏：

$$\Phi(z) = \frac{2\pi T_s v(z)}{1-z^{-1}} \tag{3.33}$$

用 $T_s = T_{ref} = 1/f_{ref}$ 代入方程得到 $\Phi(z)$ 的功率谱密度 $S_\Phi(z)$ 为

$$S_\Phi(z) = \frac{(2\pi)^2}{12f_{ref}} |1-z^{-1}|^{2(m-1)} \tag{3.34}$$

如果 $S_\Phi(f)$ 是双边带功率谱密度，$\pm L_\Phi(f) = S_\Phi(f)$，单边带相位噪声为

$$L_\Phi(z) = \frac{(2\pi)^2}{12f_{ref}} |1-z^{-1}|^{2(m-1)} \tag{3.35}$$

将 z 域变换到频域，可得到单边带相位噪声为

$$L_\Phi(f) = \frac{(2\pi)^2}{12f_{ref}} \left[2\sin\left(\frac{\pi f}{f_{ref}}\right)\right]^{2(m-1)} \quad (\text{rad}^2/\text{Hz}) \tag{3.36}$$

相对于频率参考，在较小频偏的情况下，上式简化为

$$L_\Phi(f) = \frac{(2\pi)^2}{12 f_{\mathrm{ref}}} \left(\frac{2\pi f}{f_{\mathrm{ref}}}\right)^{2(m-1)} \quad (\mathrm{rad}^2/\mathrm{Hz}) \tag{3.37}$$

可以看出，由小数分频所引起的尾数调制已经不再是分立的谱线，已被 Σ-Δ 调制器成型为有色噪声，在锁相环输出端体现为相位噪声。式(3.37)表明，当采用三级($m=3$)环路级联时，量化噪声以每 10 倍频程 40 dB 的成型速率被推向远端。环路每增加一级，量化噪声每 10 倍频程的成型速率增加 20 dB。借助锁相环路的闭环低通特性，再对这种高频噪声进行有效的抑制，从而达到实现小数分频并消除尾数调制的目的。

综上所述，Σ-Δ 调制器就是将量化噪声进行成型处理，将其噪声频谱搬移到频率高端，主要能量集中在 $f_{\mathrm{ref}}/2$ 处，依靠锁相环路的闭环低通特性加以滤除。这样一来，环路低通特性的设计就显得特别重要，环路带宽的选择必须考虑预期频偏处的 Σ-Δ 调制量化噪声对整体相位噪声的贡献。除了用于接收机本振的频率合成器之外，对于大多数频率合成信号源来说，一般都要求具有频率调制或相位调制功能，在带内调制情况下，希望环路带宽尽量地大。因此，环路带宽的选择一般需要折中处理。

在环路输出端的相位噪声为

$$\begin{aligned} L_\Phi(f) &= \frac{(2\pi)^2}{12 f_{\mathrm{ref}}} \left[2\sin\left(\frac{\pi f}{f_{\mathrm{ref}}}\right) \right]^{2(m-1)} \left| H(\mathrm{j}2\pi f) \right|^2 \\ &= \frac{(2\pi)^2}{12 f_{\mathrm{ref}}} \left[2\sin\left(\frac{\pi f}{f_{\mathrm{ref}}}\right) \right]^{2(m-1)} \left| \frac{N \cdot F H_{\mathrm{o}}(\mathrm{j}2\pi f)}{1 + H_{\mathrm{o}}(\mathrm{j}2\pi f)} \right|^2 \end{aligned} \tag{3.38}$$

环路开环传递函数 $H_{\mathrm{o}}(s)$ 决定了不同的环路带宽，对于不同的环路带宽，Σ-Δ 调制器的量化噪声对频率合成器输出相位噪声的贡献也就不同，在 Σ-Δ 调制小数 N 频率合成器的设计中需要折中考虑。带宽设计窄了会影响锁相环路特性与特定的应用，宽了可能满足不了相位噪声性能要求。例如，频率合成器输出相位噪声曲线如图 3.16 所示，图中的虚线表示 Σ-Δ 调制器(SDM)量化噪声造成的输出曲线，当环路带宽小于 40 kHz 时，SDM 的量化噪声没有超出预期的设计要求。随着带宽的逐步加大，SDM 的量化噪声逐步成为输出相

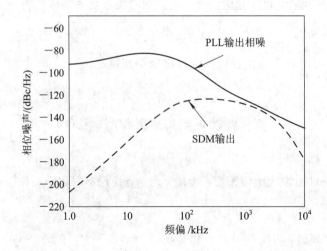

图 3.16　环路带宽为 40 kHz 时的输出相位噪声曲线

位噪声的主要来源，如图 3.17 所示，当带宽增大到 100 kHz 时，1 MHz 频偏处相位噪声为 −118 dBc/Hz，低通滤波器对于 Δ-Σ 量化噪声的抑制凸显不够，很容易超出所要求的设计指标。这种情况下，环路带宽最大只能设计在 100 kHz，最好能将带宽设计在 50 kHz 左右，因为在这个带宽下 Σ-Δ 调制器的量化噪声还不是整体相位噪声的主要来源。为了进一步降低高频量化噪声，有效提高环路带宽，可以采取剩余量化误差的获取与补偿技术，具体方法将在后续章节中介绍。

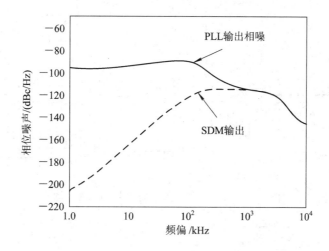

图 3.17　环路带宽为 100 kHz 时的输出相位噪声曲线

3.4　基于 MASH 模型的小数分频器结构设计与实现

Σ-Δ 调制小数分频器是由整数分频器和 Δ-Σ 调制器构成的，不同类型的 Σ-Δ 调制器会有不同数量的数字电路硬件需求。从集成电路设计角度讲，较大硬件数量会占用更多的芯片面积和额外的电源功耗，这对于低成本低功耗的便携式设备的应用是不利的。从满足性能角度讲，要求 Σ-Δ 调制小数分频器噪声成型好，并且具有较低的寄生信号。我们知道，尽管大部分 Δ-Σ 调制器都具有噪声成型的功能，但输出序列的随机化和量化误差噪声成型的能力却不相同。Σ-Δ 调制器的输入是分频比的小数部分，在不加调制信号的情况下，对于一个直流输入，任何一个 Σ-Δ 调制器都是一个有限状态机。因此，Σ-Δ 调制器的输出是一个周期性序列，由此产生的寄生信号称为 Σ-Δ 调制器的结构寄生，它限制了 Σ-Δ 调制小数 N 频率合成器的性能。序列周期越短，寄生越显著。因此，高性能频率合成器需要高性能的 Σ-Δ 调制成型模型，有关随机化 MASH 模型技术将在后面章节中介绍。本章节介绍的是基于级联的 3 阶 Σ-Δ 调制 MASH 模型和电路设计。

3.4.1　3 阶 Σ-Δ 调制小数 N 分频器

3 阶 Σ-Δ 调制小数 N 分频器的实现框图如图 3.18 所示，采用了如图 3.14 所示的噪声成型模型。小数 N 分频器共采用了三级 48 位累加器完成对小数部分和上一级的余量进行累加运算，每一级累加器都有一个满量溢出位 C，第一级累加器的溢出为 C_1，第二级累加

器的溢出为 C_2，累加器的溢出为 C_3，这三个进位输出通过一定的延时操作，完成 C_2z^{-1}、C_3z^{-1} 和 C_3z^{-2} 功能，在 ΔN 运算逻辑电路单元中完成分频比抖动计算。

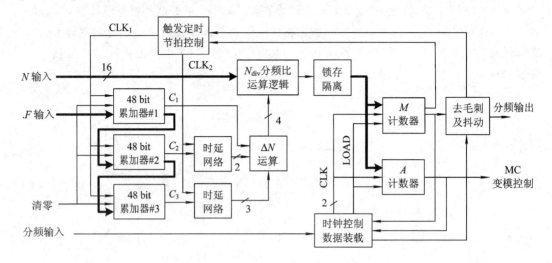

图 3.18 Σ-Δ 调制小数 N 分频器的实现框图

ΔN 的运算逻辑单元满足关系式：

$$\Delta N = C_1 + C_2 + C_3 - C_2z^{-1} - 2C_3z^{-1} + C_3z^{-2} \qquad (3.39)$$

在 N_{div} 分频比运算逻辑中将分频比整数部分 N 与小数部分 ΔN 进行求和，获得瞬时分频比 N_{div}。ΔN 的计算采用 4 位宽度，满足 ΔN 的变化范围，对于 3 阶 Σ-Δ 调制来说，ΔN 变化范围是 $+4\sim-3$，如果采用四阶 Σ-Δ 调制，ΔN 变化范围为 $+8\sim-7$。分频比的变化是个 S 集合，共有 2^m 个元素，m 为调制阶数。如果参考频率为 10 MHz，则 48 位累加器可以实现 35 nHz 的频率分辨率。累加器位数的选取主要考虑预计的频率分辨率要求，以及便于处理 Σ-Δ 调制器的有限状态造成输出序列长度较短的问题。当输入小数部分为 0.5 时，输出序列如表 3.1 所示，第 5 个时钟周期开始了重复工作。因此，进位脉冲并不是一个充分随机的序列，在输出频谱上仍然表现出特有的寄生调制信号，就是所谓的结构寄生。

表 3.1 输入为 0.5 时的输出序列

时钟节拍	1	2	3	4	5	6	7
累加器 1	0.5	0	0.5	0	0.5	0	0.5
累加器 2	0.5	0.5	0	0	0.5	0.5	0
累加器 3	0.5	0.5	0	0	0.5	0	0
进位输出	0	1	0	0	0	1	0

解决 Σ-Δ 调制器结构寄生的一种简单方法是将 48 bit 的累加器最低位固定设置为 1，增加输出序列长度，消除上述结构寄生。但是，这种做法会带来一定的频差，在大多数应用场合是完全可以忽略的。我们在后续章节中，还将介绍几种随机 MASH 模型的设计方法，进一步解决结构寄生问题。

获得瞬时分频比 N_{div} 以后，如图 3.18 所示，将 N_{div} 输入到能够覆盖这个分频比范围的分频电路中，才能利用平均效果实现小数分频。这个具有连续模的分频器可以采用现成的可预置计数器来实现，这种方案直观、便捷。但是，通常的可预置计数器频率上限没有双模可变分频比高，对于较高频率的分频器需求，还需依靠双模或四模分频器设计出满足需求的多模分频器。

图 3.18 中采用的方案适合 $P/P+1$ 双模前置分频器，它和锁相环的连接如图 3.19 所示，Σ-Δ 调制器的输出 MC 控制双模分频器在 P 和 $P+1$ 之间转换，M 计数器的输出即整个分频器的输出，和频率参考进行鉴相，最终实现环路的锁定。图 3.18 中的部分电路画在了图 3.19 的虚框中，其中设计的 M 计数器、A 计数器，和前置变模分频器一起，实现了连续变化的 N_{div} 分频比，满足关系式

$$N_{\text{div}} = MP + A$$

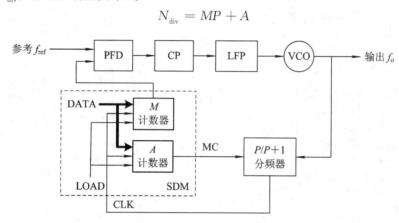

图 3.19 双模分频器与环路的连接示意图

瞬时分频比 N_{div} 通过 DATA 数据线，在装入信号 LOAD 的使能和 CLK 时钟的触发下，装入 M 计数器和 A 计数器中，分别对高位和低位进行计数。A 计数器达到设定值后输出变模控制信号 MC。这种实现方法通常有两个要求：

（1）$M>A$ 成立。这是前置变模分频的要求。

（2）为了满足 N_{div} 是连续变化的，高位和低位的权值关系需要特别考虑，即 A 计数器的位数 bit$A$ 和 P 值应满足 $2^{\text{bit}A}=P$ 的关系。如果不用计数器设计而采用比较器，也可以不受这个约束。

为了进一步说明设计原理，我们给出两个设计实例。第一个例子，VCO 频率范围为 $500\sim1000$ MHz，参考频率为 200 kHz，$P/P+1=32/33$，总分频比 N 为 $2500\sim5000$，$M=78\sim156$，$A=0\sim32$。第二个例子是 VCO 频率范围为 $80\sim120$ MHz，参考频率为 1 MHz，$P/P+1=8/9$，总分频比 N 为 $80\sim120$，$M=10\sim15$，$A=0\sim8$。可以看出，在参考频率的选取、$P/P+1$、M 和 A 的取值范围等方面都是符合要求的。

应该指出，传统的吞脉冲技术在鉴相频率提高后会出现一定的问题。例如，VCO 频率范围为 300 MHz～600 MHz，采用的鉴相频率为 10 MHz，这样要求得到 $30\sim60$ 分频比值。如果采用双模分频比 $P/P+1=8/9$，就会出现 $M<A$ 的情况。A 取 3 bit 满足 $2^{\text{bit}A}=P$，实际的分频比还要考虑 Σ-Δ 调制的变化范围，3 阶调制的 N_{div} 变化范围为 $N+4\sim N-3$，4 阶调制的 N_{div} 变化范围为 $N+8\sim N-7$。以 3 阶调制器为例，M 最小取为 $(30-3)/8=$

3.375，A 的取值范围是 $0\sim7$，因此不能满足要求。此时，我们只能选择 $P/P+1=4/5$ 的双模分频器，那么 M 最小取值为 $(30-3)/4=6.75$，A 的取值范围为 $0\sim3$，这样才能满足要求。

　　除了采用 $P/P+1$ 双模前置分频器之外，也可以采用四模分频器，$\Sigma\text{-}\Delta$ 调制小数分频器实现框图如图 3.20 所示，主体部分与图 3.18 是相同的，区别只是将 M 计数器和 A 计数器部分设计成了 3 个可预置程序计数器 N_1、N_2 和 N_3，其中的限制条件是 $N_1>N_2$ 和 $N_1>N_3$。$\Sigma\text{-}\Delta$ 调制小数分频器中用四模分频控制，就是将 $\Sigma\text{-}\Delta$ 调制器得到的瞬时分频比 N_{div} 进行运算，获得计数器 N_1、N_2 和 N_3 数值，计数器 N_1、N_2 和 N_3 分别进行减法计数。N_1 计数器输出即最终的分频输出，连接到鉴相器与参考信号进行鉴相。

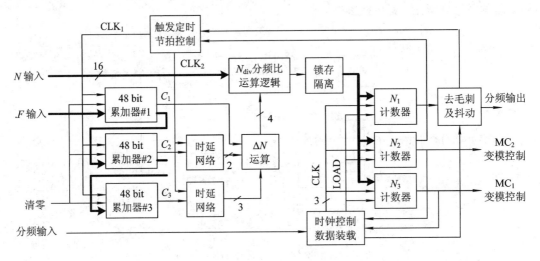

图 3.20　$\Sigma\text{-}\Delta$ 调制小数分频器的实现框图

　　基于四模分频器的 $\Sigma\text{-}\Delta$ 调制小数分频器与环路的对应连接如图 3.21 所示。计数器 N_3 的输出作为四模分频器的控制信号 MC_1，计数器 N_2 的输出作为四模分频器的控制信号 MC_2。四模前置分频器的两个控制端 MC_1 和 MC_2 与分频比的关系如表 3.2 所示。

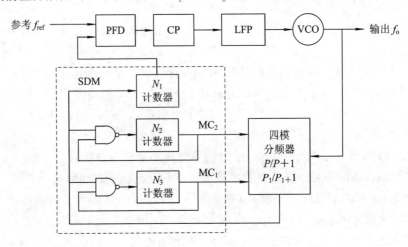

图 3.21　四模分频器与环路的连接示意图

表 3.2　四模前置分频器模式控制信号 MC_1、MC_2 与分频比的关系

MC_1	1	0	1	0
MC_2	1	1	0	0
分频比	P	$P+1$	P_1	P_1+1

假设 $N_3 < N_2$，在 $(P_1+1)N_3$ 个周期后，MC_1 转变为高电平，分频比为 P_1，再经过 $P_1(N_2-N_3)$ 个周期后，MC_2 也变为高电平，分频比为 P，再经过 $P(N_1-N_2)$ 个周期后，N_1 分频器输出比相脉冲，一个完整的分频过程结束。在整个鉴相周期中，总分频比为

$$N = (P_1+1)N_3 + P_1(N_2-N_3) + P(N_1-N_2) = PN_1 + (P_1-P)N_2 + N_3$$

同样，假设 $N_2 < N_3$，在 $(P_1+1)N_2$ 个周期后，MC_2 转变为高电平，分频比为 $P+1$，再经过 $(P+1)(N_3-N_2)$ 个周期后，MC_1 也变为高电平，分频比变为 P。再经过 $P(N_1-N_3)$ 个周期后，N_1 分频器输出比相脉冲，一个完整的分频过程结束。在整个鉴相周期中，总分频比为

$$N = (P_1+1)N_2 + (P+1)(N_3-N_2) + P(N_1-N_3) = PN_1 + (P_1-P)N_2 + N_3$$

上面关系式表明，不管 $N_3 < N_2$ 还是 $N_2 < N_3$，得到的总分频比的关系是一样的。

根据总的分频比 N 值，利用上面的关系式计算出 N_1、N_2 和 N_3。$N_1 = N_{div}P$，进行取整运算，其余量计为 A，$N_2 = A_{div}(P_1-P)$，即余量 A 继续进行 (P_1-P) 模操作，取整为 N_2，再剩下的余量也就是 N_3。以 16/17 和 20/21 四模分频器为例，当总分频比 N 为 105 时，计算结果为 $N_1=6$，$N_2=2$，$N_3=1$，这时 $N_3 < N_2$。也就是将 $N=105$ 分解为 $N=105=16 \times 6 + 4 \times 2 + 1$。如果总分频比 N 为 103，计算结果为 $N_1=6$，$N_2=1$，$N_3=3$，这时 $N_2 < N_3$，$N=103=16 \times 6 + 4 \times 1 + 3$。

实际上没有必要特意去计算 N_1、N_2 和 N_3，一个鉴相周期就有可能变化一次 N_{div}，在较高的鉴相参考频率下，必须采用硬件电路实现上述的计算。硬件电路非常简单，除 16 就是一次右移 4 位，剩下的就是 N_1，移走的数据重新进行除 4，一次右移 2 位，剩下的就是 N_3，移走的就是 N_3。例如：105 的二进制是 1101001，高三位 110 就是 N_1，低四位中 10 就是 N_2，01 就是 N_3，由此获得 N_1 为 6，N_2 为 2，N_3 为 1。因此，直接将瞬时 N_{div} 按照位数送往 N_1、N_2 和 N_3 计数器即可。

四模分频也存在双模分频的类似设计问题，例如在前面的例子中，VCO 频率范围为 300 MHz～600 MHz，采用的鉴相频率为 10 MHz，这样要求得到总的分频比 N 为 30～60。假设我们设计的是 4 阶 Σ-Δ 调制器，小数分频比的变化范围在 -7 和 +8 之间，即总分频数在 $N-7$ 和 $N+8$ 之间，故要实现 30 到 60 之间的任何一个小数分频，需要用到的实际分频比将在 $30-7$ 到 $60+8$，即 23 到 68 之间变化。如果采用 8/9 和 12/13 四模的话，由于出现 N_1 等于 3，不能保证 $N_1 > N_2$ 和 $N_1 > N_3$，对于双模出现的问题，四模同样会遇到。也可以采用几个模的组合方案，解决较低 N 的连续变频模问题，但分析比较繁琐，也不具有一般性。这个问题的出现，应该归结为合成器的方案设计不周到，为具体实现带来不便。事实上，如果采用 4/5 和 10/11 四模，N_1 为 6，可以避免上述限制条件。因此，不管采用双模分频还是四模分频，都要根据总分频比，选定合适的分频模，并且一定要考虑分频比的抖动范围，并留有一定的余量。

3.4.2　Σ-Δ 调制小数分频器的工作时钟考虑

Σ-Δ 调制小数分频器是一个全数字电路，其中的累加器、延时网络、ΔN 运算、计数器与数据装载等都要依靠准确和有效的时钟信号来完成。时钟一般有两种选择，一种选择参考信号 f_{ref}，另一种选择分频器输出 $f_{N.F}$，选择哪个信号作为 Σ-Δ 调制小数分频器的时钟是非常有讲究的。为了对原因有清晰的理解，我们先来总结一下 Σ-Δ 调制小数分频器的工作过程。

Σ-Δ 调制小数分频器中的 M 和 A 计数器总是被设置为某一初始值，或初始化整数分频时所对应的 M 和 A 值，分频器按照这一整数比对输入信号进行分频，分频结束时，分频器的输出端产生一个脉冲被送到环路鉴相器中，其脉冲沿与参考信号相比较产生相位误差信号。与此同时，分频器再读取新的 Σ-Δ 调制所产生的瞬时分频比 N_{div}，按照新的 N_{div} 进行分频，输出新的脉冲时钟沿送到鉴相器进行比较。瞬时分频数 N_{div} 的产生必须与 M 和 A 计数器装载协调一致。

如果选取参考信号 f_{ref} 作为 Σ-Δ 调制小数分频器时钟，则存在一个比较棘手的时钟控制问题需要解决。因为此时的瞬时分频比 N_{div} 将跟随参考频率同步变化，而多模分频器中的 M 和 A 计数器装载信号又和 Σ-Δ 调制小数分频器输出关联，与参考频率存在较大的差异，N_{div} 的读取会出现错误情况，导致整个锁相环系统失效。

根据第二章中给出的定时波形图，假定小数 N 控制器提供的分频模抖动为 $\delta(n)$，我们可以得到分频器输出信号相对于参考信号的定时偏差为

$$\Delta t(n+1) = \Delta t(n) + T_r - [N + \delta(n)]T_{VCO} \tag{3.40}$$

考虑到 $\delta(n)$ 的平均值为 $.F$，关系式 $T_r = N.FT_{VCO}$ 成立，并定义 $\delta^*(n) = \delta(n) - .F$ 后，相对抖动量为

$$\Delta t(n+1) = \Delta t(n) - \frac{T_r \delta^*(n)}{N.F}$$

$$\Delta t_{max} = \frac{T_r \delta^*(n)}{N.F} = T_{VCO}\delta^*(n) \tag{3.41}$$

采用 $P/P+1$ 双模前置分频器方案时，$P/P+1$ 分频器的输出信号是小数分频器的输入信号，时钟周期为 T_{in}，由于在 A 计数器工作期间实施的是 $P+1$ 分频，模式变换后转换成 P 分频，所以该时钟周期为 $T_{in} = PT_{VCO} \sim (P+1)T_{VCO}$。当 $\delta^*(n)$ 取负值时，即 $N_{div} < N.F$ 的情况下，分频器输出 T_{in} 超前于参考信号沿。导致 M 和 A 计数器需要重新进行数据装入时，N_{div} 数据还没有形成，存在造成数据装载错误的风险。在实际设计中，需要充分考虑变模分频器 $P/P+1$ 模的选取和 Σ-Δ 调制器阶数的选取，确定瞬时分频比 N_{div} 的大小，计算可能的定时误差，必要时还要单独设计时序处理电路。

图 3.18 中采用分频器 $f_{N.F}$ 输出作为 Σ-Δ 调制小数分频器的时钟，N_{div} 数据输出与分频器输出脉冲同步变化，不会造成数据装载错误的现象。

3.4.3　Σ-Δ 调制器与 PFD 干扰考虑及环路测试

设计中值得注意的是，Σ-Δ 调制器会对鉴频鉴相器 PFD 产生影响，在电路版图布局

中，Σ-Δ 调制小数分频器是一个规模较大的数字电路，与 PFD 相比，逻辑门数目也相对多得多。当新的 N_{div} 产生和装载时，如果 PFD 正处于相位比较状态，那么 Σ-Δ 分频器电路中大量逻辑门的翻转就会对 PFD 的相位比较造成干扰。对于两个脉冲时钟沿时间只有几十纳秒的相位比较，稍有干扰波动就可能造成鉴相结果不准确，输出产生寄生干扰。即使将 Δ-Σ 调制器和 PFD 的电源供电分置，也会通过衬底耦合效应造成相互干扰。PFD 的相位比较一旦受到影响，较小的相位误差无法检测，只能等待误差积累到较大程度才能检测出来，这样就会加重系统的非线性效应，影响输出频谱纯度，导致相位噪声恶化。因此，在性能要求较高的情况下，通常还会设计一个去毛刺及抖动环节，消除调制环节中引入的额外干扰，溢出脉冲经过去毛刺及抖动后作为分频输出信号。此外，触发定时与节拍控制单元使得累加器的时钟和时延网络的时钟分别设计在不同的时刻，并且远离鉴相时刻，充分考虑到累加器的运算延迟和运算对鉴相器的干扰。触发、定时和计算时序如图 3.22 所示。

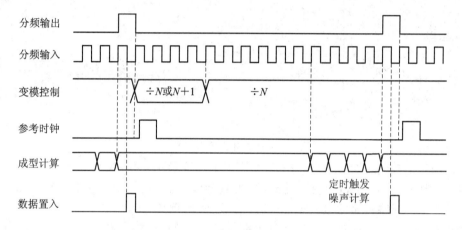

图 3.22 触发、定时和计算时序

小数分频器输出量化噪声频谱如图 3.23 所示，在 VCO 频率范围为 500～1000 MHz，参考频率为 200 kHz，$P/P+1=32/33$，总分频比为 2500～5000，$M=78～156$，$A=0～32$ 等情况下，将输出信号经过 100 倍频后，得到的 20 MHz 信号的频谱如图 3.23(a) 所示，图中的结果附加了 40 dB 的整体恶化。在 VCO 频率范围为 80～120 MHz，参考频率为

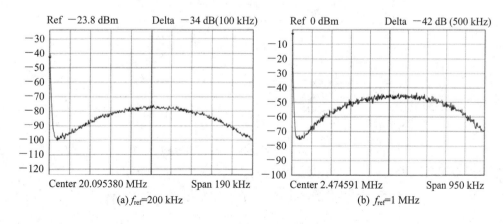

(a) $f_{ref}=200$ kHz   (b) $f_{ref}=1$ MHz

图 3.23 小数 N 输出频谱

1 MHz，$P/P+1=8/9$，总分频比为 $80\sim120$，$M=10\sim15$，$A=0\sim8$ 时，将输出经过 2 倍频至 2 MHz 的频谱，如图 3.23(b) 所示，图中的结果附加了 6 dB 的整体恶化。可见，噪声成型后的谱分布已集中在 $f_{ref}/2$ 附近。图 3.24 为环路输出信号经过 10 分频后的频谱测量结果，参考频率为 200 kHz。图 3.24(a) 为 200 Hz 频宽的频谱图，相噪优于 -90 dBc/Hz（100 Hz 频偏）。图 3.24(b) 为 2 kHz 频宽的频谱图，输出相噪均优于 -95 dBc/Hz（300 Hz 频偏）。结果表明近端没有小数分频尾数调制引起的寄生谱，频偏 100 Hz 以外的量化噪声均被环路有效地滤除了。

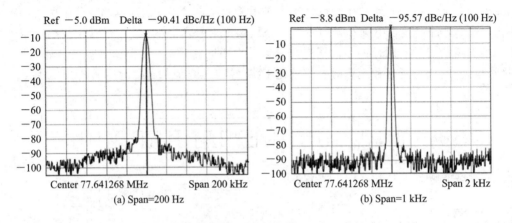

图 3.24　PLL 输出频谱

Σ-Δ 调制小数分频器与锁相环路的组成如图 3.25 所示，U_1 为 Σ-Δ 调制小数分频器芯片，其中需要集成一些接口和控制逻辑。在时钟和装入信号控制下，预期分频比 $N.F$ 的整数和小数部分、环路扫频的步进量 ΔF 通过数据总线 DB0~DB7 对 U_1 进行设置。芯片输出环路增益控制，使得环路设计具有可程控的增益、优化的环路噪声和环路建立时间等性能。后置分频控制使输出频率在整机设计中有较大的灵活性。在扫描 SCAN 信号触发下，环路完成步进扫频。扫描进程控制提供整机设备进行数据处理的定时触发信号。

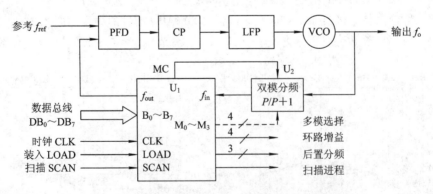

图 3.25　Σ-Δ 调制小数分频器与锁相环路的组成

3.5　前馈式单环 Σ-Δ 调制器结构方案

高阶 Σ-Δ 调制器最常用的有两类，一类是多级级联调制器，即 MASH 结构；另一类是单环调制器。多级级联调制器就是所谓的 MASH 结构，已经介绍过了。前馈式单环 Σ-Δ 调制器的基本原理与具有前馈和反馈的过采样内插调制 A/D 变换器相同，下面从这种 A/D 变换器原理与结构出发，给出前馈式单环 Σ-Δ 调制器的结构和性能特点。

3.5.1　具有前馈和反馈的过采样内插调制 A/D 变换器原理与结构

具有反馈和前馈通路的过采样内插调制 A/D 变换器的原理结构如图 3.26 所示，这是一个高阶环路结构。信号 $X(t)$ 输入到由 N 个积分器串联组成的主通路中，每级积分器的输出乘以对应的前馈系数 B_0，B_1，$\cdots$，B_N 后，在输出端口进行求和，通过 1 bit ADC 量化输出 $y(t)$。输出 $y(t)$ 经过 1 bit DAC 变换后反馈到输入端与 $X(t)$ 相减。与此同时，每一级积分器的输出还乘以对应的反馈系数 A_1，$A_2 \cdots$，A_N 与输入 $X(t)$ 求和，形成具有前馈和反馈通路的高阶拓扑结构。环路系数的选择不仅有助于高阶环稳定性设计，而且还可以优化量化噪声的成型效果，达到进一步改善 ADC 性能的目的。

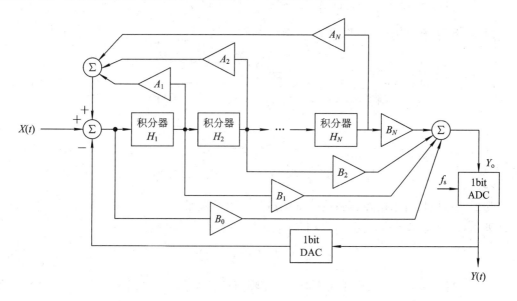

图 3.26　具有前馈和反馈的 N 阶 ADC 结构框图

假设 DAC 是理想的没有延时的，考虑到 ADC 相关的 z^{-1} 延时，令调制器的开环前馈增益和反馈环的开环增益分别为

$$H_o = B_0 + H_1 B_1 + H_1 H_2 B_2 + \cdots + H_1 H_2 \cdots H_N B_N \tag{3.42}$$

$$H_F = H_1 A_1 + H_1 H_2 A_2 + \cdots + H_1 H_2 \cdots H_N A_N \tag{3.43}$$

反馈通路的输出表示为

$$X' = \frac{(X - Y z^{-1}) H_F}{1 - H_F} \tag{3.44}$$

整个环路满足方程：

$$(X + X' - Y z^{-1}) H_o + E_q = Y \tag{3.45}$$

将式(3.44)代入，整理得到环路输出为

$$Y = \frac{H_o}{1 - H_F + z^{-1} H_o} X + \frac{1 - H_F}{1 - H_F + z^{-1} H_o} E_q$$

$$Y_o = \frac{H_o}{z(1-H_F)+H_o} X + \frac{1-H_F}{z(1-H_F)+H_o} E_q \tag{3.46}$$

式中，E_q 为量化误差。

对应的信号传递函数 STF 和噪声传递函数 NTF 分别为

$$STF = \frac{H_o}{z(1-H_F)+H_o} \tag{3.47}$$

$$NTF = \frac{1-H_F}{z(1-H_F)+H_o} \tag{3.48}$$

积分器均采用延时型的话，传递函数为 $H=(z-1)^{-1}$，代入式(3.42)和式(3.43)可以得到

$$H_o = B_0 + H_1 B_1 + H_1 H_2 B_2 + \cdots + H_1 H_2 \cdots H_N B_N = \sum_{i=0}^{N} B_i \left(\frac{1}{z+1}\right)^i \tag{3.49}$$

$$H_F = H_1 A_1 + H_1 H_2 A_2 + \cdots + H_1 H_2 \cdots H_N A_N = \sum_{i=1}^{N} A_i \left(\frac{1}{z+1}\right)^i \tag{3.50}$$

因此，STF 和 NTF 又可以写为

$$STF = \frac{\displaystyle\sum_{i=0}^{N} B_i (z+1)^{N-i}}{z\left[(z+1)^N - \displaystyle\sum_{i=1}^{N} A_i (z+1)^{N-i}\right] + \displaystyle\sum_{i=0}^{N} B_i (z+1)^{N-i}} \tag{3.51}$$

$$NTF = \frac{(z+1)^N - \displaystyle\sum_{i=1}^{N} A_i (z+1)^{N-i}}{z\left[(z+1)^N - \displaystyle\sum_{i=1}^{N} A_i (z+1)^{N-i}\right] + \displaystyle\sum_{i=0}^{N} B_i (z+1)^{N-i}} \tag{3.52}$$

为了清晰地理解系统传递函数的基本特性，我们假设 A_1，A_2，$\cdots$，$A_N = 0$，并考虑到简化关系式 $z-1 \approx 2\pi \mathrm{j} f / f_s$ 成立，其中的 f_s 为采样频率，系统响应简化为

$$Y_o \approx X + \frac{E_q}{B_N} \cdot \left(\frac{2\pi \mathrm{j} f}{f_s}\right)^N \tag{3.53}$$

显然，当 $N \gg 1$ 且过采样比较大时，量化噪声被极大衰减。对低频信号而言，该调制器具有精确跟踪特性。

我们将环路视为一个量化噪声滤波器，这样一来就可以应用线性滤波器的设计技术，设计的准则或重点是最小化基带量化噪声的能量。然而，压缩低频基带范围内的量化噪声就会使得高频处量化噪声有所增加。对于一个 4 阶环路来说，当 $|z|=1$ 时，量化噪声传递函数的模小于 2 是零输入环路稳定工作的必要条件。因此，量化噪声响应在高频处也必须不能接近 2，否则，环路的稳定性将受到危害。确定 NTF 的 z 域极点和零点有很多种方法，一旦知道了零点和极点的位置，很容易确定环路系数。

在如何确定 B_i 系数方面，先将 A_i 视为零，集中考虑 B_i 系数是一个非常简便的方法。需要计算出 s 域的极点，再换算到 z 域。一旦 z 域极点已知，就可以按照下列方法确定 B_0，B_1，$\cdots$，B_N 系数。令 $H_D(z)$ 是预期的 N 阶响应，并定义为

$$H_D(z) = \frac{K(z-1)^N}{(z-p_1)(z-p_2)\cdots(z-p_N)} \tag{3.54}$$

式中，p_1，p_2，$\cdots$，p_N 是 z 域上的极点，K 为常数。

关系式(3.54)和误差传递函数(3.52)之间的关系为 $H_D(z) = z\mathrm{NTF}$,因此有

$$\frac{K(z-1)^N}{(z-p_1)(z-p_2)\cdots(z-p_N)} = \frac{z(z+1)^N}{z(z+1)^N + \sum\limits_{i=0}^{N} B_i(z+1)^{N-i}}$$

进一步将分母展开后,得到

$$\frac{K(z-1)^N}{z^N + C_{N-1}z^{N-1} + \cdots + C_0} = \frac{z(z-1)^N}{z^{N-1} + D_N z^N + \cdots + D_0} \tag{3.55}$$

式中,C_i 和 D_i 是多项式的展开系数,令相似分母项相等就可以产生一个确定 B_i 系数的方程组。当已知频域极点后,在给定 N 和 K 时,就可以获得相应的 B_i 系数。

在上述关系式中,量化噪声传递函数的零点都位于 DC,NTF 响应在基带以外呈现 N 阶函数单调上升。只有少部分噪声频谱位于基带的高端边缘处,并且是整个带内噪声能量的主要部分。显然,如果将这一部分噪声进一步成型的话,整个带内噪声能量将进一步降低,性能将会得到更大提升。该成型工作主要是通过改变 A_i 系数将零点移到 DC 之外来实现的。

在如何确定 A_i 系数方面,采用基于等纹波特性的切比雪夫多项式,多项式定义为

$$\begin{cases} T_0(x) = 1 \\ T_1(x) = x \\ T_N(x) = 2xT_{N-1}(x) - T_{N-2}(x) \end{cases} \tag{3.56}$$

并且多项式具有如下特性:当 $|x| \leqslant 1$ 时,$|T_N(x)| \leqslant 1$;当 $|x| > 1$ 时,$|T_N(x)| > 1$。根据切比雪夫多项式的这个特性,通过适当的定标后定义一个想要的基带响应。对于较大的过采样率情形,例如,$f_b \ll f_s$,f_b 是基带频率,f_s 是采样频率,z 域中的零点位于

$$z_i = e^{j2\pi X_i \frac{f_b}{f_s}} \tag{3.57}$$

式中,X_i 是 $T_N(x)$ 的根。当已知 f_s 和 f_b 时,A_i 系数可以按照上述确定 B_i 系数的方法来确定。

从 NTF 关系式(3.52)可以明显地看到,零点只取决于 A_i 系数,由于较高的过采样比,零点通常接近 $z = 1$ 处,A_i 系数数值很小,在确定 B_i 系数中,A 系数的影响是微不足道的,一般可以忽略。因此,A_i 系数确定零点,而 B_i 系数确定量化噪声传递函数的极点。

3.5.2 前馈式单环 Σ-Δ 调制器

前馈式单环 Σ-Δ 调制器只有前馈通道,没有反馈通道,量化器的输出 D_o 反馈到输入端,与输入信号 D_i 求和,只形成一个单环反馈。因此,称之为前馈式单环 Σ-Δ 调制器。由于频率合成器中的 Σ-Δ 调制器处理的是数字信号,由全数字电路构成,不存在 1 bit ADC 及其带来的延时。前馈式单环 N 阶 Σ-Δ 调制器结构框图如图 3.27 所示,图中的 $H_1 \sim H_N$ 是 N 个独立的积分器,积分器的配置通常采用 D 或 N 表示,D 代表延时积分器结构,传递函数为 $z^{-1}/(1-z^{-1})$,N 代表非延时积分器结构,传递函数为 $1/(1-z^{-1})$。例如 DNNN,表示一个 4 阶前馈式单环 Σ-Δ 调制器,第一级积分器采用延时结构,后三级均采用非延时积分器结构。

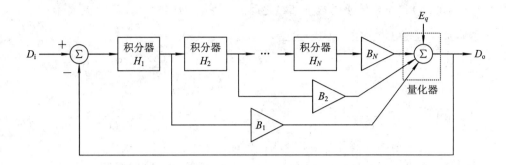

图 3.27　前馈式单环 N 阶 Σ-Δ 调制器框图

令调制器的开环前馈增益为

$$H_o = H_1 B_1 + H_1 H_2 B_2 + \cdots + H_1 H_2 \cdots H_N B_N \tag{3.58}$$

根据关系式(3.46)，考虑到不存在 1 bit ADC 引入的 z^{-1} 延时，以及反馈 $H_F = 0$，环路输出简化为

$$D_o = \frac{H_o}{1 + H_o} D_i + \frac{1}{1 + H_o} E_q \tag{3.59}$$

式(3.59)表明，对一个 k bit 的固定输入 D_i 来说，通过 Σ-Δ 调制器完成一定的运算处理之后，输出成为一个随机的噪声成型的整数序列。这个序列的平均值为 $D_i/2^k$，并同时产生固有的量化噪声 E_q。对于输入信号而言，传递函数为 STF，具有直通或低通特性；对于量化噪声 E_q 来说，传递函数是 NTF，具有高通滤波特性，也就是说量化噪声 E_q 被噪声传递函数 NTF 所成型，大量的噪声被推到频率高端。输出可以表示为

$$D_o(z) = \text{STF} \cdot D_i(z) + \text{NTF} \cdot E_q(z) \tag{3.60}$$

式中，STF 和 NTF 分别对应为

$$\text{STF} = \frac{H_o}{1 + H_o} \tag{3.61}$$

$$\text{NTF} = \frac{1}{1 + H_o} \tag{3.62}$$

通过具体的积分器配置和前馈系数值，利用关系式(3.58)可获得开环增益，利用关系式(3.61)和式(3.62)即可得到相应的闭环信号传递函数 STF 和噪声传递函数 NTF。

与级联调制器 MASH 相比，单环结构的输出电平范围较小，而且在调制器阶数选择上具有比较强的机动性。例如，在 3 阶 MASH 1-1-1 结构中，调制器的输出电平范围是 $-4 \sim +3$，在四位 3 阶单环 Σ-Δ 调制器结构中，调制器的输出电平范围只有 $-1 \sim +2$。用于频率合成器的 Σ-Δ 调制器通常选择在 2 阶到 4 阶之间，在单片集成电路的设计中，选择三阶 Σ-Δ 调制器的方案比较普遍。高阶单环 Σ-Δ 调制器具有一个多位量化器，可以获得较高数目的输出电平，以及较好的随机性和噪声成型能力。

前馈式单环 Σ-Δ 调制器具有较强的机动性，主要体现在也可以通过更改系数 B_x 选择积分器 H_x 来改变环路参数和量化器位数，方便地实现变化阶数。例如，Σ-Δ 调制器阶数可以从 2 阶变化到 4 阶或其它高阶。一种可重构的前馈式单环 Σ-Δ 调制器结构原理图如图 3.28 所示。

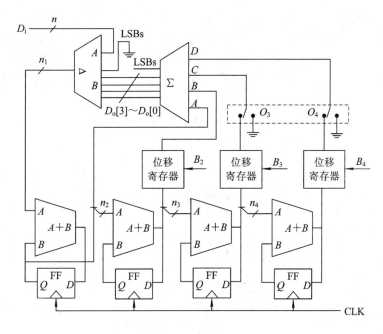

图 3.28　可重构的前馈式单环 Σ-Δ 调制器结构原理图

图 3.28 中展示的是一个最高 4 阶的前馈式单环 Σ-Δ 调制器结构，积分器由加法器和锁存器单元组成，加法器的输出通过锁存器连接到它的一个输入，延时积分器运用锁存器的一个输出作为积分器的输出，而非延时积分器用加法器的输出作为积分器的输出。根据积分器的配置，该结构称为 DNNN 前馈式单环 Σ-Δ 调制器。再来看系数 B_x 的选取，通常 B_1 系数总是为 1，剩下的系数取值为 1、0.5 或 0，选取 0 时表示该积分器的输出不参与量化，相当于关闭不用。在该方案设计中，如果需要 0.5 系数的话，通过相应的 B_2、B_3 和 B_4 控制 1 bit 位移寄存器来实现。O_3 和 O_4 控制位，分别控制第三级积分器和第四级积分器，决定了整个调制器的阶数。当需要构成 4 阶调制器时，O_3 和 O_4 控制第三级和第四级积分器全部接入，因此，位移寄存器的输出连接到后面的加法器；当需要构成 3 阶调制器时，O_4 设置为 0，控制第四级位移寄存器的输出不连到后面的加法器。当需要构成 2 阶调制器时，O_3 和 O_4 均设置为 0，第三级和第四级位移寄存器的输出不连到后面的加法器。反馈输出 D_o 与输入 D_i 连接到加法器。对于一个 n bit 加法器，输入 D_i 中，量化位选择 4 位，小数部分的位宽是 $k = n - 4$。

3.5.3　几种典型的前馈系数与传递函数

单环 Σ-Δ 调制器的稳定性通常是通过设置传递函数的极点位置来解决的，因此，应特别关注如何确保极点位于 z 域中的单位圆内，它是所用积分器和前馈系数的函数。在工程应用中，设计者更加关注的是稳定系数的取值能够易于数字系统的设计与实现。例如，系数最好选取为 2 的幂次，因为对于数字电路来说，2 的幂次可以利用简单的位移来实现。否则，还要设计相应位数的乘法或除法器，不但应用起来不方便，而且对节约芯片面积和降低功耗都是不利的。因此，分析关于稳定的积分器配置及其对应的稳定系数，对工程应用来说是非常有意义的。

S. Bou Sleiman 在积分器配置为 DNNN，以及系数 $B_4 = 0$ 和 $B_3 = 0.5$ 的情况下，给出了稳定的 B_2 和 B_1 系数对的范围[28]，如图 3.29 所示。图中的闭合区域表示稳定的 B_1 和 B_2 系数取值，同时也给出了比较理想的 B_1 和 B_2 系数对的取值，这些点均使数字电路易于实现的 2 的幂次。对于那些位置接近单位圆的极点还需要进一步评估和排除。

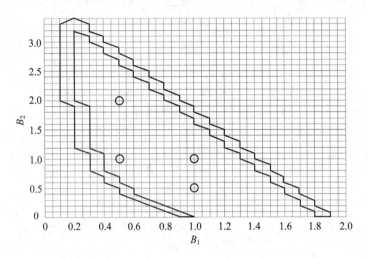

图 3.29 DNNN 配置 $B_4 = 0$，$B_3 = 0.5$ 时 B_2 和 B_1 的取值范围

我们知道，Σ-Δ 调制器的作用是可以等效成一个数字高通滤波器，它可以是巴特沃思滤波器，也可以是切比雪夫滤波器。无论等效成哪种高通滤波器，首先需要构建一个恰当的滤波器传输函数，在完成随机量化的同时实现对低频噪声的抑制。

图 3.30 所示的 3 阶单环 Δ-Σ 调制器结构，采用了 DNN 积分器形式。由于量化器前端对三级积分器均设置有 0.5 的系数，所以，该结构等效于 $B_1 = 1$、$B_2 = 0.5$ 和 $B_3 = 0.5$ 的情形。三级积分器的传递函数为

$$H_1(z) = \frac{z^{-1}}{1 - z^{-1}}$$

$$H_2(z) = H_3(z) = \frac{1}{1 - z^{-1}}$$

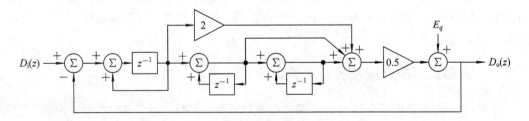

图 3.30 4 位 3 阶单环 Δ-Σ 调制器结构

开环增益为

$$H_o(z) = H_1(z) + \frac{1}{2} H_1(z) H_2(z) + \frac{1}{2} H_1(z) H_2(z) H_3(z)$$

该模型的噪声传递函数 NTF 为

$$\mathrm{NTF} = \frac{1}{1 + H_\mathrm{o}(z)} = \frac{(1 - z^{-1})^3}{1 - z^{-1} + 0.5z^{-2}} \tag{3.63}$$

该模型的信号传递函数 STF 为

$$\mathrm{STF} = \frac{H_\mathrm{o}(z)}{1 + H_\mathrm{o}(z)} = \frac{z^{-1}(2 - 2.5z^{-1} + z^{-2})}{1 - z^{-1} + 0.5z^{-2}} \tag{3.64}$$

噪声传递函数 NTF 的关系式(3.63)具有高通滤波特性，即对量化噪声起到高通滤波器的作用。但是，从信号传递函数 STF 关系式(3.64)来看，对输入信号也有一定的整形作用。在频率合成器中，输入通常是一个固定的常数，信号传递函数的整形作用一般不会造成什么影响。但是，在要求小数分频器频率合成器产生调制信号时，会对基带信号产生一定的影响，这主要取决于它的带宽特性。

Σ-Δ 调制器的位数是根据输出频率分辨率的需求设计确定的，以图 3.31 为例，输入 D_i 为 20 位二进制数，高 4 位为整数量化位，低 16 位是小数位，即 $k = 16$，对应的输出频率分辨率为 $f_\mathrm{ref}/2^{16}$，如果采用 $f_\mathrm{ref} = 10\ \mathrm{MHz}$ 参考频率，可以得到大约 150 Hz 的输出频率分辨率。如需要更高的频率分辨率，可以加长 SDM 的位数。

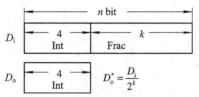

图 3.31　SDM 数据位示意图

根据前馈式单环 Δ-Σ 量化特点可知，3 阶单环 Δ-Σ 调制器输出应该在 $-1 \sim +2$ 的范围，采用无符号二进制数表示，即 1111、0000、0001 和 0010，分别代表 -1、0、1 和 2。为了便于和分频比的整数部分相加，可以对所有输出进行加 1 操作，这样输出就为 0000、0001、0010 和 0011，这相当于 0、1、2 和 3。在瞬时分频比 N_div 输入到双模分频器的 M 和 A 计数器中，或三模分频器的 N_1、N_2 和 N_3 计数器中，再相应减 1 处理。值得注意的是，如果取两位进行量化的话，会在积分器中或倍增后造成累加器错误溢出。因此，出于 Σ-Δ 调制器稳定性的考虑，采用了高 4 位作为量化位。其实，我们也可以采用 21 位输入，取高 5 位作为量化位，设置高 5 位的初始值是 01000，这样 $-1 \sim 2$ 的输出就变为 $10111 \sim 01010$，同样可以防止累加器错误溢出，仅仅由于所占用的数字的触发器、逻辑门位数增加，对减小芯片面积和降低功耗不利而已。因此，多位量化不但可以带来相位噪声的改善，也对 Δ-Σ 调制器的稳定性有好处。为了避免量化操作可能引起的整体 Δ-Σ 调制过激正反馈，除了采用多位量化来增强其稳定性以外，也有采用分布式前馈和输出反馈机制来确保其稳定性的。

除了采用上述 DNNN 积分器配置的结构方案之外，还可以采取其它积分器的配置方案，例如，一种 DDD 积分器配置结构的 3 位 3 阶前馈式单环 SDM 如图 3.32 所示，其中 $B_1 = 2$、$B_2 = 1.5$ 和 $B_3 = 0.5$。由于是 DDD 积分器配置，三级积分器的传递函数为

$$H_1(z) = H_2(z) = H_3(z) = \frac{z^{-1}}{1 - z^{-1}}$$

开环增益为

$$H_\mathrm{o}(z) = 2H_1(z) + 1.5H_1(z)H_2(z) + 0.5H_1(z)H_2(z)H_3(z) \tag{3.65}$$

该模型的噪声传输函数 NTF 为

$$\mathrm{NTF} = \frac{1}{1 + H_\mathrm{o}(z)} = \frac{(1 - z^{-1})^3}{1 - z^{-1} + 0.5z^{-2}} \tag{3.66}$$

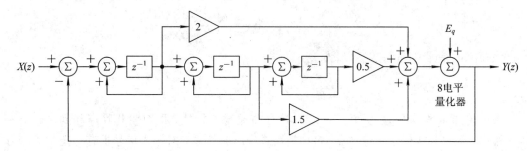

图 3.32　单环数字 SDM 结构

W. Rhee 稍微改变了系数[30]，使得上式中分母中存在一个 z^{-3} 项，所得到噪声传递函数可以表示为

$$\mathrm{NTF} = \frac{(1-z^{-1})^3}{1-z^{-1}+0.5z^{-2}-0.1z^{-3}} \tag{3.67}$$

这样一来，由于噪声传递函数中又增加了一个极点，这个 Σ-Δ 调制器的量化噪声在高频段得到一定的抑制。采用 8 电平多位量化器也使得输出序列比以前的方案来得更加随机，输出寄生响应会得到一定的改善。

通过配置不同积分器形式和不同的前馈系数，可以形成多种前馈式单环 Σ-Δ 调制器结构。它们的性能优劣主要看两个方面，一是噪声成型能力；二是在不同环路带宽和参考频率下，充电泵失配对输出相位噪声的贡献。噪声成型能力强表现在将量化噪声推向频率高端的能力强，体现在调制器的 NTF 上，被成型的量化噪声转化为相位误差 $\varPhi_{\Sigma\text{-}\Delta}$ 后，经锁相环闭环传递函数 $H(s)$ 滤波后输出，这是输出相位噪声的来源之一。除了 Σ-Δ 调制器量化噪声以外，另一个则依赖于调制的 2 阶效应，例如充电泵失配（静态和动态）、相频检波器死区以及分频延时等，都会影响输出相位噪声。其中，最主要的相位噪声来源是充电泵 UP 和 DOWN 电流之间的静态失配，通常用一个百分比失配 ρ_m 表示。这个失配现象会导致高频量化噪声被折叠到低频，增加了输出信号近端相位噪声。这里仅仅考虑的是依赖于调制的噪声源，增加的失配噪声 $\varPhi_{\mathrm{CP}\Sigma\text{-}\Delta}$ 直接正比于相位误差 $\varPhi_{\Delta\text{-}\Sigma}$ 的贡献。因此，输出相位噪声取决于 $\varPhi_{\Delta\text{-}\Sigma}$ 和 $\varPhi_{\mathrm{CP}\Sigma\text{-}\Delta}$ 的贡献。于是，比较各种 Σ-Δ 调制器结构之间的优劣，必须考虑这些噪声源。

关于噪声成型能力，可以通过积分器配置和前馈系数的设置求得 NTF 的表达式获得。常用的 3 阶前馈式单环 Σ-Δ 调制器结构与配置如表 3.3 所示，它们的 NTF 传递函数曲线如图 3.33 所示。曲线是在参考频率 20 MHz 情况下获得的，其中 DNN1-1-1 配置情况下的前馈式单环 NTF 和 MASH1-1-1 的 NTF 是相同的。

表 3.3　3 阶前馈式单环 Σ-Δ 调制器结构与配置

调制器序号	阶数	积分器 H_x	前馈系数 B_x
①	3	DNN	1-1-1
②	3	DND	1-1-0.5
③	3	DDD	2-1-0.5
④	3	DNN	1.5-0-1
⑤	3	DNN	1-0.5-1
⑥	3	DNN	1-1-0.5

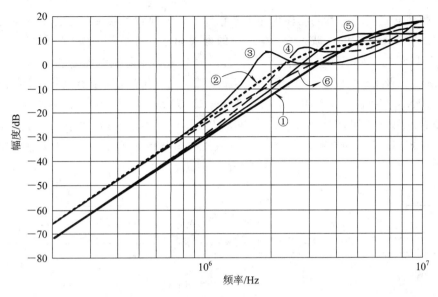

图 3.33 几种前馈式单环 SDM 的 NTF($f_\text{ref} = 200$ MHz)

值得注意的是，如果采用过高数目的输出电平，所对应的瞬时分频比的变化范围 ΔN 会过大，由于环路存在非线性，高频噪声的低频折叠将造成近载波相噪的恶化。换句话说，当锁相环模拟电路部分存在较大的随机非线性时，具有一定输出电平分布的单一固定的 Σ-Δ 调制器结构，也不能获得很好的相位噪声性能，这点对于前面的 MASH 结构来说也是一样的。

为了比较前馈式单环 Σ-Δ 调制器之间性能的优劣，S. Bou Sleiman 通过大量的仿真来覆盖完整的 0~1 的小数范围，并在不同的环路带宽和参考频率情况下，利用输出序列计算出相位噪声，给出了三种调制器的相位噪声和充电泵增益失配的关系[29]，曲线如图 3.34 所示。这三种前馈式单环 Σ-Δ 调制器具有相同的 DNN 积分器配置，仅仅是前馈系数不同，分别为①DNN1-1-1、②DNN1-0.5-1、③DNN1-0.5-0.5，在参考频率为 40 MHz、环路带宽为 1 MHz 的情况下得到的结果曲线。另外，从噪声成型函数来看，DNN1-1-1 和 MASH1-1-1 的 NTF 是一致的。B. De Muer 验证了级联 MASH1-1-1 调制器结构在噪声成型和输出电平分布方面与调制器 DNN1-1-1 是一致的，但总相位噪声稍微恶化了一点[31]。在实际应用中，我们可以认为 DNN1-1-1 的性能非常接近作为范例的级联 MASH1-1-1 调制器结构。

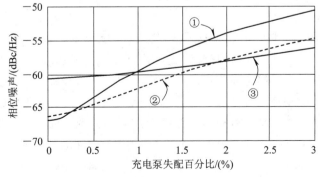

图 3.34 3 阶 SDM 综合相位噪声($f_\text{ref} = 40$ MHz，$B_\text{w} = 1$ MHz)

由于调制器之间具有不同的输出序列扩谱特性，每种调制器在一定的充电泵失配百分比范围内都有一个最佳的区域。通过在不同的参考频率、环路带宽和 CP 失配的情况下进行分析，可以得出一些通用的结论，例如，最佳的 3 阶和 4 阶调制器是参考频率和环路带宽比 f_{ref}/B_W 以及 CP 失配百分比的函数。图 3.35 给出了多种调制器最佳区域的分界线，图（a）是①DNN1-1-1、②DNN1-0.5-1、③DNN1-0.5-0.5 3 阶调制器的最佳区域；图（b）是④DNNN1-1-1-1、⑤DNNN1-1-1-0.5、⑥DNNN1-1-0.5-0.5 4 阶调制器的最佳区域，它们都是参考频率 f_{ref}、环路带宽 B_W 和充电泵失配百分比的函数，曲线也为每个调制器给定了分界线。

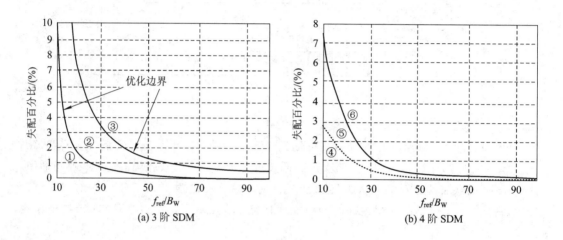

图 3.35　3 阶 SDM 和 4 阶 SDM 的优化区域

3.6　混合型和多环结构 Σ-Δ 调制器

3.6.1　混合型结构 Σ-Δ 调制器

除了前面介绍的级联 MASH 结构和单环结构方案之外，还有混合结构、多环结构和切比雪夫（Chebyshev）环等多种设计方案。应该说混合型 Σ-Δ 调制器的研究重点不是在它的噪声传递函数的性能方面，而是以输出随机化序列为重点的。下面分别简单介绍一下它们的组成和特点。

一种混合结构的 SDM 如图 3.36 所示，它由通常的 MASH 结构和一个集中器 CONC 构成，这个集中器由另一个 Σ-Δ 调制器构成，MASH 结构的多位输出通过集中器转换成一位输出。一般来说，为了避免环路输出产生寄生响应，Σ-Δ 调制器必须采用高阶的，也需要足够的量化电平。对于 Σ-Δ 调制小数频率合成器来说，为了不严重影响输出相噪特性曲线，Σ-Δ 调制器的阶数必须小于或等于频率合成器的阶数。目前，已经提出的很多结构方案都可以克服这个限制，图 3.36 展示的高阶调制器克服了合成器阶数限制。尽管输入字长比较长，但是一位输出要避免在输出频谱中产生寄生响应还是比较困难的，这种结构的优势还是会受到一定的限制，通常还是需要利用其它技术手段。

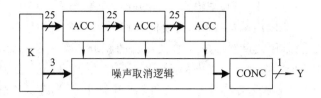

图 3.36　混合型 SDM 结构框图

另一种混合结构方案如图 3.37 所示，它由高阶 Σ-Δ 调制器、1 阶 Σ-Δ 调制器和多相小数器等组成。采用了多相小数分频器，程控分频器通过在 16 个通路之间进行选择，每路信号具有不同的相位，达到小数分频的目的。为了避免寄生响应和提高分辨率，在 24 bit 输入信号中，低 20 bit 作为高阶 Σ-Δ 调制器的输入，高阶 Σ-Δ 调制器使得量化噪声充分随机。最后由 1 阶 Σ-Δ 调制器产生输出序列控制多相分频器。为了避免寄生响应，输出序列必须充分随机，为此，Σ-Δ 调制器的阶数要非常高，至少 6 阶以上。并且多相分频器必须确保多路间信号的精确时延。可见，混合结构所呈现的寄生响应的降低是以增加硬件成本为代价的。

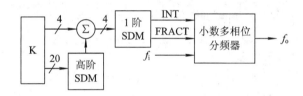

图 3.37　多相位分频混合型 SDM 结构框图

3.6.2　多环结构 Σ-Δ 调制器

Hietala 和 Alexander W. 提出了一种独特的 2 阶 Σ-Δ 调制器设计方案，应用在无线电发射和接收机系统中，这种调制器的原理框图如图 3.38 所示[32]，图中采用了两级累加器，每级累加器的输出最高有效位作为进位输出信号，第二级累加器的输出控制环路反馈分频器的分频比。与多级噪声成型 MASH 方案相比，该结构没有采用 MASH 模型中呈现的 Pascal 三角形的构成方式，它在整个调制器的输出端作比较，而不是在中间的环节上。它也不像前馈式单环结构方案，它的输出信号除了反馈到第一级的输入端之外，还通过求和器反馈到第二级输入端。我们通常把这种结构称作多环结构。

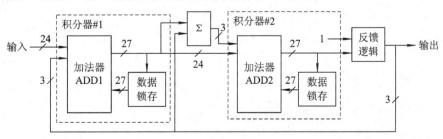

图 3.38　具有级间反馈的多环 2 阶 Σ-Δ 调制器

图中的累加器位数设计为 27 位，输入是 24 bit 的小数部分，并加在累加器的低 24 位上。而来自第二级累加器输出端的 3 bit 反馈信号作为第一级累加器的 3 个最高有效位的输入。累加器中的加法器和锁存器形成对输入数据的积分。第一级累加器的输出也分成 3 个最高有效位和 24 个最低有效位，其中的 24 位最低有效位传输到第二级累加器中的加法器，3 个最高有效位和 3 bit 反馈信号进行求和，求和结果输入到第二级累加器中的加法器。第二级累加器积分后的 27 bit 输出加在反馈逻辑电路上，以 $D=2^{24}$ 作为量化器门限实现量化。考虑第二级加法器的和是否小于 $-2D$、小于 $-D$、大于 $+D$ 或大于 $+2D$ 的情况，反馈逻辑产生一个带有符号的 3 bit 量化输出。这个 3 bit 进位输出控制环路多模分频器的分频比，同时，反馈逻辑的输出也反馈到第一级累加器和第二级 3 bit 求和器中。

图 3.38 中采用纹波型累加器，即非延时型积分器结构，形成 NN 级联工作方式，在一个时钟周期内，任何新的数据必然是波动地贯穿于所有的累加器之间，它的 z 域传输模型如图 3.39 所示。

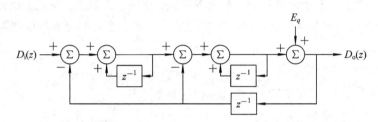

图 3.39 2 阶多环 NN-SDM 结构

根据图 3.39 模型，可以得到

$$D_\text{o}(z) = \frac{H^2(z)}{1 + z^{-1}H(z) + z^{-1}H^2(z)}D_\text{i} + \frac{1}{1 + z^{-1}H(z) + z^{-1}H^2(z)}E_q \tag{3.68}$$

其中，积分器传递函数 $H(z)=1/(1-z^{-1})$ 代入后得到

$$D_\text{o}(z) = D_\text{i} + (1 - z^{-1})^2 E_q \tag{3.69}$$

这种双累加器结构还有一种采用锁存累加器的形式，即采用延时型积分器，形成 DD 级联工作方式，该方案避免了累加器之间新数据波动的影响。这种 Σ-Δ 调制器的 z 域传输模型如图 3.40 所示。

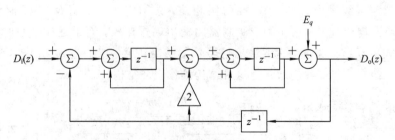

图 3.40 2 阶多环 DD-SDM 结构

根据图 3.40 模型，可以得到

$$D_\text{o}(z) = \frac{H^2(z)}{1 + 2H(z) + H^2(z)}D_\text{i} + \frac{1}{1 + 2H(z) + H^2(z)}E_q \tag{3.70}$$

其中,积分器传递函数 $H(z)=z^{-1}/(1-z^{-1})$ 代入后得到

$$D_o(z) = z^{-2}D_i + (1-z^{-1})^2 E_q \tag{3.71}$$

从关系式(3.70)和(3.71)可以看出,图 3.40 所示的多环结构是一个 2 阶的 Σ-Δ 调制器。对输入信号而言,采用延时型积分器可以避免数据波动引起的干扰现象,但也造成信号的时延,在后续的对剩余量化噪声的获取和抑制逻辑设计时必须加以考虑。

为了保持环路的稳定工作,该方案的进位输出,以及当量化发生时从累加器中扣除的方式等,都和前面介绍的调制器有很大区别。这种情况下,累加器的内容在 $-(L+1)D$ 和 $+(L+1)D$ 之间,L 是累加器数目,$D=2^m$ 是量化器门限,m 是输入的小数位数。如果最后一个累加器的输出大于等于量化值,将发生一个进位输出。如果大于两倍的数值,进位也将加倍,即增加一个除 2。这样一直重复到累加器最高的阶数。如果累加器小于等于量化门限负值的话,也可能在相反的方向上发生这个过程。要求该方案中环路分频器和标准小数 N 具有同样的变化范围,累加器的长度增加到 $2(L+1)$。

这里介绍的 2 阶多环方案显然可以推广到高阶多环结构。文献[33-34]提出了多环结构高阶调制器,主要目的是改善输出寄生响应,并且噪声成型也不明显增加频率合成器的输出近端相噪。这些多环结构中通常采用乘法器实现增益系数,需要关注环路稳定性问题。一种采用 4 环结构的 4 阶 Σ-Δ 调制器框图如图 3.41 所示,它的每个环路都由一个累加器 ACC、一个加法器和两个乘法器构成。该多环结构所带来的复杂度的提升是一个劣势,为了避免稳定性问题还需要考虑 $b_1 \sim b_4$ 系数的选取,这点也限制了调制器输入的动态范围。

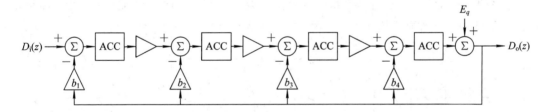

图 3.41 4 阶多环非锁存 SDM 结构

为了克服上述动态范围的限制问题,A. M. Fahim 提出了一种改进型结构[35],简化模型如图 3.42 所示。该结构方案增加了输入动态范围,并且在满足大频偏噪声性能的同时,降低了近端量化噪声,这就相当于在不牺牲相噪性能的前提下实现了环路带宽的扩展。

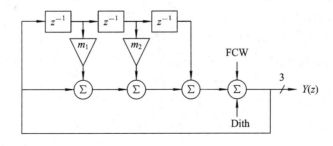

图 3.42 改进型多环 SDM 结构框图

根据结构框图专门设计的四个不同截止频率的噪声传递函数,其表达式分别为

$$\left.\begin{aligned}
\mathrm{NTF}(z) &= 1 - \left(3 - \frac{612}{2^{16}}z^{-1}\right) + \left(3 - \frac{612}{2^{16}}z^{-2}\right) - z^{-3} \\
\mathrm{NTF}(z) &= 1 - \left(3 - \frac{2242}{2^{16}}z^{-1}\right) + \left(3 - \frac{2242}{2^{16}}z^{-2}\right) - z^{-3} \\
\mathrm{NTF}(z) &= 1 - \left(3 - \frac{5473}{2^{16}}z^{-1}\right) + \left(3 - \frac{5473}{2^{16}}z^{-2}\right) - z^{-3} \\
\mathrm{NTF}(z) &= 1 - \left(3 - \frac{6976}{2^{16}}z^{-1}\right) + \left(3 - \frac{6976}{2^{16}}z^{-2}\right) - z^{-3}
\end{aligned}\right\} \qquad (3.72)$$

可以看出,这个噪声传递函数是一个 3 阶 Σ-Δ 调制器 MASH 结构的改进形式。为了降低近端相位噪声,传递函数的改进任务就是将零点从 DC 处移到另一个频率,使得零点位于一个最小小数分频间隔的倍数数值上,虽然复杂度增加了,但它的作用相当于在该频点插入了一个带阻滤波器,形成量化噪声的吸收凹坑效应。当采用的参考频率为 13 MHz时,关系式(3.72)中所给出的四个传递函数对应的凹坑频率点依次为 200 kHz、400 kHz、600 kHz 和 800 kHz。该模型的高频量化噪声与 MASH 模型相当。

为了抑制输出寄生响应,图 3.42 中还将一个抖动信号 Dith 叠加到量化器的输入端,关于抖动技术我们将在第五章中介绍。

3.6.3 切比雪夫型 Σ-Δ 调制器

图 3.43 展示的 Σ-Δ 调制器结构具有切比雪夫 Chebyshev 噪声传递函数特性,在量化噪声成型效果和不增加低频噪声等方面,这种结构具有良好的折中效果。

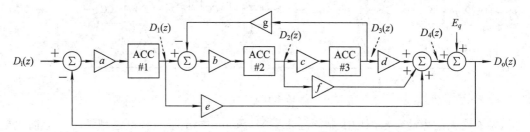

图 3.43　Chebychev SDM 结构框图

从结构框图可以看到,需要确定各种增益系数以保证环路的稳定性,在实践中还需要乘法器等电路来实现,显然这也是以电路复杂度为代价的。

当选择累加器 ACC♯1 和 ACC♯2 的积分器配置为 $H_1(z) = H_2(z) = z/(z-1)$,以及 ACC♯3 积分器配置为 $H_3(z) = 1/(z-1)$ 时,根据图 3.43 结构,有如下关系:

$$D_1 = (D_i - D_o)aH_1(z)$$

$$D_3 = \frac{D_1 bH_2(z)cH_3(z)}{1 + gbH_2(z)cH_3(z)}$$

$$D_2 = (D_1 - gD_3)bH_2(z) = \frac{D_1 bH_2(z)}{1 + gbH_2(z)cH_3(z)}$$

由于

$$D_3 d + D_2 f + D_1 e + E_q = D_o$$

将 D_1、D_2 和 D_3 相应方程式代入上式，可以得到误差传递函数为

$$NTF = \cfrac{1}{1 + \cfrac{abcd\,H_1(z)H_2(z)H_3(z)}{1 + bcg\,H_2(z)H_3(z)} + \cfrac{abf\,H_1(z)H_2(z)}{1 + bcg\,H_2(z)H_3(z)} + ae\,H_1(z)}$$

将 $H_1(z) = H_2(z) = z/(z-1)$ 和 $H_3(z) = 1/(z-1)$ 代入，简化后得到

$$NTF = \frac{z^3 - (3 - bcg)z^2 + (3 - bcg)z - 1}{Az^3 - Bz^2 + Cz - 1} \tag{3.73}$$

式中，A、B 和 C 分别为

$$A = 1 + abf + ae$$
$$B = 3 - bcg - abcd + abf + 2ae - abceg$$
$$C = 3 - bcg + ae$$

当环路的前馈和反馈系数确定后，A、B 和 C 即可确定。这种传递函数具有最佳的噪声成型特性，特别是对频率高端的量化噪声有明显的抑制作用，减轻了由于锁相环非线性引起的高频噪声的低频折叠效应。其劣势是增加了硬件成本和复杂度，而且在没有特殊随机技术处理时，也难免会在输出频谱中出现一定的寄生响应。

3.7　基于多种级联组合的高阶 MASH 模型

我们知道，在过采样内插 Σ-Δ 调制器 A/D 变换器的设计中，在量化器之前至少包含一个积分环节，并且从量化器的输出到积分器的输入设有一个反馈通路。由 James C. Candy 发表的 Σ-Δ 调制器中双积分器的应用论文，展示出 Σ-Δ 调制器在模/数变换器中表现的积分功能。如今，Σ-Δ 调制器已经成为现代 ADC 的基础。通常，所谓的调制器阶数，例如 2 阶、3 阶或 4 阶等，主要取决于积分环节的数目。高阶 Σ-Δ 调制器之所以在许多应用场合倍受人们青睐，是因为，其一，高阶调制器的引入增加了积分环节溢出的数目，导致量化噪声被推到较高的频率上，而带内的噪声电平得到更有效的降低。其二，高阶调制器的应用可以保持较低的过采样比，在一定条件下是令人满意的。不少研究成果对高阶 Σ-Δ 调制器的发展起到了有益的促进作用，例如，Matsuya 采用三个或更多的 1 阶调制器的级联实现了高阶噪声成型[14]，并成功用于 16 位过采样 A/D 变换器的设计中。D. B. Ribner 采用一阶调制器级联一个 2 阶调制器的方法构成 3 阶调制器[19]。在解决调制器面临着可能进入自我持续摆动模式的危险时，采用了各种各样的方法来降低变换器对于这种现象的敏感度，所有这些方法又带来整个结构上的复杂化。Karema 提出了为阻止第二个调制器的溢出，在两个调制器之间加入一个增益环节，并在后面的修正逻辑中，引入一个增益环节给予补偿。在这些过采样 Σ-Δ 调制 ADC 技术的研究成果中，由于它处理的是离散时域信号，大部分研究内容都集中在调制器的级间匹配和防积分器过载等技术方面。虽然这些研究成果不能直接运用到 Σ-Δ 调制频率合成器的设计中，但是其研究思路和方法仍可以部分地借鉴。

3.7.1 MASH 2-1 型 3 阶 Σ-Δ 调制结构模型

图 3.44 所示的是 2-1 级联 3 阶 SDM 结构,它由一个 2 阶多环结构调制器和一个 1 阶调制器级联组成 3 阶 Σ-Δ 调制结构模型,输入为 .F,第一级量化噪声为 E_{q1},第二级量化噪声为 E_{q2},2 阶调制器输出 N_1 和一阶调制器输出 N_2 的表达式为

$$N_1(z) = .Fz^{-2} + (1-z^{-1})^2 E_{q1}$$
$$N_2(z) = -E_{q1}z^{-1} + (1-z^{-1})E_{q2}$$

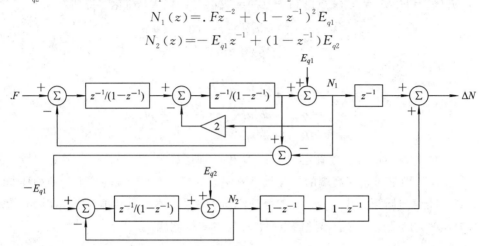

图 3.44 MASH 2-1 型 3 阶 SDM 结构模型框图

在后面的求和修正网络中,N_1 经过一个延时环节与经过两个微分环节的 N_2 最终求和,调制器的最终输出 ΔN 如式(3.74)所示,可见第一个调制器的量化误差 E_{q1} 被消去,第二个调制器的量化误差 E_{q2} 受到 3 阶成型效果的影响:

$$\Delta N = N_1(z)z^{-1} + N_2(z)(1-z^{-1})^2 = .Fz^{-3} + (1-z^{-1})^3 E_{q2} \tag{3.74}$$

3.7.2 MASH 2-2 型 4 阶 Σ-Δ 调制结构模型

一种级联的 MASH 2-2 型 4 阶 Σ-Δ 调制器模型如图 3.45 所示,它由两个 2 阶多环结构的 Σ-Δ 调制器级联组成 4 阶 Σ-Δ 调制结构模型,第一级调制器输出 N_1 和第二级调制器输出 N_2 的表达式和前面一样,在后面的求和修正网络中,N_1 经过两个延时环节与经过两

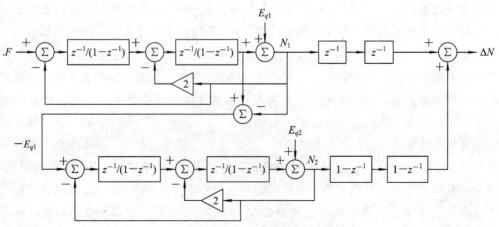

图 3.45 MASH 2-2 型 4 阶 SDM 结构模型框图

个微分环节的 N_2 最终求和，调制器的最终输出 ΔN 为

$$\Delta N = .Fz^{-4} + (1 - z^{-1})^4 E_{q2} \qquad (3.75)$$

可以看出，第一个调制器的量化误差 E_{q1} 被取消，第二个调制器的量化误差 E_{q2} 受到 4 阶成型效果的影响。

3.7.3　MASH 2-1-1 型 4 阶 Σ-Δ 调制结构模型

如图 3.46 所示，它由一个 2 阶多环结构的 Σ-Δ 调制器和两个 1 阶环级联组成 4 阶 Σ-Δ 调制结构模型，2 阶调制器输出 N_1 和 1 阶调制器输出 N_2 的表达式和前面相同，经过求和修正网络后，第一级和第二级的量化噪声 E_{q1} 和 E_{q2} 被消掉，第三级量化噪声 E_{q3} 受到 4 阶成型效果的影响，最终输出 ΔN 为

$$\Delta N = .Fz^{-4} + (1 - z^{-1})^4 E_{q3} \qquad (3.76)$$

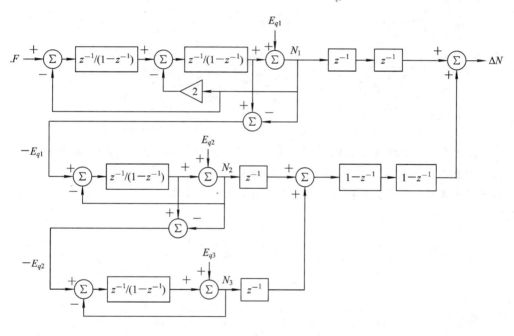

图 3.46　MASH 2-1-1 型 4 阶 SDM 结构模型框图

3.7.4　具有定标的 MASH 2-1-1 型 4 阶 Σ-Δ 调制结构模型

一种内部定标的高阶 Σ-Δ 调制 MASH 结构模型如图 3.47 所示，由于采用一位量化器，K_2 仅仅对量化输入电平起作用，对量化器输出没有影响。在得到下一级所需的误差信号时，第一级量化输入信号增加一个 $1/K_2$ 因子，再和第一级量化输出取差值，得到 E_{q1}/C_1 量化误差值，第二级调制器是 1 阶的，过程和前面一样。经过求和修正网络后，第一级和第二级的量化噪声 E_{q1} 和 E_{q2} 被消掉，第三级量化噪声 E_{q3} 受到 4 阶成型效果的影响。调制器输出 ΔN 为

$$\Delta N = .Fz^{-4} + C_1 C_2 (1 - z^{-1})^4 E_{q3} \qquad (3.77)$$

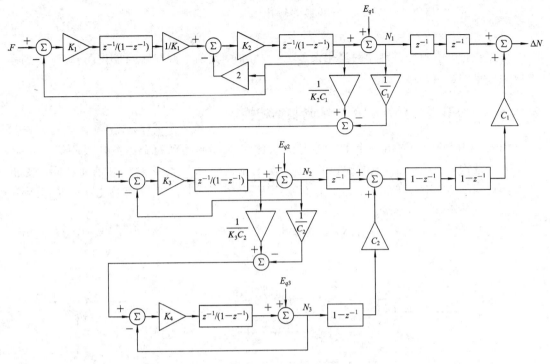

图 3.47　具有内部定标的 MASH 2-1-1 型 4 阶 SDM 结构模型框图

一种变形的 3 阶高阶 Σ-Δ 调制 MASH 结构模型如图 3.48 所示，其中 K_2 分解为 K_{1a} 和 K_{1b}，分别放在 2 阶调制器中的前一个累加器通路中和第二个累加器反馈通路中，满足 $K_2 = K_{1a} K_{1b}$ 关系，C_1 变为 I_1 放在第二级调制器输入端前，输出设置一个 G_1 环节，参数之间满足：

$$I_1 G_1 = \frac{1}{K_{1a} K_{1b}} \tag{3.78}$$

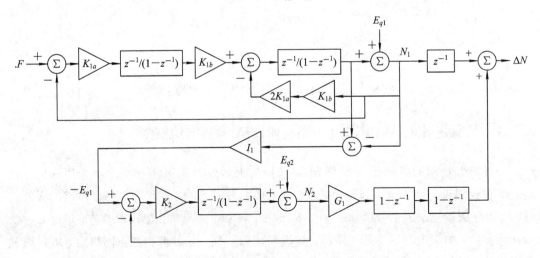

图 3.48　具有内部定标的 MASH 2-1 型 3 阶 SDM 结构模型框图

可以看出，该模型是一个通用化模型，前面的一些模型仅是这个通用模型的一个特例。当我们进行 $K_{1a} = K_{1b} = 1/2$、$I_1 = 1$ 和 $G_1 = 4$ 的选取，并且考虑运用频率合成器时，信号完全是数字量，对于除 2 后的尾数误差需要给予补偿，必须另外设计一个判断补偿网络。

一种经过改进的模型如图 3.49 所示，第一级中包括对输入到积分器数据最低位进行模 2 加，进位输出一起求和，对计算误差进行补偿。图中也包括了一个 ±1 环节，在 B_1B_0 为 00 时启动，对特殊输入情况下的结构杂散进行调制打散，该技术的理论分析和设计考虑将在下一章节中介绍。

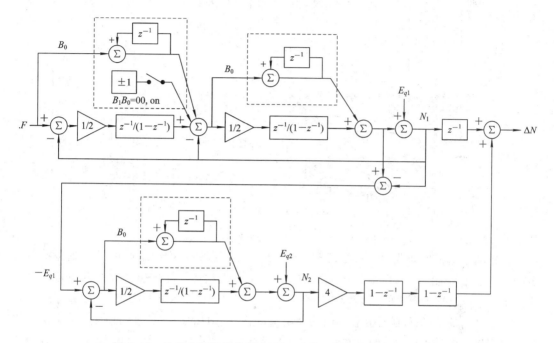

图 3.49　具有内部定标的 MASH 2-1 型 3 阶 SDM 结构模型框图

3.8　几种 Σ-Δ 调制器的噪声成型特性与结构寄生对比

如果我们将 MASH 结构、前馈式单环结构、多环结构和切比雪夫结构等不同 Σ-Δ 调制器的噪声成型特性作一个比较，根据各自的 NTF 传递函数，可以得到 Σ-Δ 调制器输出序列的功率谱密度，几种 3 阶 Σ-Δ 调制器的噪声成型性能如图 3.50 所示。

图 3.50 中的实线是 MASH 1-1-1 输出序列的功率谱密度曲线，具有标准的噪声成型函数形式，已经成为多种 Σ-Δ 调制器性能比较的参考标准。从频率合成器应用角度看，它的高频量化噪声比较大，对锁相环的低通性能要求比较高，因此，大多数设计人员都是选择较窄的环路带宽。但是，MASH 结构最显著的优势是硬件复杂度和成本开销都明显地低于其它几种调制器结构。由于结构上的简单化，也暴露出具有明显的结构寄生的缺点。在上述不利因素中，高频量化噪声可以通过剩余量化噪声的获取与抑制技术得以改观，结构寄生的缺点可以通过随机化技术，例如施加抖动等，有效提高随机序列长度来加以克服。因此，在高性能频率合成器的设计中，MASH 结构一直得到广泛的应用。单环和多环 Σ-Δ 调制器结构在降低量化噪声方面有所改善，但是增加了硬件复杂度。在单片集成电路的设计中应用单环结构比较多。

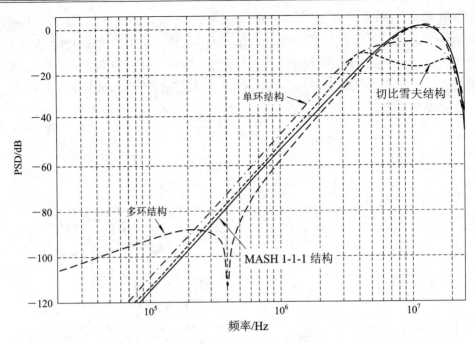

图 3.50　几种 SDM 噪声成型性能比较

比较功率谱密度曲线，我们可以明显地看出，在所有的结构中最好的噪声成型特性是切比雪夫 Σ-Δ 调制器，它降低了高频段成型噪声，为锁相环闭环传递函数的低通特性设计放宽要求，高频量化噪声的低频折叠会小一点，也就是说对环路的非线性要求放宽了。

不同结构的 Σ-Δ 调制器会有不同的比特流输出，它们的序列长度有所不同，因此，体现出的寄生性能就不同。前馈式单环结构、多环结构、混合结构、切比雪夫结构和 MASH 结构的寄生响应情况是不一样的，有些结构存在寄生响应，需要施加抖动技术，也有的结构寄生较小或没有明显的寄生。我们把已经应用于小数频率合成器中的多种 Σ-Δ 调制器结构的性能作一个比较，如表 3.4 所示，表中列举出常见的几种 Σ-Δ 调制器类型、阶数、归一化环路带宽和合成器的寄生响应情况。

表 3.4　几种 Σ-Δ 调制器的寄生性能对比

调制器类型	Σ-Δ 阶数	合成器阶数	f_c/f_{ref}	施加抖动	寄生响应
MASH 结构	3	4	35 kHz/26 MHz=0.00135	片外抖动	—
前馈式单环	3	4	40 kHz/8 MHz=0.005	24 bit LFSR	−80 dBc@200 kHz
多环结构	4	5	30 kHz/13 MHz=0.023	无	−70 dBc@300 kHz
多环结构	3	4	200 kHz/13 MHz=0.0153	10 bit LFSR	—
混合环	≥4	5	100 kHz/5 MHz=0.02	无	−70 dBc@10 MHz
混合环	≥6	3	50 kHz/16 MHz=0.0031	无	—
切比雪夫环	3	5	200 kHz/18.75 MHz=0.0106	无	—

MASH 结构具有最简单的配置，由稳定的 1 阶环构成，具有固有的稳定性。其模型仅仅需要加法器和寄存器就可以实现，噪声取消逻辑设计得也比较完美，量化噪声仅仅和最后一级累加器有关，成型阶数等于调制器阶数。MASH 结构的信号传递函数 STF 不影响输入信号，这点对于常数输入来说自然不需要考虑，但是频率合成器在满足频率、相位和各种数字调制应用需求时，不影响输入信号的特性将是很有价值的。MASH 结构的噪声传递函数 NTF 和其它多环结构一样具有高频行为，但是，在特殊输入数值的情况下，这种结构会产生周期极短的输出序列，从而导致所谓的结构寄生响应。这也是该结构唯一的缺点，需要施加抖动或其它有效的手段加以克服。如何消除结构寄生将在后续章节中介绍。

前馈式单环 Σ-Δ 调制器存在一定的寄生响应，通常需要施加抖动技术来消除。当采用图 3.32 模型时，3 阶单环 Σ-Δ 调制器的噪声成型传递函数为关系式（3.67），当施加 24 bit 位移寄存器构成的伪随机序列时，采用 8 MHz 参考频率，频率合成器阶数设计为 4 阶，环路截止频率设计为 40 kHz，输出寄生信号优于 −80 dB@200 kHz[30]。单环这种结构的优点是简单和灵活性强，在利用抖动信号增加输出序列的随机性后，输出仍然有一定的寄生信号。但是这种寄生信号不属于结构寄生响应，是由于环路非线性造成的其它寄生的低频折叠。

采用多环结构主要是想获得一个更好的噪声成型性能，使得噪声传递函数在高频段和低频段不影响输出相位噪声，更重要的是想增加输出序列的随机性，避免输出产生寄生响应。采用图 3.41 模型的 4 阶多环 Σ-Δ 调制器结构，输出寄生响应会得到一定的改善。在参考频率为 13 MHz，频率合成器阶数设计为 5 阶，环路截止频率设计为 30 kHz 的情况下，输出寄生信号优于 −70 dB@300 kHz。比 MASH 结构和前馈式单环结构在不加抖动信号时的性能要改善很多。但是，这种结构寄生和输入数值有密切关系，只有特定的某些数值才会存在明显的寄生，当调制率处于带内时就非常明显，处于环路带外时会受到闭环低通特性的抑制，呈现出的幅度较小。当增加 10 bit 位移寄存器构成的伪随机序列时，即使 3 阶多环 Σ-Δ 调制器结构，如图 3.42 所示，采用 13 MHz 参考频率，频率合成器阶数设计为 4 阶，环路截止频率设计为 200 kHz，环路输出也没有明显的寄生信号[33-34]。

采用图 3.36 所示的 4 阶混合型 Σ-Δ 调制器结构，参考频率为 5 MHz，频率合成器设计为 5 阶，环路截止频率为 100 kHz，在不加抖动信号的情况下，输出寄生信号 −70 dB@10 MHz。采用 6 阶混合型 Σ-Δ 调制器结构，参考频率为 16 MHz，频率合成器设计为 3 阶，环路截止频率为 50 kHz，不加抖动信号，输出没有明显的寄生信号[36]。采用 3 阶切比雪夫型结构的 Σ-Δ 调制器，如图 3.43 所示，参考频率为 18.75 MHz，频率合成器阶数设计为 5 阶，环路截止频率设计为 200 kHz，在不加抖动信号的情况下，输出没有明显的寄生信号。

在实际应用中，在不加抖动信号的情况下，混合型和切比雪夫型调制器的结构寄生较小，在不考虑硬件成本的情况下是一个较好的选择。但是，其结构较为复杂，所占硬件资源较大。与施加抖动或其它随机化技术之后的模型相比，混合型结构在杂散性能上也不再具有突出的优势。况且寄生响应也和具体结构参数相关，分析起来比较复杂，也应在遍历所有输入数值情况下才给出寄生情况。在 Σ-Δ 调制器的设计方案中，混合型具有相对较长的输出序列，仍然是研究的热点之一，一些新的组合方式还会不断出现。

单环和多环结构都有明显的寄生信号，在施加抖动信号之后，寄生响应幅度可以获得显著的改善，也是在小数频率合成器芯片中广泛采用的设计方案。传统的 MASH 调制器虽然结构简单，仅仅采用加法器和寄存器即可实现，但是它存在着明显的结构寄生，其原因是对于一些特殊的输入数值，它的序列长度非常短。由于这个缺点，利用 MASH 结构的小数频率合成器一般均采用较小的环路带宽。在施加抖动信号或其它技术进行随机化处理之后，可以获得很好的频谱纯度。MASH 是最早成功应用于小数频率合成器中的 Σ-Δ 调制器模型，广泛应用在芯片设计中，已经成为其它调制器性能的比对标准。其它新型 MASH 结构模型，例如，基于 HK-EFM 与 SP-EFM 模型的高阶 Σ-Δ 调制器，都是在此基础上发展起来的随机性很好的模型，不需要外加抖动和初值设置就可以获得极长的序列周期，因此具有极小的结构寄生。

3.9　基于 HK-EFM 与 SP-EFM 模型的高阶 Σ-Δ 调制器

3.9.1　HK-EFM 模型

HK-EFM 是一个由 Hosseini 和 Kennedy 提出的误差反馈模型（EFM），这种结构采用素数 P 作为模数，从而形成了一个素数模量化器，也称素数模 EFM。这样设计的主要目的是获得一种输出随机序列非常长的 Σ-Δ 调制模型。素数模 EFM 可以确保输出序列长度等于素数 P，输入信号范围降低到 $0 \sim P-1$，HK-EFM 的结构如图 3.51 所示。

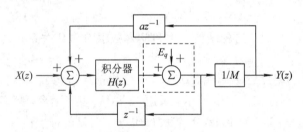

图 3.51　HK-EFM 的结构

HK-EFM 属于附加反馈型素数模 EFM，与通常模型相比，不同之处在于附加了一个反馈通路，反馈将输出 $Y(z)$ 连接到输入端与 $X(z)$ 进行求和，这个反馈通路具有一个 a 的倍乘系数。系数 a 的取值依赖于输入位宽，它使得模数 $(M-a)$ 是一个素数 P，这样就可以得到 HK-EFM 的序列长度 $(M-a)$，对于级联 l 阶 HK-EFM-MASH 来说，序列长度增加到 $(M-a)^l$。由于反馈量加在输入求和器的低位上，图中的量化器输出信号需要乘以 $1/M$ 输出，M 是积分器中累加器的满量值。由于有效量化间隔是 $(M-a)$，所以 HK-EFM 的输入范围限制为 $(M-a-1)$。此外，反馈通路影响到信号传递函数，如果输入小数值是 α 的话，HK-EFM 输出平均值覆盖到 $M\alpha/(M-a)$。

根据调制器位数设计的不同，反馈系数 a 的取值也是不同的，它的取值就是在 M 和最接近 M 的素数 P 之间的差值，亦即 $P=M-a$ 是一个最接近 M 的素数。表 3.5 给出了调制器位数 $b=5 \sim 25$ 所对应的 a 的取值。

表 3.5 HK-EFM 的位数 b 与 a 的取值

Σ-Δ 调制器位数 b	a 取值
5，7，13，17，19	1
6，9，10，12，14，20，22，24	3
8，18，25	5
11，21	9
16，23	15
15	19

根据图 3.51 所示的模型，HK-EFM 的输出满足

$$Y(z) = \frac{1}{M}\{[X(z) + az^{-1}Y(z) - Mz^{-1}Y(z)]H(z) + E_q\} \tag{3.79}$$

整理后得到

$$Y(z) = \frac{X(z)H(z)}{M - az^{-1}H(z) + Mz^{-1}H(z)} + \frac{E_q}{M - az^{-1}H(z) + Mz^{-1}H(z)} \tag{3.80}$$

式中，$H(z)$ 是非延时积分器传递函数，将 $H(z) = 1/(1 - z^1)$ 代入后得到

$$Y(z) = \frac{1}{M - az^{-1}}X(z) + \frac{1}{M - az^{-1}}(1 - z^{-1})E_q \tag{3.81}$$

在式（3.81）中，令 $a = 0$，即可简化成通常的 1 阶调制器表达式。应该指出，式中除以 M 表示累加器满量溢出作为反馈信号，并加在输入端的最低位上。通常输入到累加器中的小数部分也是对满量归一化的，满量对应为 1。以前的模型中没有除以 M，直接将溢出信号当做最低位延时求和处理，实际上等同于除以 M 了。

3.9.2 HK-EFM-MASH 模型与传递函数

将 1 阶 HK-EFM 模型按照 MASH 结构进行多级级联，可以构成高阶的 HK-EFM-MASH 结构方案，如图 3.52 所示。第一级 HK-EFM1 的误差取出后，作为第二级 HK-EFM2 的输入，依此类推，第 $l-1$ 级 HK-EFM$l-1$ 的误差取出后，作为第 l 级 HK-EFMl 的输入。每级 HK-EFM 的输出经过由微分环节组成的噪声取消网络 NCL，例如第 l 级 HK-EFM 的输出经过 $(1 - z^{-1})^{l-1}$，对微分之后的输出进行求和得到 l 阶 HK-EFM-MASH 的输出。这种组成方式与传统的 MASH 没有什么不同，主要区别是采用了 HK-EFM 模型，以及定标修正。

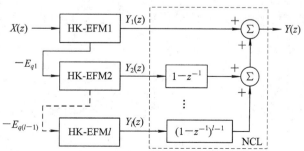

图 3.52 高阶 HK-EFM-MASH 模型

根据图 3.52 模型，我们可以写出第 1 级到第 l 级 HK-EFM 的输出表达式：

$$Y_1(z) = \frac{1}{M - az^{-1}} X(z) + \frac{1}{M - az^{-1}} (1 - z^{-1}) E_{q1} \tag{3.82}$$

$$Y_2(z) = -\frac{1}{M - az^{-1}} E_{q1} + \frac{1}{M - az^{-1}} (1 - z^{-1}) E_{q2} \tag{3.83}$$

$$\cdots$$

$$Y_l(z) = -\frac{1}{M - az^{-1}} E_{q(l-1)} + \frac{1}{M - az^{-1}} (1 - z^{-1}) E_{ql} \tag{3.84}$$

整个 l 阶 HK-EFM-MASH 的输出表达式为

$$Y_o(z) = Y_1(z) + (1 - z^{-1}) Y_2(z) + (1 - z^{-1})^2 Y_3(z) + \cdots + (1 - z^{-1})^{l-1} Y_l(z)$$

将关系式(3.82)、(3.83)和(3.84)代入，输出简化为

$$Y(z) = \frac{1}{M - az^{-1}} X(z) + \frac{1}{M - az^{-1}} (1 - z^{-1})^l E_{ql} \tag{3.85}$$

可以看出，噪声取消网络是完美的，第一级到第 $l-1$ 级的 EFM 的量化噪声都被抵消掉了，只有最后一级的 EFM 的噪声存在于输出表达式中，而且被 l 阶噪声成型了。

3.9.3 HK-EFM-MASH 的定标与修正

将图 3.51 所示的 z 域 EFM 模型变换成以离散时域序列为变量的数学模型，如图 3.53 所示，累加器值为 $v[n]$，经过量化器后输出 $v_q[n]$，反馈到累加器前端的是 $e[n]z^{-1}$，z^{-1} 代表一个时钟时延，即 $e[n-1]$，这表示累加器不断地将输入 $x[n]$ 和累加器的余量相加，实现积分功能。

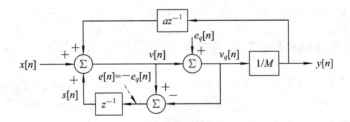

图 3.53 1 阶 HK-EFM 数学模型

根据图 3.53 数学模型，可以得到离散时域中的输出序列 $y[n]$ 满足：

$$y[n] = \frac{1}{M} (x[n] + ay[n-1] + e_q[n] - e_q[n-1])$$

$$y[n] = \frac{a}{M} y[n-1] + \frac{1}{M} x[n] + \frac{1}{M} (e_q[n] - e_q[n-1]) \tag{3.86}$$

假设输出序列长度为 N，将上式两边进行 $n = 1 \sim N$ 求和运算，可以得到：

$$\sum_{n=1}^{N} y[n] = \frac{a}{M} \sum_{n=1}^{N} y[n-1] + \frac{1}{M} \sum_{n=1}^{N} x[n] + (e_q[N] - e_q[0]) \tag{3.87}$$

我们考虑到 $y[N] = y[0]$，$e_q[N] = e_q[0]$ 成立，上式整理后得到

$$\sum_{n=1}^{N} y[n] = \frac{1}{M - a} \sum_{n=1}^{N} x[n] \tag{3.88}$$

根据式(3.88)，输出序列的平均值 $\overline{Y}$ 和输入的平均值 $\overline{X}$ 满足：

$$\overline{Y} = \frac{1}{M-a}\overline{X} \tag{3.89}$$

上式表明，输出序列的平均值不等于输入的平均值，图 3.54 展示出输出序列的平均值和输入小数数值之间的偏差。图中包括 5 bit、7 bit、9 bit 和 11 bit 的 HK-EFM-MASH 的偏差情况，随着位宽的加大，偏差逐渐减小。因为差值正比于输入小数数值，输出平均值与输入小数数值呈线性关系。如果我们希望输出平均值等于预期的 α，还需要进行输入数值 α 的定标，即完成 $\alpha' = \alpha(M-a)/M$ 的修正，这就是前面所说的 HK-MASH 不支持全部输入范围的原因。定标需要额外的计算或硬件电路，并且定标通常需要一个比 α 更大的位宽。然后，再将 $M\alpha'$ 输入到 EFM 累加器中。

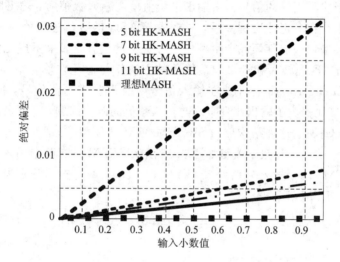

图 3.54　HK-MASH 输出平均值与输入小数数值之间的偏差

另一种解决平均值和输入小数数值之间偏差的方法是多环调制器输出求和之后，再在后端增加一个修正网络，如图 3.55 所示。在噪声取消网络之后，设置了一个修正网络，其传递函数为

$$H = 1 - a^* z^{-1}$$

式中，$a^* = a/M$ 为归一化反馈因子。改进后的 HK-EFM-MASH 输出为

$$Y(z) = \frac{1}{M} X(z) + \frac{1}{M}(1 - z^{-1})^3 E_{q3} \tag{3.90}$$

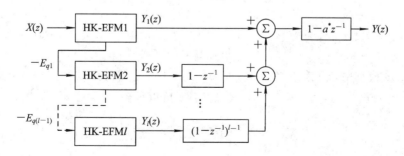

图 3.55　基于后端修正的高阶 HK-EFM-MASH 模型

可见，式(3.90)与传统的 3 阶 MASH 结构的输出完全一样。因此，不需要再对输入进行预修正了。

应该指出，HK-EFM 通过引入 az^{-1} 反馈，造成输入信号经历了一个衰减，当在后端引入一个具有增益的传递函数 $H=1-a^{*}z^{-1}$ 时，信号幅度得到补偿。因此，MASH 变为准确的，不必对输入 α 进行预修正。但是，这个处理过程引入了截短误差噪声，会引起输出相噪的恶化。设计这种调制器的目的是获得更长的随机序列，以便消除调制器的结构寄生。该调制器的随机序列长度将在下一章节中讨论。

3.9.4 SP-EFM 模型

我们知道，当非零均值的信号使得输出平均值偏离输入数值时，输出序列的平均值不等于输入值。如果存在一定的比例关系，对输入 MASH 的数值进行修正是可以解决准确度问题的，尽管会增加一些麻烦或产生额外硬件资源的消耗。如果不成比例，就很难进行精确修正了。因此，匹配输入和输出的最简单的方法就是避免在输入端加非零均值信号。Jinook Song 和 In-cheol Park 合理地在输入信号中引入非零均值信号，提出了一个新的 MASH 结构，很好地解决了输出序列平均与输入数值的匹配问题，可以在整个输入范围内提供非常长的输出序列。这种结构称为 SP-EFM-MASH 模型。

单级 SP-EFM 的结构与数学模型如图 3.56 所示，EFM 具有两个输入，并产生两个输出送到下一级 EFM。两个输入分别为 $X_i(z)$ 和 $Y_{i-1}(z)$，两个输出分别为 $Y_i(z)$ 和量化误差 $-E_{qi}$。单级 SP-EFM 满足方程

$$Y_i(z) = \frac{1}{M}\big[X_{i-1}(z) + Y_{i-1}(z) - z^{-1}MY_i(z)\big]H(z) + E_{qi}$$

整理得到

$$Y_i(z) = \frac{1}{M}\frac{\big[X_{i-1}(z) + Y_{i-1}(z)\big]H(z)}{1 + z^{-1}H(z)} + \frac{1}{M}\frac{E_{qi}}{1 + z^{-1}H(z)} \tag{3.91}$$

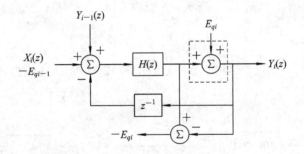

图 3.56　第 i 级 SP-EFM 模型

在图 3.56 模型中，反馈通路具有一个 z^{-1}，采用的是非时延纹波型积分器结构，将对应的传递函数 $H(z) = 1/(1-z^{-1})$ 代入式(3.91)，可以得到

$$Y_i(z) = \frac{1}{M}\big[X_{i-1}(z) + Y_{i-1}(z)\big] + \frac{1}{M}(1-z^{-1})E_{qi} \tag{3.92}$$

考虑到

$$X_i(z) = -E_{q(i-1)}$$

因此，单级 SP-EFM 结构的输出为

$$Y_i(z) = \frac{1}{M}\left[Y_{i-1}(z) - E_{q(i-1)}\right] + \frac{1}{M}(1 - z^{-1})E_{qi} \tag{3.93}$$

3.9.5　SP-EFM-MASH 模型与传递函数

传统 MASH 结构级联若干个 EFM，连接方式是将 EFM 的量化误差信号连到下一个 EFM 的输入端。SP-EFM-MASH 模型结构不同于传统的 MASH 结构，它是将 EFM 的量化误差信号和 EFM 的输出信号同时连到下一个 EFM 的输入端。就是说 EFM 的输出不仅送到噪声取消网络，而且还送到下一级参与运算。l 阶 SP-EFM-MASH 模型如图 3.57 所示。

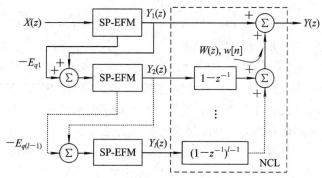

图 3.57　l 阶 SP-EFM-MASH 模型

上一级 SP-EFM 的另一个输出是 $-E_{qi}$，它连接到下一个 SP-EFM 输入端，该量化误差信号和输出信号具有同样的序列长度，因为两个周期信号作为输入可以认作一个周期信号，等效于传统的 EFM，它产生一个周期输出信号。在图 3.57 中的噪声取消逻辑中，$w[n]$ 是周期性的，它的平均值总是等于零。因此，在 SP-EFM-MASH 结构中，输出 $y[n]$ 的平均值等于第一级输出的平均值。而第一级的结构与传统 MASH 结构是一样的，输出平均值等于输入平均值。因此，SP-EFM-MASH 结构不但是准确的，而且也支持 $\{0, 1, \cdots, (M-1)\}$ 全部输入范围。

根据单级 SP-EFM 关系式(3.93)，可以得到 SP-EFM-MASH 模型的信号传递函数 STF 和噪声传递函数 NTF。利用单级的结果可以写出每级 EFM 的输出为

$$Y_1(z) = \frac{1}{M}X(z) + \frac{1}{M}(1 - z^{-1})E_{q1}$$

$$Y_2(z) = \frac{1}{M}\left[Y_1(z) - E_{q1}\right] + \frac{1}{M}(1 - z^{-1})E_{q2}$$

第 1 级 SP-EFM 满足关系式：

$$Y_l(z) = \frac{1}{M}\left[Y_{i-1}(z) - E_{ql-1}\right] + \frac{1}{M}(1 - z^{-1})E_{ql} \tag{3.94}$$

经过图 5.57 中的噪声取消逻辑后，SP-EFM-MASH 的输出为

$$Y(z) = Y_1(z) + (1 - z^{-1})Y_2(z) + \cdots + (1 - z^{-1})^{l-1}Y_l(z)$$

$$= \frac{1}{M}X^*(z) + \frac{1}{M}(1 - z^{-1})^l E_q^* \tag{3.95}$$

式中，

$$X^*(z) = \left\{ 1 + \frac{1}{M}(1 - z^{-1}) + \cdots + \frac{1}{M^{l-1}}(1 - z^{-1})^{l-1} \right\} X(z) \qquad (3.96)$$

$$E_q^* = E_{ql} + \frac{1}{M} E_{q(l-1)} + \cdots + \frac{1}{M^{l-1}} E_{q1} \qquad (3.97)$$

关系式(3.97)表明，噪声取消逻辑并没有把第 1 级到第 $l-1$ 级的量化噪声完全抵消掉。l 阶 SP-EFM-MASH 模型的 STF 和 NTF 分别为

$$\text{STF}(z) = \frac{1}{M} + \sum_{n=2}^{l} \frac{1}{M^n}(1 - z^{-1})^{n-1} \qquad (3.98)$$

$$\text{NTF}(z) = \frac{1}{M}(1 - z^{-1})^l \qquad (3.99)$$

从式(3.98)可以看出，SP-EFM-MASH 模型的信号传递函数的第一项是一个直通滤波器，第二项是一些高通滤波器。当输入是一个常数时，与高通滤波器相关的项不会影响调制器的性能，等效为直通滤波器。当我们设计的频率合成器需要进行复杂调制时，应该考虑这些高通滤波项会对调制性能产生一定的影响。换句话说，SP-EFM-MASH 结构适应于输入是一个常数的情况，对应于一个直流信号，而不是一个交流或受到某种调制的信号。因此，小数 N 频率合成器的调制应用会受到一定的限制。

量化噪声 E_q^* 将按照式(3.99)所表述的关系被成型。在传统的 MASH 结构中，只有最后一级 SP-EFM 的量化噪声 E_{ql} 出现在输出表达式中，并被高通滤波特性成型。在 SP-EFM-MASH 结构中，所有级的 SP-EFM 量化噪声都存在，并按照一定的比例被噪声成型。但是，除最后一级 SP-EFM 以外，量化噪声都会受到更大程度的衰减。

3.10　半周期 Σ-Δ 调制器结构方案

采用半周期分频技术，等效于减小量化阶，或等效减小量化电平数目，这对减小环路非线性影响提升相噪性能有一定的好处。实现半周期分频的原理如图 3.58 所示，可以看出，该方案与以前实现的方案有所不同，这里的反馈网络不再是 N 和 $N+1$，而是分频比为 N 和 $N+0.5$ 或 $N+0.5$ 和 $N+1$ 的程控变模分频器。当 F 小于 0.5 时，采用 N 和 $N+0.5$ 进行平均，当 F 大于 0.5 时，采用 $N+0.5$ 和 $N+1$ 进行平均，当 F 等于 0.5 时，直接使用 $N+0.5$ 分频输出。

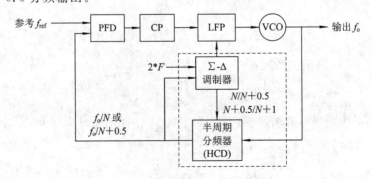

图 3.58　半周期分频 PLL 环路原理框图

将 $F'=2 \cdot F$ 作为累加器的输入，设累加器满量为 M，M 是使 $D=M \cdot F'$ 为整数的最小整数，累加器的步进值为 $D=M \cdot F'$，在任意 X 个分频周期中，有 XD/M 个 $N+0.5$ 分频和 $X-XD/M$ 个 N 分频。因此，分频器输出的脉冲个数 P 为

$$P = \frac{XD}{M}(N+0.5)+\left(X-\frac{XD}{M}\right)N = XN+\frac{XD}{2M}$$

$$= X\left(N+\frac{D}{2M}\right) = XN.F$$

所以，在 X 个分频周期中的平均分频比 N_{div} 为

$$N_{\text{div}} = \frac{XN.F}{X} = N.F$$

可以看出，利用 N 和 $N+0.5$ 之间的转换同样可以实现 $N.F$ 的效果。而且，当 $.F$ 最低位是奇数时，瞬时相差的周期缩短了一半，即小数分频尾数调制频率提高了一倍，更有利于被环路低通特性所滤除。另外，瞬时相位误差幅度也减小了一半，对线路的非线性所引起的噪声折叠有较好的改善。例如，若想得到 $.F=0.3$，以前采用 7 个 N 分频和 3 个 $N+1$ 分频，获得的平均分频比 $N_{\text{div}}=[7N+3(N+1)]/10=N.3$，采用半周期分频后，$F'=2 \cdot F=0.6$，采用 2 个 N 分频和 3 个 $N+0.5$ 分频，此时的平均分频比 $N_{\text{div}}=[2N+3(N+0.5)]/5=N.3$，同样可以得到平均 $.F=0.3$ 的结果。然而，原来的 10 个分频周期变成了 5 个分频周期，即 2 个 N 分频和 3 个 $N+0.5$ 分频，调制频率提高了一倍。又例如，若想得到 $.F=0.7$，以前采用 3 个 N 分频和 7 个 $N+1$ 分频，获得的平均分频比 $N_{\text{div}}=[3N+7(N+1)]/10=N.7$。采用半周期分频后，$.F>0.5$，使用 $N+0.5$ 分频和 $N+1$ 分频比，$F'=2 \cdot F=1.4$，小数部分变为 0.4，采用 3 个 $N+0.5$ 分频和 2 个 $N+1$ 分频比，此时的平均分频比 $N_{\text{div}}=[3(N+0.5)+2(N+1)]/5=N.7$，同样获得 $.F=0.7$，10 个分频周期也变为 5 个分频周期，调制频率也提高了一倍。

上述表述是 1 阶 Σ-Δ 调制器情形下的工作原理，对于 2 阶 Σ-Δ 调制器，在原先的方法中，需要四种分频状态，ΔN 为 -1、0、1 和 2 四种分频状态。半周期分频方案中，ΔN 对应为 -0.5、0、0.5 和 1 四种分频状态。对应的程控变模分频器如图 3.59 所示，由两个 D 触发器组成，VCO 输出信号作为 D 触发器触发端口输入，获得的 AA_ BB_ 如图 3.60 所示。

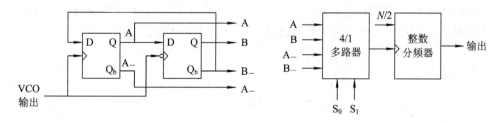

图 3.59　半周期分频信号产生原理图

在 VCO 占空比为 50% 的情况下，A 信号就是对 VCO 输出信号的 2 分频，B 比 A 信号推后 0.5 个时钟周期，A_ 比 A 信号推后 1 个时钟周期，B_ 比 A 信号推后 1.5 个时钟周期。AA_ BB_ 通过 4 选 1 开关，由 Σ-Δ 调制器计算的 ΔN 决定选择哪路输出，分别对应 N、$N+0.5$、$N+1$ 和 $N-0.5$ 四种分频状态。由于 A 已经实现了 2 分频，后面的整数分频器则实现 $N/2$ 分频。

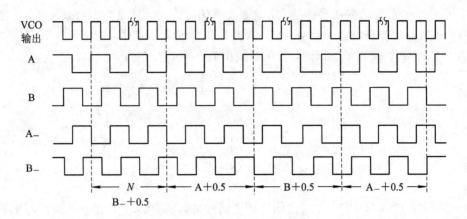

图 3.60 半周期分频信号时序波形

图 3.61 是 2 阶 Σ-Δ 调制器半周期分频的状态图，整个系统在 00、01、11 和 10 之间相互转换，实现整个分频比的变化。

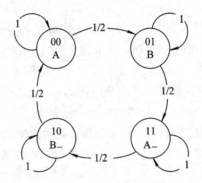

图 3.61 半周期分频状态图

2 阶的工作原理可以推广到 3 阶情况，Σ-Δ 调制器对应的 ΔN 分别为 -1.5、-1、-0.5、0、0.5、1、1.5 和 2 八种分频状态。对应的程控变模分频器由四个 D 触发器组成，VCO 输出信号作为 D 触发器触发端口输入，获得 AA_ BB_ CC_ DD_ 八路分频信号。3 阶 Σ-Δ 调制器半周期分频的状态图在 000、001、011、010、100、101、111 和 110 之间相互转换，实现整个分频比的变化。为了简化设计，可以采取混合型 Σ-Δ 调制器设计方案。

Σ-Δ 调制器的结构寄生与随机模型

Σ-Δ 调制小数 N 频率合成器利用噪声成型技术，将量化噪声的频谱搬移到频率高端并成型为有色噪声，借助锁相环路的低通特性对这种高频噪声进行抑制，从而解决了小数分频存在的尾数调制问题。但是，所有 Σ-Δ 调制器模型都是一个有限状态机，尤其是在某些特定的输入情况下，噪声成型的结果并不是充分随机的图案，输出是一个具有较短周期的序列。由此形成了特有的杂散谱，称为 Σ-Δ 调制器的结构寄生。这种寄生信号是高性能频率合成器所不能容忍的，必须加以解决。解决结构寄生的方案通常有四种。第一种是根据不同的频率值来设置累加器的初值，但这是以损失相位的连续性为代价的。第二种是固定累加器最低位，利用微小的频差换取结构寄生的抑制。虽然累加器长度可以足够长，产生的频差非常微小，并在大部分的运用场合可以忽略，但是这种频差带来的相差累计，在高精度比相应用中存在严重的问题；第三种是采用随机调制技术，有效增加 SDM 输出的随机序列长度；第四种是研究新型的 EFM 结构模型或 SDM 级联模型，获得输出随机序列长度极长的 SDM 结构模型。后两种方法解决了 Σ-Δ 调制器的随机化模型问题，没有折中地消除了结构寄生，解决了高性能 Σ-Δ 调制频率合成器设计中的关键技术。

4.1　近代数学与数论基础

本章节会涉及一些基础的数学知识，包括近代数学和数论基础，在 Σ-Δ 调制器结构寄生的数学分析中将涉及可测、仿射、同构和 Lebesgue 测度等概念，在 Σ-Δ 调制器的序列长度分析中还会涉及素数和模运算等，下面简单介绍一下关于近代数学和数论中的基本概念、定义、定理和结论，证明和推导过程请读者参考其它相关资料。

1. 集与映射

集合简称集，是数学中的一个基本概念，是指具有某些特定性质的具体的或抽象的对象组成的整体，常用 X 表示，集内每个对象称为集的一个元或元素，常常用 x 表示。x 属于 X 的元，记为 $x \in X$；若 x 不属于 X 的元，记为 $x \notin X$。集中包括有限个元素的集称为有限集，包括无限个元素的集称为无限集。有一类特殊的集合，它不包括任何元素，称为空集 $\varnothing$。

通常集合采用列举法或描述法表述它所包括的元素，在列举法中，集 X 表示为 $X = \{x_1, x_2, \cdots, x_n, \cdots\}$，或将 X 表示成 $\{x_n\}_{n=1}^{\infty}$，或缩写为 $\{x_n\}$。在描述法中，集 X 表示为 $X = \{x \mid P(x)\}$，或 $X = \{x : P(x)\}$，意思是集 X 是使得命题 $P(x)$ 成立的 x 的全体。

假设 X 与 Y 都是非空集，若存在一个规则 f 使得对于任一元 $x \in X$，有唯一的元 $y \in Y$ 与之对应，我们称 f 是从 X 到 Y 的映射，用 $f: X \to Y$ 表示。元 y 称为元 x 在映射 f 下的象，记作 $y = fx$，或 $y = f(x)$。

在上述映射中，集 $f(X) \equiv \{f(x) \mid x \in X\}$ 是由所有元 x 的象组成的，被称为映射 f 的值域，通常记作 $R(f)$。一般 $f(X) \subset Y$，$f(X)$ 可以是 Y 的真子集。如果 $f(X) = Y$，则称 f 是从 X 到 Y 的映射，或从 X 到 Y 的满映射或简称映射 f 是映上的。

如果 f 与 g 是两个映射，它们的定义域都是 X，并且 $\forall x \in X$，$f(x) = g(x)$ 成立，则称两个映射相等，即 $f = g$。如果映射 $f: X \to Y$，$\forall x \in X$，$f(x) = y_0$ 成立，其中 $y_0 \in Y$ 是一个固定的元，则称 f 为常值映射。若 $X = Y$，且 $\forall x \in X$，$f(x) = x$ 成立，则称 f 为 X 的恒等映射。

如果映射 $f: X \to Y$，$\forall x \in X$，$x \neq x' \Rightarrow f(x) \neq f(x')$ 成立，则称 f 是从 X 到 Y 的一对一的映射，也称为 1-1 映射。如果 $f: X \to Y$ 是 1-1 满映射，则称 f 为 X 与 Y 的一一对应，或从 X 到 Y 上的 1-1 映射，或简称 f 为双射。式中的"$\Rightarrow$"是一个推断符号，表示若 $x \neq x'$ 则 $f(x) \neq f(x')$，即 $x \neq x'$ 是 $f(x) \neq f(x')$ 的充分条件，$f(x) \neq f(x')$ 是 $x \neq x'$ 的必要条件。

如果集 X 与集 Y 之间存在一个一一对应的映射 f，我们称 X 与 Y 是对等的，记作 $X \sim Y$。假如集 $X \sim N$，N 是自然数全体构成的集，我们称 X 是可列集，或可数无限集。显然，任何无限集必含有可列子集，因此可列子集是最简单的无限集。

定理 4.1.1　若 X 与 Y 是可列集，则积集 $X \times Y$ 也是可列的。

定理 4.1.2　设 X 是可列集，则 X 的全体子集构成的集 $R(X)$ 是不可列集。

定理 4.1.3　实数全体之集 $\mathbf{R}$ 是不可列集。

2. 内积、距离与度量空间

在线性空间中，经常通过内积来描述向量的长度和向量之间的夹角，向量 x 和 y 的内积用符号 (x, y) 表示，通常定义为

$$\forall x = (x_1, x_2, \cdots, x_n), y = (y_1, y_2, \cdots, y_n) \in \mathbf{R}^n$$

$$(x, y) = x_1 y_1 + x_2 y_2 + \cdots + x_n y_n$$

可以看出，内积就是 $\mathbf{R}^n \times \mathbf{R}^n$ 到 $\mathbf{R}$ 的映射。内积具有以下性质：

(1) $(x, y) = (y, x)$；

(2) $(ax, y) = a(x, y)$；

(3) $(x+y, z) = (x, z) + (y, z)$；

(4) $(x, x) \geqslant 0$，当且仅当 $x = 0$ 时，$(x, x) = 0$。

赋予上述线性运算和内积的集 $\mathbf{R}^n$ 称为 Euclid 空间，记作 E^n。Euclid 空间在实数集 $\mathbf{R}$ 上的一种空间，如果用 $\mathbf{C}$ 表示全体复数所成之集，酉空间是定义在集 $\mathbf{C}$ 上的一种空间，是 $\mathbf{C}$ 上的 Euclid 空间。

设 $x \in E^n$，非负实数 $(x, x)^{1/2}$ 称为向量 x 的长度，记作 $|x|$；对于 $x, y \in E^n$，$|x-y|$ 称为向量（点）x 与 y 的距离，记作 $d(x, y)$。

Caudhy 不等式　设 $x, y \in E^n$，则 $|(x, y)| \leqslant |x| |y|$ 成立。

向量的长度具有正定性、齐次性和三角不等式性质：

(1) 正定性：$|x| \geqslant 0$，当且仅当 $x=0$ 时，$|x|=0$；

(2) 齐次性：$|ax|=|a||x|$；

(3) 三角不等式：$|x+y| \leqslant |x|+|y|$。

假设 S 是一个非空集，其元素叫做点，如果实值函数 $\rho：S \times S \to \mathbf{R}$ 满足下列三个条件公理：

(1) 正定性：$\rho(x, y) \geqslant 0$，$\rho(x, y)=0 \Leftrightarrow x=y$；

(2) 对称性：$\rho(x, y)=\rho(y, x)$；

(3) 三角不等式：$\rho(x, z) \leqslant \rho(x, y)+\rho(y, z)$。

其中 x, y 和 z 是 S 中的任意点，则称函数 ρ 为 S 上的距离（函数）或度量。

如果在非空集 S 中定义了一个距离 $\rho：S \times S \to \mathbf{R}$，则 S 与 ρ 一起，称为一个度量空间，记作 (S, ρ)。S 中的点或子集仍分别称为 (S, ρ) 的点或子集。

如果 (S_1, ρ_1) 与 (S_2, ρ_2) 是两个度量空间，令

$$S = S_1 \times S_2$$

$$\rho((x_1, y_1), (x_2, y_2)) = [\rho_1^2(x_1, x_2) + \rho_2^2(y_1, y_2)]^{1/2}$$

可以证明 (S, ρ) 也是一个度量空间，通常称它为 (S_1, ρ_1) 与 (S_2, ρ_2) 的积空间，并记作 $(S_1, \rho_1) \times (S_2, \rho_2)$。

3. 线性运算与线性空间

设 P 是由一些复数构成的集，包括 0 和 1，如果 P 中任意两个数的和、差、积商（除数不为零）仍是 P 中的数，则称 P 为一个数域。如果数集 P 中任意两数进行某个运算的结果仍然在 P 中，我们通常称 P 对于该运算是封闭的。数域就是包含 0 和 1 且对四则运算封闭的集。

假设 S 是一个非空集，P 是一数域，映射 $\varphi：S \times S \to S$，任一点 $(x, y) \in S \times S$ 的象记作 $x+y$，即 $\varphi(x, y)=x+y \in S$，如果满足下列条件：

(1) $x+y=y+x$，$\forall x, y \in S$；

(2) $(x+y)+z=x+(y+z)$，$\forall x, y, z \in S$；

(3) S 中存在唯一的一个零元素，使得 $x+0=x$，$\forall x \in S$；

(4) 每个 $x \in S$，存在唯一的负元素 $-x \in S$，使得 $x+(-x)=0$。

则称映射 φ 是集 S 的一个加法。从积集 $P \times S$ 到 S 的一个映射 φ，其任一点 $(a, x) \in P \times S$ 的象记作 $a \cdot x$，即 $\varphi(a, x)=ax \in S$，如果满足下列条件：

(1) $1x=x$，$\forall x \in S$；

(2) $(ab)x=a(bx)$，$\forall x \in S, a, b \in P$；

(3) $a(x+y)=ax+by$，$\forall x, y \in S, a \in P$；

(4) $(a+b)x=ax+bx$，$\forall x \in S, a, b \in P$。

则称映射 φ 是集 S 在数域 P 上的一个数乘法。加法和数乘法统称为集 S 在数域 P 上的线性运算或线性空间结构。

如果定义了非空集 S 在数域 P 上的线性运算＋和·，则称 S 为在 P 上的线性空间或向量空间，可以记作 $(S; P; +, \cdot)$，并称 S 的元素为向量。通常，$(S; \mathbf{R}; +, \cdot)$ 称为实向量空间，$(S; \mathbf{C}; +, \cdot)$ 称为复向量空间。E^n（当 $n=1$ 时是实数直线）是实向量空间，

C^n 是复向量空间。

设 V 是 $(S；P；+，\cdot)$ 的一个非空子集，如果它对运算 $+$ 与 $\cdot$ 是封闭的，即

$$x+y \in V，\quad \forall x，y \in V$$

$$ax \in V，\quad \forall x \in V，a \in P$$

则 V 对两种运算也构成在 P 上的线性空间，称为 $(S；P；+，\cdot)$ 或 S 的一个线性子空间，简称子空间。在 $(S；P；+，\cdot)$ 中，单个零向量构成的子集与集 S 本身都是线性子空间，有时把它们称为平凡子空间。

如果 V 与 W 是 $(S；P；+，\cdot)$ 的子空间，集 $\{x_1+x_2 \mid x_1 \in V，x_2 \in W\}$ 叫做 V 与 W 的和，记作 $V+W$。

定理 4.1.4　若 V 与 W 是 $(S；P；+，\cdot)$ 的子空间，则 $V \cap W$ 也是一个子空间。

定理 4.1.5　设 V 与 W 是 $(S；P；+，\cdot)$ 的子空间，则和 $V+W$ 也是一个子空间。

假设 V 与 W 是 E^n 的子空间，如果有 $(x，y)=0，\forall x \in V，y \in W$，称为 V 与 W 正交，记作 $V \perp W$；一个向量 $x \in E^n$，如果有 $(x，y)=0，\forall y \in V$，则称 x 与 V 正交，记作 $x \perp V$。

如果 $x \perp V$，且 $x \in V$，则 $x=0$；若 $V \perp W$，则 $V \cap W=0$，因此有如下定理：

定理 4.1.6　若子空间 $V_1，V_2，\cdots，V_n$ 两两正交，则和 $V_1+V_2+\cdots+V_n$ 是直和。

如果子空间 V 与 W 正交且 $V+W=E^n$，则称 W 是 V 的正交补，并记 W 为 $V^\perp$。

定理 4.1.7　E^n 的每一个子空间 V 有唯一的正交补。

4. 线性相关和线性无关

设 $x_1，x_2，\cdots，x_n$ 是 $(S；P；+，\cdot)$ 中的向量，如果存在不全为零的数 $a_1，a_2，\cdots，a_n \in P$，使得

$$a_1 x_1 + a_2 x_2 + \cdots + a_n x_n = 0$$

则称 $x_1，x_2，\cdots，x_n$ 是线性相关的。如果只有 $a_1=a_2=\cdots=a_n=0$ 时上式才成立，则称 $x_1，x_2，\cdots，x_n$ 是线性无关的。

如果 $x_1，x_2，\cdots，x_n \in (S；P；+，\cdot)$，则集

$$\left\{x = \sum_{i=1}^{n} a_i x_i \mid x_1，x_2，\cdots，x_n \in P\right\}$$

称为 S 的由 $x_1，x_2，\cdots，x_n$ 生成的子空间，记作 $\mathrm{Span}\{x_1，x_2，\cdots，x_n\}$。

如果 $(S；P；+，\cdot)$ 是由 n 个线性无关的向量 $x_1，x_2，\cdots，x_n$ 生成的，即

$$S = \mathrm{Span}\{x_1，x_2，\cdots，x_n\}$$

则称 S 是 n 维的，记作 $\dim S=n$。如果在 S 中能找到任意多个线性无关的向量，则称 S 是无限维的。

假设 $(S；P；+，\cdot)=\mathrm{Span}\{x_1，x_2，\cdots，x_n\}$，向量 $x_1，x_2，\cdots，x_n$ 线性无关，则称这组向量为 S 的一组基。任一向量 $x \in S$ 都能由这组基唯一地线性表示出来。

定理 4.1.8　设 V 是 n 维线性空间 $(S；P；+，\cdot)$ 的一个 m 维子空间，$x_1，x_2，\cdots，x_m$ 是 V 的一组基，则这组向量能扩充为 S 的基，即在 S 中可找到 $n-m$ 个向量 $x_{m+1}，\cdots，x_n$，使得 $x_1，x_2，\cdots，x_n$ 是 S 的一组基。

定理 4.1.9　设 V 和 W 是有限维空间 $(S；P；+，\cdot)$ 的子空间，则

$$\dim V + \dim W = \dim(V+W) + \dim(V \cap W)$$

定理 4.1.10　设 V 和 W 是有限维空间 $(S；P；+，\cdot)$ 的子空间，则 $V+W$ 为直和的充分必要条件是 $\dim V+\dim W=\dim(V+W)$。

5. 同构

假设 V 和 W 是数域 P 上的线性空间，如果存在一一对应的映射 $f: V\to W$，使得

$$f(\alpha x+\beta y)=\alpha f(x)+\beta f(y)　　　(\forall x,y\in V；\alpha,\beta\in P)$$

则称 V 与 W 为同构，f 称为同构映射。

数域 P 上任一个 n 维线性空间都与 P^n 同构。

同构映射 f 具有下列基本性质：

(1) $f(0)=0，f(-x)=-f(x)$；

(2) V 中向量组 $x_1,x_2,\cdots,x_n$ 线性相关 $\Leftrightarrow f(x_1),f(x_2),\cdots,f(x_n)$ 线性相关；

(3) 同构映射的逆映射及两个同构映射的复合仍是同构映射；

(4) 数域 P 上两个有限维线性空间同构的充分必要条件是两者有相同的维数。

6. 邻域、开集、闭集和连续映射

设点 $x_0\in(S,\rho)$，ε 是任意正数。集

$$U(x_0,\varepsilon)=\{x\in S\mid\rho(x,x_0)<\varepsilon\}$$

称为点 x_0 在 (S,ρ) 中的 ε- 邻域或邻域。

度量空间 (S,ρ) 中点的邻域具有如下性质：

(1) 每一点 $x\in S$ 都有非空邻域，$x\in U(x,\varepsilon)$，ε 是任意正数；

(2) 若点 $x\in U(x_1,\varepsilon_1)\bigcap U(x_2,\varepsilon_2)$，则存在 x 的邻域 $U(x,\varepsilon)\in U(x_1,\varepsilon_1)\bigcap U(x_2,\varepsilon_2)$。

假设 A 是 (S,ρ) 的一个子集，若 $A=A^0$，即对于任一 $x\in A$ 存在 $U(x,\varepsilon)\subset A$，则称 A 为 (S,ρ) 中的开集；若 $S-A$ 是 (S,ρ) 的开集，则称 A 为 (S,ρ) 中的闭集。

假设 $X=(S_1,\rho_1)$，$Y=(S_2,\rho_2)$，$f: X\to Y$ 是从 X 到 Y 的映射，点 $x_0\in X$，如果对任一给定邻域 $U(f(x_0),\varepsilon)$ 都存在一邻域 $U(f(x_0),\delta)$，使得

$$x\in U(f(x_0),\delta)\Rightarrow f(x)\in U(f(x_0),\varepsilon)$$

或

$$U(f(x_0),\delta)\subset U(f(x_0),\varepsilon)$$

则称 f 在点 x_0 连续。若 f 在 X 的每一点连续，则称 $f: X\to Y$ 为连续映射；当 $Y=E^1$ 时，通常称 f 为连续函数。

定理 4.1.11　设 $X=(S_1,\rho_1)$，$Y=(S_2,\rho_2)$，对于 $f: X\to Y$，下列 5 个条件两两等价：

(1) f 是连续映射；

(2) Y 的每个开集在 f 下的原像都是 X 的开集；

(3) Y 的每个闭集在 f 下的原像都是 X 的闭集；

(4) $f(\overline{A})\subset\overline{f(A)}，\forall A\subset X$；

(5) X 中每一个以 x 为极限点的收敛点列 $\{x_n\}_{n=1}^{\infty}$，象点列 $\{f(x_n)\}_{n=1}^{\infty}$ 在 Y 中收敛到 $f(x)$。

7. 集的代数、σ^- 代数和测度

如果 Σ 是由集 Ω 的某些子集所成的非空集类，即 $\Sigma \subset \mathcal{R}(\Omega)$ 非空，如果满足下列两个条件：

(1) $E_1 E_2 \in \Sigma \Rightarrow E_1 \bigcup E_2 \in \Sigma$；

(2) $E \in \Sigma \Rightarrow E^c = \Omega - E \in \Sigma$。

则称 Σ 是 Ω 上的一个集的代数或 Boole 代数。显然，Ω 上的集的代数就是包含 Ω 与 $\varnothing$，并且对于"差"、"并"和"交"的运算都封闭的集类。

如果 Σ 是由集 Ω 的某些子集所成的非空集类，即 $\Sigma \subset \mathcal{R}(\Omega)$ 非空，且满足下列两个条件：

(1) $E_i \subset \Sigma (i = 1, 2, \cdots) \Rightarrow \bigcup\limits_{i=1}^{\infty} E_i \in \Sigma$；

(2) $E \in \Sigma \Rightarrow E^c = \Omega - E \in \Sigma$。

则称 Σ 是 Ω 上的一个 σ^- 代数或 Borel 体。显然，每个 σ^- 代数是集的代数，它是包含 Ω 与 $\varnothing$，并且对于"差"及可列个集的"并"和"交"的运算均封闭的集类。$\mathcal{R}(\Omega)$ 是 Ω 上的一个 σ^- 代数。

定理 4.1.12 设 $G \subset \mathcal{R}(\Omega)$，则必有唯一的 σ^- 代数 $\Sigma \subset \mathcal{R}(\Omega)$ 使得

(1) $G \subset \Sigma$；

(2) 对任何包括 G 的 σ^- 代数 Σ' 都有 $\Sigma \subset \Sigma'$，即 Σ 是包含 G 的最小的 σ^- 代数。

该定理表明任何一个集类都可以扩充成唯一的一个最小的 σ^- 代数，从而一个集可能存在不同的 σ^- 代数。

假设 $\Sigma \subset \mathcal{R}(\Omega)$ 是一个 σ^- 代数，μ 是定义在 Σ 上的非负集函数并满足：

(1) $\mu(\varnothing) = 0$；

(2) $\forall E_i \in \Sigma (i = 1, 2, \cdots)$，只要 $E_i \bigcap E_j = \varnothing (i \neq j)$，则满足可列可加性：

$$E_i \bigcap E_j = \varnothing (i \neq j) \Rightarrow \mu(\bigcup\limits_{i=1}^{\infty} E_i) = \sum\limits_{i=1}^{\infty} \mu(E_i)$$

我们称 μ 为 Σ 上的一个测度。Ω、Σ 和 μ 构成测度空间，记为 (Ω, Σ, μ)。当 $\Omega \subset \mathbf{R}$ 时，μ 是 Σ 上的可列可加测度。

测度空间 (Ω, Σ, μ) 的测度 μ 具有下列性质：

(1) 若 $E_1, E_2 \subset \Sigma$ 且 $E_1 \subset E_2$，则 $\mu(E_1) \leqslant \mu(E_2)$；

(2) 若 $E_i \subset \Sigma (i = 1, 2, \cdots)$，则

$$\mu(\bigcup\limits_{i=1}^{\infty} E_i) \leqslant \sum\limits_{i=1}^{\infty} \mu(E_i)$$

(3) 若 $E_i \in \Sigma (i = 1, 2, \cdots)$ 且 $E_1 \subset E_2 \subset \cdots$，则

$$\mu(\bigcup\limits_{i=1}^{\infty} E_i) = \lim\limits_{i \to \infty} \mu(E_i)$$

(4) 若 $E_i \in \Sigma (i = 1, 2, \cdots)$ 且 $E_1 \supset E_2 \supset \cdots$，$\mu(E_1) < \infty$，则

$$\mu(\bigcap\limits_{i=1}^{\infty} E_i) = \lim\limits_{i \to \infty} \mu(E_i)$$

8. 外测度、内测度和 Lebesgue 测度

如果 $E \subset \mathbf{R}$，数

$$m^*(E) = \inf\left\{\sum\limits_{i=1}^{\infty} l(I_i) \,\middle|\, \bigcup\limits_{i=1}^{\infty} I_i \supset E, I_i = (a_i, b_i)\right\}$$

称为 E 的外测度。其中，$l(I_i)$ 是区间 I_i 的长度。

如果 $E \subset \mathbf{R}$，I_n、E_n 及 E_n^c 由满足 $I_n = (-n, n)$，$E_n = I_n \bigcap E$，$E_n^c = I_n - E_n (n = 1, 2, \cdots)$，则称数

$$m_*(E) = \lim_{n \to \infty} (2n - m^*(E_n^c))$$

为 E 的内测度。

显然，当 $E \subset [a, b]$ 是有界集时，$m_*(E) = (b-a) - m^*(E^c)$，其中，$E^c = [a, b] - E$。

定理 4.1.13　设 $E \subset \mathbf{R}$，则 $m_*(E) \leqslant m^*(E)$。

假设 $E \subset \mathbf{R}$，如果对任何集 $F \subset \mathbf{R}$ 均满足卡拉西奥道里（Caratheodory）条件：

$$m^*(F) = m^*(F \bigcap E) + m^*(F \bigcap E^c)$$

这里 $E^c = \mathbf{R} - E$，则称 E 为 Lebesgue 可测集或 L-可测集，$m(E) = m^*(E)$ 称为 E 的 Lebesgue 测度或 L-测度。

定理 4.1.14　集 E 是 L-可测的 $\Leftrightarrow$ 余集 $E^c = \mathbf{R} - E$ 是 L-可测的。

定理 4.1.15　集 E 是 L-可测的 $\Leftrightarrow$ 对任何 $S \subset E$，$T \subset E^c$，恒有

$$m^*(S \bigcup T) = m^*(S) + m^*(T)$$

定理 4.1.16　若 E_1、E_2 是 L-可测的，则 $E_1 \bigcup E_2$ 是 L-可测的，且当 $E_1 \bigcap E_2 = \varnothing$ 时，对任何 $F \subset \mathbf{R}$ 有

$$m^*(F \bigcap (E_1 \bigcup E_2)) = m^*(F \bigcap E_1) + m^*(F \bigcap E_2)$$

特别地，

$$m(E_1 \bigcup E_2) = m(E_1) + m(E_2)$$

推论 1　E_1、E_2 是 L-可测的 $\Leftrightarrow E_1 \bigcap E_2$ 是 L-可测的。

推论 2　若 E_1、E_2 是 L-可测的，则 $E_1 - E_2$ 是 L-可测的，且当 $E_1 \supset E_2$ 时有

$$m(E_1 - E_2) = m(E_1) - m(E_2)$$

推论 3　若 $E_i (i = 1, 2, \cdots, n)$ 是 L-可测的，则 $\bigcup_{i=1}^{n} E_i$ 是 L-可测的，且当 $E_i \bigcap E_j = \varnothing$ $(i \neq j)$ 时，对任何 $F \subset \mathbf{R}$ 有

$$m^*(F \bigcap (\bigcup_{i=1}^{n} E_i)) = \sum_{i=1}^{n} m^*(F \bigcap E_i)$$

特别地，

$$m(\bigcup_{i=1}^{n} E_i) = \sum_{i=1}^{n} m(E_i)$$

若 $E_i (i = 1, 2, \cdots, n)$ 是 L-可测的 $\Leftrightarrow \bigcap_{i=1}^{n} E_i$ 是 L-可测的。

定理 4.1.17　若 $E_i (i = 1, 2, \cdots)$ 是 L-可测的，当 $E_i \bigcap E_j = \varnothing$ $(i \neq j)$ 时，则 $\bigcup_{i=1}^{\infty} E_i$ 是 L-可测的，而且

$$m(\bigcup_{i=1}^{\infty} E_i) = \sum_{i=1}^{\infty} m(E_i)$$

另外，还有两个推论：

推论 1　若 $E_i (i = 1, 2, \cdots)$ 是 L-可测的，则 $\bigcup_{i=1}^{\infty} E_i$ 是 L-可测的。

推论 2　若 $E_i(i=1, 2, \cdots)$ 是 L-可测的，则 $\Leftrightarrow \bigcap\limits_{i=1}^{\infty} E_i$ 是 L-可测的。

定理 4.1.18　开区间 $I=(a, b)$ 可测，且 $m(I)=b-a$。

定理 4.1.19　$\mathbf{R}$ 中的开集与闭集都是可测集。

定理 4.1.20　$\mathbf{R}$ 中的可列点集是可测集，且测度为零。

$\mathbf{R}$ 上 Lebesgue 可测点集全体构成的集类是 $\mathbf{R}$ 上的一个 σ^- 代数，它和 $\mathbf{R}$ 及 L-测度 m 一起构成一个测度空间。假设 L 是 $\mathbf{R}$ 上 Lebesgue 可测点集的全体，即

$$L = \{E \subset \mathbf{R} \mid m^*(F) = m^*(F \bigcap E) + m^*(F \bigcap E^c), \quad \forall F \subset \mathbf{R}\}$$

则 $(\mathbf{R}, L, m)$ 是一个测度空间，称为 Lebesgue 测度空间。

9. Lebesgue 可测函数

假设 $E \subset L$ 是 $(\mathbf{R}, L, m)$ 中的点集，如果函数 $f: E \rightarrow \mathbf{R}$ 满足

$$E(f \geqslant c) = \{x \mid f(x) \geqslant c, x \in E\} \in L, \forall c \subset \mathbf{R}$$

即对一切实数 c，集 $E(f \geqslant c)$ 都是 L-可测的，则称 f 是 E 上的 Lebesgue 可测函数或 L-可测函数。

定理 4.1.21　以下 5 个条件等价：

(1) f 是 E 上的 L-可测函数；

(2) $E(f < c) = \{x \in E \mid f(x) < c\} \in L, \forall c \in \mathbf{R}$；

(3) $E(f \leqslant c) = \{x \in E \mid f(x) \leqslant c\} \in L, \forall c \in \mathbf{R}$；

(4) $E(f > c) = \{x \in E \mid f(x) > c\} \in L, \forall c \in \mathbf{R}$；

(5) $E(c < f \leqslant d) = \{x \in E \mid c < f(x) \leqslant d\} \in L, \forall c, d \in \mathbf{R}$。

L-可测函数有如下基本性质：

(1) 如果 f 是 E 上的 L-可测函数，则对任何数 a, af 是 E 上的 L-可测函数。

(2) 如果 f 和 g 是 E 上的 L-可测函数，则 $f+g$、$f-g$、$f \cdot g$ 和 $f/g(g \neq 0)$ 都是 E 上的 L-可测函数。显然，可测函数类对代数运算是封闭的。除此之外，$|f|$、$\max(f, g)$ 和 $\min(f, g)$ 也是可测函数。

(3) 如果 E 是直线上的 L-可测集，f 是 E 上的 L-可测函数，对于任意给定的 $\delta > 0$，必有 E 的闭子集 F_δ，使得 $m(E-F_\delta) < \delta$，而且 f 是 F_δ 上的连续函数。

10. 整除

数论是研究整数性质的一个数学分支。全体整数所组成的集合通常用 $\mathbf{Z}$ 表示，即

$$\mathbf{Z} = \{\cdots, -3, -2, -1, 0, 1, 2, 3, \cdots\}$$

假设 $a, b \in \mathbf{Z}, a \neq 0$，如果存在 $q \in \mathbf{Z}$ 使得 $b=aq$，那么就说 b 可以被 a 整除，记作 $a \mid b$。换句话说，整除就是指整数 b 除以非零整数 a 所得的商是个整数，而余数为零。我们就说 b 能被 a 整除，或者说 a 能整除 b。$a \mid b$ 读作"a 整除 b"或者"b 能被 a 整除"。

整除与除尽是有区别的，除尽是指余数是零，但所得到的商是整数或有限小数。除尽并不局限于整数范围内，被除数、除数以及商可以是整数，也可以是有限小数，只要余数是零就叫除尽。当被除数、除数和商均为整数，且余数为零时才叫整除。整除是除尽的一种特殊情况。

设 $a, b, c \in \mathbf{Z}, a \neq 0$，整除具有如下性质：

(1) $\pm 1 \mid a, \pm a \mid a$；

（2）设 $m \neq 0$，$a \mid b$ 与 $(ma) \mid (mb)$ 等价；

（3）设 $b \neq 0$，如果 $a \mid b$，则 $|a| \leqslant |b|$；

（4）若 $a \mid b$，$b \mid a$，则 $|a| = |b|$；

（5）若 $a \mid b$，$b \mid c$，则 $a \mid c$；

（6）若 $a \mid b$，$a \mid c$，则对于所有 $x, y \in \mathbf{Z}$，有 $a \mid (bx \pm cy)$；

（7）若 $a \mid c$，$b \mid c$，并且 a 与 b 互质，则 $(ab) \mid c$。

就整数的十进制表示法而言，整除有很多已知的规律，有些规律比较直观，例如，任何整数都能被 1 整除；个位是 2、4、6、8、0 的数都能被 2 整除；个位上是 0 或 5 的数都能被 5 整除；最后两位能被 4 整除的数，这个数就能被 4 整除；最后三位能被 8 整除的数，这个数就能被 8 整除等。有些规律根据数论中的素数的基本性质即可证实。例如，同时被 2 和 3 整除的整数就能被 6 整除；同时被 3 和 4 整除的整数就能被 12 整除。

整除还有些规律不能直观地得到，是需要通过推导证明的。

（1）如果每一位上数字之和能被 3 整除，那么这个数就能被 3 整除。如果每一位上数字之和能被 9 整除，那么这个数就能被 9 整除。

我们假设整数 p_n 为 $p_n = a_n a_{n-1} \cdots a_1$，即 $p_n = a_1 + a_2 10 + a_3 10^2 + \cdots + a_n 10^{n-1}$，每位数之和表示为 $A_n = a_1 + a_2 + \cdots + a_n$，有如下关系式成立：

$$10^n A_n - p_n = (10^n - 1)a_1 + (10^{n-1} - 1)a_2 + \cdots + (10^2 - 1)a_{n-1} + (10 - 1)a_n$$

上式中 $10^n - 1$ 项均可以被 3 整除，也可以被 9 整除。所以 $10^n A_n - p_n$ 可以被 3 和 9 整除。换句话说，p_n 和 $10^n A_n$ 模 3 同余，p_n 也和 $10^n A_n$ 模 9 同余。表示为 $p_n \equiv 10^n A_n \pmod{3}$ 和 $p_n \equiv 10^n A_n \pmod{9}$。如果 A_n 被 3 整除，则 p_n 也可以被 3 整除。如果 A_n 被 9 整除，则 p_n 也可以被 9 整除。

（2）把一个整数的个位数字截去，再从余下的数中减去个位数的 2 倍，差是 7 的倍数，则原数能被 7 整除；差是 3 的倍数，则原数能被 3 整除。

我们假设整数 p 为

$$p = a_1 + a_2 10 + a_3 10^2 + \cdots + a_n 10^{n-1}$$

余下的数和 2 倍的个位数的差值 q 为

$$q = a_2 + a_3 10 + \cdots + a_{n-1} 10^{n-3} + a_n 10^{n-2} - 2a_1$$
$$2p + q = 21(a_2 + a_3 10 + \cdots + a_n 10^{n-2})$$

上式右边可以被 7 和 3 整除，所以，如果 q 能被 7 整除，则整数 p 可以被 7 整除。如果 q 能被 3 整除，则整数 p 可以被 3 整除。

（3）把一个整数的若干位的低位数字截去，再从余下的数中减去截去的数的 2 倍，如果其差值是 3 的倍数，则原数能被 3 整除。

假设截去低 i 位，我们有等式：

$$q = a_{i+1} + \cdots + a_{n-1} 10^{n-2-i} + a_n 10^{n-1-i} - 2(a_1 + a_2 10 + \cdots + a_i 10^{i-1})$$
$$2p + q = (2 \cdot 10^i + 1)(a_{i+1} + a_{i+2} 10 + \cdots + a_n 10^{n-1-i})$$

由于 $2 \cdot 10^i + 1$ 每位数字的和是 3，所以上式右边可以被 3 整除。如果 q 能被 3 整除，则原整数 p 可以被 3 整除。

不难证明还有如下规律：

（4）如果把一个整数的个位数字截去，将余下的数加上 4 倍的个位数，如果和是 13 的倍数，则原数能被 13 整除。

（5）如果把一个整数的个位数字截去，将余下的数减去 5 倍的个位数，如果差是 17 的倍数，则原数能被 17 整除。

（6）如果把一个整数的个位数字截去，余下的数加上 2 倍的个位数，如果和是 19 的倍数，则原数能被 19 整除。

（7）把一个整数分成若干段之和能被 9 整除，则这个数能被 9 整除。

（8）把一个整数分成若干段，每段的末尾为奇数位加，偶数位减，结果能被 11 整除，则这个数能被 11 整除。

（9）如果一个整数的低 4 位与前面的数求和，结果如能被 101 整除，则这个整数能被 101 整除。若一个整数的低 2 位与前面的数相减，如果差值能被 101 整除，则这个整数能被 101 整除。

11. 素数

设整数 $p \neq 0$ 和 ± 1，如果它除了显然因数 ± 1 和 $\pm p$ 之外，没有其它的因数，那么，p 就称为素数，也叫质数或不可约数。如果 $p \neq 0$ 和 ± 1，且不是素数，则 p 就称为合数。换句话说，素数是指在大于 1 的自然数中，除了 1 和这个整数本身之外，不能被其它任何自然数整除的数。比 1 大但不是素数的数称为合数。1 和 0 既非素数也非合数。

定理 4.1.22（算术基本定理） 任何一个大于 1 的自然数 N，都可以唯一分解成有限个素数的乘积：

$$N = p_1^{a_1} p_2^{a_2} \cdots p_n^{a_n}$$

式中，$p_1 < p_2 < \cdots < p_n$ 是素数，a_1，a_2，$\cdots a_n$ 是正整数。

算术基本定理是初等数论的一个基本定理，它包括了分解的存在性和分解的唯一性两个部分，唯一性是不考虑排列的顺序，素数乘积的方式是唯一的。这个分解式也称为 N 的标准分解式。

因为合数是由若干个素数相乘获得的，没有素数就没有合数。因此，素数在数论中有着非常重要的地位。素数与合数是相对立的两个概念，它们是数论中最基础的定义之一。关于素数，有以下一些事实：

（1）如果 p 是素数，且 $p \mid ab$，则 $p \mid a$ 或 $p \mid b$，就是说 p 至少整除 a 和 b 中的一个。

（2）素数有无穷多个。

素数的个数是无穷的，最经典的证明由欧几里得利用反证法得到。至今为止，人们所发现的最大素数是梅森素数，$2^{57885161} - 1$ 是第 48 个梅森素数，达到了 17425170 位。

（3）在一个大于 1 的数 a 和它的 2 倍之间，即 $(a, 2a]$ 区间中，必存在一个素数。

（4）存在任意长度的素数等差数列。

由素数组成的等差数列叫做素数等差数列，例如，素数等差数列 3、5、7，其长度为 3，公差为 2；素数等差数列 199、409、619、829、1039、1249、1459、1669、1879 和 2089，其长度为 10，公差为 210。格林和陶哲轩证明了存在任意长的素数等差数列。

定理 4.1.23（素数定理） 设 $\pi(x)$ 表示不大于 x 的素数的数目，则

$$\lim_{x \to \infty} \pi(x) \cdot \frac{\ln x}{x} = 1$$

素数定理表明对于充分大的 x，$\pi(x)$ 可以用 $x/\ln x$ 近似表示，这里 $\ln x$ 是自然对数。

定理 4.1.24（陈氏定理）　一个充分大偶数必定可以写成一个素数加上一个最多由 2 个质因子所组成的合成数，简称 $1+2$。

12. 最大公约数与最小公倍数

定理 4.1.25（带余除法定理）　对任意整数 b、a，$a>0$，存在唯一的数对 q、r，使得 $b=aq+r$ 成立，其中 $0 \leqslant r < a$，r 是余数。

在 $a \mid b$ 中，b 是 a 的倍数，a 是 b 的因数，或称约数、除数、因子等。如果 $d \mid a$ 且 $d \mid b$，则称 d 是 a 和 b 的公因数。若整数 d 是 a 和 b 的公因数，$d \geqslant 0$，且可以被 a 和 b 的任意公因数整除，则 d 是 a 和 b 的最大公因数或最大公约数，记作 (a,b) 或 $\gcd(a,b)$。如果 a 和 b 的最大公因数为 1，即 $(a,b)=1$ 成立时，则称 a 和 b 互素，也称互质。累次利用带余除法可以求出 a 和 b 的最大公因数，这种方法常称为辗转相除法，又称欧几里德（Euclid）算法。

通常 $(a,b)>0$，并均有如下性质：

(1) $(a,a)=|a|$。

(2) $(a,0)=|a|$。

(3) $(a,1)=1$。

(4) $(a,b)=(b,a)=(-a,b)$，可以推广到多个整数情况。

(5) $(a,b)=(b,a-b)$。

(6) $(ab,c)=(a,c)(b,c)$。

(7) $(a,b)=(b,a \bmod b)$，mod 为模运算。

(8) 如果 m 是一个自然数，则 $(ma,mb)=m(a,b)$。

(9) 如果 d 是 a、b 的最大公约数，则 $(a/d,b/d)=(a,b)/d$。

(10) 如果 $a_1 \mid a_j$，$j=2,3,\cdots,n$，则 $(a_1,a_2)=(a_1,a_2,\cdots,a_n)=|a_1|$。

(11) 对于任意整数 $x \in \mathbf{Z}$，$(a,b)=(a,b+ax)$，可以推广到多个整数情况。

(12) 如果 p 为素数，$p \mid a$ 成立，$(p,a)=p$，否则 $(p,a)=1$。推广到更一般的情况时，如果 $p \mid a_j$，$j=1,2,\cdots,n$ 成立，则 $(p,a_j)=p$，$j=1,2,\cdots,n$，$(p,a_j)=1$，$j=1,2,\cdots,n$。

(13) 对于不全部为 0 的非负整数 a 和 b，必然存在整数对 x 和 y，使得 $(a,b)=ax+by$ 成立，$ax+by=k(a,b)$，$k \in \mathbf{Z}$。

类似地，还有最小公倍数的概念。

假设 a 和 b 是两个不为零的整数，如果 $a \mid l$ 且 $b \mid l$，那么 l 称为 a 和 b 的公倍数。对于一般情况，假设 $a_j \in \mathbf{Z}$，$j=1,2,\cdots,n$，且均不为零的整数，如果 $a_j \mid l$，$j=1,2,\cdots,n$，我们称 l 为 $a_1,a_2,\cdots,a_n$ 的公倍数。公倍数有无穷多个，但存在一个最小公倍数。通常将正的公倍数中最小的一个称为最小公倍数，记作 $[a,b]$ 或 $\operatorname{lcm}(a,b)$。

a 和 b 的最大公约数和最小公倍数都是必然存在的，而且是唯一的。

根据算数基本定理，a 和 b 可以分别表示为

$$a = p_1^{f_1} p_2^{f_2} \cdots p_n^{f_n}$$

$$b = p_1^{g_1} p_2^{g_2} \cdots p_n^{g_n}$$

式中，$p_1 < p_2 < \cdots < p_n$ 是素数，$f_1,f_2,\cdots,f_n$ 和 $g_1,g_2,\cdots g_n$ 是正整数。则

$$(a, b) = p_1^{\min(f_1, g_1)} p_2^{\min(f_1, g_1)} \cdots p_n^{\min(f_1, g_1)}$$

$$[a, b] = p_1^{\max(f_1, g_1)} p_2^{\max(f_1, g_1)} \cdots p_n^{\max(f_1, g_1)}$$

$$(a, b)[a, b] = ab$$

13. 同余

设 $a, b \in \mathbf{Z}$，$n \neq 0$，如果 $n \mid (a-b)$，我们称 a 和 b 模 n 同余，记作 $a \equiv b \pmod n$，整数 n 称为模数。通常由于 $n \mid (a-b)$ 等价于 $-n \mid (a-b)$，所以 $a \equiv b \pmod n$ 与 $a \equiv b \pmod{(-n)}$ 是等价的。因此，我们总是假定模数 $n \geq 1$。

如果 $0 \leq b < n$，就称 b 是 a 对模 n 的最小非负剩余，也称 b 是 a 对模 n 的余数。

同余式具有如下一些常用性质：

(1) $a \equiv a \pmod n$（反身性）。

(2) 如果 $a \equiv b \pmod n$，则 $b \equiv a \pmod n$（对称性）。

(3) 如果 $a \equiv b \pmod n$，$b \equiv c \pmod n$，则 $a \equiv c \pmod n$（传递性）。

(4) 如果 $a \equiv a_1 \pmod n$，$b \equiv b_1 \pmod n$，那么 $a + b \equiv a_1 + b_1 \pmod n$，$a - b \equiv a_1 - b_1 \pmod n$，$ab \equiv a_1 b_1 \pmod n$。

(5) 如果 $ac \equiv bd \pmod n$，$a \equiv b \pmod n$，$(a, n) = 1$，那么 $c \equiv d \pmod n$。存在 c 使得 $ac \equiv 1 \pmod n$ 当且仅当 $(a, n) = 1$ 成立。

同余关系是一个等价关系，以 n 为模，如果我们按照是否对 n 同余将所有整数进行一个分类，全体整数存在 n 个类，分别是 $0 \pmod n$，$1 \pmod n$，$\cdots$，$n-1 \pmod n$。同类的数都同余，异类的数都不同余。任何整数都必然和 $0, 1, 2, \cdots, n-1$ 之一同余。这种类称为模 n 的同余类或模 n 的剩余类，通常用 $r \pmod n$ 表示 r 所属的模 n 的同余类。同余类 $r + qn \mid q \in \mathbf{Z}$，$0 \leq r < q$ 也可以用其中任意元素 a（经常取 $a = r$）代替，记作 $[a]$。全体整数可以表示为

$$\mathbf{Z} = [0] \cup [1] \cup \cdots \cup [n-1]$$
$$[i] \cup [j] = \varnothing \; (0 \leq i \neq j \leq n-1)$$

我们可以从模 n 的每个剩余类 $[0]$，$[1]$，$\cdots$，$[n-1]$ 中各取一个数，得到一个由 n 个数组成的集合，称为模 n 的一个完全剩余系。例如，一个数除以 4 的余数只能是 0，1，2，3，$\{0, 1, 2, 3\}$ 和 $\{4, 5, -2, 11\}$ 是模 4 的完全剩余系。可以看出 0 和 4、1 和 5、2 和 -2、3 和 11 模 4 同余，这 4 组数分别属于 4 个剩余类，这 4 个剩余类分别为

$0 \pmod 4$，即 $[0]$：$\{\cdots, -8, -4, 0, 4, 8, \cdots\}$

$1 \pmod 4$，即 $[1]$：$\{\cdots, -7, -3, 1, 5, 9, \cdots\}$

$2 \pmod 4$，即 $[2]$：$\{\cdots, -6, -2, 2, 6, 10, \cdots\}$

$3 \pmod 4$，即 $[3]$：$\{\cdots, -5, -1, 3, 7, 11, \cdots\}$

我们又将 $\{0, 1, \cdots, n-1\}$ 记为 Z_n，叫做模 n 的非负最小完全剩余系。上例中的 Z_4 为 $\{0, 1, 2, 3\}$，是模 4 的非负最小完全剩余系。

14. 模运算

a 模 M 的运算可以得到 a 对模 M 的余数，这种运算称为模运算。模运算符合交换率、

结合率和分配率。这些都与基本四则运算有些相似，但是除法例外。其规则如下：

(1) $(a+b) \bmod M = (b+a) \bmod M$；

(2) $(a \cdot b) \bmod M = (b \cdot a) \bmod M$；

(3) $(a+b) \bmod M = (a \bmod M + b \bmod M) \bmod M$；

(4) $(a-b) \bmod M = (a \bmod M - b \bmod M) \bmod M$；

(5) $(a \cdot b) \bmod M = (a \bmod M \cdot b \bmod M) \bmod M$；

(6) $(a^b) \bmod M = (a \bmod M)^b \bmod M$；

(7) $[(a+b) \bmod M + c] \bmod M = [a + (b+c) \bmod M] \bmod M$；

(8) $[(a \cdot b) \bmod M \cdot c] \bmod M = [a \cdot (b \cdot c) \bmod M] \bmod M$；

(9) $[(a+b) \bmod M \cdot c] \bmod M = [(a \cdot c) \bmod M + (b \cdot c) \bmod M] \bmod M$。

模运算在 Σ-Δ 量化器(SDM)的结构寄生与随机模型分析方面有广泛的应用，从传统的 SDM 到抖动式 SDM，再到基于素数模量化器的 HK-EFM 模型，以及 SP-MASH 模型等等，都离不开模运算。

4.2　量化器结构寄生的数学描述

在特定的输入数值情况下，Σ-Δ 调制噪声成型的结果存在着不充分随机的图案，由此形成了 Σ-Δ 调制器固有的杂散谱，通常称为 Σ-Δ 调制器的结构寄生。为了揭示这种结构寄生，我们从 Σ-Δ 量化器模型入手分析，不失一般性，采用的 Σ-Δ 量化器模型如图 4.1 所示。图中 X_n 是输入信号，量化器的输出信号是 $q(U_n)$，输入信号与反馈信号的差值 e_n 进行积分求和，积分器的输出 U_n 被量化，产生输出 $q(U_n)$。

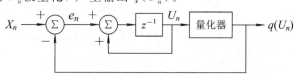

图 4.1　Σ-Δ 量化器模型

根据图 4.1 所示的通用模型，我们可以得到系统的差分方程：

$$e_n = X_n - q(U_n) \tag{4.1}$$

$$U_n = e_{n-1} + U_{n-1} \tag{4.2}$$

量化器满足下列关系式：

$$q(u) = \begin{cases} +b & u \geqslant 0 \\ -B & u < 0 \end{cases} \tag{4.3}$$

输出抽取序列满足：

$$Y_n = \frac{1}{N_k} \sum_{i=1}^{N} q(u_{n-i}) \tag{4.4}$$

也就是形成序列 $Y_{kN}(k=1,2,\cdots)$，式中的 N_k 是输入样点数与输出样点数之比，即过采样比，通常假设数值比较大。Y_{kN} 可以看成梳状波数字滤波器或低通滤波器的一个特殊情况下的输出。

假设输入是固定的样值 $X_n = x(n=1, 2, \cdots, N)$，且译码积分器的初始状态为 $U_0 = u_0$，该初始状态取决于先前的输入数值。对应于 $X_n = x$ 的输出是 $Q(x)$，有下列关系式：

$$Y_N = Q(x) = \frac{1}{N_k} \sum_{i=0}^{N_k-1} q(U_i)$$

当输入为 x，初值为 U_0 时，量化器的工作过程可以用差分方程来描述：

$$U_n = \begin{cases} U_{n-1} + x - b & U_{n-1} \geqslant 0 \\ U_{n-1} + x + b & U_{n-1} < 0 \end{cases} \qquad n = 1, 2, 3, \cdots \qquad (4.5)$$

假设 $x \in [-b, b]$，并考虑 x 为非负的情形，在各态历经理论中，随机过程可以采用一个绝对动态系统来描述，它由概率空间上的一个变换构成。为了构造 $\Sigma\text{-}\Delta$ 量化器的等效模型，定义一个样本空间 $\Omega = [x-b, x+b)$，视为随机变量 U_n 的样本空间，通常称为概率空间 (Ω, B, m)。该空间是由 Borel 集合 B 与概率测度 m 所组成的，m 是 Lebesgue 测度，它定义了样本空间 Ω 上的均匀概率密度函数。

我们定义一个变换 $S: \Omega \rightarrow \Omega$

$$Su = \begin{cases} u + x - b & u \geqslant 0 \\ u + x + b & u < 0 \end{cases} \qquad (4.6)$$

则

$$U_n = S^n U_0 \qquad n = 1, 2, \cdots \qquad (4.7)$$

显然，上述变换是可逆的，并且是可测的，是各态历经理论中的一个绝对动态系统，通常记为 (Ω, B, m, S)。考虑到随机变量 U_n 满足关系式 (4.7)，即 $U_n = S^n U_0$，量化器的输出可以进一步表示为

$$Q(x) = \frac{1}{N_k} \sum_{i=0}^{N_k-1} q(S^i U_0) \qquad (4.8)$$

在 $\Sigma\text{-}\Delta$ 量化器的动态系统模型中，可以进一步将它映射到另一个模型中。我们定义一个函数 $\alpha: [x-b, x+b) \rightarrow [0, 1)$ 如下：

$$\alpha(u) = \frac{u}{2b} + \frac{b-x}{2b} = \frac{1}{2} + \frac{u-x}{2b} \qquad (4.9)$$

可以看出，α 函数压缩并位移了样本空间，即从以 x 为中心、长度 $2b$ 为间隔转移到以 $\frac{1}{2}$ 为中心具有单位间隔的样本空间。α 是一个仿射，连续、可测和可逆函数。因此，动态系统可以在单位间隔上定义一个 T 变换：

$$Ty = \begin{cases} y + \dfrac{x-b}{2b} & y \geqslant \dfrac{b-x}{2b} \\ y + \dfrac{x+b}{2b} & y < \dfrac{b-x}{2b} \end{cases} \qquad (4.10)$$

根据上述 S 变换和 T 变换的定义，以及 α 函数，不难得出

$$\alpha(Su) = T\alpha(u) \qquad (4.11)$$

如果在单位间隔上用均匀密度来定义一个概率测度的话，可以得到另一个动态系统，记为 $([0, 1), m, T)$，从基本的各态历经理论得到这两个动态系统是同构的。当且仅当一个是平稳的(各态历经的)，另一个也是平稳的(各态历经的)。

我们在 $[0,1)$ 上定义一个二进制量化器：

$$q^*(y) = \begin{cases} +b & y \geqslant \dfrac{b-x}{2b} \\[2mm] -b & y < \dfrac{b-x}{2b} \end{cases} \tag{4.12}$$

容易得到

$$q^*(\alpha(u)) = q(u)$$

因此，量化器的输出关系式(4.8)进一步表示为

$$Q(x) = \frac{1}{N_k} \sum_{i=0}^{N_k-1} q^*(T^i \alpha(U_0)) \tag{4.13}$$

如果定义 $\beta \in [0,1)$，满足

$$\beta = \frac{b+x}{2b} = \frac{1}{2} + \frac{x}{2b} \tag{4.14}$$

并且设 $\langle r \rangle$ 表示 r 模 1 运算，亦即取 r 的小数部分，我们可以得到

$$Ty = \langle y + \beta \rangle$$
$$T^n y = \langle y + n\beta \rangle \tag{4.15}$$

可以看出，T 变换的性质将决定模型中积分器的状态序列 U_n 和量化器 $Q(x)$ 的特征。我们再定义

$$Y_n = \alpha(U_n) = \frac{U_n}{2b} + \frac{b-x}{2b}$$

则

$$Y_n = T^n Y_0 = \langle \alpha(U_0) + n\beta \rangle \tag{4.16}$$

对于输入 x 是模 1 线性的，积分器状态和量化器输出也可以表示为

$$U_n = 2b \langle \alpha(U_0) + n\beta \rangle - (b-x)$$

$$Q(x) = \frac{1}{N_k} \sum_{i=0}^{N_k-1} q^*(\langle \alpha(U_0) + i\beta \rangle) \tag{4.17}$$

可见，T 变换等效于在单位圆上定义的一个变换，它以 β 为弧长围绕一个点旋转。如果圆上分布是均匀的，系统则是平稳。当且仅当 β 为无理数时，系统是各态历经的。如果 β 是有理数，则变换是周期性的。特别是，$\beta = k/K$ 为最简分式时，$T^k \beta = \beta$，那么序列 $T^i \beta$ 是周期性的，导致量化器的输出产生循环状态，并有周期为 K。

在小数分频频率合成器中，Σ-Δ 调制器是数字化的 DSM，但量化器的上述周期行为是一样的，它将引起输出信号的相位调制，体现为输出频谱杂散。在第三章中，我们已经详细介绍了多种 Σ-Δ 调制器，例如 MASH 1-1-1 采用了 3 个稳定的一阶回路级联构成，输入是预期分频比的小数部分 $.F$，积分器采用累加器完成，传递函数为 $1/(1-z^{-1})$，累加器的满量溢出作为其输出，该过程是一个取模操作运算。最终形成的噪声传递函数是一个高通滤波器，因此，MASH 1-1-1 调制器以每 10 倍频程 40 dB 的成型特性将量化噪声 E_{q3} 推向频率远端。

MASH 1-1-1 调制器中 3 个单环 EFM 都有量化噪声，其中，E_{q1} 和 E_{q2} 具有明显的周期行为，所幸的是完美的噪声取消 NCL 逻辑将 E_{q1} 和 E_{q2} 在输出序列中完全抵消掉了，仅仅

和 E_{q3} 相关。由于多级成型的作用，使得第三级累加器在 0 和满量之间呈现等概率，E_{q3} 表现为白噪声性质。然而，有些输入数值会使得 DSM 的输出并不是周期极长的伪随机序列，并不完全具有白噪声性质。例如，输入小数为 0.5、0.25 和 0.125 等，输出序列具有明显的周期性。输入 0.5 时的输出序列如表 4.1 中所示，第 5 个时钟周期开始了重复工作，因此，进位脉冲并不是一个充分随机的变量，在输出频谱上表现出特有的结构寄生。

表 4.1　MASH 1-1-1 中累加器状态表（输入为 0.5 时）

时钟节拍	1	2	3	4	5	6	7
累加器 1	0.5	0	0.5	0	0.5	0	0.5
累加器 2	0.5	0.5	0	0	0.5	0.5	0
累加器 3	0.5	0	0	0	0.5	0	0
进位输出	0	1	0	0	0	1	0

图 4.2 展示的是 SDM 输入为 0.25 情况下分频器输出的结构寄生频谱，可以看出，寄生信号的幅值也表现出一定的成型效果，可以利用锁相环的低通特性将频率较高的寄生信号滤除掉，但是近端的杂散性能不可能滤除，因此近载波的频谱纯度将难以容忍。随机特性比较好的 SDM 没有明显的结构寄生，如图 4.3 所示。通常，设计 Σ-Δ 调制器主要考虑三个重要因素，第一个因素是输出序列的平均值和输入数值之间的关系，如果两个数值彼此间是线性关系，则说明 DSM 是准确的；第二个因素是序列长度，它应该足够长，以便平稳地分布量化误差功率；最后一个是输入范围，出于大多数的应用需求，DSM 应该支持全部输入范围。因此，一个理想的 DSM 应该是准确的，并对所有输入数值都能够产生无限的序列长度。

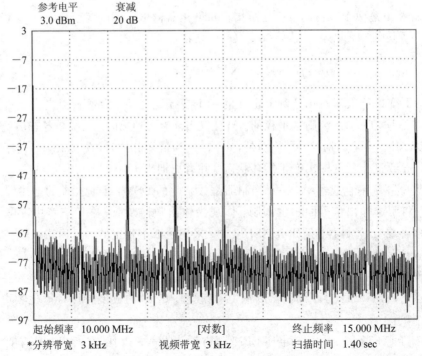

图 4.2　小数分频器输出的 SDM 结构寄生谱

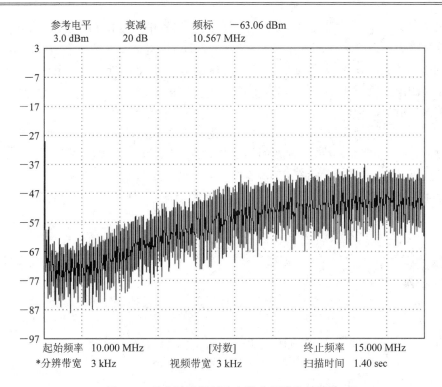

参考电平　　　衰减　　　　频标　　　－63.06 dBm
3.0 dBm　　　20 dB　　　　10.567 MHz

起始频率　10.000 MHz　　　　[对数]　　　　终止频率　15.000 MHz
*分辨带宽　3 kHz　　　　视频带宽　3 kHz　　　扫描时间　1.40 sec

图 4.3　具有随机调制的小数分频器输出频谱

4.3　Σ-Δ 调制器 MASH 模型序列长度分析

4.3.1　1 阶 EFM 模型和输出序列长度分析

在分析 Σ-Δ 调制器输出序列长度时，采用离散时域变量是比较方便的，在 MASH 模型中所采用的单级 EFM 框图与数学模型如图 4.4 所示。

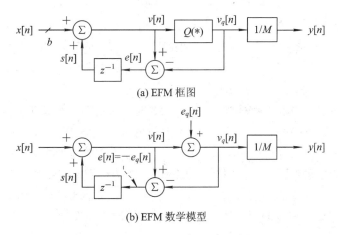

(a) EFM 框图

(b) EFM 数学模型

图 4.4　EFM 框图与 EFM 数学模型

输入序列是 $x[n]$，按照时钟节拍，分别进入累加器中参与求和，累加得到的 $v[n]$ 经过量化后输出为 $v_q[n]$，$v_q[n]=v[n]+e_q[n]$，$e_q[n]$ 是量化器的量化误差，$v_q[n]$ 经过除 M 后得到输出序列 $y[n]$。参与累加求和的反馈量是上一次累加器中的余量 $e[n-1]$，即 $e[n] \cdot z^{-1}$，因此，在框图中有一个 z^{-1} 延时单元。由于 $e[n]=v_q[n]-v[n]=-e_q[n]$，累加器余量在量值上等于量化误差，所以有时也称 $e[n]$ 为量化误差。

在小数分频器的设计与应用中，输入通常是一个常数值，而且是一个对累加器满量归一化的数值，$x[n]=M\alpha$，α 表示预期的小数值，$\alpha=.F$，M 是累加器的满量值，当累加器的位数长度为 b 时，$M=2^b$。一阶 EFM 输出序列长度由定理 4.3.1 给出。

定理 4.3.1 假设输入信号 $x[n]=M\alpha$，α 是预期的小数值，$M\alpha$ 是个有理数，且

$$M\alpha = \sum_{k=0}^{b-1} p_k 2^k = 2^j B$$

式中，$B \bmod 2 = 1$，p_k 是 0 或 1，并且 $2^j < M(j=0,1,2,\cdots,b-1)$，则一阶 EFM 的输出序列长度 N 为

$$N = 2^{b-j} = \frac{M}{2^j}$$

证明 根据 $e[n]$ 的定义，我们可以得到

$$e[n] = (e[0] + nM\alpha) \bmod M \tag{4.18}$$

式中，$e[0]$ 是 EFM 中寄存器的初始值。

由于 EFM 是一个有限状态机，$e[n]$ 是一个周期性信号，我们假设 $e[n]$ 的周期为 N，则 $e[N]=e[0]$，上式可以写为

$$(NM\alpha) \bmod M = 0 \tag{4.19}$$

将 $M\alpha = 2^j B$ 代入，上式变为

$$(NM\alpha) \bmod M = (N2^j B) \bmod M = 0 \tag{4.20}$$

式中，B 是整数，并且 $B \bmod 2 = 1$，为满足关系式(4.20)模 M 为零成立，序列长度 N 必须满足

$$N = 2^{b-j} = \frac{M}{2^j}$$

定理 4.3.1 表明，在传统的 MASH 1-1-1 结构中，第一级 EFM 的输出序列长度与输入数值相关，j 越低周期就越长。当 EFM 的最低位为 1，即 $j=0$，$N=M$，序列长度达到最长。当最高位为 1，而其余位均为 0 时，即 $j=b-1$，$N=M/2^{b-1}=2$，输出序列长度最短。因此，第一级 EFM 的输出序列长度范围是 $N=2 \sim M$。

前面已经介绍过，当输入数值为 0.5 或 0.25 时，输出序列具有明显的周期性，在输出频谱上表现出特有的 MASH 结构寄生。一种有效的方法是将 EFM 的最低位设置成 1 来增加序列长度，在许多小数分频频率合成器的设计中都是这样处理的。应该指出，这种处理办法会带来一个固定的频差。以 48 bit 的 EFM 为例，鉴相参考频率为 100 MHz，分辨率可以达到 μHz 量级。如果最低位固定为 1，会带来一个固定频差，虽然频差不大，并在大部分的应用场合完全可以忽略，但是，我们知道有频差就存在相差，在高精度比相测试中会存在一定的问题。因此，采用固定最低位方法来解决较短的序列周期的问题，限制了频率合成器的一些应用场合。

4.3.2　2阶 MASH 1-1 模型序列长度分析

在考察 MASH 1-1 模型输出序列长度之前，我们先介绍一阶 EFM 量化误差的平均值与输入数值和初始值之间的关系，该关系由引理 4.3.1 给出。

引理 4.3.1　假设输入信号 $x[n]=M\alpha$，α 是预期的小数值，一阶 DSM 的量化误差 $e[n]$ 的平均值是

$$\overline{e[n]} = \left(M\frac{\beta}{2} + e[0]\right) \bmod M \tag{4.21}$$

如果 $\alpha \leqslant 0.5$，则 $\beta=1-\alpha$；否则 $\beta=\alpha$。

证明　$e[n]$ 是序列长度为 N 的周期信号，根据式(4.18)，$e[n]$ 的平均值可以写为

$$\overline{e[n]} = \frac{1}{N}\sum_{k=1}^{N} e[k] = \frac{1}{N}(M\alpha + 2M\alpha + \cdots + NM\alpha + Ne[0]) \bmod M \tag{4.22}$$

式(4.22)的解分为两个部分，根据式(4.19)，即 $(NM\alpha) \bmod M=0$，有

$$\frac{1}{N}(M\alpha + 2M\alpha + \cdots + (N-1)M\alpha) \bmod M = \left(\frac{(N-1)M\alpha}{2}\right) \bmod M \tag{4.23}$$

根据定理 4.3.1，可以得到

$$NM\alpha = MB \tag{4.24}$$

将式(4.24)代入式(4.23)，得到

$$\left(\frac{(N-1)M\alpha}{2}\right) \bmod M = \left(\frac{MB - M\alpha}{2}\right) \bmod M \tag{4.25}$$

由于 $B \bmod 2=1$，因此有

$$\left(\frac{MB}{2}\right) \bmod M = \frac{M}{2} \tag{4.26}$$

将式(4.26)代入式(4.25)，考虑到 $e[0] \bmod M=e[0]$，一并代入到式(4.22)，得到

$$\overline{e[n]} = \frac{1}{N}\sum_{k=1}^{N} e[k] = \left(\frac{M(1-\alpha)}{2} + e[0]\right) \bmod M \tag{4.27}$$

第二部分解是通过对式(4.22)直接求和得到的，即

$$\frac{1}{N}(M\alpha + 2M\alpha + \cdots + NM\alpha) \bmod M = \frac{1}{N}\left(NM\alpha\frac{N}{2} + \frac{N}{2}M\alpha\right) \bmod M \tag{4.28}$$

因为 $(NM\alpha) \bmod M=0$，第一项中 $N=M/2^j=2^{b-j}(j=0,1,2,\cdots,b-1)$，$N$ 是 2 的整数倍，$N/2$ 为整数，因为 $(NM\alpha) \bmod M=0$，所以式(4.28)中的第一项模 M 为零。

$$\overline{e[n]} = \frac{1}{N}\sum_{k=1}^{N} e[k] = \left(\frac{M\alpha}{2} + e[0]\right) \bmod M \tag{4.29}$$

第一个解(式(4.27))是当 $\alpha \leqslant 0.5$ 时有效的，否则第二个解(式(4.29))是有效的。因此，我们将两种情况的关系式合并写为

$$\overline{e[n]} = \left(M\frac{\beta}{2} + e[0]\right) \bmod M$$

如果 $\alpha \leqslant 0.5$，则 $\beta=1-\alpha$；否则 $\beta=\alpha$。

从引理 4.3.1 和证明过程来看，我们可以得到如下结论：

(1) 量化误差和初值有关。

(2) 量化误差存在一个最小平均值，当初值为零时，在 $\alpha=0.5$ 时呈现最小值 $M/4$。例

如，输入为 0.5 时，量化误差在 0 和 0.5 之间转换，平均值为 0.25，正是 $M/4$。

（3）关系式（4.27）适合 $\alpha \leqslant 0.5$ 的情形，式（4.29）适合 $\alpha > 0.5$ 的情形。

引理 4.3.2 假设序列 $a[k]$ 的周期长度为 N，且 $N \bmod 2 = 0$，则有

$$\sum_{n=1}^{M \cdot N} \sum_{k=1}^{n} a[k] = MK + \frac{M(M-1)}{2} NP \tag{4.30}$$

$$\left(\sum_{n=1}^{M \cdot N} \sum_{k=1}^{n} a[k] \right) \bmod M = 0 \tag{4.31}$$

式中，K 和 P 均为常数，且为整数，分别为

$$K = \sum_{n=1}^{N} \sum_{k=1}^{n} a[k]$$

$$P = \sum_{k=1}^{N} a[k]$$

证明 将求和按照序列周期长度 N 展开：

$$\sum_{n=1}^{M \cdot N} \sum_{k=1}^{n} a[k] = \sum_{n=1}^{N} \sum_{k=1}^{n} a[k] + \sum_{n=N+1}^{2N} \sum_{k=1}^{n} a[k] + \cdots + \sum_{n=(M-1)N+1}^{M \cdot N} \sum_{k=1}^{n} a[k]$$

$$= K + (K + NP) + \cdots + [K + (M-1)NP]$$

$$= MK + \frac{M(M-1)}{2} NP$$

上式正是关系式（4.30），由于式中 K 和 P 均为常数，且为整数，因 $N \bmod 2 = 0$，上式模 M 运算为零，亦即式（4.31）成立，从而引理 4.3.2 成立。

上式也表明，如果 $a[k]$ 的周期长度不满足 $N \bmod 2 = 0$，而满足均值为零，即 $P = 0$，则引理 4.3.2 依然成立。

依据引理 4.3.2，我们就可以计算第二级量化误差 $e_2[n]$ 的序列长度了，$e_2[n]$ 表示为

$$e_2[n] = (e_1[n] + e_2[n-1]) \bmod M = \left(e_2[0] + \sum_{k=1}^{n} e_1[k] \right) \bmod M \tag{4.32}$$

假设 $e_2[n]$ 是周期性的，序列长度为 N_2，$e_2[0] = e_2[N_2]$，可以把上式改写为

$$\left(\sum_{n=1}^{N_2} e_1[n] \right) \bmod M = 0 \tag{4.33}$$

$e_1[n]$ 是第一级 EFM 输出的周期性序列，长度为 N_1，N_2 是比例于 N_1 的整数，可以表示为

$$N_2 = L_2 N_1$$

式中，L_2 是一个整数。将 N_2 代入式（4.33），可以得到

$$\left(\sum_{n=1}^{L_2 N_1} (e_1[n]) \right) \bmod M = L_2 \left(\sum_{n=1}^{N_1} (e_1[n]) \right) \bmod M = 0 \tag{4.34}$$

利用引理 4.3.1 的结论，可以把式（4.34）写为

$$L_2 \left(\frac{M\beta}{2} N_1 + N_1 e_1[0] \right) \bmod M = 0 \tag{4.35}$$

式（4.35）表明第二级的序列周期长度与第一级的初始值 $e_1[0]$ 是有关系的，当 $\alpha \leqslant 0.5$ 时，$\beta = 1 - \alpha$，否则 $\beta = \alpha$。

利用 $M\alpha = 2^j B$ 和定理 4.3.1 的结论，当 $\alpha > 0.5$ 时，$\beta = \alpha$ 时，关系式（4.35）中的第一项为

$$\left(\frac{M\beta}{2}N_1\right) \bmod M = \left(\frac{MB}{2}\right) \bmod M \tag{4.36}$$

因为 B 是一个整数，而且 $B \bmod 2 = 1$，所以

$$\left(\frac{M\beta}{2}N_1\right) \bmod M = \left(\frac{MB}{2}\right) \bmod M = \frac{M}{2} \tag{4.37}$$

关系式(4.37)表明，如果 L_2 包含 2 的幂次，则式(4.35)中的第一项模 M 运算为零。可以证明，当 $\beta = 1-\alpha$ 时，结论相同。因此，关系式(4.35)中的第一项要求 $L_2 = 2$，确保模 M 为零。

当 $\beta = \alpha$ 时，式(4.35)的第二项为

$$L_2(N_1 e_1[0]) \bmod M = 0 \tag{4.38}$$

显然，如果初值 $e_1[0]$ 等于零，这个第二项就可以从关系式(4.35)中除去，L_2 由第一项决定。

当 $e_1[0] \neq 0$ 且 $e_1[0] \bmod 2 = 1$ 时，因为 $N_1 = M/2^j$，当 $j = 0$ 时，$N_1 = M$，上式模 M 运算为零，L_2 的取值由第一项确定，此时，$L_2 = 2$，$N_2 = 2N_1 = 2M$；当 $j = 1$ 的时候，第二项与第一项之和可以被 M 整除，对应的 $L_2 = 1$，$N_2 = M/2$；当 $j \geqslant 2$ 时，$L_2 = 2^j$，$N_2 = M$。

综合以上结论，第二级量化误差的序列长度 N_2 为

$$N_2 = \begin{cases} L_2 N_1 = 2N_1 = \dfrac{M}{2^{j-1}} & (j = 0, 1, \cdots, b-1; \ e_1[0] = 0) \\[2mm] L_2 N_1 = \begin{cases} N_1 = \dfrac{M}{2} & (j = 1) \\[2mm] 2^j N_1 = M & (j = 2, 3, \cdots, b-1; \ e_1[0] \neq 0, e_1[0]\bmod 2 = 1) \\[2mm] 2N_1 = 2M & (j = 0) \end{cases} \end{cases} \tag{4.39}$$

二阶 MASH 1-1 调制器的输出序列周期长度 $N_{\text{MASH 1-1}}$ 是 N_1 和 N_2 的最小公倍数。

$$N_{\text{MASH 1-1}} = \begin{cases} \dfrac{M}{2^{j-1}} & (j = 0, 1, \cdots, b-1; \quad e_1[0] = 0) \\[2mm] \dfrac{M}{2} & (j = 1; \qquad\qquad\quad e_1[0] \neq 0, e_1[0]\bmod 2 = 1) \\[2mm] M & (j = 2, 3, \cdots, b-1; \quad e_1[0] \neq 0, e_1[0]\bmod 2 = 1) \\[2mm] 2M & (j = 0; \qquad\qquad\quad e_1[0] \neq 0, e_1[0]\bmod 2 = 1) \end{cases} \tag{4.40}$$

关系式(4.39)和(4.40)是在 $e_1[0] = 0$ 和 $e_1[0] \bmod 2 = 1$ 的情形下得到的 2 阶 MASH 1-1 调制器输出序列周期长度的结论。对于 MASH 输出序列周期长度的考察，通常都是在初始值为零和为奇数两种条件下进行的，它已经能够揭示序列周期出现极短现象的行为，也能获得避免出现这种周期极短现象的有效方法。

如果考虑初始值为偶数的情况，对于高阶调制器来说，其初始值之间的组合分析还是比较复杂繁琐的。不失一般性，设初始值 $e_1[0]$ 为

$$e_1[0] = 2^r B_1$$

式中，$B_1 \bmod 2 = 1 (r = 0, 1, 2, \cdots, b-1)$。当 $r = 0$ 时，正是 $e_1[0]$ 为奇数的情形。

将 $e_1[0]$ 代入关系式(4.35)中，得到

$$L_2\left(\frac{M\beta}{2}N_1 + N_1 e_1[0]\right) \bmod M = L_2\left(\frac{M}{2} + \frac{MB_1}{2^{j-r}}\right) \bmod M = 0 \qquad (4.41)$$

考察式(4.41)描述的周期行为，需要比较输入数值和初始值中为1的最低位的权重，即 j 和 r 的大小。为此，我们在 $j-r \geqslant 2$，$j-r=1$ 和 $j-r \leqslant 0$ 三种情况下进行详细分析。

(1) 当 $j-r \geqslant 2$ 时：

关系式(4.41)中的第二项要求 $L_2 = 2^{j-r}$，第一项要求 $L_2 = 2$，结合第一项结论，考虑到 $j-r \geqslant 2$，两项综合要求 $L_2 = 2^{j-r}$，$N_2 = L_2 N_1 = M/2^r$。显然，最小值出现在 $j=b-1$，$r=b-3$ 时，$N_{2\min} = M/2^{b-3} = 8$，在 $j \geqslant 2$，$r=0$ 时，$N_{2\max} = M$。

(2) 当 $j-r=1$ 时：

关系式(4.41)中的第二项模 M 运算为

$$\left(\frac{MB_1}{2}\right) \bmod M = \frac{M}{2}$$

关系式(4.41)中的两项之和模 M 等于零，此时要求 $L_2 = 1$，$N_2 = N_1 = M/2^j$，这种情况下，N_2 和 1 阶的周期长度是一样的。根据 j 和 r 对应的取值范围，当初始值 $r=0$ 和输入 $j=1$ 时，N_2 获得最大值，$N_2 = M/2$；当 $j=b-1$，$r=b-2$ 时，N_2 获得最小值，$N_2 = 2$。

(3) 当 $j-r \leqslant 0$ 时：

关系式(4.41)中的第二项模 M 为零，由第一项确定 $L_2 = 2$，$N_2 = M/2^{j-1}$。当 $j=0$，$r=0, 1, 2, \cdots, b-1$ 时，N_2 获得最大值，$N_2 = 2M$；当 $j=r=b-1$ 时，N_2 获得最小值，$N_2 = 4$。

综合上述结论，第二级量化误差序列长度的一般表达式为

$$N_2 = \begin{cases} \dfrac{M}{2^{j-1}} & (e_1[0]=0) \\[2mm] \dfrac{M}{2^r} & (j-r \geqslant 2, e_1[0] \neq 0) \\[2mm] \dfrac{M}{2^j} & (j-r=1, e_1[0] \neq 0) \\[2mm] \dfrac{M}{2^{j-1}} & (j-r \leqslant 0, e_1[0] \neq 0) \end{cases} \qquad (4.42)$$

如果我们令 $r=0$，即 $e_1[0] \bmod 2 = 1$，式(4.42)与关系式(4.39)结论一致。

通过对第二级量化误差序列周期性的分析，我们可以得出几个非常有用的结论：

(1) 在 $e_1[0]=0$ 的情况下，$L_2 = 2$，$N_2 = M/2^{j-1}$，第二级的输出序列长度和输入数值有关，第一级序列长度范围是 $N_1 = 2 \sim M$，第二级的序列长度为 $N_2 = 4 \sim 2M$。最大周期长度出现在 $j=0$ 时，因此，将输入最低位设置为1是增加序列长度，是避免出现极短周期现象的一种有效方法。

(2) 在 $e_1[0] \neq 0$ 且 $e_1[0] \bmod 2 = 1$ 的情况下，第二级的输出序列长度虽然与输入数值有关，但是，当 $j=0$ 时，$N_2 = N_{2\max} = 2M$；当 $j=1$ 时，$N_2 = M/2$；当 $j \geqslant 2$ 时，$N_2 = M$。可见，也不存在周期极短的现象。因此，将初始值设置为奇数也是避免出现极短周期现象的一种有效方法。

(3) 在 $e_1[0] \neq 0$ 且 $e_1[0] \bmod 2 = 0$ 的情况下，分为 $j-r \geqslant 2$，$j-r=1$ 和 $j-r \leqslant 0$ 三种

情况，当 $j=b-1$，$r=b-3$ 时，$N_2=8$；当 $j=b-1$，$r=b-2$ 时，$N_2=N_{2min}=2$；当 $j=r=b-1$ 时，$N_2=4$。可见，都存在着极短序列周期长度的情况，而且最短的长度是 $N_{2min}=2$，比初始值全为零的情形还要短。为了避免这种情况的发生，可以选择 $e_1[0]$ 数值中为 1 的最低位尽量处于低有效位上。

2 阶 MASH 1-1 调制器的输出序列周期长度 $N_{MASH\ 1-1}$ 是 N_1 和 N_2 的最小公倍数。根据所得到的 N_1 和 N_2 的表达式，可以得到 $N_{MASH\ 1-1}$ 为

$$N_{MASH\ 1-1} = \begin{cases} \dfrac{M}{2^{j-1}} & (e_1[0]=0) \\[2mm] \dfrac{M}{2^r} & (j-r\geqslant 2,\ e_1[0]\neq 0) \\[2mm] \dfrac{M}{2^j} & (j-r=1,\ e_1[0]\neq 0) \\[2mm] \dfrac{M}{2^{j-1}} & (j-r\leqslant 0,\ e_1[0]\neq 0) \end{cases} \tag{4.43}$$

2 阶 MASH 1-1 的序列周期长度也可以采用表格形式给出，查阅比较方便，参见表 4.2 所示。

为了和后面的 3 阶 MASH 1-1-1 序列周期长度方便比较，表 4.2 也可以按照表 4.3 的形式给出。

表 4.2　MASH 1-1 的序列周期长度（$M=2^b$，$X=2^j B$，$e_1[0]=2^r B_1$）

$N_{MASH\ 1-1}$	$e_1[0]=0$	$e_1[0]\neq 0$	
		$e_1[0]$ 为奇数，$e_1[0]\bmod 2=1$	$e_1[0]$ 为偶数，$e_1[0]\bmod 2=0$
X 为奇数 $X\bmod 2=1$	$N=M/2^{j-1}$ $j=0,1,2,\cdots,b-1$	$N=2M$；$j=0$；$r=0$	$N=2M$；$j=0$；$r=1,2,\cdots,b-1$
X 为偶数 $X\bmod 2=0$		$N=M/2$；$j=1$；$r=0$ $N=M$；$j=2,3,\cdots,b-1$；$r=0$	$N=M/2^r$，$j-r\geqslant 2$ $N=M/2^j$，$j-r=1$ $N=M/2^{j-1}$，$j-r\leqslant 0$

表 4.3　第二级量化误差 $e_2[n]$ 周期长度 N_2（$X=2^j B$，$e_1[0]=2^r B_1$）

初始值与输入值	$e_1[0]=0$	$e_1[0]\neq 0$；$r=1,2,\cdots,b-1$		
		$j-r\geqslant 2$ $j=2,3,\cdots,b-1$	$j-r=1$ $j=1,2,\cdots,b-1$	$j-r\leqslant 0$ $j=0,1,\cdots,b-1$
$N_{MASH1-1}$	$N=M/2^{j-1}$	$N=M/2^r$	$N=M/2^j$	$N=M/2^{j-1}$

4.3.3　3 阶 MASH 1-1-1 模型序列长度分析

在分析 3 阶 MASH 1-1-1 模型输出序列的周期行为特性时，会涉及对 1 阶 SDM 量化误差 $e_1[n]$ 的双求和与模运算，下面介绍的定理 4.3.2 就是 1 阶 SDM 量化误差 $e_1[n]$ 双求和的模运算特性，它在高阶 MASH 模型序列周期行为的分析中起着非常重要的作用。

定理 4.3.2　如果输入信号 $x[n]=M\alpha$，α 是预期的小数值，M 是累加器满量值，$M\alpha$

是个有理数，则 1 阶 SDM 的量化误差 $e[k]$ 的双求和满足：

当初始值 $e[0]=0$ 时，或者，当 $e[0]\neq0$ 且 $e[0]\bmod 2=0$ 时，

$$\left(\sum_{n=1}^{M}\sum_{k=1}^{n}e[k]\right)\bmod M=0 \tag{4.44}$$

当初始值 $e[0]\neq0$ 且 $e[0]\bmod 2=1$ 时，

$$\left(\sum_{n=1}^{2M}\sum_{k=1}^{n}e[k]\right)\bmod M=0 \tag{4.45}$$

证明　1 阶 DSM 量化误差 $e[k]$ 的序列长度为 $N=M/2^{j}$，根据引理 4.3.2 中的关系式 (4.30)可以得到

$$\left(\sum_{n=1}^{M}\sum_{k=1}^{n}e[k]\right)\bmod M=\left[2^{j}K_{e}+(2^{j}-1)\frac{M}{2}P_{e}\right]\bmod M \tag{4.46}$$

式中，P_e 为

$$P_{e}=\sum_{k=1}^{N}e[k]=N\left(\frac{M\beta}{2}+e[0]\right)\bmod M$$

当输入 $\alpha>0.5$ 时，$\beta=\alpha$，利用 $(MB/2)\bmod M=M/2$ 关系，上式简化为

$$P_{e}=\sum_{k=1}^{N}e[k]=N\left(\frac{M\beta}{2}+e[0]\right)\bmod M=\left(\frac{M}{2}+Ne[0]\right)\bmod M$$

将上式代入式(4.46)中，式中的第二项为

$$\left[(2^{j}-1)\frac{M}{2}P_{e}\right]\bmod M=\left[(2^{j}-1)\frac{M}{4}M+(2^{j}-1)\frac{M}{2^{j+1}}Me[0]\right]\bmod M=0$$

考虑到 $(2^{j}-1)\bmod 2=1$，$M/2^{j+1}$ 是最小值为 1 的整数，因此，上式模 M 运算为零。即式(4.46)中的第二项模 M 运算为零。容易证明，当输入 $\alpha\leqslant0.5$ 时，$\beta=1-\alpha$，上述结论同样成立。关系式(4.46)进一步简化为

$$\left(\sum_{n=1}^{M}\sum_{k=1}^{n}e[k]\right)\bmod M=(2^{j}K_{e})\bmod M \tag{4.47}$$

式(4.47)中的 K_e 为

$$K_{e}=\sum_{n=1}^{N}\sum_{k=1}^{n}e[k]=\sum_{n=1}^{N}\sum_{k=1}^{n}(e[0]+kM\alpha)\bmod M$$

$$=\left[\frac{1}{2}N(N+1)e[0]+M\alpha\sum_{n=1}^{N}\frac{1}{2}n(n+1)\right]\bmod M$$

考虑到求和恒等式(4.48)成立，K_e 写为式(4.49)

$$\sum_{n=1}^{N}n(n+1)=\frac{1}{3}N(N+1)(N+2) \tag{4.48}$$

$$K_{e}=\left[\frac{1}{2}N(N+1)e[0]+M\alpha\frac{1}{6}N(N+1)(N+2)\right]\bmod M \tag{4.49}$$

将式(4.49)代入式(4.47)，并考虑到 $M\alpha=2^{j}B$，可以得到

$$(2^{j}K_{e})\bmod M=\left[2^{j-1}N(N+1)e[0]+2^{2j-1}B\frac{1}{3}N(N+1)(N+2)\right]\bmod M \tag{4.50}$$

根据公式(4.48)，显然 $[N(N+1)(N+2)]\bmod 3=0$ 成立，亦即 $N(N+1)(N+2)$ 可以被 3 整除。由于 3 是素数，根据素数的性质，被 3 整除的不是 N 就是 $(N+1)(N+2)$。因

为 $N=2^{b-j}$ 都是 2 的幂次，不可能被 3 整除，只能是 $(N+1)(N+2)$ 被 3 整除。由于 N 是 2 的幂次，假设为 $N=2^n$，则有

$$(2^n+1)(2^n+2)\bmod 3 = (2^{2n}+3\cdot 2^n+2)\bmod 3 = (2^{2n}+2)\bmod 3 = 0 \quad (4.51)$$

$$(2^{2n}+2)\bmod 3 = 2(2^{2n-1}+1)\bmod 3 = 0 \quad (4.52)$$

关系式(4.51)表明，2 的偶次幂加 2 可以被 3 整除，也就是说，当 $b-j$ 为偶数时，$(N+2)\bmod 3 = 0$，同时 $(N+2)$ 被 3 整除后为偶数，所以还含有一个 2 的幂次。关系式 (4.52)表明，2 的奇次幂加 1 可以被 3 整除，也就是说，当 $b-j$ 为奇数时，$(N+1)\bmod 3 = 0$。这样我们就证明了 $N(N+1)(N+2)$ 中含有 $(b-j+1)$ 个 2 的幂次，也至少含有 1 个 3 的幂次。另外，$B\bmod 2 = 1$。因此，关系式(4.50)中的第二项模 M 为零，只剩下第一项，下面分为 $e[0]=0$、$e[0]\neq 0$ 且 $e[0]\bmod 2 = 0$、$e[0]\neq 0$ 且 $e[0]\bmod 2 = 1$ 三种情形来分析：

(1) 当 $e[0]=0$ 时，式(4.50)中第一项为零。关系式(4.50)为零，定理 4.3.2 中的式 (4.44)成立。

(2) 当 $e[0]\neq 0$ 且 $e[0]\bmod 2 = 0$ 时，$e[0]$ 是个偶数，至少包括一个 2 的幂次，因此，第一项模 M 为零。关系式(4.50)为零，定理 4.3.2 中的式(4.44)也成立。

上述(1)和(2)的结论证明了当初始值 $e[0]=0$ 时，或者当 $e[0]\neq 0$ 且 $e[0]\bmod 2 = 0$ 时，式(4.44)均成立。

(3) 当 $e[0]\neq 0$ 且 $e[0]\bmod 2 = 1$ 时，第一项模 M 不为零，还差一个 2 的幂次。由于关系式(4.45)的求和上限是 $2M$，关系式为

$$
\begin{aligned}
\left(\sum_{n=1}^{2M}\sum_{k=1}^{n}e[k]\right)\bmod M &= (2^{j+1}K_{e_1})\bmod M \\
&= \left[2^j N(N+1)e[0] + 2^{2j+1}B\frac{1}{3}N(N+1)(N+2)\right]\bmod M \\
&= 0
\end{aligned}
\quad (4.53)
$$

式(4.53)第一项即使在 $e[0]\neq 0$ 且 $e[0]\bmod 2 = 1$ 时模 M 也为零，所以，定理 4.3.2 成立。

有了定理 4.3.2 就可以考察 3 阶 MASH 1-1-1 输出序列的周期行为了。第三级量化误差 $e_3[n]$ 表示为

$$e_3[n] = (e_2[n]+e_3[n-1])\bmod M = \left(e_3[0]+\sum_{k=1}^{n}e_2[k]\right)\bmod M \quad (4.54)$$

假设第三级量化误差 $e_3[n]$ 的序列长度为 N_3，$N_3=L_3 N_2$，L_3 是一个整数。考虑到 $e_3[0]=e_3[N_3]$，关系式(4.54)改写为

$$\left(\sum_{n=1}^{N_3}e_2[n]\right)\bmod M = L_3\left(\sum_{n=1}^{N_2}e_2[n]\right)\bmod M = 0 \quad (4.55)$$

将第二级量化误差 $e_2[n]$ 的表达式(4.32)代入上式，得到

$$L_3\sum_{n=1}^{N_2}\left(\sum_{k=1}^{n}e_1[k]+e_2[0]\right)\bmod M = 0 \quad (4.56)$$

我们首先在 $e_1[0]=0$ 和 $e_1[0]\neq 0$ 且 $e_1[0]\bmod 2 = 1$ 情形下，对上式的周期行为进行分析。根据 N_2 的取值条件，参见式(4.39)，我们分为四种情形对式(4.56)进行分析：

（1）初始值 $e_1[0]=0$ 的情形。

当初始值 $e_1[0]=0$ 时，$N_2=2N_1=M/2^{j-1}$，方程（4.56）变为

$$L_3\sum_{n=1}^{2N_1}\left(\sum_{k=1}^n e_1[k]+e_2[0]\right)\bmod M=0 \tag{4.57}$$

根据引理 4.3.2，式（4.57）中第一项为

$$L_3\left(\sum_{n=1}^{2N_1}\sum_{k=1}^n e_1[k]\right)\bmod M=L_3\left[(2K_{e_1}+N_1 P_{e_1})\right]\bmod M=0 \tag{4.58}$$

根据 P_{e_1} 的定义式和引理 4.3.1，有

$$P_{e_1}=\sum_{k=1}^{N_1}e_1[k]=N\left(\frac{M\beta}{2}+e_1[0]\right)\bmod M \tag{4.59}$$

当输入 $\alpha>0.5$ 时，$\beta=\alpha$，利用 $(MB/2)\bmod M=M/2$ 关系，并考虑到 $e_1[0]=0$ 条件，上式简化为

$$P_{e_1}=\sum_{k=1}^{N_1}e_1[k]=\left(\frac{M}{2}\right)\bmod M \tag{4.60}$$

根据关系式（4.49）和 $e_1[0]=0$，K_{e_1} 的表达式为

$$K_{e_1}=\left[M\alpha\frac{1}{6}N_1(N_1+1)(N_1+2)\right]\bmod M \tag{4.61}$$

将式（4.60）和式（4.61）代入方程（4.58）中，得到

$$L_3(2K_{e_1}+N_1 P_{e_1})\bmod M=L_3\left[2^j B\frac{1}{3}N_1(N_1+1)(N_1+2)+\frac{M}{2^j}\frac{M}{2}\right]\bmod M=0$$

由于 $(N_1+1)(N_1+2)$ 可以被 3 整除并含有一个 2 的幂次，所以上式第一项模 M 为零；第二项中 $M/2^j$ 至少包含一个 2 的幂次，所以第二项模 M 也为零。因此，式（4.58）模 M 为零，即关系式（4.57）中的第一项模 M 为零，只剩下初始值项，方程简化为

$$L_3\left(\sum_{n=1}^{2N_1}e_2[0]\right)\bmod M=L_3(2N_1 e_2[0])\bmod M=0 \tag{4.62}$$

① 当 $e_2[0]=0$ 时。当 $e_2[0]=0$ 时，式（4.62）模 M 为零成立，$L_3=1$，$N_3=N_2=2N_1=M/2^{j-1}$。也就是说，当 $e_1[0]=0$ 时，第二级的初始值 $e_2[0]$ 决定了第三级的序列长度。如果 $e_2[0]=0$，N_3 和第二级的序列长度一样。因此，当初始值 $e_1[0]=e_2[0]=0$ 时，由于第三级的量化误差和第一级一样，输出序列出现周期极短的现象，通过级联更多的单环形成高阶 MASH 也是不能解决 MASH 结构寄生的。在 $j=b-1$ 时，$N_3=4$，出现序列周期极短的情况。

② 当 $e_2[0]\neq0$ 且 $e_2[0]\bmod 2=1$ 时。令 $e_2[0]=2^p B_2$，$B_2\bmod 2=1$（$p=0,1,2,\cdots,b-1$），当 $e_2[0]\bmod 2=1$ 时，$p=0$，初始值 $e_2[0]$ 是个奇数。考虑到 $N_1=M/2^j$，L_3 和 N_3 分别为：

当 $j=0$ 时，$N_1=M$，式（4.62）模 M 为零，$L_3=1$，$N_3=N_2=2M$；

当 $j=1$ 时，$2N_1=M$，式（4.62）模 M 也为零，$L_3=1$，$N_3=N_2=M$；

当 $j\geq2$ 时，$L_3=2^{j-1}$，$N_3=2^{j-1}N_2=M$。

综上所述，在 $e_1[0]=0$ 且 $e_2[0]\neq0$ 是个奇数时，N_3 的表达式为

$$N_3 = \begin{cases} N_2 = \dfrac{M}{2^{j-1}} & (e_1[0]=0,\ e_2[0]=0) \\[2mm] N_2 = 2M & (e_1[0]=0,\ e_2[0]\bmod 2=1,\ j=0) \\[2mm] N_2 = M & (e_1[0]=0,\ e_2[0]\bmod 2=1,\ j=1) \\[2mm] 2^{j-1}N_2 = M & (e_1[0]=0,\ e_2[0]\bmod 2=1,\ j\geqslant 2) \end{cases} \qquad (4.63)$$

上式表明，当第一级初始值 $e_1[0]=0$，而第二级初始值 $e_2[0]\neq0$ 且是个奇数时，第三级输出序列周期长度 N_3 为 M 或 $2M$，没有周期极短的行为。因此，在第一级初始值为零时，通过设置第二级初始值为奇数，即 $e_2[0]\bmod 2=1$，同样可以获得最大序列长度，也是消除结构寄生的有效方法之一。

(2) $e_1[0]\neq0$，$e_1[0]\bmod 2=1$ 且 $j=2,3,\cdots b-1$ 的情形。

当 $e_1[0]\neq0$ 且 $j=2,3,\cdots,b-1$ 时，$N_2=2^jN_1=M$，此时关系式(4.56)变为

$$L_3 \sum_{n=1}^{M}\Big(\sum_{k=1}^{n}e_1[k]+e_2[0]\Big)\bmod M = 0 \qquad (4.64)$$

式(4.64)第二项的求和为

$$L_3 \sum_{n=1}^{M}e_2[0]\bmod M = L_3(Me_2[0])\bmod M = 0$$

可见 $e_2[0]$ 求和的结果模 M 运算等于零，式(4.64)进一步简化为

$$L_3 \sum_{n=1}^{M}\sum_{k=1}^{n}(e_1[k])\bmod M = 0 \qquad (4.65)$$

由定理 4.3.2 可知，当 $e_1[0]\neq0$ 且 $e_1[0]\bmod 2=0$ 时，式(4.65)模 M 运算为零。仅当 $e_1[0]\neq0$ 且 $e_1[0]\bmod 2=1$ 时，式(4.65)模 M 为零要求 $L_3=2$，$N_3=2N_2=2M$。因此，得到关系式(4.64)所要求的 L_3 和 N_3 为

$$L_3 = 2 \quad (e_1[0]\bmod 2=1;\ j=2,3,\cdots b-1)$$

$$N_3 = 2N_2 = 2M \quad (e_1[0]\bmod 2=1;\ j=2,3,\cdots,b-1)$$

(3) $e_1[0]\neq0$，$e_1[0]\bmod 2=1$ 且 $j=1$ 的情形。

当 $e_1[0]\neq0$ 且 $j=1$ 时，$N_2=N_1=M/2$，此时关系式(4.56)变为

$$L_3 \sum_{n=1}^{N_1}\Big(\sum_{k=1}^{n}(e_1[k])+e_2[0]\Big)\bmod M = 0 \qquad (4.66)$$

关系式(4.66)可以进一步简化成为

$$L_3 \sum_{n=1}^{N_1}\Big(\sum_{k=1}^{n}e_1[k]+e_2[0]\Big)\bmod M = L_3\Big(K_{e_1}+\frac{M}{2}e_2[0]\Big)\bmod M = 0 \qquad (4.67)$$

式中，K_{e_1} 由关系式(4.49)给出，考虑到 $j=1$，$N_1=M/2$，$M\alpha=2B$，有

$$K_{e_1} = \Big[\frac{M}{4}\Big(\frac{M}{2}+1\Big)e_1[0]+B\frac{1}{3}\frac{M}{2}\Big(\frac{M}{2}+1\Big)\Big(\frac{M}{2}+2\Big)\Big]\bmod M \qquad (4.68)$$

因为 $(M/2+1)(M/2+2)$ 可以被 3 整除并留有 1 个 2 的幂次，$B\bmod 2=1$，所以式(4.68)第二项模 M 为零，关系式变为

$$K_{e_1} = \left[\frac{M}{4}\left(\frac{M}{2}+1\right)e_1[0]\right]\bmod M \tag{4.69}$$

将式(4.69)代入到式(4.67)，得到

$$L_3\left[\frac{M}{4}\left(\frac{M}{2}+1\right)e_1[0]+\frac{M}{2}e_2[0]\right]\bmod M = 0 \tag{4.70}$$

在式(4.70)第一项中，$e_1[0]\neq 0$ 且 $e_1[0]\bmod 2=1$，$(M/2+1)\bmod 2=1$，所以，第一项要求 $L_3=4$。

式(4.70)第二项分为 $e_2[0]=0$ 和 $e_2[0]\neq 0$ 且 $e_2[0]\bmod 2=1$ 两种情况。

① 当 $e_2[0]=0$ 时。当 $e_2[0]=0$ 时，关系式(4.70)只剩下第一项，由于 $e_1[0]\bmod 2=1$，即 $r=0$，要求 $L_3=4$，所以 $N_3=4N_2=2M$。

② 当 $e_2[0]\neq 0$ 且 $e_2[0]\bmod 2=1$ 时。$e_2[0]\bmod 2=1$，第二项要求 $L_3=2$。综合考虑第一项和第二项，要求 $L_3=4$，确保关系式(4.70)模 M 为零，$N_3=4N_2=2M$。

综合上述结果，关系式(4.70)要求的 L_3 和 N_3 分别为

$$L_3 = \begin{cases} 4 & (j=1,\ e_1[0]\bmod 2=1,\ e_2[0]=0) \\ 4 & (j=1,\ e_1[0]\bmod 2=1,\ e_2[0]\bmod 2=1) \end{cases}$$

$$N_3 = \begin{cases} 2M & (j=1,\ e_1[0]\bmod 2=1,\ e_2[0]=0) \\ 2M & (j=1,\ e_1[0]\bmod 2=1,\ e_2[0]\bmod 2=1) \end{cases}$$

上式说明，当 $e_1[0]\bmod 2=1$ 且 $j=1$ 时，第二级初始值在 $e_2[0]=0$ 或 $e_2[0]\bmod 2=1$ 情况下，N_3 都是取最大值。可以看出，当 $e_2[0]\bmod 2=0$ 时，式(4.70)第二项模 M 为零，$L_3=4$ 由第一项确定，因此，与第二级的初始值无关。

(4) $e_1[0]\neq 0$，$e_1[0]\bmod 2=1$ 且 $j=0$ 的情形。

当 $e_1[0]\neq 0$ 且 $j=0$ 时，$N_2=2N_1=2M$，此时关系式(4.56)变为

$$L_3\sum_{n=1}^{2M}\left(\sum_{k=1}^{n}(e_1[k])+e_2[0]\right)\bmod M = 0 \tag{4.71}$$

由定理4.3.2可知，式(4.71)中的第一项模 M 为零。第二项初始值 $e_2[0]$ 的求和结果为 $2Me_2[0]$，显然模 M 运算也为零。因此，要求 L_3 和长度 N_3 为 $L_3=1$，$N_3=N_2=2M$。

综合上述(4.57)、(4.64)、(4.66)和(4.71)四个方程式所描述的周期行为，我们可以得到第三级量化误差相应的系数 L_3 和长度 N_3，如表4.4所示。

表4.4　第三级量化误差周期长度 N_3（$X=2^jB$，$e_1[0]=2^rB_1$，$e_2[0]=2^pB_2$）

$e_3[n]$误差序列长度	$e_1[0]=0$			$e_1[0]\neq 0$，$e_1[0]\bmod 2=1$		
	$j\geq 2$	$j=1$	$j=0$	$j\geq 2$	$j=1$	$j=0$
$e_2[0]=0$	$L_3=1$，$N_3=M/2^{j-1}$			$L_3=2$ $N_3=2M$	$L_3=4$ $N_3=2M$	$L_3=1$ $N_3=2M$
$e_2[0]\neq 0$ 且 $e_2[0]\bmod 2=1$	$L_3=2^{j-1}$ $N_3=M$	$L_3=1$ $N_3=M$	$L_3=1$ $N_3=2M$			

整个 MASH 1-1-1 结构的序列长度 $N_{\text{MASH 1-1-1}}$ 应为 N_1、N_2 和 N_3 的最小公倍数，可以看出 $N_{\text{MASH 1-1-1}}=N_3$，序列长度的表达式为

$$N_{\text{MASH 1-1-1}} = \begin{cases} M/2^{j-1} & (e_1[0]=0,\ e_2[0]=0) \\ 2M & (e_1[0]=0,\ e_2[0]\bmod 2=1,\ j=0) \\ M & (e_1[0]=0,\ e_2[0]\bmod 2=1,\ j\geqslant 1) \\ 2M & (e_1[0]\bmod 2=1,\ j=0,1,2,\cdots,b-1) \end{cases} \tag{4.72}$$

根据上述分析的结果，我们可以得到几个重要结论：

① 当初始值全部为零时，MASH 1-1-1 的第三级量化误差序列周期长度和输入数值有极大的关系，当 $j=b-1$ 时，周期长度取最小值，$N_3=N_{3\min}=4$，存在序列周期极短的现象。因此，MASH 1-1-1 存在严重的结构寄生，而且利用再多的单环级联来构成高阶的调制器，也不能避免极短的序列周期行为，因此结构寄生得不到改善。

② 只要输入是个奇数，即 $j=0$，不管初始值状态是否为零，MASH 1-1-1 的第三级量化误差序列周期长度总是取最大值，$N_3=N_{3\max}=2M$，因此，将输入数值最低位设置为 1 是解决结构寄生的一个有效方法。

③ 只要第一级初始值 $e_1[0]$ 为奇数，$e_1[0]\neq 0$ 且 $e_1[0]\bmod 2=1$，即 $r=0$，对任何输入数值，第三级量化误差序列周期长度总是取最大值，$N_3=N_{3\max}=2M$，不存在周期极短的现象。因此，第一级初始值 $e_1[0]$ 为奇数是解决结构寄生的一个有效方法。

④ 当第一级初始值 $e_1[0]$ 为零时，第二级初始值决定序列周期长度，当 $e_2[0]$ 为奇数时，仍能使 MASH 1-1-1 的第三级量化误差序列周期长度至少为 M。

上述 MASH 1-1-1 输出序列周期长度是在初始值为零或为奇数的条件下获得的，不包括初始值为偶数的情况，即不包括 $e_1[0]\bmod 2=0$ 和 $e_2[0]\bmod 2=0$ 的情形。当考虑初始值为任意值时，我们可以利用关系式(4.42)结论和条件来考察式(4.56)描述的周期行为。

(1) 当 $e_1[0]=0$ 时。

当初始值 $e_1[0]=0$ 时，$N_2=2N_1$。这种情况下的关系式和前面一样，方程式(4.56)简化为式(4.73)：

$$L_3\Big(\sum_{n=1}^{2N_1} e_2[0]\Big)\bmod M = L_3\Big(\frac{M}{2^{j-1}}e_2[0]\Big)\bmod M = 0 \tag{4.73}$$

当 $e_2[0]=0$ 时，$L_3=1$，$N_3=N_2=2N_1=M/2^{j-1}$。

当 $e_2[0]\neq 0$ 时，令

$$e_2[0]=2^p B_2$$

式中，$B_2\bmod 2=1$，$p=0,1,2,\cdots,b-1$。将 $e_2[0]$ 代入式(4.73)中得到

$$L_3\Big(\sum_{n=1}^{2N_1}\sum_{k=1}^{n} e_2[0]\Big)\bmod M = L_3\Big(\frac{M}{2^{j-p-1}}B_2\Big)\bmod M = 0 \tag{4.74}$$

当 $j\leqslant p+1$ 时，考虑到 $B_2\bmod 2=1$，式(4.74)模 M 为零，$L_3=1$，$N_3=N_2=M/2^{j-1}$。当输入是个奇数时，$j=0$，$N_3=2M$ 与初始值无关；当 $j=b-1$ 时，$N_3=4$，存在着序列周期长度极短的现象。

当 $j>p+1$ 时，$L_3=2^{j-p-1}$，$N_3=2^{j-p-1}N_2=M/2^p$。当 $e_2[0]$ 是个奇数时，$p=0$，$N_3=M$，与输入数值无关；当 $j=b-1$，$p=b-3$ 时，$N_3=8$，存在着序列周期长度极短的现象。

综合上述情况，可以得到关系式(4.74)所要求的 L_3 和 N_3：

$$L_3 = \begin{cases} 1 & (e_1[0]=0,\ e_2[0]=0) \\ 1 & (e_1[0]=0,\ e_2[0]\neq 0,\ j\leqslant p+1) \\ 2^{j-p-1} & (e_1[0]=0,\ e_2[0]\neq 0,\ j>p+1) \end{cases} \tag{4.75}$$

$$N_3 = \begin{cases} \dfrac{M}{2^{j-1}} & (e_1[0]=0,\ e_2[0]=0) \\[2mm] \dfrac{M}{2^{j-1}} & (e_1[0]=0,\ e_2[0]\neq 0,\ j\leqslant p+1) \\[2mm] \dfrac{M}{2^{p}} & (e_1[0]=0,\ e_2[0]\neq 0,\ j>p+1) \end{cases} \tag{4.76}$$

(2) 当 $e_1[0]\neq 0$ 且 $j-r\geqslant 2$ 时。

当 $e_1[0]\neq 0$ 且 $j-r\geqslant 2$ 时，$N_2=2^{j-r}N_1$，此时关系式(4.56)变为

$$L_3 \sum_{n=1}^{2^{j-r}N_1}\left(\sum_{k=1}^{n} e_1[k]+e_2[0]\right) \bmod M = 0 \tag{4.77}$$

关系式(4.77)的第一项利用引理 4.3.2 得到

$$\left(\sum_{n=1}^{2^{j-r}N_1}\sum_{k=1}^{n} e_1[k]\right) \bmod M = \left[2^{j-r}K_{e_1}+(2^{j-r}-1)\frac{M}{2^{r+1}}P_{e_1}\right] \bmod M \tag{4.78}$$

式中，P_{e_1} 为

$$P_{e_1} = \sum_{k=1}^{N_1} e_1[k] = N_1\left(\frac{M\beta}{2}+e_1[0]\right) \bmod M$$

当输入 $\alpha>0.5$ 时，$\beta=\alpha$，利用 $(MB/2)\bmod M=M/2$，P_{e_1} 简化为

$$P_{e_1} = \left(\frac{M}{2}+N_1 e_1[0]\right) \bmod M$$

将上式代入关系式(4.78)中，式中的第二项为

$$\left[(2^{j-r}-1)\frac{M}{2}P_e\right] \bmod M = \left[(2^{j-r}-1)\frac{M}{2^{r+2}}M+(2^{j-r}-1)\frac{M}{2^{j+1}}MB_1\right] \bmod M = 0$$

因为 $j-r\geqslant 2$，考虑到 $(2^{j-r}-1)\bmod 2=1$，$B_1\bmod 2=1$，由于 $M/2^{j+1}$ 是最小值为 1 的整数，上式两项模 M 运算均为零，亦即式(4.78)中的第二项模 M 运算为零。容易证明，当输入 $\alpha\leqslant 0.5$ 时，$\beta=1-\alpha$，上述结论同样成立。

K_{e_1} 的关系式与式(4.49)相同，考虑到 $M\alpha=2^j B$ 和 $e_1[0]=2^r B_1$，关系式(4.78)中的第一项为

$$(2^{j-r}K_{e_1}) \bmod M = \left[\frac{M}{2}(N_1+1)B_1+2^{2j-r-1}\frac{N_1(N_1+1)(N_1+2)}{3}B\right]\bmod M \tag{4.79}$$

由于 $N_1(N_1+1)(N_1+2)$ 可以被 3 整除，且 3 是素数，而 $N_1=M/2^j=2^{b-j}$，那么只能是 $(N_1+1)(N_1+2)$ 被 3 整除。当 $b-j$ 为偶数时，$(N_1+2)\bmod 3=0$，同时 (N_1+2) 被 3 整除后为偶数，含有一个 2 的幂次。当 $b-j$ 为奇数时，$(N_1+1)\bmod 3=0$。因此，

$N_1(N_1+1)(N_1+2)$ 中含有 $(b-j+1)$ 个 2 的幂次，同时至少含有 1 个 3 的幂次。考虑到 $B \bmod 2=1$，所以，式(4.79)中第二项包含 2 的幂次为 $(b+j-r)$。由于 $j-r \geqslant 2$ 成立，所以，第二项模 M 为零。

由于 $(N_1+1) \bmod 2=1$，$B_1 \bmod 2=1$，式(4.79)中的第一项要求是

$$L_3 = 2$$

$$N_3 = 2N_2 = \frac{M}{2^{r-1}}$$

关系式(4.77)第二项的求和为

$$L_3 \sum_{n=1}^{2^{j-r} N_1} e_2[0] \bmod M = L_3 (2^{j-r} N_1 e_2[0]) \bmod M = 0$$

考虑到 $e_2[0]=2^p B_2$，$N_1=M/2^j$，上式写为

$$L_3 \sum_{n=1}^{2^{j-r} N_1} e_2[0] \bmod M = L_3 (2^{p-r} M B_2) \bmod M = 0 \tag{4.80}$$

① 当 $e_2[0]=0$ 时，L_3 由式(4.77)中的第一项确定：

$$L_3 = 2, \quad N_3 = 2N_2 = \frac{M}{2^{r-1}}$$

② 当 $e_2[0] \neq 0$ 时，且 $p-r \geqslant 0$ 时：当 $p-r \geqslant 0$ 时，式(4.80)模 M 等于零，

$$L_3 = 1, \quad N_3 = N_2 = \frac{M}{2^r}$$

③ 当 $e_2[0] \neq 0$ 时，且 $p-r < 0$ 时：当 $p-r < 0$ 时，考虑到 $B_2 \bmod 2=1$，此时要求

$$L_3 = 2^{r-p}, \quad N_3 = 2^{r-p} N_2 = \frac{M}{2^p}$$

可见，在 p 和 r 中数值较小的决定了周期长度。综合(1)、(2)和(3)结论，式(4.77)中的第二项要求为

$$L_3 = \begin{cases} 2 & (e_2[0]=0) \\ 1 & (p-r \geqslant 0, \ e_2[0] \neq 0) \\ 2^{r-p} & (p-r < 0, \ e_2[0] \neq 0) \end{cases}$$

$$N_3 = \begin{cases} 2N_2 = M/2^{r-1} & (e_2[0] \neq 0) \\ N_2 = M/2^r & (p-r \geqslant 0, \ e_2[0] \neq 0) \\ 2^{r-p} N_2 = M/2^p & (p-r < 0, \ e_2[0] \neq 0) \end{cases}$$

综合考虑式(4.77)中的第一项和第二项，要求 L_3 为

$$L_3 = \begin{cases} 2 & (e_2[0]=0) \\ 2 & (p \geqslant r) \\ 1 & (p=r-1, \ e_2[0] \neq 0) \\ 2^{r-p} & (p \leqslant r-2) \end{cases} \tag{4.81}$$

式(4.81)考虑到 $p-r=-1$ 时，第一项和第二项均要求 $L_3=2$，分子是两个奇数之和，可以被 2 整除，要求 $L_3=1$。

根据得到的 L_3 的取值关系式(4.81)，得到对应的 N_3 为

$$N_3 = \begin{cases} 2N_2 = M/2^{r-1} & (e_2[0] = 0) \\ 2N_2 = M/2^{r-1} & (p \geqslant r) \\ N_2 = M/2^r & (p = r-1, \quad e_2[0] \neq 0) \\ 2^{r-p}N_2 = M/2^p & (p \leqslant r-2) \end{cases} \tag{4.82}$$

(3) $e_1[0] \neq 0$ 且 $j-r=1$ 时。

当 $e_1[0] \neq 0$ 且 $j-r=1$ 时，$N_2 = N_1 = M/2^j$，此时关系式(4.56)变为

$$L_3 \sum_{n=1}^{N_1} \left(\sum_{k=1}^{n} (e_1[k]) + e_2[0] \right) \bmod M = 0 \tag{4.83}$$

根据 K_{e_1} 的定义式

$$K_{e_1} = \sum_{n=1}^{N_1} \sum_{k=1}^{n} e_1[k]$$

以及第二项的求和

$$\sum_{n=1}^{N_1} e_2[0] = N_1 e_2[0] = 2^{p-j} M B_2$$

关系式(4.83)改写为

$$L_3 (K_{e_1} + 2^{p-j} M B_2) \bmod M = 0 \tag{4.84}$$

式中，K_{e_1} 由关系式(4.49)给出，考虑到 $M\alpha = 2^j B$ 和 $e_1[0] = 2^r B_1$，式(4.84)为

$$L_3 \left[2^{r-1} N_1 (N_1 + 1) B_1 + \frac{2^j B}{6} N_1 (N_1 + 1)(N_1 + 2) + 2^{p-j} M B_2 \right] \bmod M = 0 \tag{4.85}$$

已经证明过 $N_1(N_1+1)(N_1+2)$ 可以被 3 整除，含有 $(b-j+1)$ 个 2 的幂次，式(4.85)第二项模 M 为零。关系式(4.85)进一步简化为

$$L_3 [2^{r-1} N_1 (N_1 + 1) B_1 + 2^{p-j} M B_2] \bmod M = 0 \tag{4.86}$$

由于 $N_1 = M/2^j$，第一项要求 $L_3 = 2^{j-r+1}$，因为 $j-r=1$，所以第一项要求 $L_3 = 4$，$N_3 = 4N_2 = M/2^{j-2}$。

关系式(4.86)中第二项的分析分为下面三种情况：

① 当 $e_2[0] = 0$ 时，即第二项中 $B_2 = 0$，L_3 由第一项确定，要求 $L_3 = 4$，$N_3 = 4N_2 = M/2^{j-2}$。

② 当 $e_2[0] \neq 0$，$p-j \geqslant 0$ 时，关系式(4.86)第二项模 M 等于零，L_3 由第一项确定，要求 $L_3 = 4$，$N_3 = 4N_2 = M/2^{j-2}$。

③ 当 $e_2[0] \neq 0$，$p-j < 0$ 时，必须考虑三种情形，当 $p-j=-1$ 时，第二项要求 $L_3 = 2$，与第一项综合考虑，要求 $L_3 = 4$，$N_3 = 4N_2 = M/2^{j-2}$；当 $p-j=-2$ 时，第二项要求 $L_3 = 4$，与第一项综合考虑，要求 $L_3 = 2$，$N_3 = 2N_2 = M/2^{j-1}$；当 $p-j < -2$ 时，要求 $L_3 = 2^{j-p}$，$N_3 = 2^{j-p} N_2 = M/2^p$。

因此,综合考虑第一项和第二项要求,L_3 和 N_3 合并简化为

$$L_3 = \begin{cases} 4 & (e_2[0] = 0) \\ 4 & (e_2[0] \neq 0, j \leqslant p+1) \\ 2 & (e_2[0] \neq 0, j = p+2) \\ 2^{j-p} & (e_2[0] \neq 0, j > p+2) \end{cases}$$

$$N_3 = \begin{cases} \dfrac{M}{2^{j-2}} & (e_2[0] = 0) \\[2mm] \dfrac{M}{2^{j-2}} & (e_2[0] \neq 0, j \leqslant p+1) \\[2mm] \dfrac{M}{2^{j-1}} & (e_2[0] \neq 0, j = p+2) \\[2mm] \dfrac{M}{2^p} & (e_2[0] \neq 0, j > p+2) \end{cases} \tag{4.87}$$

(4) 当 $e_1[0] \neq 0$ 且 $j-r \leqslant 0$ 时。

当 $e_1[0] \neq 0$ 且 $j-r \leqslant 0$ 时,$N_2 = 2N_1 = M/2^{j-1}$,方程(4.56)变为

$$L_3 \sum_{n=1}^{2N_1} \left(\sum_{k=1}^{n} (e_1[k]) + e_2[0] \right) \bmod M = 0 \tag{4.88}$$

利用引理 4.3.2,式(4.88)中第一项为

$$L_3 \left(\sum_{n=1}^{2N_1} \sum_{k=1}^{n} e_1[k] \right) \bmod M = L_3 \left[(2K_{e_1} + N_1 P_{e_1}) \right] \bmod M = 0 \tag{4.89}$$

式中,P_{e_1} 为

$$P_{e_1} = \sum_{k=1}^{N} e_1[k] = N \left(\frac{M\beta}{2} + e_1[0] \right) \bmod M$$

当输入 $\alpha > 0.5$ 时,$\beta = \alpha$,利用 $(MB/2) \bmod M = M/2$,P_{e_1} 改写为

$$P_{e_1} = \left(\frac{M}{2} + N_1 e_1[0] \right) \bmod M$$

将 P_{e_1} 代入关系式(4.89)中,第二项为

$$L_3 (N_1 P_{e_1}) \bmod M = L_3 \left[\frac{M}{2^{j+1}} M + \frac{M}{2^{2j}} M \cdot 2^r B_1 \right] \bmod M = 0$$

$M/2^{j+1}$ 是最小值为 1 的整数,上式第一项模 M 为零。因为 $j-r \leqslant 0$,$M/2^{2j-r}$ 是大于 1 的整数,方程式(4.89)中的第二项模 M 为零。容易证明 $\alpha \leqslant 0.5$ 时,上述结论仍然成立。

K_{e_1} 满足式(4.49),考虑到 $M\alpha = 2^j B$ 和 $e_1[0] = 2^r B_1$,式(4.89)中的第一项为

$$(2K_{e_1}) \bmod M = \left[2^{r+1} N_1 (N_1+1) B_1 + \frac{2^j B}{6} N_1 (N_1+1)(N_1+2) \right] \bmod M \tag{4.90}$$

前面已经证明了第二项模 M 为零。考虑到 $N_1 = M/2^j$,$B_1 \bmod 2 = 1$,以及 $j-r \leqslant 0$,上式第一项模 M 为零。所以,关系式(4.90)模 M 为零。那么,关系式(4.88)中仅剩下第二项。对第二项进行求和,得到

$$L_3 \sum_{n=1}^{2N_1} (e_2[0]) \bmod M = L_3(2N_1 e_2[0]) = L_3\left(\frac{1}{2^{j-p-1}}MB_2\right) = 0 \tag{4.91}$$

当 $e_2[0]=0$ 时，关系式(4.88)模 M 为零，$L_3=1$，$N_3=N_2=M/2^{j-1}$。

当 $e_2[0]\neq 0$ 且 $j\leqslant p+1$ 时，上式模 M 为零，$L_3=1$，$N_3=N_2=M/2^{j-1}$。

当 $e_2[0]\neq 0$ 且 $j>p+1$ 时，考虑到 $B_2 \bmod 2=1$，上式要求 $L_3=2^{j-p-1}$，对应的 $N_3=2^{j-p-1}N_2=M/2^p$。

因此，当 $e_1[0]\neq 0$ 且 $j-r\leqslant 0$ 时，要求 L_3 和 N_3 为

$$L_3 = \begin{cases} 1 & (e_2[0]=0) \\ 1 & (j\leqslant p+1,\ e_2[0]\neq 0) \\ 2^{j-p-1} & (j>p+1,\ e_2[0]\neq 0) \end{cases}$$

$$N_3 = \begin{cases} \dfrac{M}{2^{j-1}} & (e_2[0]=0) \\[2mm] \dfrac{M}{2^{j-1}} & (j\leqslant p+1,\ e_2[0]\neq 0) \\[2mm] \dfrac{M}{2^p} & (j>p+1,\ e_2[0]\neq 0) \end{cases}$$

综合上述 1)、2)、3)和 4)四种情况下的结果，我们得到第三级量化误差 $e_3[n]$ 的周期长度 N_3，如表 4.5 所示。

表 4.5　第三级量化误差 $e_3[n]$ 周期长度 N_3（$X=2^j B$，$e_1[0]=2^r B_1$，$e_2[0]=2^p B_2$）

误差序列 长度 N_3	$e_1[0]=0$ $j=0,1,\cdots,b-1$	$e_1[0]\neq 0;\ r=0,1,2,\cdots,b-1$		
		$j-r\geqslant 2$ $j=2,3,\cdots,b-1$	$j-r=1$ $j=1,2,\cdots,b-1$	$j-r\leqslant 0$ $j=0,1,\cdots,b-1$
$e_2[0]=0$	$N_3=M/2^{j-1}$	$N_3=M/2^{r-1}$	$N_3=M/2^{j-2}$	$N_3=M/2^{j-1}$
$e_2[0]\neq 0$ $p=0,1,\cdots,b-1$	$N_3=\dfrac{M}{2^{j-1}},\ j\leqslant p+1$ $N_3=\dfrac{M}{2^p},\ j>p+1$	$N_3=\dfrac{M}{2^{r-1}},\ p\geqslant r$ $N_3=\dfrac{M}{2^r},\ p=r-1$ $N_3=\dfrac{M}{2^p},\ p\leqslant r-1$	$N_3=\dfrac{M}{2^{j-2}},\ j\leqslant p+1$ $N_3=\dfrac{M}{2^{j-1}},\ j=p+2$ $N_3=\dfrac{M}{2^p},\ j>p+2$	$N_3=\dfrac{M}{2^{j-1}},\ j\leqslant p+1$ $N_3=\dfrac{M}{2^p},\ j>p+1$

整个 MASH 1-1-1 结构的序列长度 $N_{\text{MASH 1-1-1}}$ 应为 N_1、N_2 和 N_3 的最小公倍数。容易看出，表 4.5 也是整个 MASH 1-1-1 结构的序列长度 $N_{\text{MASH 1-1-1}}$。当表 4.5 中的初始值都为奇数时，即 $r=0$ 和 $p=0$，表 4.5 简化成表 4.4。

4.4　基于素数模量化器的 HK-EFM-MASH 模型序列长度分析

4.4.1　单级 HK-EFM 的序列长度

HK-EFM 误差反馈模型的设计和工作原理已经在第三章中介绍过了，它采用一个倍

乘系数为 a 的附加反馈网络，将输出 $y[n]$ 连接到输入端并与 $x[n]$ 进行求和，根据调制器的位宽选择 a 值，使得模数 $(M-a)$ 是一个素数，这样确保了输出序列长度等于这个素数，有效地消除了结构寄生现象。HK-EFM 结构框图和数学模型如图 4.5 所示，1 阶 HK-EFM 模型量化误差输出序列长度由定理 4.4.1 给出。

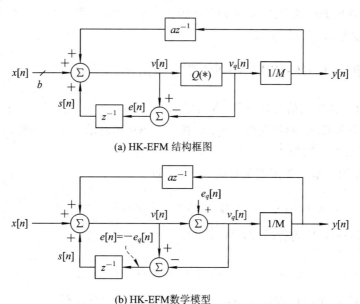

(a) HK-EFM 结构框图

(b) HK-EFM数学模型

图 4.5　HK-EFM 框图与数学模型

定理 4.4.1　设输入信号 $x[n]=X=2^{j}B$，$B \bmod 2=1$，且 $2^{j}<M(j=0, 1, 2, \cdots, b-1)$，则 1 阶 HK-EFM 模型输出序列周期长度为 $N=(M-a)$。

证明　根据如图 4.5 所示的 1 阶 HK-EFM 数学模型，以及量化器的定义和误差反馈的关系式，我们可以得到

$$e[n]= v[n] \bmod M$$
$$e[n]= (x[n]+e[n-1]+ay[n-1]) \bmod M$$

利用递推关系消除 $e[n-1]$，用初始值 $e[0]$ 表示，可以得到

$$e[n]= \left(e[0]+\sum_{k=1}^{n}x[k]+a\sum_{k=0}^{n-1}y[k]\right) \bmod M \tag{4.92}$$

当输入是个直流常数 X 时，即 $x[n]=X$，上式写为

$$e[n]= \left(e[0]+nX+a\sum_{k=0}^{n-1}y[k]\right) \bmod M \tag{4.93}$$

假设序列长度为 N，$e[N]=e[0]$，1 阶 HK-EFM 作为一个有限状态机，其它状态参量也与 $n=0$ 时的相同，例如，$y[0]=y[N]$，所以有

$$\sum_{k=1}^{N}y[k]= \sum_{k=0}^{N-1}y[k]$$

因此，关系式 (4.93) 变为

$$\left(NX+a\sum_{k=1}^{N}y[k]\right) \bmod M = 0 \tag{4.94}$$

将式(3.88)代入式(4.94)，考虑到 $X = 2^j B$，$B \bmod 2 = 1$，我们可以得到

$$\left(NX + a\sum_{k=1}^{N} y[k]\right) \bmod M = \left(\frac{N2^j BM}{M-a}\right) \bmod M = 0 \tag{4.95}$$

由于 $(M-a)$ 是个素数，$2^j B$ 和 $(M-a)$ 的最小公约数只能为 1，因此，只有 $N = (M-a)$ 成立，才能确保关系式(4.95)模 M 运算为零。由此，我们得到 1 阶 HK-EFM 的输出序列周期长度为 $N = (M-a)$。

4.4.2　2 阶和高阶 HK-EFM-MASH 模型输出序列长度

引理 4.4.1　设输入信号 $x[n] = X = 2^j B$，$B \bmod 2 = 1$，且 $2^j < M(j = 0, 1, 2, \cdots, b-1)$，则 1 阶 HK-EFM 的量化误差 $e_1[n]$ 在一个周期内的求和值不能被 $(M-a)$ 整除，且和 $(M-a)$ 的最大公约数为 1。

证明　根据第一级量化误差关系式(4.93)，即

$$e_1[n] = \left(e_1[0] + nX + a\sum_{k=0}^{n-1} y_1[k]\right) \bmod M$$

对 $n = 1, 2, \cdots, N_1$ 进行求和，得到

$$\sum_{k=1}^{N_1} e_1[k] = \left[N_1 e_1[0] + \frac{1}{2} N_1(N_1+1)X + a\sum_{k=1}^{N_1}\sum_{n=0}^{k-1} y_1[n]\right] \bmod M \tag{4.96}$$

根据 1 阶 HK-EFM 的数学模型，如图 4.5 所示，我们有方程

$$My_1[n] - ay_1[n-1] = x[n] + e_1[n-1] - e_1[n]$$

利用上式 $1 \sim n$ 的关系式进行求和可以得到

$$M\sum_{k=1}^{n-1} y_1[k] - a\sum_{k=0}^{n-1} y_1[k] = \sum_{k=1}^{n} x[k] + e_1[0] - e_1[n] \tag{4.97}$$

将 $x[k] = X$ 代入上式，将求和上限值改为 $n-1$，可以得到

$$\sum_{k=0}^{n-1} y_1[k] = \frac{1}{M-a}\left[-M(y_1[n] - y_1[0]) + nX + e_1[0] - e_1[n]\right] \tag{4.98}$$

利用上式进行二重求和：

$$\sum_{k=1}^{N_1}\sum_{n=0}^{k-1} y_1[n] = \frac{1}{M-a}\left[-M\sum_{k=1}^{N_1} y_1[k] + MN_1 y_1[0] + \frac{N_1(N_1+1)}{2}X + N_1 e_1[0] - \sum_{k=1}^{N_1} e_1[k]\right]$$

根据关系式(3.88)，考虑到 $N_1 = (M-a)$，有

$$\sum_{k=1}^{N_1} y_1[k] = \frac{1}{M-a}\sum_{k=1}^{N_1} x[k] = X$$

将上式代入后，二重求和关系式为

$$\sum_{k=1}^{N_1}\sum_{n=0}^{k-1} y_1[n] = \frac{1}{M-a}\left[-MX + MN_1 y_1[0] + \frac{1}{2} N_1(N_1+1)X + N_1 e_1[0] - \sum_{k=1}^{N_1} e_1[k]\right]$$

将上式代入式(4.96)中，得到

$$\left[\frac{M}{M-a}\sum_{k=1}^{N_1} e_1[k] - Me_1[0] - \frac{M}{2}(N_1+1)X + \frac{a}{M-a}MX\right] \bmod M = 0 \tag{4.99}$$

上式第二项 $(Me_1[0]) \bmod M = 0$，由于 $(N_1+1) \bmod 2 = 0$，所以第三项模 M 也为零。

考虑到 $X = 2^j B$，上式进一步简化为

$$\left[\frac{M}{M-a} \Big(\sum_{k=1}^{N_1} e_1[k] + a 2^j B \Big) \right] \mathrm{mod}\, M = 0 \qquad (4.100)$$

上式模 M 为零说明小括弧项可以被 $(M-a)$ 整除，即

$$\Big(\sum_{k=1}^{N_1} e_1[k] + a 2^j B \Big)\, \mathrm{mod}\,(M-a) = 0 \qquad (4.101)$$

由于 $B\,\mathrm{mod}\,2 = 1$，$(M-a)$ 是素数，$(a 2^j B)\,\mathrm{mod}\,(M-a) \neq 0$，即不可能被 $(M-a)$ 整除，因此

$$\Big(\sum_{k=1}^{N_1} e_1[k] \Big)\, \mathrm{mod}\,(M-a) \neq 0$$

且 $\Big(\sum_{k=1}^{N_1} e_1[k] \Big)$ 和 $(M-a)$ 的最大公约数为 1。

有了引理 4.4.1，我们就可以得到 2 阶和高阶 HK-EFM-MASH 模型输出序列长度，它们由定理 4.4.2 给出。

定理 4.4.2 设输入信号 $x[n] = X = 2^j B$，$B\,\mathrm{mod}\,2 = 1$，且 $2^j < M (j = 0, 1, 2, \cdots, b-1)$，在 l 阶级联 HK-EFM-MASH 结构中，第 l 级 HK-EFM 的量化误差的序列长度为 $N_l = L_l N_{l-1}$，其中 $L_l = M - a$，$N_l = (M-a)^l$。

证明 利用 HK-EFM 级联的 l 阶 HK-EFM-MASH 模型如图 3.52 或图 3.55 所示，下面首先证明第二级 HK-EFM 输出序列周期为 $(M-a)^2$，然后证明 l 级 HK-EFM 输出序列周期为 $(M-a)^l$。

第二级的量化误差 $e_2[n]$ 满足：

$$e_2[n] = (e_1[n] + e_2[n-1] + a y_2[n-1])\, \mathrm{mod}\, M$$

利用递推关系消除 $e_2[n-1]$，采用初始值 $e_2[0]$ 表示，可以得到

$$e_2[n] = \Big(e_2[0] + \sum_{k=1}^{n} e_1[k] + a \sum_{k=0}^{n-1} y_2[k] \Big)\, \mathrm{mod}\, M \qquad (4.102)$$

假设 $e_2[n]$ 的序列长度为 N_2，比例于 N_1，$N_2 = L_2 N_1$，$e_2[0] = e_2[N_2]$，相应的其它状态参数也与初始值相同，如 $y_2[0] = y_2[N_2]$，关系式(4.102)变为

$$\Big(\sum_{k=1}^{N_2} e_1[k] + a \sum_{k=1}^{N_2} y_2[k] \Big)\, \mathrm{mod}\, M = 0 \qquad (4.103)$$

由于第二级的输出 $y_2[k]$ 满足

$$\sum_{k=1}^{N_2} y_2[k] = \frac{1}{M-a} \sum_{k=1}^{N_2} e_1[k] = \frac{L_2}{M-a} \sum_{k=1}^{N_1} e_1[k] \qquad (4.104)$$

将式(4.104)代入式(4.103)后得到

$$\Big(\sum_{k=1}^{N_2} e_1[k] + \frac{a}{M-a} \sum_{k=1}^{N_2} e_1[k] \Big)\, \mathrm{mod}\, M = \Big(\frac{L_2 M}{M-a} \sum_{k=1}^{N_1} e_1[k] \Big)\, \mathrm{mod}\, M = 0 \qquad (4.105)$$

根据引理 4.4.1 可知，上式中 $e_1[k]$ 的求和项是个整数，且和 $M-a$ 的最大公约数为 1。由于 $M-a$ 是个素数，为了使关系式(4.105)模 M 为零成立，必然有 $L_2 = M - a$。因此，第二级 HK-EFM 输出序列长度为

$$N_2 = L_2 N_1 = (M-a)^2$$

上面已经证明了第一级和第二级满足 $N_1 = (M-a)$，$L_2 = M-a$，$N_2 = (M-a)^2$，下面用数学归纳法证明如果第 $l-1$ 级 HK-EFM 满足 $L_{l-1} = (M-a)$，$N_{l-1} = (M-a)^{l-1}$，则第 l 级 HK-EFM 满足 $L_l = (M-a)$，$N_l = (M-a)^l$。

第 l 级的量化误差 $e_l[n]$ 满足

$$e_l[n] = (e_{l-1}[n] + e_l[n-1] + ay_l[n-1]) \bmod M$$

利用递推关系消除 $e_l[n-1]$，采用初始值 $e_l[0]$ 表示，可以得到

$$e_l[n] = \left(e_l[0] + \sum_{k=1}^{n} e_{l-1}[k] + a\sum_{k=0}^{n-1} y_l[k]\right) \bmod M \qquad (4.106)$$

假设序列长度为 N_l，$N_l = L_l N_{l-1}$，考虑到 $e_l[0] = e_l[N_l]$ 和 $y_l[0] = y_l[N_l]$ 成立，式 (4.106) 可以变为

$$\left(\sum_{k=1}^{N_l} e_{l-1}[k] + a\sum_{k=1}^{N_l} y_l[k]\right) \bmod M = 0 \qquad (4.107)$$

由于第 l 级的输出 $y_l[k]$ 满足

$$\sum_{k=1}^{N_l} y_l[k] = \frac{1}{M-a}\sum_{k=1}^{N_l} e_{l-1}[k] = \frac{L_l}{M-a}\sum_{k=1}^{N_{l-1}} e_{l-1}[k] \qquad (4.108)$$

代入关系式 (4.107) 得到

$$\left(\sum_{k=1}^{N_l} e_{l-1}[k] + a\sum_{k=1}^{N_l} y_l[k]\right) \bmod M = \left(\frac{L_l M}{M-a}\sum_{k=1}^{N_{l-1}} e_{l-1}[k]\right) \bmod M = 0 \qquad (4.109)$$

因为第 $l-1$ 级的量化误差 $e_{l-1}[n]$ 满足

$$e_{l-1}[n] = \left(e_{l-1}[0] + \sum_{k=1}^{n} e_{l-2}[k] + a\sum_{k=0}^{n-1} y_{l-1}[k]\right) \bmod M \qquad (4.110)$$

$$\sum_{k=1}^{N_{l-1}} e_{l-1}[k] = \left(N_{l-1} e_{l-1}[0] + \sum_{k=1}^{N_{l-1}} \sum_{n=1}^{k} e_{l-2}[n] + a\sum_{k=1}^{N_{l-1}} \sum_{n=0}^{k-1} y_{l-1}[n]\right) \bmod M \qquad (4.111)$$

考虑到第 $l-1$ 级 HK-EFM 数学模型，我们有

$$My_{l-1}[n] - ay_{l-1}[n-1] = e_{l-2}[n] + e_{l-1}[n-1] - e_{l-1}[n] \qquad (4.112)$$

将 $1\sim n$ 的关系式进行求和后，可以得到

$$\sum_{k=0}^{n-1} y_{l-1}[k] = \frac{1}{M-a}\left[-M(y_{l-1}[n] - y_{l-1}[0]) + \sum_{k=1}^{n} e_{l-2}[k] + e_{l-1}[0] - e_{l-1}[n]\right]$$

将 $y_{l-1}[k]$ 在 N_{l-1} 周期内进行二重求和

$$\sum_{k=1}^{N_{l-1}} \sum_{n=0}^{k-1} y_{l-1}[n] = \frac{1}{M-a}\left[-M\sum_{k=1}^{N_{l-1}} y_{l-1}[n] + N_{l-1} M y_{l-1}[0]\right.$$
$$\left. + \sum_{k=1}^{N_{l-1}} \sum_{n=1}^{k} e_{l-2}[n] + N_{l-1} e_{l-1}[0] - \sum_{k=1}^{N_{l-1}} e_{l-1}[k]\right] \qquad (4.113)$$

将式 (4.113) 代入式 (4.111)，整理后得到

$$\left[\frac{M}{M-a}\left(\sum_{k=1}^{N_{l-1}} e_{l-1}[k] - N_{l-1} e_{l-1}[0] - \sum_{k=1}^{N_{l-1}} \sum_{n=1}^{k} e_{l-2}[n] + a\sum_{k=1}^{N_{l-1}} y_{l-1}[n] - aN_{l-1} y_{l-1}[0]\right)\right] \bmod M = 0$$

考虑到 $N_{l-1} = (M-a)^{l-1}$，第二项和第五项模 M 为零。上式简化为

$$\left[\frac{M}{M-a}\left(\sum_{k=1}^{N_{l-1}}e_{l-1}[k]-\sum_{k=1}^{N_{l-1}}\sum_{n=1}^{k}e_{l-2}[n]+a\sum_{k=1}^{N_{l-1}}y_{l-1}[n]\right)\right]\bmod M=0 \qquad (4.114)$$

式(4.114)第二项中，利用引理 4.3.2 有

$$\sum_{k=1}^{N_{l-1}}\sum_{n=1}^{k}e_{l-2}[n]=L_{l-1}K_{e_{l-2}}+\frac{1}{2}L_{l-1}(L_{l-1}-1)N_{l-2}P_{e_{l-2}}$$

式中，$K_{e_{l-2}}$ 和 $P_{e_{l-2}}$ 均是常数，分别定义为

$$K_{e_{l-2}}=\sum_{k=1}^{N_{l-2}}\sum_{n=1}^{k}e_{l-2}[n],\qquad P_{e_{l-2}}=\sum_{k=1}^{N_{l-2}}e_{l-2}[n]$$

由于 $L_{l-1}=M-a$，$L_{l-1}-1$ 可以被 2 整除，所以第二项模 M 运算也为零。

根据第 $l-1$ 级关系式，式(4.114)中第三项可以表示为

$$a\sum_{k=1}^{N_{l-1}}y_{l-1}[n]=\frac{a}{M-a}\sum_{k=1}^{N_{l-1}}e_{l-2}[k]=a\sum_{k=1}^{N_{l-2}}e_{l-2}[k]$$

关系式(4.114)进一步简化为

$$\left[\frac{M}{M-a}\left(\sum_{k=1}^{N_{l-1}}e_{l-1}[k]+a\sum_{k=1}^{N_{l-2}}e_{l-2}[k]\right)\right]\bmod M=0 \qquad (4.115)$$

式(4.115)表明两个求和项之和可以被 $M-a$ 整除，即

$$\left(\sum_{k=1}^{N_{l-1}}e_{l-1}[k]+a\sum_{k=1}^{N_{l-2}}e_{l-2}[k]\right)\bmod (M-a)=0 \qquad (4.116)$$

由于第 $l-1$ 级满足式(4.117)，并假设模 M 为零的条件为 $L_{l-1}=M-a$：

$$\left(\sum_{k=1}^{N_{l-1}}e_{l-2}[k]+a\sum_{k=1}^{N_{l-1}}y_{l-1}[k]\right)\bmod M=\left(\frac{L_{l-1}M}{M-a}\sum_{k=1}^{N_{l-2}}e_{l-2}[k]\right)\bmod M=0 \qquad (4.117)$$

就是说

$$\left(\sum_{k=1}^{N_{l-2}}e_{l-2}[k]\right)\bmod (M-a)\neq 0$$

由于 $M-a$ 是一个素数，$e_{l-2}[k]$ 求和值与素数 $M-a$ 的最大公约数只能为 1，否则 L_{l-1} 成为多值结果。结合关系式(4.116)，可以得出

$$\left(\sum_{k=1}^{N_{l-1}}e_{l-1}[k]\right)\bmod (M-a)\neq 0$$

由于 $M-a$ 是素数，$e_{l-1}[k]$ 求和值与素数 $M-a$ 的最大公约数只能为 1。从而，关系式(4.109)模 M 为零的条件是 $L_l=M-a$。对应的第 l 级 HK-EFM 输出序列长度 $N_l=(M-a)^l$，l 阶 HK-EFM-MASH 模型的序列长度是 N_1，N_2，…，N_l 的最小公倍数，可见等于 N_l。

4.5　基于量化输出参与运算的 SP-EFM-MASH 模型序列长度分析

4.5.1　高阶 SP-EFM-MASH 模型输出序列长度

在第三章中已经介绍了 SP-EFM-MASH 模型的工作原理，从模型结构上看，它是将

EFM 的量化误差信号和 EFM 的输出信号同时作为后一级 EFM 的输入，SP-EFM-MASH 结构模型如图 3.57 所示。通常在 EFM 中引入一个非零均值信号会造成输出序列的平均值偏离了输入数值，导致 EFM 不准确，因此需要增加额外的资源进行修正。SP-EFM-MASH 模型合理地在输入信号中引入非零均值信号，很好地解决了输出序列平均与输入数值的匹配，可以在整个输入范围内提供非常长的输出序列。

SP-EFM 的结构框图与数学模型如图 4.6 所示，SP-EFM 具有两个输入，并产生两个输出送到下一级 SP-EFM。SP-EFM-MASH 模型中的第一级的序列长度 N_1 和传统 MASH 结构是一样的，由定理 4.3.1 给出，$N_1 = 2^{b-j} = M/2^j$，和输入数值有着密切的关系。SP-EFM-MASH 模型中第二级和第三级的序列长度由定理 4.5.1 给出。

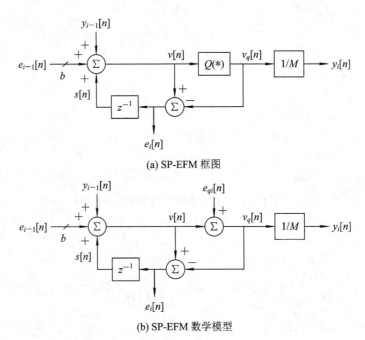

(a) SP-EFM 框图

(b) SP-EFM 数学模型

图 4.6　第 i 级 SP-EFM 框图与数学模型

定理 4.5.1　假设输入信号 $x[n] = M\alpha$，α 是预期的小数值，$M\alpha$ 是个有理数，且

$$M\alpha = \sum_{k=0}^{b-1} p_k 2^k = 2^j B$$

式中，$B \bmod 2 = 1$，p_k 是 0 或 1，并且 $2^j < M (j = 0, 1, 2, \cdots, b-1)$，则 2 阶和 3 阶 SP-EFM-MASH 的输出序列长度分别是 $N_{1\text{-}1} = N_1 M$ 和 $N_{1\text{-}1\text{-}1} = N_1 M^2$，$l$ 阶 SF-MASH 的输出序列长度为 $N_l = N_1 M^{l-1}$，式中的 $N_1 = 2^{b-j} = M/2^j$。

证明　根据 SP-EFM 的数学模型，第二级量化误差 $e_2[n]$ 的表达式为

$$e_2[n] = (e_1[n] + y_1[n] + e_2[n-1]) \bmod M$$

$$= \left[e_2[0] + \sum_{k=1}^{n} (e_1[k] + y_1[k]) \right] \bmod M \qquad (4.118)$$

假设 $e_2[n]$ 是周期性的，且序列长度为 N_2，则 $e_2[0] = e_2[N_2]$，式(4.118)改写为

$$\left(\sum_{n=1}^{N_2} (e_1[n] + y_1[n]) \right) \bmod M = 0 \tag{4.119}$$

这里 $e_1[n]$ 和 $y_1[n]$ 是第一级的输出，是长度为 N_1 的周期性序列。$N_2 = L_2 N_1$，L_2 是一个整数，可以将式(4.119)写为

$$\left(\sum_{n=1}^{L_2 N_1} (e_1[n] + y_1[n]) \right) \bmod M = L_2 \left(\sum_{n=1}^{N_1} (e_1[n] + y_1[n]) \right) \bmod M = 0 \tag{4.120}$$

根据引理 4.3.1 和输出平均值与输入之间的关系式，即

$$\sum_{n=1}^{N_1} e_1[n] = N_1 \left(\frac{M\beta}{2} + e_1[0] \right) \bmod M$$

$$\sum_{n=1}^{N_1} y_1[n] = \frac{1}{M} \sum_{n=1}^{N_1} x[n] = N_1 \alpha$$

关系式(4.120)可以写为

$$L_2 \left(\frac{M\beta}{2} N_1 + N_1 e_1[0] + N_1 \alpha \right) \bmod M = 0 \tag{4.121}$$

式中，β 是引理 4.3.1 中所定义的，如果 $\alpha \leqslant 0.5$，则 $\beta = 1 - \alpha$，否则 $\beta = \alpha$。假设 $\beta = \alpha$，因为 $N_1 = M/2^j$，$M\alpha = 2^j B$，$B \bmod 2 = 1$，所以第一项要求 $L_2 = 2$；第二项中如果 $e_1[0]$ 为 0 的话，第二项从方程中去除，当 $e_1[0] \neq 0$ 时，设 $e_1[0] = 2^r B_1$，$B_1 \bmod 2 = 1$，第二项要求 $L_2 = 2^{j-r}$；由于 $(N_1 \alpha) \bmod M = B \bmod M = B$，且 $B \bmod 2 = 1$，第三项要求 $L_2 = M$，综合三项的结论，关系式(4.121)模 M 为零的要求是

$$L_2 = M$$

$$N_2 = MN_1$$

上述证明了当 $\beta = \alpha$ 时第二级 SP-EFM 的输出序列长度是 $N_1 M$。不难证明当 $\beta = 1 - \alpha$ 时上述结论依然成立。

第三级量化误差 $e_3[n]$ 满足

$$e_3[n] = (e_2[n] + y_2[n] + e_3[n-1]) \bmod M = \left[e_3[0] + \sum_{k=1}^{n} (e_2[k] + y_2[k]) \right] \bmod M$$

同样假设 $e_3[n]$ 是周期性的，序列长度为 N_3，N_3 比例于 N_2，$N_3 = L_3 N_2$，L_3 是一个整数。考虑到 $e_3[0] = e_3[N_3]$，上式改写为

$$\left[\sum_{n=1}^{N_3} (e_2[n] + y_2[n]) \right] \bmod M = L_3 \left[\sum_{n=1}^{N_2} (e_2[n] + y_2[n]) \right] \bmod M = 0 \tag{4.122}$$

将第二级量化误差 $e_2[n]$ 的关系式(4.118)代入后得到

$$L_3 \left\{ \sum_{n=1}^{N_2} \left[e_2[0] + \sum_{k=1}^{n} (e_1[k] + y_1[k]) + y_2[n] \right] \right\} \bmod M = 0$$

考虑到 $N_2 = MN_1$，整理后得到

$$L_3 \left\{ \sum_{n=1}^{MN_1} \left[\sum_{k=1}^{n} (e_1[k] + y_1[k]) + e_2[0] \right] + \sum_{n=1}^{N_2} y_2[n] \right\} \bmod M = 0 \tag{4.123}$$

因为 $e_1[k]$ 和 $y_1[k]$ 是周期性的，根据引理 4.3.2 可知式(4.123)中的 $e_1[k]$ 和 $y_1[k]$ 二重求和项模 M 为零；初始值项的求和结果是 $MN_1 e_2[0]$，模 M 运算为零。

在一个 N_2 周期内，$y_2[n]$ 的求和值比例于 $e_1[n]+y_1[n]$ 的求和值，所以有

$$\sum_{n=1}^{N_2} y_2[n] = \frac{1}{M} \sum_{n=1}^{N_2} (e_1[n]+y_1[n]) = \sum_{n=1}^{N_1} (e_1[n]+y_1[n])$$

因此，关系式(4.123)可以写为

$$L_3 \Big[\sum_{n=1}^{N_1} (e_1[n]+y_1[n]) \Big] \bmod M = 0$$

由于上式与式(4.120)相同，因此我们得到上式模 M 为零的条件是 $L_3 = M$，第三级 SP-EFM 序列长度 $N_3 = N_1 M^2$ 成立。3 阶 SP-EFM-MASH 的序列长度是 3 级序列长度的最小公倍数，可以看出 $N_{1\text{-}1\text{-}1} = N_1 M^2$。

上面我们证明了 $N_2 = N_1 M$ 和 $N_3 = N_1 M^2$，下面用数学归纳法证明，假设 $(l-1)$ 级 SP-EFM 的序列长度满足 $N_{l-1} = N_1 M^{l-2}$ 关系，则 l 级 SP-EFM 的序列长度满足 $N_l = N_1 M^{l-1}$ 关系。

第 $l-1$ 级量化误差 $e_{l-1}[n]$ 满足关系式：

$$e_{l-1}[n] = \Big[\sum_{k=1}^{n} (e_{l-2}[k]+y_{l-2}[k]) + e_{l-1}[0] \Big] \bmod M \qquad (4.124)$$

由于第 $l-1$ 级量化误差 $e_{l-1}[n]$ 的序列长度为 $N_{l-1} = L_{l-1} N_{l-2}$，$e_{l-1}[N_{l-1}] = e_{l-1}[0]$，有

$$L_{l-1} \Big(\sum_{n=1}^{N_{l-2}} (e_{l-2}[n]+y_{l-2}[n]) \Big) \bmod M = 0 \qquad (4.125)$$

我们假设第 $l-1$ 级量化误差 $e_{l-1}[n]$ 的序列长度 $L_{l-1} = M$，$N_{l-1} = L_{l-1} N_{l-2} = N_1 M^{l-2}$，就是假设式(4.125)模 M 为零成立，要求 L_{l-1} 最小为 $L_{l-1} = M$。由于周期长度是 2 的幂次，也就是假定了

$$\Big(\sum_{n=1}^{N_{l-2}} (e_{l-2}[n]+y_{l-2}[n]) \Big) \bmod 2 = 1 \qquad (4.126)$$

第 l 级量化误差 $e_l[n]$ 满足

$$e_l[n] = \Big(\sum_{k=1}^{n} (e_{l-1}[k]+y_{l-1}[k]) + e_l[0] \Big) \bmod M$$

令 $N_l = L_l N_{l-1}$，$e_l[N_l] = e_l[0]$，上式改写为

$$L_l \Big(\sum_{n=1}^{N_{l-1}} (e_{l-1}[n]+y_{l-1}[n]) \Big) \bmod M = 0 \qquad (4.127)$$

根据关系式(4.124)，利用递推关系，采用 $e_{l-1}[0]$ 和前一级 $e_{l-2}[n]$ 表示为

$$e_{l-1}[n] = \Big[\sum_{k=1}^{n} (e_{l-2}[k]+y_{l-2}[k]) + e_{l-1}[0] \Big] \bmod M \qquad (4.128)$$

将上式代入式(4.127)中，得到

$$L_l \Big(\sum_{n=1}^{MN_{l-2}} \Big(\sum_{k=1}^{n} (e_{l-2}[k]+y_{l-2}[k]) + e_{l-1}[0] \Big) + \sum_{n=1}^{N_{l-1}} y_{l-1}[n] \Big) \bmod M = 0 \qquad (4.129)$$

因为 $e_{l-2}[k]$ 和 $y_{l-2}[k]$ 是周期性的，且周期为 N_{l-2}，根据引理 4.3.2，关系式(4.129)中的 $e_{l-2}[k]$ 和 $y_{l-2}[k]$ 二重求和项的模运算为零。初始值 $e_{l-1}[0]$ 项的求和为 $MN_{l-2} e_{l-1}[0]$，模运算也是零。

在一个 N_{l-1} 周期内，$y_{l-1}[n]$ 的求和值比例于 $(e_{l-2}[n]+y_{l-2}[n])$ 的求和值，所以有

$$\sum_{n=1}^{N_{l-1}} y_{l-1}[n] = \frac{1}{M}\sum_{n=1}^{N_{l-1}}(e_{l-2}[n]+y_{l-2}[n]) = \sum_{n=1}^{N_{l-2}}(e_{l-2}[n]+y_{l-2}[n])$$

将上式代入到关系式(4.129)中，方程改写为

$$L_l\Big(\sum_{n=1}^{N_{l-2}}(e_{l-2}[n]+y_{l-2}[n])\Big)\bmod M = 0 \tag{4.130}$$

可见，关系式(4.130)与式(4.125)相同，所以 $L_l=M$。因此，l 阶 SP-EFM-MASH 模型的序列长度为 $N_1 M^{l-1}$。

根据定理 4.5.1 可知 SP-EFM-MASH 结构的序列长度与 MASH 阶数 l 相关，并成指数增长，与 MASH 寄存器的初始值无关。在 Σ-Δ 调制器正常工作期间，可以改变输入数值，无需事先复位寄存器。从准确性和所能提供的输出序列长度来看，这种 MASH 结构方案非常接近理想的 DSM。

4.5.2　基于位数扩展的 SP-EFM-MASH 模型输出序列长度

在前面的 SP-EFM-MASH 结构中假设所有级的位宽都是相同的，3 阶 SP-EFM-MASH 的最小序列长度是 $2M^2$。为了获得较长的序列长度，可以增加除了第一级以外的其它级的位宽，在连接第一级产生的 $e_1(n)$ 到第二级输入时，第一级和第二级的位差通过左移进行调整。基于位数扩展的 SP-EFM-MASH 的最小序列长度增加至 $2L^2$，$L=2^{b_r}$，b_r 是后级的位宽，该结论由推论 4.5.1 给出。

推论 4.5.1　假设第一级 SP-EFM 的位宽为 b，其后级的 SP-EFM 位宽为 b_r，$b_r>b$，并且第一级 SP-EFM 的量化误差 $e_1(n)$ 通过左移 b_r-b 位后连接到第二级 SP-EFM，l 阶基于位数扩展的 SP-EFM-MASH 的序列长度是 $N=N_1 L^{l-1}$，$L=2^{b_r}$。

图 4.7 展示了一个 MASH SDM 位数扩展的例子，第一级 EFM 的位数是 5 bit，第一级的模是 32，后面两级的模是 512。将第一级误差 $e_1[n]$ 进行左移 4 位的运算，形成第二级和第三级需要的 9 bit 数据。通过扩展后级的位宽，序列长度增加 $2^{(b_r-b)(l-1)}$ 倍，即 2^8 倍，该配置下的最小序列长度增加到 2^{19}。

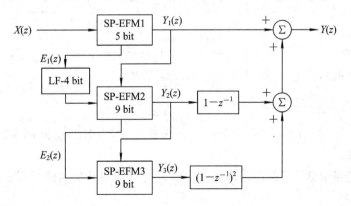

图 4.7　SP-EFM-MASH 结构的位数扩展($b=5$，$b_r=9$)

在位数扩展情况下，STF 和 NTF 的分析方法和前面类似，可以假设第一级和后几级具有同样的位宽，这种情况下，第一级的位宽增宽至 b_r，但是输入数值乘上 2^{b_r-b} 的因子，STF 和 NTF 用 L 取代 M 后关系式是相同的。

4.6　多电平量化器 EFM 模型与序列长度分析

前面分析了各种 MASH 模型的输出序列长度，由于都是由单环级联构成的，从单环分析入手逐步渗透到高阶环。对于高阶单环误差反馈调制器来说，例如，多环结构和前馈式单环结构，量化器都是在最后一级积分器的输出端，多重积分的结果使得分析变得复杂。高阶 EFM 序列周期行为的数学分析首先需要获得系统量化误差的非线性方程，通过评估量化误差方程得到最佳的初始条件，从而获得最大的序列长度。

4.6.1　1 阶 EFM 模型输出序列长度

L 阶 EFM 模型如图 4.8 所示，输入信号 $x[n]$，求和输出信号 $v[n]$ 进入量化器 $Q(*)$，量化器输出为 $y[n]$，$v[n]+e_q[n]=y[n]$，$e_q[n]$ 为量化噪声。误差反馈信号为 $-e[n]$，$e[n]=v[n]-y[n]=-e_q[n]$，图中的 I_1，I_2，$\cdots$，I_L 是各自寄存器的初始状态。A_1，A_2，$\cdots$，A_L 是量化误差的反馈系数，满足

$$\sum_{i=1}^{L} A_i z^{-i} = 1 - \mathrm{NTF}(z) = 1 - (1-z^{-1})^L \tag{4.131}$$

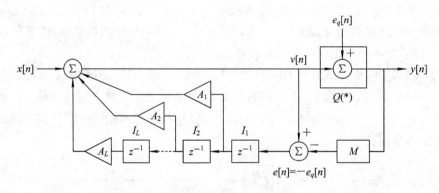

图 4.8　L 阶 EFM 模型框图

根据多电平截断量化器的工作原理，输出可以表示为

$$y[n] = \left\lfloor \frac{v[n]}{M} \right\rfloor$$

上式表示 $y[n]$ 取小于等于 $v[n]/M$ 的最大整数，量化器的模为 $M=2^b$，b 为累加器中小数部分的位长。

采用 z 域变量的话，假设量化器的误差是 E_q，反馈端是负的量化误差 $-E_q$，我们可以得到

$$y(z) = x(z) + \left(1 - \sum_{i=1}^{L} A_i z^{-i}\right)E_q$$

将式(4.131)代入后，可以得到
$$y(z) = x(z) + (1 - z^{-1})^L e_q(z)$$
这个关系式正是 L 阶调制器的输出方程。

1 阶 EFM 模型如图 4.9 所示。当输入为常数时，$x[n] = X = 2^j B$，$B \bmod 2 = 1$，量化误差满足如下关系：

$$\left. \begin{aligned} e[0] &= (X + I_1) \bmod M \\ e[1] &= (X + e[0]) \bmod M \\ &\qquad \vdots \\ e[n] &= (X + e[n-1]) \bmod M \end{aligned} \right\} \tag{4.132}$$

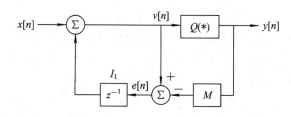

图 4.9 1 阶 EFM 模型框图

利用上述 $e[i]$($i = 0, 1, 2, \cdots, n-1$)的关系式，可以将 $e[n]$ 关系式用 X 和 I_1 表示成
$$e[n] = (nX + I_1) \bmod M \tag{4.133}$$
假设 1 阶 EFM 的周期长度为 N_1，考虑到 $e[n] = e[n+N_1]$，上式简化为
$$(N_1 X) \bmod M = 0$$
将 $X = M\alpha = 2^j B$ 代入上式，得到
$$(N_1 X) \bmod M = (N_1 M\alpha) \bmod M = (N_1 2^j B) \bmod M = 0 \tag{4.134}$$
由于 $B \bmod 2 = 1$，上式模 M 为零要求
$$N_1 = \frac{M}{2^j} \qquad (j = 0, 1, 2, \cdots, b-1)$$

这就是 1 阶 EFM 输出序列的周期长度，虽然模型中的量化器是一个多位的截断量化器，累加器中的小数位数长度为 b，得到的结论与定理 4.3.1 结论是一致的。

4.6.2 2 阶 EFM 模型输出序列长度

2 阶 EFM 模型框图如图 4.10 所示。对于 2 阶调制器来说，量化误差 $e[n]$ 由下列式子给出：

$$\left. \begin{aligned} e[0] &= (X + 2I_1 - I_2) \bmod M \\ e[1] &= (X + 2e[0] - I_1) \bmod M \\ e[2] &= (X + 2e[1] - e[0]) \bmod M \\ &\qquad \vdots \\ e[n] &= (X + 2e[n-1] - e[n-2]) \bmod M \end{aligned} \right\} \tag{4.135}$$

考虑到常数输入 $x[n] = X$，利用关系式消去 $e[0]$，$e[1]$，$\cdots$，$e[n-1]$，将 $e[n]$ 用 X 与初始值 I_1 和 I_2 来表示，可以得到

$$e[n] = \left[(n+1)(n+2)\frac{X}{2} + (n+2)I_1 - (n+1)I_2 \right] \mathrm{mod}\ M \qquad (4.136)$$

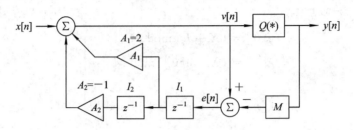

图 4.10　2 阶 EFM 模型框图

为了考察关系式(4.136)的周期行为，下面分两种情形展开讨论：一是 $I_1 = I_2 = I$ 的情形，包括 $I_1 = I_2 = 0$；二是 $I_1 \neq 0$，$I_2 = 0$ 的情形，是设计与实现中经常遇见的。

(1) 初始值 $I_1 = I_2 = I$ 的情形。

当 $I_1 = I_2 = I$ 时，关系式(4.136)变为

$$e[n] = \left[(n+1)(n+2)\frac{X}{2} + I \right] \mathrm{mod}\ M$$

假设量化误差序列周期为 N_2，考虑到 $e[n] = e[n+N_2]$，上式改写为

$$N_2 \left[(N_2 + 2n + 3)\frac{X}{2} \right] \mathrm{mod}\ M = 0 \qquad (4.137)$$

我们可以看到，初始值并没有出现在上述方程式中，这和 $I_1 = I_2 = 0$ 的情形是一样的。因此，当 2 阶 EFM 的初始值相同时，输出序列的周期行为与初始值无关。

关系式(4.137)也可以等效地写成

$$N_2 \left[(N_2 + 2n + 3)\frac{X}{2} \right] = kM \qquad (k \in \mathbf{Z},\ k \geqslant 1) \qquad (4.138)$$

当 n 取两个连续的整数 n_1 和 $n_1 + 1$ 时，有

$$N_2 \left[(N_2 + 2n_1 + 3)\frac{X}{2} \right] = k_1 M$$

$$N_2 \left\{ [N_2 + 2(n_1 + 1) + 3]\frac{X}{2} \right\} = k_2 M$$

上面两式相减后得到

$$N_2 X = k_3 M \qquad (k_3 \in \mathbf{Z},\ k_3 \geqslant 1) \qquad (4.139)$$

因为 $X = 2^j B < M = 2^b$，N_2 必须以 2 的幂次的形式出现，才能确保关系式(4.139)成立，我们通常记为 $N_2 = 2^m$。

在关系式(4.137)中，由于 $(N_2 + 2n + 3)$ 是奇数，$X = M\alpha = 2^j B$，$B\ \mathrm{mod}\ 2 = 1$，所以

$$N_2 = \frac{M}{2^{j-1}} \qquad (j = 0,\ 1,\ 2,\ \cdots,\ b-1) \qquad (4.140)$$

显然，这个结论也适合初始值全部为零的情形。

在初始值相等或全部为零的情况下，2 阶 EFM 的输出序列周期长度 N_2 和输入数值是

相关的,当 $j=0$ 时,即输入数值为奇数,最低位为 1,此时的量化误差序列周期最长, $N_{2\max}=2M$;当 $j=b-1$ 时,序列周期最短,$N_{2\min}=4$。这个结论适合初始值全部为零的情形。

(2) 初始值 $I_1 \neq 0$, $I_2 = 0$ 的情形。

在初始值 $I_1 \neq 0$, $I_2 = 0$ 的情形下,关系式(4.136)简化为

$$e[n] = \left[(n+1)(n+2)\frac{X}{2} + (n+2)I_1 \right] \bmod M \qquad (4.141)$$

假设量化误差序列周期为 $N_2 = 2^m$,考虑到 $e[n]=e[n+N_2]$,上式改写为

$$N_2 \left[(N_2 + 2n + 3)\frac{X}{2} + I_1 \right] \bmod M = 0 \qquad (4.142)$$

为了分析满足关系式的周期行为,下面再分四种情形来考察。

① $X \bmod 2 = 1$ 且 $I_1 \bmod 2 = 1$ 的情形。

由于 $X = M\alpha = 2^j B$,当 $j=0$ 时,即 $X \bmod 2 = 1$,X 为奇数的情形。因为 X 是一个奇数,$(N_2 + 2n + 3)$ 也是一个奇数,$(N_2 + 2n + 3)X$ 不能被 2 整除。因此,关系式(4.142)第一项要求的 N_2 至少是 $2M$,满足第一项模 M 为零。第二项 $I_1 \bmod 2 = 1$,要求 N_2 至少为 M。因此,两项综合要求 N_2 的最小非零解是 $2M$。

② $X \bmod 2 = 1$ 且 $I_1 \bmod 2 = 0$ 的情形。

第一项如上所述,要求 $N_2 = 2M$。假设 $I_1 = 2^r B_1 (r=1, 2, \cdots, b-1)$,$B_1 \bmod 2 = 1$,$I_1$ 为偶数,关系式(4.142)写为

$$N_2 \left[(N_2 + 2n + 3)\frac{X}{2} + 2^r B_1 \right] \bmod M = 0 \qquad (4.143)$$

可以看出,第二项要求 $N_2 = M/2^r (r=1, 2, \cdots, b-1)$。

综合考虑第一项和第二项,要求 $N_2 = 2M$。

③ $X \bmod 2 = 0$ 且 $I_1 \bmod 2 = 1$ 的情形。

因为 $X \bmod 2 = 0$,X 是一个偶数,$X = 2^j B(j=1, 2, \cdots, b-1)$,关系式(4.142)变为

$$N_2 \left[(N_2 + 2n + 3)2^{j-1} B + I_1 \right] \bmod M = 0 \qquad (4.144)$$

因为 $(N_2 + 2n + 3)$ 是奇数,$B \bmod 2 = 1$,第一项要求 $N_2 = M/2^{j-1}$。由于 I_1 是奇数,第二项要求 $N_2 = M$。

当 $j=1$ 时,亦即 X 只包括一个 2 的幂次,关系式(4.144)中 $(N_2 + 2n + 3)B + I_1$ 是一个偶数,第一项和第二项综合要求 $N_2 = M/2$。

当 $2 \leqslant j \leqslant b$ 时,$(N_2 + 2n + 3)2^{j-1} B + I_1$ 是一个奇数,两者要求 $N_2 = M$。因此,综合考虑两项的结论为

$$N_2 = \begin{cases} \dfrac{M}{2} & (j = 1) \\ M & (j = 2, 3, \cdots, b-1) \end{cases} \qquad (4.145)$$

④ $X \bmod 2 = 0$ 且 $I_1 \bmod 2 = 0$ 的情形。

将 $X = 2^j B(j=1, 2, 3, \cdots, b-1)$ 和 $I_1 = 2^r B_1 (r=1, 2, 3, \cdots, b-1)$ 代入关系式(4.142)中,得到

$$N_2\left[(N_2+2n+3)2^{j-1}B+2^rB_1\right]\bmod M = 0 \qquad (4.146)$$

关系式中，j 的取值是 $j=1,2,3,\cdots,b-1$，r 的取值是 $r=1,2,3,\cdots,b-1$，当 $j=1$ 时，第一项为奇数，第二项为偶数，可以得到 $N_2=M$。

当 $j=2,3,\cdots,b-1$ 时，$(N_2+2n+3)2^{j-1}B+2^rB_1$ 是偶数，比较第一项和第二项中 2 的幂次，幂次低的项确定周期长度，可以得到：

如果 $j-1<r$，$N_2=M/2^{j-1}$；如果 $j-1>r$，$N_2=M/2^r$；如果 $j-1=r$，$N_2=M/2^j=M/2^{r+1}$，表达式为

$$N_2 = \begin{cases} M & (j=1;\ r=1,2,\cdots,b-1) \\[2mm] \dfrac{M}{2^{j-1}} & (j\neq 1\ \text{且}\ j-1<r) \\[2mm] \dfrac{M}{2^r} & (j\neq 1\ \text{且}\ j-1>r) \\[2mm] \dfrac{M}{2^j}=\dfrac{M}{2^{r+1}} & (j\neq 1\ \text{且}\ j-1=r) \end{cases} \qquad (4.147)$$

我们将两种初始值情况下的 2 阶 EFM 序列长度结论汇总在一起，如表 4.6 所示。

表 4.6 2 阶 EFM 序列周期长度（$M=2^b$，$X=2^jB$，$I_1=2^rB_1$）

EFM 序列周期长度	$I_1=I_2=I$ 或 $I=0$	$I_1\neq 0$ 和 $I_2=0$	
		I_1 为奇数，$I_1\bmod 2=1$	I_1 为偶数，$I_1\bmod 2=0$
X 为奇数 $X\bmod 2=1$	$N_2=2M$	$N_2=2M$	$N_2=2M$
X 为偶数 $X\bmod 2=0$	$N_2=M/2^{j-1}$ $j=1,2,\cdots,b-1$	$N_2=M/2(j=1)$ $N_2=M(j=2,3,\cdots,b-1)$	$N_2=M(j=1;\ r=1,2,\cdots,b-1)$ $N_2=M/2^{j-1}(j\neq 1\ \text{且}\ j-1<r)$ $N_2=M/2^r(j\neq 1\ \text{且}\ j-1>r)$ $N_2=M/2^j(j\neq 1\ \text{且}\ j-1=r)$

可以看到，2 阶 EFM 序列长度和初始值有很大关系，当初始值相同或全部为零时，输出序列周期长度与输入数值有关，当 $j=0$ 时，输入是一个奇数，输出序列周期长度取最大值 $N_{2\max}=2M$，当输入数值是偶数时，特别是 $j=b-1$ 的情形，输出序列周期长度取最小值 $N_{2\min}=4$。不管初始值是奇数还是偶数，只要输入是一个奇数，输出序列周期长度总是取最大值 $N_{2\max}=2M$。当初始值是奇数时，输入为偶数的话，输出序列周期长度与输入数值基本无关，取 $N_2=M$，只是当 $j=1$ 时，$N_2=M/2$，不存在序列周期长度极短的情况。当输入数值和初始值全部是偶数时，输出序列周期长度最小值 $N_{2\min}=2$，最大值 $N_{2\max}=M$。因此，将输入数值的最低位设置为 1，即可获得最大的序列周期长度。当依靠设置初始值来获得较长序列周期长度时，也是设置一个尽量小的数值。

4.6.3 3 阶 EFM 模型输出序列长度

3 阶 EFM 模型框图如图 4.11 所示，噪声传递函数 $\mathrm{NTF}(z)=(1-z^{-1})^3$，系数满足关

系式(4.131)。

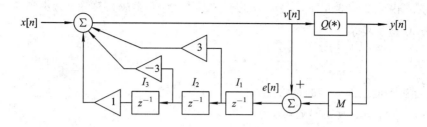

图 4.11 3 阶 EFM 模型框图

量化误差的一般表达式为

$$e[n] = (x[n] + 3e[n-1] - 3e[n-2] + e[n-3]) \bmod M \tag{4.148}$$

利用递推关系，可以将 $e[n-1]$、$e[n-2]$ 和 $e[n-3]$ 消除，采用输入 X 和初始值 I_1、I_2 和 I_3 来表示，最终得到

$$e[n] = \left[\frac{(n+1)(n+2)(n+3)}{6}X + \frac{(n+2)(n+3)}{2}I_1 - (n+1)(n+3)I_2 \right.$$
$$\left. + \frac{(n+1)(n+2)}{2}I_3 \right] \bmod M \tag{4.149}$$

假设 3 阶 EFM 序列长度为 N_3，$e[n] = e[n+N_3]$，下面分为不同的初始值情形来考察关系式(4.149)所描述的序列周期行为。

(1) 初始值 $I_1 = I_2 = I_3 = I$ 的情形。

$$e[n] = \left[\frac{(n+1)(n+2)(n+3)}{6}X + I \right] \bmod M \tag{4.150}$$

考虑到 $e[n] = e[n+N_3]$，上式简化为

$$N_3 \left[\frac{N_3^2 + (3n+6)N_3 + 3n^2 + 12n + 11}{6}X \right] \bmod M = 0 \tag{4.151}$$

将 $N_3 = 2^m$ 代入式(4.151)，并将上式 X 的系数中的分子部分定义为 $f(m, n)$，即

$$f(m, n) = 2^{2m} + (6+3n)2^m + 3n^2 + 12n + 11 \tag{4.152}$$

对式(4.152)进行模 3 运算

$$f(m, n) \bmod 3 = (4^m + 11) \bmod 3$$

当 $m=1$ 时，

$$f(1, n) \bmod 3 = 0$$

假设当 $m=k$ 时，$f(k, n) \bmod 3 = 0$ 成立，那么对于 $m=k+1$ 来说，$f(k+1, n)$ 模 3 满足

$$f(k+1, n) \bmod 3 = (3 \cdot 4^k + 4^k + 11) \bmod 3 = 0 \tag{4.153}$$

因此，对于任意 $m \geqslant 1$ 的整数，$f(m, n)$ 模 3 为零，即

$$f(m, n) \bmod 3 = (4^m + 11) \bmod 3 = 0 \tag{4.154}$$

这表明关系式(4.151)分子可以被 3 整除。又因为

$$f(m, n) \bmod 2 = (3n^2 + 11) \bmod 2 \tag{4.155}$$

可以看出，当且仅当 n 取奇数时，上式模 2 运算结果才为零。对于序列周期而言，应

该对任何 n 值都能成立。因此，$f(m,n) \bmod 2 \neq 0$。换句话说，$f(m,n)$ 可以被 3 整除，不能被 2 整除。由于 2 和 3 互质，$f(m,n)$ 被 3 整除之后不能被 2 整除。考虑到 $X = 2^j B$，式 (4.151) 模 M 运算要求：

$$N_3 = \frac{M}{2^{j-1}} \qquad (j = 0, 1, 2, \cdots, b-1) \tag{4.156}$$

该结论适合初始值全部为零的情形。

(2) 初始值 $I_1 \neq 0$ 且 $I_2 = I_3 = 0$ 的情形。

当 $I_2 = I_3 = 0$ 时并考虑到 $e[n] = e[n+N_3]$ 成立，关系式 (4.149) 可以写为

$$N_3 \left[\frac{N_3^2 + (6+3n)N_3 + 3n^2 + 12n + 11}{6} X + \frac{N_3 + 2n + 5}{2} I_1 \right] \bmod M = 0 \tag{4.157}$$

式 (4.157) 第一项与式 (4.155) 一样。式 (4.157) 模 M 为零的条件分四种情况分析。

① $X \bmod 2 = 1$ 且 $I_1 \bmod 2 = 1$ 的情形。由于 $X \bmod 2 = 1$，$j = 0$，第一项要求 $N_3 = 2M$；由于 $N_3 + 2n + 5$ 是奇数，$I_1 \bmod 2 = 1$，第二项也要求 $N_3 = 2M$；两项之和要求 $N_3 = M$。

② $X \bmod 2 = 1$ 且 $I_1 \bmod 2 = 0$ 的情形。I_1 为偶数，式 (4.157) 第二项分子模 2 为零，N_3 由第一项确定，$N_3 = 2M$。

③ $X \bmod 2 = 0$ 且 $I_1 \bmod 2 = 1$ 的情形。X 为偶数，式 (4.157) 第一项要求 $N_3 = M/2^{j-1}$，第二项要求 $N_3 = 2M$。两项之和要求 $N_3 = 2M$。

④ $X \bmod 2 = 0$ 且 $I_1 \bmod 2 = 0$ 的情形。X 为偶数，式 (4.157) 第一项要求 $N_3 = M/2^{j-1}$，第二项要求 $N_3 = M/2^{r-1}$。当 $j < r$ 时，$N_3 = M/2^{j-1}$；当 $j > r$ 时，$N_3 = M/2^{r-1}$；当 $j = r$ 时，$N_3 = M/2^j = M/2^r$。

我们将①～④四种情况下的结论汇总在了表 4.7 中。通过对比分析，可以看出，当初始值相等或全部为零时，序列周期最短为 2，最长为 $2M$。初始值可以明显地增加序列长度，尤其是奇数初始值，即 $r = 0$ 周期最长。在输入数值方面，常常把最低位固定写为 1，就是让 X 为奇数，即 $j = 0$，可以获得最长的序列周期。

表 4.7　3 阶 EFM 序列周期长度 ($M = 2^b$, $X = 2^j B$, $I_1 = 2^r B_1$)

3 阶 EFM 序列长度	初始值 $I_1 \neq 0$, $I_2 = 0$, $I_3 = 0$		$I_1 = I_2 = I_3 = 0$ 或 $I_1 = I_2 = I_3 = I$
	I_1 为奇数, $I_1 \bmod 2 = 1$	I_1 为偶数, $I_1 \bmod 2 = 0$	
X 为奇数 $X \bmod 2 = 1$	$N_3 = M(j=0, r=0)$	$N_3 = 2M(j=0, r\neq 0)$	$N_3 = M/2^{j-1}$ $(j = 0, 1, 2, \cdots, b-1)$
X 为偶数 $X \bmod 2 = 0$	$N_3 = 2M(j\neq 0, r=0)$	$N_3 = M/2^{j-1}(j<r, j\neq 0)$ $N_3 = M/2^{r-1}(j>r, r\neq 0)$ $N_3 = M/2^j(j=r, j\neq 0, r\neq 0)$	

4.6.4　4 阶 EFM 模型输出序列长度

4 阶 EFM 模型如图 4.12 所示，噪声传递函数为 $\mathrm{NTF}(z)=(1-z^{-1})^4$，图中的系数满足式(4.131)。

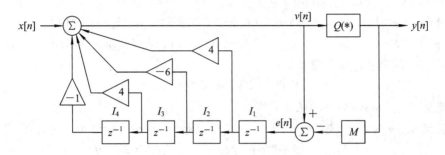

图 4.12　4 阶 EFM 模型

我们可以写出量化误差的一般形式为

$$e[n]=(x[n]+4e[n-1]-6e[n-2]+4e[n-3]-e[n-4])\bmod M$$

$$(4.158)$$

利用 $e[i]$，$i=0,1,2,\cdots,n-1$ 的递推关系式，我们可以得到 $e[n]$ 与常数输入 X 和初始值 I_1、I_2、I_3 和 I_4 满足

$$
\begin{aligned}
e[n]=&\Big[\frac{(n+1)(n+2)(n+3)(n+4)}{24}X+\frac{(n+2)(n+3)(n+4)}{6}I_1\\
&-\frac{(n+1)(n+3)(n+4)}{2}I_2+\frac{(n+1)(n+2)(n+4)}{2}I_3\\
&-\frac{(n+1)(n+2)(n+3)}{6}I_4\Big]\bmod M
\end{aligned}
$$

$$(4.159)$$

为了考察上式的周期行为，我们下面在几个典型情况下进行分析。

(1) $I_1=I_2=I_3=I_4=I$ 的情形。

假设 4 阶调制器的周期为 N_4，$e[n]=e[n+N_4]$，当 $I_1=I_2=I_3=I_4=I$ 时，即所有初始值相同时，我们得到

$$e[n]=\Big[\frac{(n+1)(n+2)(n+3)(n+4)}{24}X+I\Big]\bmod M \qquad (4.160)$$

考虑到 $e[n]=e[n+N_4]$，且 $N_4=2^m$，我们可以得到

$$N_4\Big[\frac{f(m,n)}{24}\cdot X\Big]\bmod M=0 \qquad (4.161)$$

式中，$f(m,n)$ 定义为

$$f(m,n)=2^{3m}+(4n+10)2^{2m}+(6n^2+30n+35)2^m+4n^3+30n^2+70n+50$$

从式(4.161)可以看出，初始值并没有出现在关系式中，所得到的结论将和所有初始值都为零的情况是相同的。

对 $f(m,n)$ 实施模 6 运算：

$$f(m,n)\bmod 6=[2^{3m}+(4n+4)\cdot2^{2m}+5\cdot2^m+4n^3+4n+2]\bmod 6$$

$$(4.162)$$

我们再定义

$$f^*(m, n) = 2^{3m} + (4n+4) \cdot 2^{2m} + 5 \cdot 2^m + 4n^3 + 4n + 2$$

当 $m=1$ 时，上式模 6 的表达式为

$$f^*(1, n) \bmod 6 = (4n^3 + 2n) \bmod 6 \qquad (4.163)$$

当 $n=1$ 时，$f^*(1, 1) \bmod 6 = 0$。

假设当 $n=k$ 时，$f^*(1, k) \bmod 6 = 0$ 成立，那么对于 $n=k+1$，我们有

$$f^*(1, k+1) \bmod 6 = (4k^3 + 2k) \bmod 6 + (12k^2 + 12k + 6) \bmod 6 = 0$$

因此，对于任何 $n \geqslant 1$ 的整数，有

$$f^*(1, n) \bmod 6 = 0$$

也就是说，关系式(4.163)模 6 为零。

假设当 $m=k$ 时，$f^*(k, n) \bmod 6 = 0$ 成立，那么，当 $m=k+1$ 时，我们有

$$f^*(k+1, n) = 7 \cdot 2^{3k} + 12(n+1)2^{2k} + 5 \cdot 2^k + f(k, n)$$

$$f^*(k+1, n) \bmod 6 = (7 \cdot 2^{3k} + 5 \cdot 2^k) \bmod 6 \qquad (4.164)$$

令

$$f(k) = 7 \cdot 2^{3k} + 5 \cdot 2^k \qquad (4.165)$$

当 $k=1$ 时，$f(1) \bmod 6 = 0$ 成立。假设当 $k=l$ 时，$f(l) \bmod 6 = 0$ 成立，那么当 $k=l+1$ 时，我们有

$$f(l+1) = [9 \cdot 2^{3l} + 3 \cdot 5 \cdot 2^l - f(l)] \bmod 6 = 0$$

因此，对任意 $k \geqslant 1$ 的整数，$f(k) \bmod 6 = 0$ 成立，亦即关系式(4.165)模 6 为零。从而证明了对于任意 $m \geqslant 1$ 的整数，$f^*(m, n) \bmod 6 = 0$，也就是

$$f(m, n) \bmod 6 = 0 \qquad (n \geqslant 1, m \geqslant 1)$$

换句话说，关系式(4.161)的分子中的 $f(m, n)$ 可以被 6 整除。

下面再考察 $f(m, n)$ 模 4 的情况，等同于考察 $f(m, n)$ 被 6 整除之后还能否被 2 整除：

$$f(m, n) \bmod 4 = (35 \cdot 2^m + 2n^2 + 2n + 2) \bmod 4 \qquad (4.166)$$

当 $m \geqslant 2$ 时，对于任何 n 值，$f(m, n)$ 不能被 4 整除，由于 $f(m, n)$ 可以被 6 整除，其中包含了一个 2 的因子，所以 $f(m, n)$ 被 6 整除之后不能再被 2 整除。从关系式(4.161)可以得到

$$N_4 = \frac{M}{2^{j-2}} \qquad (4.167)$$

当 $m=1$ 时，式(4.166)模 4 为零，可以得到 $N_4 = M/2^{j-1}$，$N_{4\min} = 4$ 与对应的 $N_4 = 2^m = 2$ 不符，关系式(4.161)成立要求 $m \geqslant 2$。

可见，当 $j=0$ 时，序列周期取最大值，$N_{4\max} = 4M$，当 $j=b-1$ 时，序列周期取最小值，$N_{4\min} = 8$。

(2) $I_1 \neq 0$，$I_2 = I_3 = I_4 = 0$ 的情形。

当 $I_2 = I_3 = I_4 = 0$ 时，考虑到 $e[n] = e[n+N_4]$，关系式(4.159)改写为

$$N_4 \left[\frac{f(m, n)}{24} X + \frac{g(m, n)}{6} I_1 \right] \bmod M = 0 \qquad (4.168)$$

式(4.168)中的第一项与式(4.161)相同，已经分析过了。第二项中 $g(m, n)$ 为

$$g(m, n) = 2^{2m} + (3n+9)2^m + 3n^2 + 18n + 26 \qquad (4.169)$$

对式(4.169)进行模 3 运算，得到

$$g(m, n) \bmod 3 = (4^m + 26) \bmod 3 = 0$$

上式用到 $3 \mid (4^m + 11)$ 和 $3 \mid 15$ 的事实。另外，可以看出在 n 取奇数时，$g(m,n) \bmod 2 = 1$，亦即 $g(m,n)$ 可以被 3 整除，但不能被 2 整除。因此，我们得到关系式第二项要求为

$$N_4 = \frac{M}{2^{r-1}} \qquad (r = 0, 1, 2, \cdots, b-1) \qquad (4.170)$$

结合式(4.168)中第一项的结论，即式(4.167)，可以得到 4 阶 EFM 序列周期长度如表 4.8 所示。同时注意到 $m=1$ 时，式(4.168)中第一项要求 $N_4 = M/2^{j-1}$ 的情形，结合第二项要求 $N_4 = M/2^{r-1}$，当 $j=r=b-1$ 情况下，$N_4 = M/2^j = 2$，与 $m=1$ 一致。

表 4.8　4 阶 EFM 序列周期长度$(M=2^b, X=2^j B, I_1 = 2^r B_1)$

4 阶 EFM 序列长度	初始值 $I_1 \neq 0$, $I_2 = I_3 = I_4 = 0$		$I_1 = I_2 = I_3 = I_4 = I$ 或 $I_1 = I_2 = I_3 = I_4 = 0$
	I_1 为奇数，$I_1 \bmod 2 = 1$	I_1 为偶数，$I_1 \bmod 2 = 0$	
X 为奇数 $X \bmod 2 = 1$	$N_4 = 4M(j=0, r=0)$	$N_4 = 4M(j>0, r\neq 0)$	
X 为偶数 $X \bmod 2 = 0$	$N_4 = M(j=1, r=0)$ $N_4 = 2M(j>0, r=0)$	$N_4 = M/2^{j-2}(j-1<r, j\neq 0)$ $N_4 = M/2^{r-1}(j-1>r, r\neq 0)$ $N_4 = M/2^{j-1}(j-1=r, j\neq 0, r\neq 0)$ $N_4 = 2(j=r=b-1)$	$N_4 = M/2^{j-2}$ $(j=0, 1, 2, \cdots, b-1)$

根据上述关系式，我们不难得到下列结论：

（1）当初始值相同或全部为零时，4 阶 EFM 输出序列周期长度与输入数值相关，$N_{4\min} = 8$, $N_{4\max} = 4M$。

（2）当 $I_1 \neq 0$, $I_2 = I_3 = I_4 = 0$ 时，只要输入 X 为奇数，即 $j=0$，4 阶 EFM 输出序列周期长度取最大值，$N_4 = 4M$，且与初始值无关。由此可见，将 EFM 最低位设置为 1 可以获得最长周期序列。

（3）当 $I_1 \neq 0$, $I_2 = I_3 = I_4 = 0$ 时，输入 X 为偶数，即 $j \neq 0$，如果初始值 I_1 为奇数，$N_4 = M$ 或 $N_4 = 2M$。因此，输入 X 和 I_1 中只要有一个为奇数，就不存在序列周期极短的情况。

（4）当 $I_1 \neq 0$, $I_2 = I_3 = I_4 = 0$ 时，如果输入 X 为偶数，I_1 也为偶数，就要比较 $j-1$ 和 r 的大小来确定。当 $j-1 < r$ 时，$N_4 = M/2^{j-2}$，在 $j=1$ 时取最大值 $N_{4\max} = 2M$，在 $j=b-2$ 时，取最小值 $N_{4\min} = 16$；当 $j-1 > r$ 时，$N_4 = M/2^{r-1}$，在 $r=1$ 时取最大值 $N_{4\max} = M$，在 $r=b-3$ 时取最小值 $N_{4\min} = 16$；当 $j-1 = r$，且 $j=b-1$, $r=b-2$ 时，$N_{4\min} = 4$；当 $j=2$, $r=1$ 时，$N_{4\max} = M/2$。

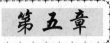

基于抖动的 SDM 模型与输出序列长度

在第四章中，我们通过设置累加器的初值为奇数、固定输入数据的最低位为 1 等技术手段，以及设计 HK-EFM-MASH 和 SP-EFM-MASH 等新型调制器结构模型，有效地解决了结构寄生问题。本章将介绍采用抖动技术来解决结构寄生的问题。抖动技术就是将伪随机序列注入到 Σ-Δ 调制器中，利用随机调制技术来增加 SDM 的输出序列长度，它有效解决了传统 MASH 的结构寄生问题，并在小数 N 频率合成器芯片中获得了应用。

基于抖动的 SDM 模型输出序列长度分析会涉及伪随机序列的相关性质，特别是序列在一个周期内的二重求和与三重求和的奇偶性问题。下面首先简单介绍 m 序列伪随机信号发生器的原理、性质，以及二重求和与三重求和问题；接下来详细分析基于抖动的 MASH 1-1-1 模型的输出序列长度。

5.1 伪随机序列基础

5.1.1 基于 LFSR 的伪随机序列发生器

信息在存储、传输、接收和处理过程中的安全问题一直受到人们的广泛关注，在实现数据加密、密钥管理、公钥和私钥的产生、电子商务、数字签名和身份鉴定等众多业务中，都会与随机序列形影不离，也促使伪随机序列的理论及应用得到了长足的发展，涌现出许多性能优良的序列族，例如，m 序列、Glod 序列、GMW 序列、Kasami 序列、No 序列、交织序列和分圆序列等等。伪随机序列的结构可以预先确定，并可以重复地产生和复制，具有 Golomb 三个随机特性。对于二元序列来说，Golomb 的三个随机性假设是：

（1）若序列的周期 N_p 为偶数，则 1 的个数与 0 的个数相等；若 N_p 为奇数，则 1 的个数比 0 的个数多 1 或少 1。

（2）长为 l 的串占 $1/2^l$，且 0 串和 1 串的个数相等或至多差一个。

（3）序列的异相自相关函数为一个常数，即序列为二值自相关序列。

实质上，伪随机序列就是一个具有某种随机特性的确定序列，它具有良好的随机性，其相关函数接近白噪声的相关函数，即有窄的高峰或宽的功率谱密度。

线性反馈移位寄存器（LFSR）序列是研究得最早的一种伪随机序列，也是目前序列研究中理论最完备、应用最广泛的一种伪随机序列，已经成为研究和构造其它伪随机序列的基础。一个 n 级 LFSR 可以产生周期为 2^n-1 的最大长度序列，满足 Golomb 随机性假设，通常称为 m 序列。但是，m 序列的线性复杂度仅为 n，而且同样长度的 m 序列个数不多，互相关满足一定条件的族序列数很少。另外一种线性序列是 Glod 序列，它是基于 m 序列构造的，具有理想三值互相关特性，由 n 级移位寄存器产生的 Glod 序列周期为 2^n-1，Glod 序列的线性复杂度虽然也不大，但序列的数量远远超过了 m 序列。当 n 为奇数时，有一半的 Glod 序列为平衡序列；当 n 为偶数时，3/4 的 Glod 序列为平衡序列。

由于 m 序列的线性复杂度小，直接作为流密码系统的密钥流序列不能令人满意。因此人们进一步转向构造非线性序列生成器的研究，先后提出了 Bent 序列的构造方法，以及广义 q 元 Bent 函数和构造方法等。Bent 序列和广义 Bent 序列都是性能优异的非线性序列，具有平衡性，线性复杂度大，且相关值达到了 Welch 下界，是综合性能最好的伪随机序列之一。

利用迹函数构造出的另外一类非线性序列是 GMW 序列，它具有和 m 序列一样的理想自相关函数，并且它的线性复杂度比 m 序列大得多。之后又出现了级联 GMW 序列，它的自相关函数值与 m 序列相同，是一种具有低相关特性的平衡序列，在某些情形下它的线性复杂度远优于 GMW 序列。利用有限域上迹函数构造的二元 Kasami 序列族和 p 元 Kasami 序列，都是以 m 序列为基础构造出来的，也具有理想二值自相关性质，同时具有自相关、互相关函数值均较好的特性，并且序列的数量也比较多。

20 世纪 80 年代末提出了 No 序列的概念，90 年代又提出了级联 No 序列的概念。级联 No 序列是一类包括级联 GMW 序列的序列族，线性复杂度比级联 GMW 序列大；同周期的级联 No 序列族数和级联 GMW 序列数相同，所以同周期的级联 No 序列的数目远远多于级联 GMW 序列，且 No 序列具有良好的相关特性。2000 年之后提出了 p 元统一序列、p 元 d 型序列、级联统一序列的概念，这些序列均与 m 序列和 GMW 序列一样具有理想自相关性质。

20 世纪 90 年代提出了交织序列的概念，将 m 序列、GMW 序列、No 序列等序列都囊括在交织序列的范畴之内。相控序列是交织序列的一个应用，它是利用 m 序列进行交织而构造出来的，具有比交织序列和 Bent 序列还要高的线性复杂度；当基序列为平衡序列时，相控序列也是平衡序列；具有良好的相关特性，相关函数值逼近 Welch 界；实现简单灵活，可基于相同的生成结构，通过变换不同的基序列和移位序列而获得大量的同周期序列族。另外，二元分圆序列的概念和构造方法也被提出。分圆序列也具有大的线性复杂度和较低的相关性质。

在上述列举的重要序列中，最基础也是应用最广泛的是 m 序列，鉴于本章主要以 m 序列为基础实现抖动 SDM 的设计与分析，所以，下面只简单介绍 m 序列的产生及其性质。

m 序列是一种线性位移寄存器(LFSR)序列。一种 n 级 p 元线性位移寄存器序列发生器的结构如图 5.1 所示，称为 Fabonacci 型位移寄存器结构。

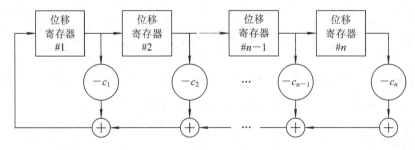

图 5.1　n 级 LFSR 序列发生器(Fabonacci 型)

n 个寄存器以串联的形式连接，最左边的为第 1 级，最右边的为第 n 级，每个寄存器的输出有 p 种状态，分别为 $1, 2, \cdots, p-1$，是有限域 GF(p) 中的 p 个元素。$c_1, c_2, \cdots, c_n$ 是乘法器的系数，当输入为 a 时，输出为 ca，$c, a \in$ GF(p)，乘法按模 p 运算。对 n 个乘法器的输出进行求和，按模 p 运算，最终作为反馈信号输入到第一级位移寄存器中。在时钟脉冲的触发下，寄存器将本级的输出位移到下一个寄存器中，第 n 级寄存器的输出就是序列的输出。假设第一级寄存器的输出状态是 a_{n-1}，第二级寄存器的输出状态是 a_{n-2}，依此类推，第 n 级寄存器的输出状态是 a_0，即初始状态是 $a_0, a_1, \cdots, a_{n-1}$，当经历了时钟脉冲之后，每级寄存器的输出位移到下级，通过乘法器和求和器之后的输出为

$$a_n = -(c_1 a_{n-1} + c_2 a_{n-2} + \cdots + c_n a_0) \tag{5.1}$$

这个 a_n 被反馈到第一级作为输入。一个时钟脉冲之后，寄存器状态变为 $a_1, a_2, \cdots, a_n$，输出的是第 n 级的状态 a_0。随着时钟脉冲的不断触发，n 级 p 元线性位移寄存器的输出就是一个 p 元序列。序列满足线性递归关系式：

$$a_j = -\sum_{i=1}^{n} c_i a_{j-i} \qquad (j \geqslant n) \tag{5.2}$$

显然，该序列由初始状态 $a_0, a_1, \cdots, a_{n-1}$ 和线性递归关系式完全确定。序列中的连续 n 个项，也就是 n 级寄存器的内容 $a_j a_{j+1} \cdots a_{j+n-1} (j \geqslant 0)$，称为位移寄存器的一个状态。当 $c_n = 0$ 时，n 级线性位移寄存器退化成一个 $n-1$ 级线性位移寄存器，当 $c_n \neq 0$ 时，这个 n 级线性位移寄存器是非退化的。图 5.1 所示的 p 元 n 级 LFSR 的连接多项式是

$$f(x) = 1 + c_1 x + c_2 x^2 + \cdots + c_{n-1} x^{n-1} + c_n x^n \tag{5.3}$$

该连接多项式由递归关系式完全确定，递归关系式也由连接多项式完全确定。因此，p 元 n 级线性位移寄存器序列也可由初始状态和连接多项式完全确定。

产生 m 序列的线性位移寄存器还有一种结构称为 Galois 型 LFSR 结构，如图 5.2 所示。Galois 型 LFSR 结构与 Fabonacci 型结构是等效的，它们能得到同样的序列。但是这两种结构的状态序列有所区别。Fabonacci 型 LFSR 反馈抽头位置与本原多项式一致，Galois 型 LFSR 反馈抽头位置与本原多项式不一致，已知本原多项式后需要经过变换才能得到 Galois 结构。而且，Galois 型 LFSR 由码序列不能直接得到位移寄存器的状态序列，它们之间不是简单的位移关系。但是，其码序列的速率比 Fabonacci 型有所提高，只是一个加法器的时延，与所用的加法器的数量无关。

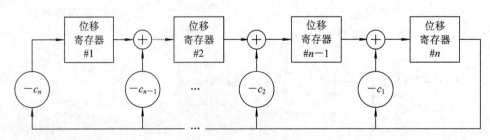

图 5.2 n 级 LFSR 序列发生器（Gealois 型）

5.1.2 m 序列的特性

如果在有限域 GF(p) 上，p 为素数，以式(5.3)为连接多项式的 n 级 LFSR 所产生的

非零序列的周期是 p^n-1，则该序列是最长 p 元 n 级 LFSR 序列，简称 m 序列。

如果 $f(x)$ 是 GF(p) 上次数不小于 1 的多项式，且 $f(0)\neq0$，使得 $f(x)\,|\,(1-x^T)$ 成立的最小的 T 称为 $f(x)$ 的阶，记为 ord(f)，如果 $f(0)=0$，存在整数 $t>0$ 和 $g(x)\in$ GF(q)，使得 $f(x)=x^t g(x)$，规定 ord(f) 为 ord(g)。

引理 5.1.1　如果 $f(x)$ 是 GF(p) 上次数不小于 1 的多项式，且 $f(0)\neq0$，那么 ord$(f)\,|\,(p^n-1)$。

引理 5.1.2　设 S 是 GF(p) 上的一个序列，它的极小多项式为 $f(x)$，那么 S 的最小周期等于 ord(f)。

本原多项式的定义是：如果 $f(x)$ 是 GF(p) 上次数不小于 1 的多项式，且 $f(0)\neq0$，如果 ord$(f)=p^n-1$，那么 $f(x)$ 称为本原多项式。

定理 5.1.1　一个 n 级线性位移寄存器为最长线性位移寄存器的充分必要条件是，它的连接多项式为 GF(p) 上的 n 次本原多项式。

对于 n 级位移寄存器来说，根据不同的反馈组合，共有 n 次本原多项式 $\varphi(p^n-1)/n$ 个，亦即可以产生 $\varphi(p^n-1)/n$ 个长度为 p^n-1 的 m 序列。其中，$\varphi(x)$ 是欧拉函数，又称欧拉商数，它的取值是小于 x 并与 x 互素的数的数目。例如 $\varphi(8)=4$，因为 1、3、5 和 7 均与 8 互质。欧拉函数一般的通式为

$$\varphi(x) = x\left(1-\frac{1}{x_1}\right)\left(1-\frac{1}{x_2}\right)\left(1-\frac{1}{x_3}\right)\cdots\left(1-\frac{1}{x_n}\right)$$

式中，x 为不等于零的整数，$x_1,x_2,\cdots,x_n$ 为 x 的所有质因数，每种质因数只取一个。

根据质数的性质，显然当 x 是质数时，$\varphi(x)=x-1$，当 x 是奇数时，$\varphi(2x)=\varphi(x)$。

如果 x 是质数 p 的 k 次幂，则

$$\varphi(x) = p^k - p^{k-1} = (p-1)p^{k-1}$$

欧拉函数是一个积性函数，如果 x 和 y 是互质的，则

$$\varphi(xy) = \varphi(x)\varphi(y) = (x-1)(y-1)$$

本原多项式的具体形式可以通过计算或查表得到。

在有限域 GF(p) 上 m 序列的性质主要有周期性、广义平衡特性、位移相减特性和游程特性。

（1）周期性。

假设 $\{a_j\}_{j=0}^{\infty}=a_0 a_1 a_2\cdots$ 表示有限域 GF(p) 上的序列，若存在正整数 N_p 满足关系式

$$a_{j+N_p} = a_j \qquad (j\geqslant0)$$

则称序列 $\{a_i\}_{i=0}^{\infty}$ 为周期序列，N_p 为该序列的周期。N_p 是所有可能周期中的最小值，称为序列的最小周期，通常所指的序列的周期都是最小周期。

（2）广义平衡特性。

从一个 n 级 m 序列发生器中任选 r 级，构成一个 r 元素组 $(a_{j+\lambda_1}\,a_{j+\lambda_2}\cdots a_{j+\lambda_r})$，这里 $0\leqslant\lambda_1<\lambda_2<\cdots\lambda_r\leqslant n-1$，该 r 元素组也称为一个 r 重。在次数为 n 的 m 序列 $a=\{a_j\}$ 的一个周期内，使得 r 元素组 $(a_{j+\lambda_1}\,a_{j+\lambda_2}\cdots a_{j+\lambda_r})$ 为某个 r 重 $b=(b_1 b_2\cdots b_r)$ 的相位 j 的数目为

$$u_a(b) = \begin{cases} p^{n-r} & (b\neq(00\cdots0),\ 1\leqslant r\leqslant n) \\ p^{n-r}-1 & (b=(00\cdots0),\ 1\leqslant r\leqslant n) \end{cases}$$

可见，在一个序列周期中，任意 r 元素组的出现次数是基本相同的。从该性质还可以得到 m 序列的平衡特性，即非零符号出现的次数比零符号出现的次数多 1。

对于一个二元序列来说，平衡性可表述如下：

设 $\{a_i\}_{i=0}^{\infty}$ 是 F_2 上周期为 T 的序列，若 $\{a_i\}_{i=0}^{\infty}$ 在一个周期上 1 和 0 的个数相差不超过 1 个，即

$$\left| \sum_{i=0}^{T-1} (-1)^{a_i} \right| \leqslant 1$$

则称序列 $\{a_i\}_{i=0}^{\infty}$ 满足平衡性。

（3）位移相减特性。

在 $GF(p)$ 上次数为 n 的 m 序列 $a = \{a_j\}$ 与其循环位移 τ 的序列 $\{a_{j+\tau}\}$ 逐项模 p 相减，必为 m 序列 $a = \{a_j\}$ 的另一个循环位移 $\{a_{j+\tau'(\tau)}\}$，其中的 τ 是 $\tau \neq 0 \bmod (p^n-1)$ 的任何位移。即对所有 j，有

$$a_{j+\tau'(\tau)} = a_{j+\tau} + a_j$$

式中，$\tau'(\tau)$ 由 $\tau \neq 0 \bmod (p^n-1)$ 唯一确定。对于二元序列，该特性也可以称为 m 序列的位移相加性。

（4）游程特性。

将 $GF(p)$ 上周期为 L 的周期序列 $a = \{a_j\}$ 依次排列在一个圆周上，使得首尾相接。假设 $a, \bar{a} \in GF(p)$，$\bar{a}$ 表示不等于 a 的任意元素，这个圆周上形如 $\bar{a}aa\cdots a\bar{a}$ 的一连串码元相同的项，称为序列 $a = \{a_j\}$ 的一个周期中的 a 游程，而 a 游程中，a 的数目称为这个游程的长度。游程特性指的是：在 n 级 m 序列的一个周期中，游程总数为 $(p-1)p^{n-1}$ 个。其中，长度等于 i 的游程数目为 $(p-1)^2 p^{n-i-1}$，占游程总数的 $(p-1)/p^i$，$1 \leqslant i \leqslant n-1$；此外，还有 $p-1$ 个长度为 n 的游程。

对于一个二元序列，由于在序列 $\{a_i\}_{i=0}^{\infty}$ 的周期圆上，1 的游程和 0 的游程总是交替出现的，因此，对于任一序列 $\{a_i\}_{i=0}^{\infty}$，其 1 的游程和 0 的游程的个数相等。长度为 1 的游程约占游程总数的一半，长度为 $i(i \geqslant 2)$ 的游程占游程总数的 $1/2^i$，并且在同样长度的所有游程中，1 的游程和 0 的游程大约各占一半。我们称序列 $\{a_i\}_{i=0}^{\infty}$ 满足游程特性。

评测伪随机序列性能指标除了周期性、平衡特性、游程特性之外，还有自相关函数、互相关函数、线性复杂度以及 k 错复杂度等等。

5.2　抖动序列与多重求和的奇偶性

在基于抖动的 MASH 模型设计中，会涉及三种形式的伪随机序列，也称为抖动序列。第一种就是上述的 m 序列，元素是由 +1 和 -1 组成，周期为 M_p-1，这里假定 +1 比 -1 多一个，该序列记为 $d_{m1}[n]$；第二种是在 $d_{m1}[n]$ 基础上，通过设置初始值，首先出现游程最长的全 +1 状态，且第一个元素不输出，对调制器来说是 0，这样序列长度是 M_p-1，+1 和 -1 元素个数相等，均值为零，这种序列记为 $d_{m2}[n]$；第三种是将 $d_{m1}[n]$ 序列中的一个 +1 扣除，这样形成 +1 和 -1 元素个数相等，均值为零，序列长度是 M_p-2 的随机序列，这种序列记为 $d_{m3}[n]$。

5.2.1 抖动序列 K 值的奇偶性

在基于抖动的 2 阶 MASH 模型输出序列长度的分析中，会遇到伪随机序列在其一个周期中的二重求和问题。我们将伪随机序列 $d[n]$ 的二重求和数值记为 K，表达式为

$$K = \sum_{k=1}^{N_p} \sum_{n=1}^{k} d[n] \tag{5.4}$$

式中，N_p 是 $d[n]$ 序列周期长度。

1）序列 $d_{m1}[n]$ 的 K 值奇偶性

一个序列的二重求和数值就是图 5.3(a) 三角形中的元素之和。图 5.3(b) 所示的是长度为 $N_p = 2^4 - 1$ 情形下的一个序列，该序列 +1 全部在前面，-1 全部在后面，这种序列的 K 值最大。

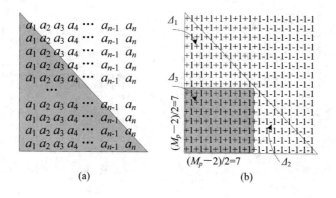

图 5.3 序列的 K 值求和示意图

由于序列 +1 比 -1 多一个，所以对角线之和为 +1；左上三角形元素之和 Δ_1 与右下 Δ_2 之和为 $M_p - 2 = 14$；下面正方形区域的元素之和为

$$\Delta_3 = \left[\frac{1}{2}(M_p - 2)\right]^2 = 7^2 = 49$$

该序列的二重求和值为

$$\begin{aligned}
K_{\max} &= \left[\frac{1}{2}(M_p - 2)\right]^2 + \frac{1}{2}(M_p - 2) \times 2 + 1 \\
&= \left[\frac{1}{2}(M_p - 2) + 1\right]^2 = \left(\frac{M_p}{2}\right)^2
\end{aligned} \tag{5.5}$$

以 $N_p = 2^4 - 1$ 为例时，$K_{\max} = 64$。关系式 (5.5) 表明，该序列 $K_{\max}$ 为偶数。

一个 m 序列可以看成在图 5.3 基础上，通过若干个相应的 +1 列和相应的 -1 列进行交换之后形成的。当左边的 +1 和右边的 -1 交换时，对角线之和仍为 +1；Δ_1 中少了多少个 +1 就多了多少个 -1，变化量是个偶数；Δ_2 中少了多少个 -1 就多了多少个 +1，变化量也是个偶数；下面正方形 Δ_3 中的变化量，同样是个偶数。处于 Δ_2 中的 +1 和 -1 交换仍然是变化一个偶数量。因此，每次 +1 和 -1 的交换总是在原来 K 值的基础上变化一个偶数量。由于 $K_{\max}$ 是个偶数，所以，$d_{m1}[n]$ 序列的 K 值是一个偶数或为零。

假设 $d_{m1}[n]$ 序列是个理想的随机序列，+1 和 −1 在序列中分布均匀，那么三角形以外的元素之和应该等于 $K-1$，考虑到元素总和为 M_p-1，我们有

$$K + K - 1 = M_p - 1$$

所以

$$K = \frac{M_p}{2} \tag{5.6}$$

也就是说，由于对角线元素之和等于 1，除了对角线上的元素以外，三角形中的其它元素之和为 $M_p/2-1$，三角形之外的元素之和为 $M_p/2-1$。就一般性而言，$d_{m1}[n]$ 序列的 K 值是一个偶数，即 $(K)\bmod 2 = 0$。

2）序列 $d_{m2}[n]$ 的 K 值奇偶性

前面假设了序列中的 +1 比 −1 多一个，将其中一个 +1 置为 0，如图 5.4(a) 所示。假设将最后一个 +1 置为 0，图中的元素个数是以序列长度 2^4-1 为例的。

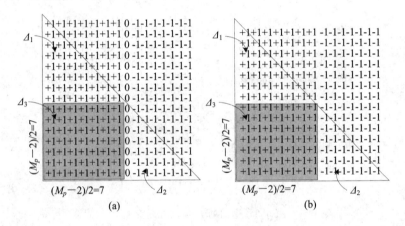

图 5.4　$d_{m2}[n]$ 与 $d_{m3}[n]$ 序列的 K 值求和示意图

对角线元素之和为零。左上 Δ_1 和右下 Δ_2 区域元素之和为 $(M_p-2)/2=7$，与下面正方形 Δ_3 区域中的元素之和为

$$K_{\max} = \left[\frac{1}{2}(M_p-2)\right]^2 + \frac{1}{2}(M_p-2) = \frac{1}{4}M_p(M_p-2) \tag{5.7}$$

可见，该序列的 $K_{\max}$ 是一个偶数。

当左边 +1 与右边 −1 交换后，变化量是个偶数，K 仍然保持为偶数。但是，0 的位置交换之后，会使 K 值的奇偶性发生变化。当 0 和左边 +1 交换时，Δ_2 和 Δ_3 区域元素之和不变，Δ_1 中的元素之和变化量可以是偶数，也可以是奇数，这时的 K 值可以是偶数，也可能是奇数。当 0 和右边 −1 交换时，Δ_2 区域元素之和变化量可以是奇数，也可以是偶数，这时的 K 值可以是偶数，也可能是奇数，完全取决于 0 元素的位置。

如前所述，序列 $d_{m2}[n]$ 是使 0 处于序列的第一个位置，0 的交换使得 K 值变化量为 $(M_p-2)/2$，是个奇数，因此，$d_{m2}[n]$ 序列的 K 值是个奇数，即 $(K)\bmod 2 = 1$。

3）序列 $d_{m3}[n]$ 的 K 值奇偶性

序列 $d_{m3}[n]$ 是一个长度为 M_p-2，元素 +1 和 −1 个数相等的序列。序列求和示意图

如图 5.4(b)所示，图中的元素个数是以序列长度 2^4-2 为例的。

对角线元素之和为零，Δ_1 和 Δ_2 区域元素之和为零，Δ_3 区域元素之和就是 K 值，因此，序列的 $K_{\max}$ 为

$$K_{\max} = \frac{1}{4}(M_p - 2)^2 \qquad (5.8)$$

可见，$K_{\max}$ 值是一个奇数。

无论 +1 和 −1 如何交换，Δ_1、Δ_2 和 Δ_3 区域元素之和的变化量总是偶数，因此，$d_{m3}[n]$ 序列的 K 值是个奇数，即 $(K) \bmod 2 = 1$。

上述方法是从理想的最大 K 值序列状态出发，利用 +1 和 −1 交换形成一个任意随机序列，由此考察序列 K 值的奇偶性。除此之外，还有一个极其方便的办法，就是考察图 5.3 中三角形区域的元素总个数。考虑到元素不是 +1 就是 −1，如果元素个数为奇数，则 K 值就是个奇数。如果元素个数为偶数，则 K 值就是个偶数或为零。

5.2.2　抖动序列 K^* 值的奇偶性

在基于抖动的 3 阶 MASH 模型输出序列长度的分析中，会遇到伪随机序列在其一个周期中的三重求和问题。我们将伪随机序列 $d[n]$ 的三重求和数值记为 K^*，表达式为

$$K^* = \sum_{n=1}^{N_p} \sum_{k=1}^{n} \sum_{i=1}^{k} d[i] \qquad (5.9)$$

式中，N_p 是 $d[n]$ 序列周期长度。

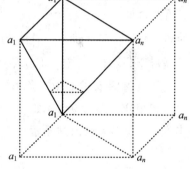

前面的 K 是图 5.3(a)中三角形区域的元素之和，是一个二维的面积问题。这里的 K^* 是一个三维的体积问题，如图 5.5 所示，图中锥形体积内的元素之和正是 K^* 值。

图 5.5　序列 K^* 值求和示意图

1) 序列 $d_{m1}[n]$ 的 K^* 值奇偶性

对于 $d_{m1}[n]$ 序列来说，顶层的元素之和 S_1 正是对应的 K 值，$S_1 = K$，是一个偶数。

第 2 层的元素之和 S_2 比 S_1 少了一行 a_1，a_2，a_3，…，a_{M_p-1} 元素的和，考虑到序列之和等于 +1，等效少了一个元素，变化量为奇数。因此，S_2 是个奇数。

第 3 层的元素比第 2 层少了一行 a_1，a_2，a_3，…，a_{M_p-2}，少了偶数个元素，变化量是个偶数或 0，因此，S_3 与 S_2 的奇偶性相同，是个奇数。

第 4 层的元素比第 3 层等效少了奇数个元素，S_4 再次变为偶数。依此类推，S_1，S_2，…，S_{M_p-1} 的奇偶性为偶奇奇偶偶奇奇……偶奇奇。在 S_1，S_2，…，S_{M_p-1} 中，有 $M_p/2$ 个奇数，$M_p/2-1$ 个偶数，因此，K^* 是 $M_p/2$ 个奇数与 $M_p/2-1$ 个偶数之和。显然 K^* 为偶数，即 $K^* \bmod 2 = 0$。

2) 序列 $d_{m2}[n]$ 的 K^* 值奇偶性

对于 $d_{m2}[n]$ 序列来说，顶层的元素之和 S_1 正是对应的 K 值，$S_1 = K$，是一个奇数。

第 2 层的元素之和 S_2 比 S_1 少了一行 a_1，a_2，a_3，…，a_{M_p-1} 元素的和，考虑到序列之和

等于 0，因此，S_2 和 S_1 一样是个奇数。

第 3 层的元素比第 2 层少了 a_1，a_2，a_3，$\cdots$，a_{M_p-2}，变化量是个奇数，所以 S_3 为偶数。

第 4 层的元素比第 3 层少了 a_1，a_2，a_3，$\cdots$，a_{M_p-3}，变化量是个偶数或零，S_4 与 S_3 相同，是个偶数。依此类推，最后一个是 0。

S_1，S_2，$\cdots$，S_{M_p-1} 的奇偶性为奇奇偶偶奇奇偶偶……奇奇，S_1，S_2，$\cdots$，S_{M_p-1} 总的个数是 M_p-1 个，其中有 $M_p/2$ 个奇数，$M_p/2-2$ 个偶数，最后一个是 0。K^* 为 $M_p/2$ 个奇数与 $M_p/2-2$ 个偶数之和。显然，K^* 是个偶数，即 $K^* \bmod 2 = 0$。

3）序列 $d_{m3}[n]$ 的 K^* 值奇偶性

对于 $d_{m3}[n]$ 序列来说，顶层的元素之和 S_1 正是对应的 K 值，$S_1 = K$，是一个奇数。

第 2 层的元素之和 S_2 比 S_1 少了一行 a_1，a_2，a_3，$\cdots$，a_{M_p-2} 元素的和，考虑到序列之和等于 0，因此，S_2 和 S_1 一样是个奇数。

第 3 层的元素比第 2 层少了 a_1，a_2，a_3，$\cdots$，a_{M_p-3}，变化量是个奇数，所以 S_3 变为偶数。

第 4 层的元素比第 3 层少了偶数个元素，变化量是偶数或为零，S_4 与 S_3 相同，是个偶数。依此类推，S_1，S_2，$\cdots$，S_{M_p-2} 的奇偶性为奇奇偶偶奇奇偶偶……奇奇，其中，有 $M_p/2$ 个奇数，$M_p/2-2$ 个偶数。显然，K^* 是个偶数，即 $K^* \bmod 2 = 0$。

实际上，针对 +1 和 -1 的序列，还可以采用更简便的方法得到 K 和 K^* 的奇偶性，那就是直接计算图 5.3(a) 中三角形区域面积和图 5.5 中所示体积内的元素总个数。如果是奇数，则 K 和 K^* 即为奇数；如果是偶数，则 K 和 K^* 为偶数或为零。例如，对于 $d_{m1}[n]$ 序列来说，三角形区域内的元素总个数为

$$m_k = \sum_{n=1}^{M_p-1} n = \frac{1}{2}M_p(M_p-1) \tag{5.10}$$

显然，m_k 是个偶数，偶数个 +1 或 -1 求和的结果使得 K 必定是偶数，如果序列前后对称，则 K 或为零。因此，就一般情况而言，$d_{m1}[n]$ 序列的 K 为偶数，即 $K \bmod 2 = 0$。

对于 $d_{m2}[n]$ 序列，因为有 0 元素，需要在 m_k 中扣除，当处于第一个元素位置时，扣除 M_p-1 个元素，M_p-1 是个奇数，所以，三角形区域内的非零元素个数为奇数。因此，K 为奇数。

对于 $d_{m3}[n]$ 序列来说，三角形区域内的元素个数为

$$m_k = \sum_{n=1}^{M_p-2} n = \frac{1}{2}(M_p-1)(M_p-2) \tag{5.11}$$

由于 $(M_p-1) \bmod 2 = 1$ 和 $(M_p/2-1) \bmod 2 = 1$，显然 m_k 是个奇数，由此我们可以得到 K 为奇数。

同样，K^* 的奇偶性可以通过计算锥形体积内的元素总个数获得。

通过对上述三种序列的 K 和 K^* 值的分析可知，$d_{m1}[n]$ 的 K 是偶数，$d_{m2}[n]$ 和 $d_{m3}[n]$ 的 K 是奇数，但是它们的 K^* 均是偶数。

5.3 基于抖动的 MASH 模型序列周期分析

在传统 MASH 结构模型中，将一个伪随机序列信号注入到第一级累加器的最低有效位 (LSB)上，是消除或降低 Σ-Δ 调制器结构寄生响应的重要手段之一，该技术已经成功地应用于小数 N 频率合成器集成电路的设计中。它的基本原理是用一个周期较长的伪随机序列发生器参与求和累加，使得对所有的输入数值来说，量化误差序列都能呈现出很好的随机性。

图 5.6 所示是一个实用化的基于抖动的 SDM 模型，与传统的 MASH 1-1-1 相比，不同之处就是在第一级累加器中注入一个伪随机序列 $d[n]$，$d[n]$ 和输入的小数部分 $.F$ 一起累加，模型中也包括了由此带来的进位信号 C_1。该模型的输出序列解决了传统 MASH 模型结构中周期极短的现象，解决了结构寄生问题。但是，注入 $d[n]$ 也会带来不利的一面，就是同时增加了输出信号的带内相位噪声。所幸的是，这个缺陷可以通过引入一个噪声成型的抖动信号得到解决。这个抖动信号可以由一个输入为 DC 的模拟 Σ-Δ 调制器提供，或者采用直接成型随机序列的方法来获得。

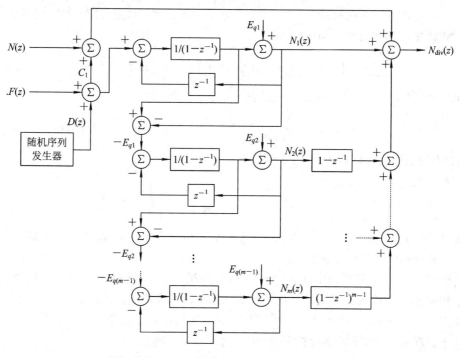

图 5.6 基于抖动的高阶 Σ-Δ 调制器模型结构

5.3.1 基于 $d_{m1}[n]$ 抖动的 MASH 1-1-1 模型序列周期分析

我们先从 1 阶 EFM 入手分析基于抖动的 SDM 输出序列长度问题。1 阶 EFM 的离散时域框图如图 5.7(a)所示，数学模型如图 5.7(b)所示，该模型与传统的 1 阶 EFM 模型的区别就是增加了一个抖动信号。图中的 $d[n]$ 是注入的 $d_{m1}[n]$ 伪随机序列信号，就是通过将 1 和 0 映射成 +1 和 −1 的 m 序列信号，周期长度为 M_p-1，元素 +1 比 −1 多一个。

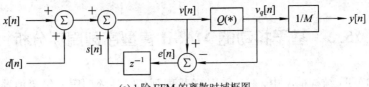

(a) 1 阶 EFM 的离散时域框图

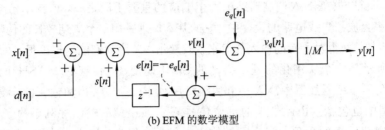

(b) EFM 的数学模型

图 5.7　基于抖动的 1 阶 EFM 框图与数学模型

根据图 5.7 所示的 EFM 数学模型，输出序列为

$$y[n] = \frac{1}{M}(x[n] + d[n] + e_q[n] - e_q[n-1]) \tag{5.12}$$

式中，$d[n]$ 是注入的伪随机序列，序列长度为 $N_p = M_p - 1$。如果 EFM 的输出序列周期是 N，EFM 输出序列在周期 N 中的求和为

$$\sum_{n=1}^{N} y[n] = \frac{1}{M}\left\{ \sum_{n=1}^{N}(x[n] + d[n]) + (e_q[N] - e_q[0]) \right\} \tag{5.13}$$

因为 $e_q[N] = e_q[0]$，输出 $y[n]$ 在周期 N 中的平均值为

$$\overline{Y} = \frac{1}{N}\sum_{n=1}^{N} y[n] = \frac{1}{M}\left\{ \frac{1}{N}\sum_{n=1}^{N}(x[n] + d[n]) \right\} = \frac{1}{M}(\overline{X} + \overline{D}) \tag{5.14}$$

式中，$\overline{D}$ 为随机序列在周期 N 中的平均值。

如果 $\overline{D}$ 为零，则上式简化为

$$\overline{Y} = \frac{1}{M}\overline{X}$$

上式说明，$y[n]$ 的平均值取决于输入 $x[n]$ 的平均值模 M，平均值也等于预期的小数值，于是加入抖动后的 EFM 就是准确的。

由于在一个 m 序列周期中，$+1$ 和 -1 的个数相差为 1，随机序列均值是不为零的，输出的平均值不等于输入的平均值，也就是说 EFM 是不准确的。当伪随机序列周期足够长时，误差基本可以忽略。顺便指出，取值为 1 和 0 的伪随机序列是不能直接注入的。

基于抖动的 1 阶 EFM 的序列长度 N 由定理 5.3.1 确定。

定理 5.3.1　如果输入信号 $x[n] = M\alpha$，$M = 2^b$，b 为累加器位数，α 是预期的小数值，$M\alpha$ 是个有理数。

$$M\alpha = \sum_{k=0}^{b-1} p_k 2^k = 2^j B$$

式中，$B \bmod 2 = 1$，p_k 是 0 或 1，并且 $2^j < M$；同时在 EFM 的最低有效位注入周期为 $M_p - 1$ 的由 $+1$ 和 -1 构成的伪随机序列，$M_p = 2^p$，EFM 的序列长度 N 为

$$N = \frac{M}{2^j}(M_p - 1) \tag{5.15}$$

证明 根据 $e[n]$ 的定义，我们可以得到

$$e[n] = (x[n] + d[n] + e[n-1]) \bmod M$$

由于输入信号 $x[n] = M\alpha$，利用递推关系式，上式可以写为

$$e[n] = \left(e[0] + nM\alpha + \sum_{k=1}^{n} d[k]\right) \bmod M \tag{5.16}$$

式中，$e[0]$ 是 EFM 中寄存器的初始值。

由于 $e[n]$ 是周期性信号，周期记为 N，有 $e[N] = e[0]$，关系式（5.16）可以表示为

$$\left(NM\alpha + \sum_{k=1}^{N} d[k]\right) \bmod M = 0 \tag{5.17}$$

第一项和传统的 EFM 结构一样，序列长度 N 由定理 4.3.1 给出，即 $N = 2^{b-j} = M/2^j$。但是，第二项是周期为 $M_p - 1$ 的随机序列的求和项，显然，如果式（5.17）模 M 为零成立，N 必须是 $M_p - 1$ 的整数倍。考虑满足上述两项的要求，N 必须是 $M/2^j$ 和 $M_p - 1$ 的最小公倍数。因此，基于抖动的 1 阶 EFM 输出序列长度为

$$N = \frac{M}{2^j}(M_p - 1)$$

可以看出，基于抖动的 1 阶 EFM 输出序列长度 N 仍然是和输入数值相关的，当 $j = 0$ 和 $j = b - 1$ 时，分别对应于序列长度的最大值和最小值，最大值为 $N_{\max} = M(M_p - 1)$，最小值为 $N_{\min} = 2(M_p - 1)$，N 的取值范围是 $2(M_p - 1) \sim M(M_p - 1)$。可见，伪随机序列的注入打散了周期极短的输出序列，改善了输出序列的随机性，周期长度比传统的 1 阶 EFM 提高了 $M_p - 1$ 倍。

基于抖动的 1 阶 EFM 量化误差 $e[n]$ 的平均值由引理 5.3.1 给出。

引理 5.3.1 如果输入信号 $x[n] = M\alpha$，$M = 2^b$，b 为 EFM 累加器位数，α 是预期的小数值，$M\alpha$ 是个有理数。当在 EFM 的最低有效位注入周期为 $M_p - 1$ 的由 $+1$ 和 -1 构成的伪随机序列 $d[n]$ 时，1 阶 EFM 的量化误差 $e[n]$ 的平均值是

$$\overline{e[n]} = \frac{1}{N}\sum_{k=1}^{N} e[k] = \left(M\frac{\beta}{2} + e[0] + \frac{1}{N}\sum_{k=1}^{N}\sum_{n=1}^{k} d[n]\right) \bmod M \tag{5.18}$$

式中，如果 $\alpha \leqslant 0.5$，则 $\beta = 1 - \alpha$；否则 $\beta = \alpha$。N 是 $e[n]$ 的周期。

证明 基于抖动的 1 阶 EFM 的量化误差信号 $e[n]$ 为

$$e[n] = \left(e[0] + nM\alpha + \sum_{k=1}^{n} d[k]\right) \bmod M$$

我们对 $e[n]$ 实施 $n = 1 \sim N$ 求和并取平均值，可以得到

$$\frac{1}{N}\sum_{k=1}^{N} e[k] = \frac{1}{N}\left(M\alpha + 2M\alpha + \cdots + NM\alpha + Ne[0] + \sum_{k=1}^{N}\sum_{n=1}^{k} d[n]\right) \bmod M \tag{5.19}$$

根据定理 5.3.1 的结论，输出序列周期为 $N = M(M_p - 1)/2^j$，考虑到 $M\alpha = 2^j B$，所以有

$$NM\alpha = \frac{M}{2^j}(M_p - 1)2^j B = M(M_p - 1)B \tag{5.20}$$

由于 $(M_p - 1)$ 和 B 均为整数，上式模 M 为零，即

$$(NM\alpha) \bmod M = 0 \tag{5.21}$$

并且利用关系式(5.20)可以得到

$$\left(\frac{NM\alpha}{2}\right) \bmod M = \frac{M}{2} \qquad (5.22)$$

考虑到式(5.21)、式(5.19)中的 $M\alpha$ 项的求和结果为

$$\frac{1}{N}[M\alpha + 2M\alpha + \cdots + (N-1)M\alpha] \bmod M = \left(\frac{(N-1)M\alpha}{2}\right) \bmod M$$

利用式(5.22),可以得到

$$\left(\frac{(N-1)M\alpha}{2}\right) \bmod M = \left[\frac{M(1-\alpha)}{2}\right] \bmod M$$

因此,式(5.19)可以改写为

$$\frac{1}{N}\sum_{k=1}^{N} e[k] = \left(\frac{M(1-\alpha)}{2} + e[0] + \frac{1}{N}\sum_{k=1}^{N}\sum_{n=1}^{k} d[n]\right) \bmod M \qquad (5.23)$$

如果我们对关系式(5.19)中 $M\alpha$ 项直接求和,可以得到

$$\frac{1}{N}(M\alpha + 2M\alpha + \cdots + NM\alpha) \bmod M = \frac{1}{N}\left(NM\alpha\frac{N}{2} + \frac{N}{2}M\alpha\right) \bmod M = \left(\frac{M\alpha}{2}\right) \bmod M$$

因此,关系式(5.19)又可以改写为

$$\frac{1}{N}\sum_{k=1}^{N} e[k] = \left(\frac{M\alpha}{2} + e[0] + \frac{1}{N}\sum_{k=1}^{N}\sum_{n=1}^{k} d[n]\right) \bmod M \qquad (5.24)$$

显然,当 $\alpha \leqslant 0.5$ 时,第一个解式(5.23)是有效的,当 $\alpha > 0.5$ 时,第二个解式(5.24)是有效的。我们将两种情况的关系式合并为

$$\overline{e[n]} = \left(M\frac{\beta}{2} + e[0] + \frac{1}{N}\sum_{k=1}^{N}\sum_{n=1}^{k} d[n]\right) \bmod M$$

如果 $\alpha \leqslant 0.5$,则 $\beta = 1 - \alpha$,否则 $\beta = \alpha$,所以引理 5.3.1 成立。

利用引理 4.3.2,$d[n]$ 二重求和项可以表示为

$$\sum_{k=1}^{N}\sum_{n=1}^{k} d[n] = \sum_{k=1}^{\frac{M}{2^j}(M_p-1)}\sum_{n=1}^{k} d[n] = \frac{M}{2^j}K + \frac{M}{2^j}\left(\frac{M}{2^j}-1\right)\frac{1}{2}P(M_p-1)$$

式中,K 和 P 分别为

$$K = \sum_{k=1}^{(M_p-1)}\sum_{n=1}^{k} d[n], \quad P = \sum_{k=1}^{M_p-1} d[k]$$

由于 $d_{m1}[n]$ 序列长度为 $M_p - 1$,假设元素 $+1$ 比 -1 多一个,$P = 1$,二重求和为

$$\sum_{k=1}^{N}\sum_{n=1}^{k} d[n] = \frac{M}{2^j}K + \frac{M}{2^{j+1}}\left(\frac{M}{2^j}-1\right)(M_p-1) \qquad (5.25)$$

将式(5.25)代入式(5.18)中,可以得到基于 $d_{m1}[n]$ 抖动的 1 阶 EFM 模型量化误差的平均值为

$$\overline{e[n]} = \frac{1}{N}\sum_{k=1}^{N} e[k] = \left[M\frac{\beta}{2} + e[0] + \frac{K}{M_p-1} + \frac{1}{2}\left(\frac{M}{2^j}-1\right)\right] \bmod M \qquad (5.26)$$

式(5.26)也可以写为

$$\sum_{k=1}^{N} e[k] = \left[\frac{M}{2^j}(M_p-1)M\frac{\beta}{2} + \frac{M}{2^j}(M_p-1)e[0] + \frac{M}{2^j}K + \frac{M(M_p-1)}{2^{j+1}}\left(\frac{M}{2^j}-1\right)\right] \bmod M$$

下面利用引理 5.3.1 进一步分析基于抖动的 2 阶 MASH 1-1 模型输出序列长度 $N_{\text{MASH 1-1}}$，为此，先分析第二级量化误差 $e_2[n]$ 的序列长度 N_2。MASH 1-1-1 中的第二级量化误差 $e_2[n]$ 为

$$e_2[n] = (e_1[n] + e_2[n-1]) \bmod M = \left(e_2[0] + \sum_{k=1}^{n} e_1[k]\right) \bmod M$$

假设 $e_2[n]$ 序列长度为 N_2，$N_2 = L_2 N_1$，L_2 是一个整数，由于 $e_2[0] = e_2[N_2]$，上式可以写为

$$\left(\sum_{n=1}^{N_2} e_1[n]\right) \bmod M = L_2 \left(\sum_{n=1}^{N_1} e_1[n]\right) \bmod M = 0$$

根据关系式(5.26)，上式可表示为

$$L_2 \left\{ N_1 M \frac{\beta}{2} + N_1 e_1[0] + \frac{N_1}{M_p - 1}\left[K + \frac{M_p - 1}{2}\left(\frac{M}{2^j} - 1\right)\right]\right\} \bmod M = 0 \quad (5.27)$$

当 $\alpha > 0.5$ 时，$\beta = \alpha$，$M\alpha = 2^j B$，考虑到 $N_1 = M(M_p - 1)/2^j$，式(5.27)改写为

$$L_2 \left\{ \frac{M(M_p - 1)B}{2} + \frac{M}{2^j}(M_p - 1)e_1[0] + \frac{M}{2^j}K + \frac{M(M_p - 1)}{2^{j+1}}\left(\frac{M}{2^j} - 1\right)\right\} \bmod M = 0$$

$$(5.28)$$

下面首先在 $e_1[0] = 0$ 和 $e_1[0] \neq 0$ 且 $e_1[0] \bmod 2 = 1$ 情形下，分析关系式(5.28)所描述的周期行为，然后考虑 $e_1[0] \neq 0$ 且 $e_1[0] \bmod 2 = 0$ 的情形。

(1) 当 $e_1[0] = 0$ 时。

当 $e_1[0] = 0$ 时，关系式(5.28)简化为

$$L_2 \left\{ \frac{M(M_p - 1)B}{2} + \frac{M}{2^j}K + \frac{M(M_p - 1)}{2^{j+1}}\left(\frac{M}{2^j} - 1\right)\right\} \bmod M = 0 \quad (5.29)$$

第一项由于 $(M_p - 1) \bmod 2 = 1$ 和 $B \bmod 2 = 1$，要求 $L_2 = 2$；第二项由于 K 为偶数，令 $K = 2^{r_m} B_k$，$r_m \geq 1$，$B_k \bmod 2 = 1$，要求 $L_2 = 2^{j - r_m}$；第三项由于 $(M/2^j - 1) \bmod 2 = 1$，要求 $L_2 = 2^{j+1}$。可以看出，L_2 主要由第三项确定。考虑到当 $j = 0$ 时，第一项与第三项之和模 M 为零，第二项模 M 为零，关系式(5.29)模 M 为零成立，这样要求 $L_2 = 1$。综合上述结论有

$$L_2 = \begin{cases} 1 & (j = 0, e_1[0] = 0) \\ 2^{j+1} & (j \geq 1, e_1[0] = 0) \end{cases}$$

(2) 当 $e_1[0] \neq 0$ 且 $e_1[0] \bmod 2 = 1$ 时。

如果 $e_1[0] \bmod 2 = 1$，令 $e_1[0] = 2^r B_1 (r = 0)$，关系式(5.28)中的第二项要求 $L_2 = 2^j$，第三项要求 $L_2 = 2^{j - r_m}(r_m \geq 1)$，第二项和第三项与第四项相比，$L_2$ 的取值由第四项来确定，即要求 $L_2 = 2^{j+1}$。同时考虑到当 $j = 0$ 时，第二项和第三项模 M 均为零，第一项与第四项之和模 M 为零，关系式(5.28)模 M 为零成立，这样要求 $L_2 = 1$，关系式同上。

(3) 当 $e_1[0] \neq 0$ 且 $e_1[0] \bmod 2 = 0$ 时。

如果 $e_1[0] \bmod 2 = 0$，$e_1[0] = 2^r B_1 (r \geq 1)$，同理可得和上述相同的结论。

综合上述(1)、(2)和(3)三种情况的分析结果，第二级误差序列长度与初始值 $e_1[0]$ 是否为零，以及它的奇偶性都无关，最终得到 L_2 和 N_2 为

$$L_2 = \begin{cases} 1 & (j = 0) \\ 2^{j+1} & (j \geqslant 1) \end{cases} \tag{5.30}$$

$$N_2 = \begin{cases} M(M_p - 1) & (j = 0) \\ 2M(M_p - 1) & (j \geqslant 1) \end{cases} \tag{5.31}$$

容易证明 $\alpha \leqslant 0.5$ 时，$\beta = 1 - \alpha$，上述结论依然成立。

基于 $d_{m1}[n]$ 抖动的 2 阶 MASH 模型输出序列长度 $N_{\mathrm{MASH\,1-1}}$ 是 N_1 和 N_2 的最小公倍数，因此我们不难得到

$$N_{\mathrm{MASH\,1-1}} = \begin{cases} M(M_p - 1) & (j = 0) \\ 2M(M_p - 1) & (j \geqslant 1) \end{cases} \tag{5.32}$$

式(5.32)表明，基于抖动的 2 阶 MASH 模型输出序列长度 $N_{\mathrm{MASH\,1-1}}$ 与输入数值基本无关，没有周期极短的现象。

如果一个周期性信号 $a[k]$ 的序列长度 N 是 2 的倍数，在 $1 \sim MN$ 范围内的双重求和值模 M 运算为零，该结论正是由引理 4.3.2 给出的。在 $1 \sim MN$ 范围内的三重求和值模 M 运算也为零，该结论由引理 5.3.2 给出。

引理 5.3.2 假设序列 $a[k]$ 的周期长度为 N，且 $N \bmod 4 = 0$，则有

$$\Big(\sum_{n=1}^{M \cdot N} \sum_{k=1}^{n} \sum_{i=1}^{k} a[i]\Big) \bmod M = 0$$

式中，$M = 2^b$，b 为 EFM 累加器位数。

证明 定义在一个序列周期 N 中的求和参数 K^*、K 和 P 分别为

$$K^* = \sum_{n=1}^{N} \sum_{k=1}^{n} \sum_{i=1}^{k} a[i], \quad K = \sum_{k=1}^{N} \sum_{i=1}^{k} a[i], \quad P = \sum_{k=1}^{N} a[k]$$

按照周期 N 将三重求和式展开，可以得到

$$\sum_{n=1}^{M \cdot N} \sum_{k=1}^{n} \sum_{i=1}^{k} a[i] = \sum_{n=1}^{N} \sum_{k=1}^{n} \sum_{i=1}^{k} a[i] + \sum_{n=N+1}^{2N} \sum_{k=1}^{n} \sum_{i=1}^{k} a[i] + \cdots + \sum_{n=(M-1)N+1}^{M \cdot N} \sum_{k=1}^{n} \sum_{i=1}^{k} a[i] \tag{5.33}$$

考虑展开式中 $n = l$ 的一般项，有

$$\sum_{n=(l-1)N+1}^{l \cdot N} \sum_{k=1}^{n} \sum_{i=1}^{k} a[i] = \sum_{k=1}^{(l-1)N+1} \sum_{i=1}^{k} a[i] + \sum_{k=1}^{(l-1)N+2} \sum_{i=1}^{k} a[i] + \cdots + \sum_{k=1}^{(l-1)N+N} \sum_{i=1}^{k} a[i]$$

$$= \Big(\sum_{k=1}^{(l-1)N} \sum_{i=1}^{k} a[i] + \sum_{i=1}^{(l-1)N+1} a[i]\Big)$$

$$+ \Big(\sum_{k=1}^{(l-1)N} \sum_{i=1}^{k} a[i] + \sum_{i=1}^{(l-1)N+1} a[i] + \sum_{i=1}^{(l-1)N+2} a[i]\Big) + \cdots$$

$$+ \Big(\sum_{k=1}^{(l-1)N} \sum_{i=1}^{k} a[i] + \sum_{i=1}^{(l-1)N+1} a[i] + \sum_{i=1}^{(l-1)N+2} a[i] + \cdots + \sum_{i=1}^{(l-1)N+N} a[i]\Big) \tag{5.34}$$

注意到 $a[i]$ 是周期为 N 的序列，所以有

$$\sum_{i=1}^{(l-1)N+m} a[i] = \sum_{i=1}^{(l-1)N} a[i] + \sum_{i=(l-1)N+1}^{(l-1)N+m} a[i] = (l-1)P + \sum_{i=1}^{m} a[i]$$

代入一般项的求和关系式(5.34),可以得到

$$\sum_{n=(l-1)N+1}^{l\cdot N} \sum_{k=1}^{N} \sum_{i=1}^{k} a[i] = N \sum_{k=1}^{(l-1)N} \sum_{i=1}^{k} a[i] + \frac{(1+N)N}{2}(l-1)P + K^*$$

应用引理 4.3.2,可以得到

$$\sum_{k=1}^{(l-1)N} \sum_{i=1}^{k} a[i] = (l-1)K + \frac{1}{2}(l-1)(l-2)NP$$

所以

$$\sum_{n=(l-1)N+1}^{l\cdot N} \sum_{k=1}^{n} \sum_{i=1}^{k} a[i] = N\Big[(l-1)K + \frac{1}{2}(l-1)(l-2)NP\Big] + \frac{(1+N)N}{2}(l-1)P + K^*$$

$$(5.35)$$

关系式(5.33)就是式(5.35)对 $l=1\sim M$ 的求和,其中用到恒等式

$$\sum_{l=1}^{M} (l-1)(l-2) = \frac{1}{3}M(M-1)(M-2)$$

可以得到

$$\sum_{n=1}^{M\cdot N} \sum_{k=1}^{n} \sum_{i=1}^{k} a[i] = MK^* + NK \frac{1}{2}M(M-1) + N^2 P \frac{1}{2} \frac{1}{3}M(M-1)(M-2)$$

$$+ \frac{1}{2}N(N+1)P \cdot \frac{1}{2}M(M-1) \qquad (5.36)$$

由于 K^*、K 和 P 均为常数,$N \bmod 4 = 0$,同时考虑到 $(M-1)(M-2)$ 可以被 3 整除,所以,式(5.36)模 M 为零,引理 5.3.2 成立。

基于抖动的 3 阶 MASH 1-1-1 模型序列长度 $N_{\text{MASH 1-1-1}}$ 是 N_1、N_2 和 N_3 的最小公倍数,为了得到 $N_{\text{MASH 1-1-1}}$,下面先求解第三级量化误差序列长度 N_3。

第三级的量化误差 $e_3[n]$ 为

$$e_3[n] = (e_2[n] + e_3[n-1]) \bmod M = \Big(e_3[0] + \sum_{k=1}^{n} e_2[k]\Big) \bmod M$$

假设第三级量化误差 $e_3[n]$ 也是周期性的,序列长度为 $N_3 = L_3 N_2$,L_3 是一个整数,考虑到周期性,$e_3[0] = e_3[N_3]$ 成立,所以上式改写为

$$\Big(\sum_{n=1}^{N_3} e_2[n]\Big) \bmod M = L_3 \Big(\sum_{n=1}^{N_2} e_2[n]\Big) \bmod M = 0$$

由于第二级误差 $e_2[n]$ 为

$$e_2[n] = (e_1[n] + e_2[n-1]) \bmod M = \Big(e_2[0] + \sum_{k=1}^{n} e_1[k]\Big) \bmod M$$

代入上式后得到

$$L_3 \Big[\sum_{n=1}^{L_2 N_1} \Big(\sum_{k=1}^{n} e_1[k] + e_2[0]\Big)\Big] \bmod M = 0 \qquad (5.37)$$

式(5.37)中的第二级初始值 $e_2[0]$ 的求和为 $L_2 N_1 e_2[0] = N_2 e_2[0]$,根据前面获得的 N_2 关系式(5.31),可以得到 $N_2 e_2[0]$ 模 M 为零。式(5.37)进一步简化为

$$L_3 \Big[\sum_{n=1}^{L_2 N_1} \sum_{k=1}^{n} e_1[k]\Big] \bmod M = 0 \qquad (5.38)$$

根据引理 4.3.2，可以将式(5.38)写为

$$L_3\left(\sum_{n=1}^{L_2 N_1}\sum_{k=1}^{n}e_1[k]\right) \bmod M = L_3\left[L_2 K_{e_1} + \frac{1}{2}L_2(L_2-1)N_1 P_{e_1}\right] \bmod M = 0$$

$$(5.39)$$

式中，K_{e_1} 和 P_{e_1} 分别为

$$K_{e_1} = \sum_{n=1}^{N_1}\sum_{k=1}^{n}e_1[k], \quad P_{e_1} = \sum_{n=1}^{N_1}e_1[k]$$

根据前面得到的 L_2 的关系式(5.30)，当 $j=0$ 时，$L_2=1$，式(5.39)中的第二项为零；当 $j\geqslant 1$ 时，$L_2=2^{j+1}$，则第二项模 M 为零。因此，式(5.39)又可以进一步简化为

$$L_3\left(\sum_{n=1}^{L_2 N_1}\sum_{k=1}^{n}e_1[k]\right) \bmod M = L_3(L_2 K_{e_1}) \bmod M = 0 \qquad (5.40)$$

因为

$$e_1[n] = \left(nX + e_1[0] + \sum_{k=1}^{n}d_{m1}[k]\right) \bmod M$$

所以

$$K_{e_1} = \sum_{n=1}^{N_1}\sum_{k=1}^{n}\left(e_1[0] + kM\alpha + \sum_{i=1}^{k}d_{m1}[i]\right)$$

将上式代入式(5.40)中，得到

$$L_3\left[L_2\sum_{n=1}^{N_1}\sum_{k=1}^{n}\left(e_1[0] + kM\alpha + \sum_{i=1}^{k}d_{m1}[i]\right)\right] \bmod M = 0 \qquad (5.41)$$

下面按照 L_2 的取值情况分别讨论式(5.44)对 L_3 的取值要求。

(1) 当 $j=0$ 时：$L_2=1$，$N_2=M(M_p-1)$。

① $e_1[0]$ 的求和项。

初始值 $e_1[0]$ 的求和结果为

$$\sum_{n=1}^{N_1}\sum_{k=1}^{n}e_1[0] = \sum_{n=1}^{N_1}(ne_1[0]) = \frac{1}{2}N_1(N_1+1)e_1[0] \qquad (5.42)$$

考虑到此时 $j=0$，有 $N_1=M(M_p-1)$，所以可以得到

$$\sum_{n=1}^{N_1}\sum_{k=1}^{n}e_1[0] = \frac{1}{2}N_1(N_1+1)e_1[0] = \frac{1}{2}M(M_p-1)[M(M_p-1)+1]e_1[0]$$

当 $e_1[0]=0$ 时，该项从方程(5.41)中去除，L_3 由第二项和第三项确定。

当 $e_1[0]\neq 0$ 时，令 $e_1[0]=2^r B_1$，$B_1 \bmod 2=1$。当 $e_1[0] \bmod 2=1$ 时，即 $r=0$，初始值为奇数的情形，由于 $(M_p-1) \bmod 2=1$，$[M(M_p-1)+1] \bmod 2=1$，所以初始值求和项要求 $L_3=2$，才能确保模 M 为零；当 $e_1[0] \bmod 2=0$ 时，即 $r\geqslant 1$，初始值为偶数的情形，该项模 M 为零，对应要求 $L_3=1$。

② $M\alpha$ 的求和项。

$M\alpha$ 的求和项结果为

$$\sum_{n=1}^{N_1}\sum_{k=1}^{n}(kM\alpha) = \frac{1}{2}\frac{1}{3}N_1(N_1+1)(N_1+2)2^j B \qquad (5.43)$$

由于

$$[N_1(N_1+1)(N_1+2)] \bmod 3 = 0$$

也就是说，$N_1(N_1+1)(N_1+2)$ 可以被 3 整除，其中 $N_1 = M(M_p-1)$。

假设构成伪随机信号的位移寄存器个数为 b_m，$M_p = 2^{b_m}$，分别考虑 b_m 为偶数和奇数两种情形。

（ⅰ）当 b_m 为偶数情形：

根据式(4.51)，当 b_m 为偶数时，有

$$(M_p-1) \bmod 3 = (2^{b_m}-1) \bmod 3 = (2^{b_m}+2) \bmod 3 = 0$$

由于 $(N_1+2) \bmod 2 = 0$，所以关系式(5.43)模 M 为零成立。

（ⅱ）当 b_m 为奇数情形：

当 b_m 为奇数时，由于 $(M_p-1) \bmod 3 \neq 0$，$N_1(N_1+1)(N_1+2)$ 可以被 3 整除，只能是 $(N_1+1)(N_1+2)$ 被 3 整除。其中，不是 (N_1+1) 被 3 整除就是 (N_1+2) 被 3 整除。

考虑到 $M=2^b$，$N_p = M_p-1 = 2^{b_m}-1$，有

$$(N_1+1)(N_1+2) \bmod 3 = 2[(2^{2b+2b_m-1}+1)-2^{2b-1}(2^{b_m+1}-1)] \bmod 3 = 0$$

上式中 $2b+2b_m-1$ 为奇数，根据式(4.52)有 $(2^{2b+2b_m-1}+1) \bmod 3 = 0$；由于 b_m 为奇数，$(2^{b_m+1}-1) \bmod 3 = 0$。因此，上式模 M 为零，并且包含一个 2 的幂次。关系式(5.43)模 M 为零成立。

由此，不管 b_m 是奇数还是偶数，关系式(5.43)模 M 为零。

③ $d_{m1}[i]$ 的求和项。

根据关系式(5.36)，随机序列 $d_{m1}[i]$ 的求和项为

$$\sum_{n=1}^{N_1} \sum_{k=1}^{n} \sum_{i=1}^{k} d_{m1}[i] = MK^* + (M_p-1)\frac{K}{2}M(M-1)$$

$$+ (M_p-1)^2 P \frac{1}{2} \frac{1}{3} M(M-1)(M-2)$$

$$+ \frac{(M_p-1)M_p \cdot P}{2} \cdot \frac{M(M-1)}{2}$$

式中，第一项模 M 为零；第二项由于 $K \bmod 2 = 0$，所以模 M 为零；第三项中 $P=1$，考虑到 $(M-1)(M-2)$ 可以被 3 整除且包含一个 2 的幂次，所以第三项模 M 也为零。第四项中 $M_p = 2^{b_m}$，$b_m > 2$，所以模 M 为零。因此，$d_{m1}[i]$ 的求和项模 M 为零。

根据①、②和③的分析结果，当 $j=0$ 时，关系式(5.41)描述的周期行为

$$L_3 = \begin{cases} 2 & (j=0, r=0) \\ 1 & (j=0, r \neq 0) \end{cases}$$

(2) 当 $j \geqslant 1$ 时：$L_2 = 2^{j+1}$，$N_2 = 2M(M_p-1)$。

$$L_3 \left(\sum_{n=1}^{L_2 N_1} \sum_{k=1}^{n} e_1[k] \right) \bmod M = L_3[2^{j+1} K_{e_1}] \bmod M = 0 \tag{5.44}$$

同样按照上面①、②、③的情形进行分析，容易得出，在 $j \geqslant 1$ 情形下，式(5.44)模 M 为零，即要求 $L_3 = 1$。

合并(1)和(2)的结果，我们得到第三级误差输出序列的 L_3 取值和对应的 N_3 为

$$L_3 = \begin{cases} 2 & (j = 0, r = 0) \\ 1 & (j = 0, r \neq 0) \\ 1 & (j \geqslant 1) \end{cases} \qquad (5.45)$$

$$N_3 = \begin{cases} 2M(M_p - 1) & (j = 0, r = 0) \\ M(M_p - 1) & (j = 0, r \neq 0) \\ 2M(M_p - 1) & (j \geqslant 1) \end{cases} \qquad (5.46)$$

整个 MASH 1-1-1 模型结构的序列长度 $N_{\text{MASH 1-1-1}}$ 应为 N_1、N_2 和 N_3 的最小公倍数。根据关系式(5.15)、(5.32)和(5.46)，容易看出，整个 MASH 1-1-1 结构的序列长度 $N_{\text{MASH 1-1-1}}$ 为

$$N_{\text{MASH 1-1-1}} = \begin{cases} 2M(M_p - 1) & (j = 0, r = 0) \\ M(M_p - 1) & (j = 0, r \neq 0) \\ 2M(M_p - 1) & (j \geqslant 1) \end{cases} \qquad (5.47)$$

可见当注入伪随机序列时，MASH 1-1-1 模型结构的序列长度 $N_{\text{MASH 1-1-1}}$ 不存在特别的序列极短的情况，输入数值和初始值对 $N_{\text{MASH 1-1-1}}$ 的影响不大，通过设置第一级初始值也不会再增加序列长度，反而在偶数情况下对输入为奇数的情形，长度会缩短一半。因此，在实际设计中，采用基于抖动的 MASH 模型时，通常将初始值全部清零。

5.3.2 基于 $d_{m2}[n]$ 抖动的 MASH 1-1-1 模型序列周期分析

序列 $d_{m2}[n]$ 是将 m 序列映射成 +1 和 -1 之后，利用 m 序列位移寄存器的初始值的设置，使得全 +1 的游程首先出现，并使第一个 +1 元素不输出，对于 Σ-Δ 调制器来说，注入的随机信号等于 0，此时的序列 +1 和 -1 的个数是相等的。这样一来，加在 Σ-Δ 调制器上的随机序列变成一个均值为零的三元随机序列，即 +1、-1 和 0，序列长度为 $M_p - 1$。由于 EFM 的输出序列长度 N 是随机序列周期 $M_p - 1$ 的倍数，因此，在一个周期内的随机序列的平均值为零：

$$\overline{D} = \frac{1}{N} \sum_{n=1}^{N} d[n] = 0$$

因此

$$\overline{Y} = \frac{1}{M} \overline{X}$$

上式表明加入 $d_{m2}[n]$ 抖动信号之后的 EFM 是准确的。

在 EFM 的最低有效位上注入周期为 $M_p - 1$ 的由 +1、-1 和 0 构成的伪随机序列时，1 阶 EFM 的序列长度 N 仍然由定理 5.3.1 确定，EFM 的序列长度 N 为

$$N = \frac{M}{2^j}(M_p - 1)$$

利用引理 4.3.2 中的关系式，并考虑到序列在 $M_p - 1$ 周期内的平均值为零，即 $P = 0$，随机序列 $d_{m2}[n]$ 在一个周期 N_1 内的二重求和值为

$$\sum_{k=1}^{N_1} \sum_{n=1}^{k} d_{m2}[n] = \sum_{k=1}^{\frac{M}{2^j}(M_p-1)} \sum_{n=1}^{k} d_{m2}[n] = \frac{M}{2^j} K \qquad (5.48)$$

式中，K 为随机序列 $d_{m2}[n]$ 的二重求和值，关系式为

$$K = \sum_{k=1}^{M_p-1} \sum_{n=1}^{k} d_{m2}[n]$$

在 EFM 的最低有效位注入 $d_{m2}[n]$ 伪随机序列时，根据引理 5.3.1，可以得到 1 阶 EFM 的量化误差信号 $e[n]$ 的平均值是

$$\overline{e[n]} = \frac{1}{N} \sum_{k=1}^{N} e[k] = \left(M \frac{\beta}{2} + e[0] + \frac{K}{M_p-1} \right) \bmod M \tag{5.49}$$

式中，如果 $\alpha \leqslant 0.5$，则 $\beta = 1 - \alpha$；否则 $\beta = \alpha$。

第二级量化误差 $e_2[n]$ 满足

$$e_2[n] = (e_1[n] + e_2[n-1]) \bmod M = \left(e_2[0] + \sum_{k=1}^{n} e_1[k] \right) \bmod M$$

令 $N_2 = L_2 N_1$，L_2 是一个整数，考虑到周期性有 $e_2[0] = e_2[N_2]$，上式表示为

$$\left(\sum_{n=1}^{N_2} e_1[n] \right) \bmod M = L_2 \left(\sum_{n=1}^{N_1} e_1[n] \right) \bmod M = 0$$

利用关系式 (5.49)，上式又可以写为

$$L_2 \left(N_1 M \frac{\beta}{2} + N_1 e_1[0] + \frac{N_1 K}{M_p-1} \right) \bmod M = 0$$

当 $\alpha > 0.5$ 时，$\beta = \alpha$，$M\alpha = 2^j B$，以及 $N_1 = M(M_p-1)/2^j$，$e_1[0] = 2^r B_1$，上式改写为

$$L_2 \left\{ \frac{M(M_p-1)B}{2} + \frac{M}{2^{j-r}}(M_p-1)B_1 + \frac{M}{2^j}K \right\} \bmod M = 0 \tag{5.50}$$

（1）当 $e_1[0] = 0$ 时。

当 $e_1[0] = 0$ 时，即 $B_1 = 0$，方程简化为

$$L_2 \left[\frac{M(M_p-1)B}{2} + \frac{M}{2^j}K \right] \bmod M = 0$$

第一项要求 $L_2 = 2$，第二项由于 $d_{m2}[n]$ 序列有 $K \bmod 2 = 1$ 性质，所以第二项模 M 为零，要求 $L_2 = 2^j$。考虑到当 $j = 0$ 时，第二项模 M 为零，要求 $L_2 = 2$；当 $j = 1$ 时，第一项与第二项之和模 M 为零，要求 $L_2 = 1$。因此，我们得到 L_2 的取值为

$$L_2 = \begin{cases} 2 & (j = 0, e_1[0] = 0) \\ 1 & (j = 1, e_1[0] = 0) \\ 2^j & (j > 1, e_1[0] = 0) \end{cases}$$

所对应的 N_2 为

$$N_2 = \begin{cases} 2M(M_p-1) & (j = 0, e_1[0] = 0) \\ \dfrac{M}{2}(M_p-1) & (j = 1, e_1[0] = 0) \\ M(M_p-1) & (j > 1, e_1[0] = 0) \end{cases}$$

（2）当 $e_1[0] \neq 0$ 时。

下面针对 $e_1[0] \bmod 2 = 1$ 和 $e_1[0] \bmod 2 = 0$ 两种情形来分析关系式 (5.50) 的周期行为。

① 当 $e_1[0] \bmod 2 = 1$ 时：

由于 $e_1[0] = 2^r B_1$，$B_1 \bmod 2 = 1$，当 $e_1[0] \bmod = 1$ 时，对应于初始值是一个奇数情

形，此时 $r=0$。关系式(5.50)的第二项和第三项中 $(M_p-1)\bmod 2=1$ 和 $K\bmod 2=1$，因此，第二项和第三项合并要求 $L_2=2^{j-1}$，同时考虑到当 $j=2$ 时，与第一项之和模 M 为零，要求 $L_2=1$；当 $j=1$ 时，第二项与第三项之和模 M 为零，L_2 由第一项确定，$L_2=2$；当 $j=0$ 时，第二项与第三项分别模 M 为零，L_2 由第一项确定，$L_2=2$。这样我们得到 L_2 取值为

$$L_2=\begin{cases} 2 & (j=0,\ e_1[0]\bmod 2=1)\\ 2 & (j=1,\ e_1[0]\bmod 2=1)\\ 1 & (j=2,\ e_1[0]\bmod 2=1)\\ 2^{j-1} & (j>2,\ e_1[0]\bmod 2=1) \end{cases}$$

所对应的 N_2 为

$$N_2=\begin{cases} 2M(M_p-1) & (j=0,\ e_1[0]\bmod 2=1)\\ M(M_p-1) & (j=1,\ e_1[0]\bmod 2=1)\\ \dfrac{M}{4}(M_p-1) & (j=2,\ e_1[0]\bmod 2=1)\\ \dfrac{M}{2}(M_p-1) & (j>2,\ e_1[0]\bmod 2=1) \end{cases}$$

② 当 $e_1[0]\bmod 2=0$ 时：

当 $e_1[0]\bmod 2=0$ 时，是初始值为偶数的情形，由于 $e_1[0]=2^r B_1$，$B_1\bmod 2=1$，考虑到 r 的取值为 $1\leqslant r\leqslant b-1$，关系式(5.50)中第二项和第三项相比主要由第三项确定，要求 $L_2=2^j$，当 $j=0$ 时，第二项和第三项分别模 M 为零，L_2 由第一项确定，$L_2=2$；当 $j=1$ 时，第二项模 M 为零，第三项与第一项之和模 M 为零，此时要求 $L_2=1$。在 $e_1[0]\bmod 2=0$ 情形下所得到的结论为：

$$L_2=\begin{cases} 2 & (j=0,\ e_1[0]\bmod 2=0)\\ 1 & (j=1,\ e_1[0]\bmod 2=0)\\ 2^j & (j>1,\ e_1[0]\bmod 2=0) \end{cases}$$

所对应的 N_2 为

$$N_2=\begin{cases} 2M(M_p-1) & (j=0,\ e_1[0]\bmod 2=0)\\ \dfrac{M}{2}(M_p-1) & (j=1,\ e_1[0]\bmod 2=0)\\ M(M_p-1) & (j>1,\ e_1[0]\bmod 2=0) \end{cases}$$

综合上述(1)和(2)得到的结论，得到第二级输出序列的 L_2 和 N_2，如表5.1所示。容易证明当 $\alpha\leqslant 0.5$ 时，$\beta=1-\alpha$，上述结论依然成立。

表 5.1　第二级输出序列 L_2 和 N_2 的取值（$N_p=M_p-1$，$M\alpha=2^j B$）

	$e_1[0]=0$ 或 $e_1[0]\bmod 2=0$			$e_1[0]\bmod 2=1$			
	$j=0$	$j=1$	$j>1$	$j=0$	$j=1$	$j=2$	$j>2$
L_2	2	1	2^j	2	2	1	2^{j-1}
N_2	$2MN_p$	$MN_p/2$	MN_p	$2MN_p$	MN_p	$MN_p/4$	$MN_p/2$

为了分析基于抖动的 MASH 1-1-1 模型序列长度，我们必须先得到第三级量化误差 $e_3[n]$ 的序列长度 N_3。$N_3 = L_3 N_2$，L_3 满足关系式(5.37)，即

$$L_3 \left[\sum_{n=1}^{L_2 N_1} \left(\sum_{k=1}^{n} e_1[k] + e_2[0] \right) \right] \bmod M = 0$$

将关系式

$$e_2[n] = \left(e_2[0] + \sum_{k=1}^{n} e_1[k] \right) \bmod M$$

代入后，可以得到

$$L_3 \left[\sum_{n=1}^{L_2 N_1} \left(\sum_{k=1}^{n} e_1[k] + e_2[0] \right) \right] \bmod M = 0$$

上式第一项利用引理 4.3.2，第二项直接求和，可以得到

$$L_3 \left[N_2 e_2[0] + L_2 K_{e_1} + \frac{1}{2} L_2 (L_2 - 1) N_1 P_{e_1} \right] \bmod M = 0 \qquad (5.51)$$

式中，K_{e_1} 和 P_{e_1} 分别为

$$K_{e_1} = \sum_{n=1}^{N_1} \sum_{k=1}^{n} e_1[k], \quad P_{e_1} = \sum_{k=1}^{N_1} e_1[k]$$

根据式(5.49)，P_{e_1} 可以表示为

$$P_{e_1} = \sum_{k=1}^{N_1} e_1[k] = \left[\frac{M}{2^j}(M_p - 1) M \frac{\beta}{2} + \frac{M}{2^j}(M_p - 1) e_1[0] + \frac{MK}{2^j} \right] \bmod M$$

当 $\alpha > 0.5$ 时，$\beta = \alpha$，$M\alpha = 2^j B$，上式写为

$$P_{e_1} = \sum_{k=1}^{N_1} e_1[k] = \left[\frac{M}{2}(M_p - 1) B + \frac{M}{2^j}(M_p - 1) e_1[0] + \frac{MK}{2^j} \right] \bmod M$$

根据第二级输出 L_2 和 N_2 的结论，可以得到关系式(5.51)中的第三项模 M 为零，即

$$\left\{ \frac{1}{2} L_2 (L_2 - 1) N_1 \left[\frac{M}{2}(M_p - 1) B + \frac{M}{2^j}(M_p - 1) e_1[0] + \frac{MK}{2^j} \right] \right\} \bmod M = 0$$

不难得出，当 $\alpha \leqslant 0.5$ 时，$\beta = 1 - \alpha$，上述结论依然成立。因此，关系式(5.51)可以进一步简化为

$$L_3 (N_2 e_2[0] + L_2 K_{e_1}) \bmod M = 0 \qquad (5.52)$$

式中，K_{e_1} 为

$$K_{e_1} = \sum_{n=1}^{N_1} \sum_{k=1}^{n} e_1[k] = \sum_{n=1}^{N_1} \sum_{k=1}^{n} \left(e_1[0] + kM\alpha + \sum_{i=1}^{k} d_{m2}[i] \right)$$

我们分别求出括号中的三个求和项：

$$\sum_{n=1}^{N_1} \sum_{k=1}^{n} e_1[0] = \sum_{n=1}^{N_1} (n e_1[0]) = \frac{1}{2} N_1 (N_1 + 1) e_1[0]$$

$$\sum_{n=1}^{N_1} \sum_{k=1}^{n} (kM\alpha) = \frac{1}{2} \frac{1}{3} N_1 (N_1 + 1)(N_1 + 2) 2^j B$$

$$\left(\sum_{n=1}^{N_1} \sum_{k=1}^{n} \sum_{i=1}^{k} d_{m2}[i] \right) = \frac{M}{2^j} K^* + (M_p - 1) \frac{KM}{2^{j+1}} \left(\frac{M}{2^j} - 1 \right)$$

$M\alpha$ 的求和项代入到式（5.52）中，模 M 为零。将 $e_1[0]$ 和 $d_{m2}[i]$ 的求和项代入式（5.52）中，得到

$$L_3\left[N_2 e_2[0]+\frac{1}{2}N_2(N_1+1)e_1[0]+L_2\frac{M}{2^j}K^*+L_2(M_p-1)\frac{KM}{2^{j+1}}\left(\frac{M}{2^j}-1\right)\right]\bmod M=0$$

$$(5.53)$$

根据初始值 $e_1[0]$ 和 $e_2[0]$ 的不同状态，以及前面得到的 L_2 和 N_2 的取值表 5.1，进一步考察关系式（5.53）模 M 为零对 L_3 的要求，最终获得 L_3 的取值，分析过程如下：

（1）当 $e_1[0]=0$ 和 $e_2[0]=0$ 时：

这是初始值全部清零的情形。在基于抖动的 SDM 设计中，不再依靠初始值来增加序列长度了，因此，这种状态也是最常见的。此时关系式（5.53）简化成

$$L_3\left[L_2\frac{M}{2^j}K^*+L_2(M_p-1)\frac{KM}{2^{j+1}}\left(\frac{M}{2^j}-1\right)\right]\bmod M=0 \qquad (5.54)$$

考虑到 $K^*\bmod 2=0$，$K\bmod 2=1$，$(M/2^j-1)\bmod 2=1$，L_3 取决于第二项，按照表 5.1 中不同的 j 和 L_2 的取值，关系式（5.54）模 M 为零要求

$$L_3=\begin{cases}1 & (j=0,\ e_1[0]=0,\ e_2[0]=0)\\4 & (j=1,\ e_1[0]=0,\ e_2[0]=0)\\2 & (j>1,\ e_1[0]=0,\ e_2[0]=0)\end{cases}$$

初始值全部为零情形下的序列长度 N_3 为

$$N_3=L_3 N_2=2MN_p=2M(M_p-1)$$

基于抖动的 MASH 1-1-1 的输出序列长度应该是 N_1、N_2 和 N_3 的最小公倍数，因此，我们得到初始值全部清零状态下的基于 $d_{m2}[n]$ 抖动的 3 阶 MASH 1-1-1 模型输出序列长度为

$$N_{\text{MASH 1-1-1}}=2M(M_p-1) \qquad (5.55)$$

可以看出，基于抖动的 MASH 1-1-1 模型输出序列的长度和输入数据无关，不存在周期极短的现象，解决了 MASH 结构寄生问题。

（2）当 $e_1[0]=0$ 和 $e_2[0]\bmod 2=0$ 时：

这是第一级初始值 $e_1[0]$ 为零、第二级 $e_2[0]$ 为偶数的情形。对应于不同的 j 和 L_2 的取值，以及 $e_2[0]\bmod 2=0$，容易得到关系式（5.53）中的第一项模 M 为零，此时的方程简化成关系式（5.54），结论和（1）情况是一样的。

$$L_3=\begin{cases}1 & (j=0,\ e_1[0]=0,\ e_2[0]\bmod 2=0)\\4 & (j=1,\ e_1[0]=0,\ e_2[0]\bmod 2=0)\\2 & (j>1,\ e_1[0]=0,\ e_2[0]\bmod 2=0)\end{cases}$$

（3）当 $e_1[0]=0$，$e_2[0]\bmod 2=1$ 时：

这是第一级初始值 $e_1[0]$ 为零、第二级 $e_2[0]$ 为奇数的情形。此时方程式简化为

$$L_3\left[N_2 e_2[0]+L_2\frac{M}{2^j}K^*+L_2(M_p-1)\frac{KM}{2^{j+1}}\left(\frac{M}{2^j}-1\right)\right]\bmod M=0 \qquad (5.56)$$

当 $j=0$ 时，$L_2=2$，$N_2=2M(M_p-1)$，第一项模 M 为零；当 $j>1$ 时，$L_2=2^j$，$N_2=M(M_p-1)$，第一项模 M 也为零；只有当 $j=1$，$L_2=1$ 时，第一项模 M 不为零，要求 $L_2=2$。考虑到 $K^* \bmod 2=0$，第二项模 M 为零。但是，L_3 的取值由最后一项确定，当 $j=0$ 时，关系式(5.56)模 M 为零成立，$L_3=1$；当 $j=1$ 时，$L_3=4$；当 $j>1$ 时，$L_3=2$，得到的结论和(1)情况也是相同的。

$$L_3 = \begin{cases} 1 & (j=0, e_1[0]=0, e_2[0] \bmod 2=1) \\ 4 & (j=1, e_1[0]=0, e_2[0] \bmod 2=1) \\ 2 & (j>1, e_1[0]=0, e_2[0] \bmod 2=1) \end{cases}$$

(4) 当 $e_1[0] \bmod 2=0$ 时：

这是第一级初始值为偶数的情形。根据此时 L_2 和 N_2 的结论，可以得到式(5.53)中的第二项模 M 为零，这样与 $e_1[0]=0$ 情形满足同样的方程，得到与 $e_1[0]=0$ 相同的结论。

(5) 当 $e_1[0] \bmod 2=1$ 和 $e_2[0]=0$ 时：

当 $e_2[0]=0$ 时，第一项从关系式(5.53)中去除，方程简化为

$$L_3 \left[\frac{1}{2} N_2(N_1+1)e_1[0] + L_2 \frac{M}{2^j}K^* + L_2(M_p-1)\frac{KM}{2^{j+1}}\left(\frac{M}{2^j}-1\right) \right] \bmod M = 0$$

$$(5.57)$$

当 $j=0$ 时，$L_2=2$，$N_2=2M(M_p-1)$，关系式(5.56)中的第一项、第二项和第三项模 M 均为零，此时，要求 $L_3=1$。

当 $j=1$ 时，$L_2=2$，$N_2=M(M_p-1)$，由于 $K^* \bmod 2=0$，第二项模 M 均为零；第一项和第三项之和模 M 为零，要求 $L_3=1$。

当 $j=2$ 时，$L_2=1$，$N_2=M(M_p-1)/4$，第一项要求 $L_3=8$，第三项要求 $L_3=8$，第一项和第三项合并要求 $L_3=4$。令 $K^*=2^q B_k^*$，$B_k^* \bmod 2=1$，由于 $K^* \bmod 2=0$，$q \geqslant 1$，当 $q=1$ 时，$L_3=2$；当 $q>1$ 时，第二项模 M 为零，$L_3=1$。因此，综合要求 $L_3=4$。

当 $j>2$ 时，$L_2=2^{j-1}$，$N_2=M(M_p-1)/2$，第一项要求 $L_3=4$，第三项要求 $L_3=4$，第一项与第三项合并要求 $L_3=2$。由于 $K^* \bmod 2=0$ 时，第二项模 M 为零。因此，综合要求 $L_3=2$。

上述四种 j 取值情况所对应的 L_3 取值要求为

$$L_3 = \begin{cases} 1 & (j=0) \\ 1 & (j=1) \\ 4 & (j=2) \\ 2 & (j>2) \end{cases} \quad e_1[0] \bmod 2=1, e_2[0]=0$$

(6) $e_1[0] \bmod 2=1$ 和 $e_2[0] \bmod 2=0$ 时：

当 $e_1[0] \bmod 2=1$ 和 $e_2[0] \bmod 2=0$ 时，关系式(5.53)中的四项都需要加以考虑。我们下面仍然考虑在 $j=0$，$j=1$，$j=2$ 和 $j>2$ 四种情况下的 L_3 取值要求。

当 $j=0$ 时，$L_2=2$，$N_2=2M(M_p-1)$，关系式(5.53)中的各项模 M 均为零，此时，要求 $L_3=1$。

当 $j=1$ 时，$L_2=2$，$N_2=M(M_p-1)$，第一项和第三项模 M 为零，第二项和第四项之和模 M 为零，因此要求 $L_3=1$。

当 $j=2$ 时，$L_2=1$，$N_2=M(M_p-1)/4$，考虑到 $e_2[0]=2^p B_2$，$B_2 \bmod 2=1$，$p \geqslant 1$，当 $p=1$ 时，第一项要求 $L_3=2$，当 $p>1$ 时，第一项模 M 为零，$L_3=1$；第二项要求 $L_3=8$，第四项要求 $L_3=8$，第二项和第四项合并要求 $L_3=4$；由于 $K^* \bmod 2=0$，$K^*=2^q B_k^*$，$q \geqslant 1$，当 $q=1$ 时，第三项要求 $L_3=2$；当 $q>1$ 时，第三项模 M 为零，$L_3=1$。可以看出，第二和第四项之和要求 $L_3=4$，决定了最终的 L_3 取值，即 $L_3=4$。

当 $j>2$ 时，$L_2=2^{j-1}$，$N_2=M(M_p-1)/2$，由于 $e_2[0] \bmod 2=0$，第一项模 M 为零；由于 $K^* \bmod 2=0$ 时，第三项模 M 为零；第二项要求 $L_3=4$，第四项要求 $L_3=4$，第二项与第四项合并要求 $L_3=2$，因此，最终要求 $L_3=2$。

(7) $e_1[0] \bmod 2=1$ 和 $e_2[0] \bmod 2=1$ 时：

这是初始值全部不为零且为奇数的情形。仍然在 $j=0$，$j=1$，$j=2$ 和 $j>2$ 四种情况下，综合考虑关系式(5.53)中的四项对 L_3 提出的要求，最终得到 L_3 的取值。

当 $j=0$ 时，$L_2=2$，$N_2=2M(M_p-1)$，第一项、第二项、第三项和第四项模 M 均为零，此时要求 $L_3=1$。

当 $j=1$ 时，$L_2=2$，$N_2=M(M_p-1)$，第一项和第三项模 M 分别为零，第二项和第四项之和模 M 为零，因此，关系式(5.53)模 M 为零，此时要求 $L_3=1$。

当 $j=2$ 时，$L_2=1$，$N_2=M(M_p-1)/4$，第一项要求 $L_3=4$，第二项要求 $L_3=8$，第四项要求 $L_3=8$，第二项和第四项合并要求 $L_3=4$；再与第一项合并要求 $L_3=2$。

第三项中 $K^*=2^q B_k^*$，$B_k^* \bmod 2=1$，由于 $K^* \bmod 2=0$，所以 $q \geqslant 1$。当 $q=1$ 时，第三项要求 $L_3=2$；当 $q>1$ 时，第三项模 M 为零，要求 $L_3=1$。因此，综合要求：当 $q=1$ 时，$L_3=1$；当 $q>1$ 时，$L_3=2$。

当 $j>2$ 时，$L_2=2^{j-1}$，$N_2=M(M_p-1)/2$，第一项要求 $L_3=2$，第二项要求 $L_3=4$，第四项要求 $L_3=4$，第二项与第四项合并要求 $L_3=2$，再与第一项之和模 M 为零。由于 $K^* \bmod 2=0$，第三项模 M 也为零。所以，在这种情况下关系式(5.53)模 M 为零，要求 $L_3=1$。

汇总(1)~(7)的分析结果，我们可以得到 L_3 的取值与初始值、输入数值和 K^* 值之间的关系，如表5.2所示，对应的序列长度 N_3 如表5.3所示。

表 5.2　第三级量化误差序列 L_3 取值（$e_2[0]=2^p B_2$，$K^*=2^q B_k^*$）

L_3	$e_1[0]=0$ 或 $e_1[0] \bmod 2=0$			$e_1[0] \bmod 2=1$			
	$j=0$	$j=1$	$j>1$	$j=0$	$j=1$	$j=2$	$j>2$
$e_2[0]=0$	1	4	2	1	1	4	2
$e_2[0] \bmod 2=0$	1	4	2	1	1	4	2
$e_2[0] \bmod 2=1$	1	4	2	1	1	1, $q=1$；2, $q>1$	1

表 5.3 第三级序列长度 N_3 ($N_p = M_p - 1$, $M\alpha = 2^j B$, $e_2[0] = 2^p B_2$, $K^* = 2^q B_k^*$)

N_3	$e_1[0]=0$ 或 $e_1[0] \bmod 2=0$			$e_1[0] \bmod 2=1$			
	$j=0$	$j=1$	$j>1$	$j=0$	$j=1$	$j=2$	$j>2$
$e_2[0]=0$	$2MN_p$	$2MN_p$	$2MN_p$	$2MN_p$	MN_p	MN_p	MN_p
$e_2[0] \bmod 2=0$	$2MN_p$	$2MN_p$	$2MN_p$	$2MN_p$	MN_p	MN_p	MN_p
$e_2[0] \bmod 2=1$	$2MN_p$	$2MN_p$	$2MN_p$	$2MN_p$	MN_p	$MN_p/4, q=1$ $MN_p/2, q>1$	$MN_p/2$

基于抖动的 MASH 1-1-1 的输出序列长度应该是 N_1、N_2 和 N_3 的最小公倍数，可以看出 $N_{\text{MASH 1-1-1}} = N_3$，重新合并整理后如表 5.4 所示。

表 5.4 MASH 1-1-1 序列长度 ($N_p = M_p - 1$, $M\alpha = 2^j B$, $e_2[0] = 2^p B_2$, $K^* = 2^q B_k^*$)

$N_{\text{MASH 1-1-1}}$	$e_1[0]=0$ 或者 $e_1[0] \bmod 2=0$	$e_1[0] \bmod 2=1$			
		$j=0$	$j=1$	$j=2$	$j>2$
$e_2[0]=0$	$2MN_p$	$2MN_p$	MN_p	MN_p	MN_p
$e_2[0] \bmod 2=0$				MN_p	MN_p
$e_2[0] \bmod 2=1$				$MN_p/4, q=1$ $MN_p/2, q>1$	$MN_p/2$

从表 5.4 可以看出，当引入这种三元随机序列时，当第一级的初始值为零或为偶数时，不管第二级的初始值如何，MASH 1-1-1 输出序列具有充分的随机性，序列长度都具有一个最大序列长度 $2MN_p = 2M(M_p - 1)$。如果第一级初始值为奇数，输出序列长度与输入数值、初始值和随机序列的 K^* 值中 2 的幂次有关，取值从 $M(M_p - 1)/4$ 到 $2M(M_p - 1)$。虽然序列长度仍然和输入数据相关，但是，序列长度的最小值为 $M(M_p - 1)/4$，不存在极短周期的现象。同时，我们还可以看到，在基于抖动的 MASH 中，初始值已经不能再改善输出序列长度了。因此，在实际应用中，将初始值全部清零，可以获得最大序列长度 $2M(M_p - 1)$。

5.3.3 基于 $d_{m3}[n]$ 抖动的 MASH 1-1-1 模型序列周期分析

当 1 阶 EFM 的最低有效位上注入伪随机序列 $d_{m3}[n]$ 时，由于 $d_{m3}[n]$ 是元素为 $+1$ 和 -1，且 $+1$ 和 -1 的个数相等，序列长度为 $M_p - 2$ 的随机序列，在一个周期内 $d_{m3}[n]$ 序列的平均值为零，输出 $y[n]$ 的平均值取决于输入 $x[n]$ 的平均值模 M，平均值等于预期的小数值，因此，基于 $d_{m3}[n]$ 抖动的 EFM 也是准确的。根据 $e[n]$ 的定义，我们有

$$e[n] = (x[n] + d_{m3}[n] + e[n-1]) \bmod M$$

当输入是个常数时，$x[n] = M\alpha$，$M\alpha$ 是个有理数，利用递推关系式，上式改写为

$$e[n] = \left(e[0] + nM\alpha + \sum_{k=1}^{n} d_{m3}[k]\right) \bmod M$$

假设 $e[n]$ 的周期为 N，则有 $e[N] = e[0]$，上式表示为

$$\left(NM\alpha + \sum_{k=1}^{N} d_{m3}[k]\right) \bmod M = 0 \tag{5.58}$$

式中，第一项和传统的 EFM 结构一样，要求序列长度为 $N = M/2^j$。第二项是周期为 $M_p - 2$ 的随机序列的求和项，N 必须是 $M_p - 2$ 的整数倍。考虑满足上述两项的要求，N 必须是 $M/2^j$ 和 $M_p - 2$ 的最小公倍数。因此，累加器的序列长度为

$$N = \frac{M}{2^{j+1}}(M_p - 2)$$

由此我们得到定理 5.3.1 的一个推论 5.3.1。

推论 5.3.1 如果输入信号 $x[n] = M\alpha$，$M = 2^b$，b 为累加器位数，α 是预期的小数值，$M\alpha$ 是个有理数：

$$M\alpha = \sum_{k=0}^{b-1} p_k 2^k = 2^j B$$

式中，$B \bmod 2 = 1$，p_k 是 0 或 1，并且 $2^j < M$；同时在 EFM 的最低有效位注入周期为 $M_p - 2$ 的由 +1 和 -1 构成的伪随机序列，$M_p = 2^p$，则基于抖动的 1 阶 EFM 模型序列长度 N 为

$$N = \frac{M}{2^{j+1}}(M_p - 2) \tag{5.59}$$

上述推论表明，基于 $d_{m3}[n]$ 抖动的 EFM 序列长度仍然与输入数值有关，当 $j = 0$ 和 $j = b - 1$ 时，分别对应于序列长度取得其最大值和最小值的情形，$N_{\max} = M(M_p - 2)/2$ 和 $N_{\min} = (M_p - 2)$，N 的取值范围是 $N = (M_p - 2) \sim M(M_p - 2)/2$。可见，序列长度最短是伪随机序列的周期 $(M_p - 2)$。伪随机序列 $d_{m3}[n]$ 的注入打散了原先较短的序列周期，使得 1 阶 EFM 模型序列长度的最小值由原来的 2 提高到 $(M_p - 2)$，改善了量化误差序列的随机性，有效地消除了结构寄生。

利用引理 4.3.2，在 1 阶 EFM 输出周期 $N_1 = M(M_p - 2)/2^{j+1}$ 内，考虑到平均值为零，即 $p = 0$，则序列 $d_{m3}[n]$ 的二重求和可以表示为

$$\sum_{k=1}^{N_1} \sum_{n=1}^{k} d[n] = \sum_{k=1}^{\frac{M}{2^{j+1}}(M_p - 2)} \sum_{n=1}^{k} d_{m3}[n] = \frac{M}{2^{j+1}} K \tag{5.60}$$

式中，

$$K = \sum_{k=1}^{(M_p - 2)} \sum_{n=1}^{k} d_{m3}[n]$$

如果输入信号 $x[n] = M\alpha$，$M = 2^b$，b 为累加器位数，α 是预期的小数值，$M\alpha$ 是个有理数。同时在 1 阶 EFM 的最低有效位注入周期为 $M_p - 2$ 的由 +1 和 -1 构成的伪随机序列 $d_{m3}[n]$，利用关系式 (5.60) 和引理 5.3.1，则一阶 EFM 的量化误差信号 $e[n]$ 的平均值是

$$\overline{e[n]} = \frac{1}{N_1} \sum_{k=1}^{N_1} e[k] = \left(M\frac{\beta}{2} + e[0] + \frac{K}{M_p - 2} \right) \bmod M \tag{5.61}$$

式中，如果 $\alpha \leqslant 0.5$，则 $\beta = 1 - \alpha$；否则 $\beta = \alpha$。

第二级量化误差 $e_2[n]$ 序列长度 $N_2 = L_2 N_1$，L_2 是一个整数且满足关系式：

$$\left(\sum_{n=1}^{N_2} e_1[n] \right) \bmod M = L_2 \left(\sum_{n=1}^{N_1} e_1[n] \right) \bmod M = 0$$

再利用关系式 (5.60)，上式变为

$$L_2\left(N_1 M\frac{\beta}{2} + N_1 e_1[0] + \frac{N_1 K}{M_p - 2}\right) \bmod M = 0 \qquad (5.62)$$

并考虑到

$$N_1 = \frac{M}{2^{j+1}}(M_p - 2)$$

当 $\alpha > 0.5$ 时，$\beta = \alpha$，$M\alpha = 2^j B$，关系式(5.62)写为

$$L_2\left[\frac{MB}{2}\left(\frac{M_p}{2} - 1\right) + \frac{M}{2^j}\left(\frac{M_p}{2} - 1\right)e_1[0] + \left(\frac{M}{2^{j+1}}K\right)\right] \bmod M = 0 \qquad (5.63)$$

我们下面在 $e_1[0] = 0$、$e_1[0] \neq 0$ 且 $e_1[0] \bmod 2 = 1$ 和 $e_1[0] \neq 0$ 且 $e_1[0] \bmod 2 = 0$ 三种情形下分析关系式(5.63)所描述的周期行为。

(1) 当 $e_1[0] = 0$ 时。

式(5.63)只剩下第一项和第三项，第一项由于 $(M_p/2 - 1) \bmod 2 = 1$ 和 $B \bmod 2 = 1$，该项要求 $L_2 = 2$，第三项由于 $K \bmod 2 = 1$，在 $j = 0$ 时，与第一项之和模 M 为零，关系式(5.63)模 M 为零，此时要求 $L_2 = 1$；当 $j \geqslant 1$ 时，则要求 $L_2 = 2^{j+1}$。因此，我们得到

$$L_2 = \begin{cases} 1 & (j = 0, \ e_1[0] = 0) \\ 2^{j+1} & (j \geqslant 1, \ e_1[0] = 0) \end{cases}$$

(2) 当 $e_1[0] \neq 0$ 且 $e_1[0] \bmod 2 = 1$ 时。

① 当 $j = 0$ 时，第二项模 M 为零。由于 $B \bmod 2 = 1$，$(M_p/2 - 1) \bmod 2 = 1$，$K \bmod 2 = 1$，所以，$[B(M_p/2 - 1) + K] \bmod 2 = 0$，第一项和第三项之和模 M 为零，关系式(5.63)模 M 为零，此时要求 $L_2 = 1$。

② 当 $j = 1$ 时，由于 $(M_p/2 - 1) \bmod 2 = 1$，$B \bmod 2 = 1$，第一项和第二项的分子部分均是奇数，所以 $[B(M_p/2 - 1) + (M_p/2 - 1)] \bmod 2 = 0$，前两项之和模 M 为零，L_2 的取值由第三项确定，由于 $K \bmod 2 = 1$，要求 $L_2 = 4$。

③ 当 $j > 1$ 时，第一项要求 $L_2 = 2$，第二项模 M 为零要求 $L_2 = 2^j$，第三项模 M 为零要求 $L_2 = 2^{j+1}$，因此，关系式(5.63)模 M 为零要求 $L_2 = 2^{j+1}$。

综合①、②和③结论，要求 L_2 为

$$L_2 = \begin{cases} 1 & (j = 0, \ e_1[0] \neq 0) \\ 2^{j+1} & (j \geqslant 1, \ e_1[0] \neq 0) \end{cases}$$

(3) 当 $e_1[0] \neq 0$ 且 $e_1[0] \bmod 2 = 0$ 时。

令 $e_1[0] = 2^r B_1$，$B_1 \bmod 2 = 1$，$r = 0 \sim b-1$，当 $r = 0$ 时，就是 $e_1[0] \bmod 2 = 1$ 的情形，当 $r = 1 \sim b-1$ 时，就是 $e_1[0] \bmod 2 = 0$ 的情形。当 $e_1[0] \bmod 2 = 0$ 时，关系式(5.63)进一步写为

$$L_2\left[\frac{MB}{2}\left(\frac{M_p}{2} - 1\right) + \frac{M}{2^{j-r}}\left(\frac{M_p}{2} - 1\right)B_1 + \left(\frac{M}{2^{j+1}}K\right)\right] \bmod M = 0 \qquad (5.64)$$

① 当 $j - r \leqslant 0$ 时，即 $j \leqslant r$，第二项模 M 为零。当 $j = 0$ 时，由于 $B \bmod 2 = 1$，$(M_p/2 - 1) \bmod 2 = 1$，$K \bmod 2 = 1$，所以，$[B(M_p/2 - 1) + K] \bmod 2 = 0$，因此，第一项和第三项之和模 M 为零。关系式(5.64)模 M 为零，要求 $L_2 = 1$；当 $j \geqslant 1$ 时，L_2 由第三项确定，要求 $L_2 = 2^{j+1}$。将上述情况综合为

$$L_2 = \begin{cases} 1 & (j \leqslant r, j = 0, e_1[0] \neq 0) \\ 2^{j+1} & (j \leqslant r, j \geqslant 1, e_1[0] \neq 0) \end{cases}$$

② 当 $j - r = 1$ 时，由于 $B \bmod 2 = 1$ 和 $(M_p/2 - 1) \bmod 2 = 1$，第一项和第二项之和模 M 为零，L_2 由第三项确定，即 $L_2 = 2^{j+1}$。

③ 当 $j - r > 1$ 时，第一项要求 $L_2 = 2$。由于 $j - r < j + 1$，第二项和第三项相比较由第三项决定，即 $L_2 = 2^{j+1}$，式中 $j > 1$。综合要求 $L_2 = 2^{j+1}$。

综合①、②和③的结论，可以得到

$$L_2 = \begin{cases} 1 & (j - r \leqslant 0, j = 0, e_1[0] \neq 0) \\ 2^{j+1} & (j - r \leqslant 0, j \geqslant 1, e_1[0] \neq 0) \\ 2^{j+1} & (j - r \geqslant 1, j > 1, e_1[0] \neq 0) \end{cases} \tag{5.65}$$

上述结论说明，第一级初始值对输出序列长度没有影响，在关系式(5.64)中，第二项是初始值项，当 $j - r \leqslant 0$ 时，第二项模 M 为零，从方程中去除；当 $j - r \geqslant 1$ 时，由于 $j - r < j + 1$，L_2 由第三项来确定。因此，第一级的初始值并没有起作用，关系式(5.65)实际上可以写为

$$L_2 = \begin{cases} 1 & (j = 0, e_1[0] \neq 0) \\ 2^{j+1} & (j \geqslant 1, e_1[0] \neq 0) \end{cases}$$

可以看出，上式和 $e_1[0] = 0$ 情况下得到的关系式相同。因此，L_2 取值与第一级的初始值是否为零无关。最终我们得到 L_2 和 N_2 为

$$L_2 = \begin{cases} 1 & (j = 0) \\ 2^{j+1} & (j \geqslant 1) \end{cases} \tag{5.66}$$

$$N_2 = \begin{cases} \dfrac{M}{2}(M_p - 2) & (j = 0) \\ M(M_p - 2) & (j \geqslant 1) \end{cases} \tag{5.67}$$

容易证明，当 $\alpha \leqslant 0.5$ 时，$\beta = 1 - \alpha$，上述结论依然成立。基于序列 $d_{m3}[n]$ 抖动的 2 阶 MASH 1-1 的输出序列长度 $N_{\text{MASH 1-1}}$ 是 N_1 和 N_2 的最小公倍数：

$$N_{\text{MASH 1-1}} = \begin{cases} \dfrac{M}{2}(M_p - 2) & (j = 0) \\ M(M_p - 2) & (j \geqslant 1) \end{cases} \tag{5.68}$$

可以看出，在注入伪随机抖动信号之后，将传统的 MASH 模型第一级的序列长度变为 $N_1 = M(M_p - 2)/2^{j+1}$，比原先长度扩大了 $(M_p - 2)/2$ 倍。第二级的序列长度和输入数值基本无关，当 $j = 0$ 时，$N_2 = M(M_p - 2)/2$，当 $j \geqslant 1$ 时，$N_2 = M(M_p - 2)$，已经消除了周期极短的现象。

接下来我们分析基于 $d_{m3}[n]$ 序列抖动的 MASH 1-1-1 模型序列长度。为此，先分析基于 $d_{m3}[n]$ 抖动的 MASH 1-1-1 模型第三级量化误差 $e_3[n]$ 的序列周期长度 N_3。

第三级量化误差 $e_3[n]$ 的序列长度 $N_3 = L_3 N_2$，L_3 满足关系式(5.37)，即

$$L_3 \left[\sum_{n=1}^{L_2 N_1} \left(\sum_{k=1}^{n} e_1[k] + e_2[0] \right) \right] \bmod M = 0$$

式中，$e_2[0]$ 的求和值为 $L_2 N_1 e_2[0] = N_2 e_2[0]$，根据已经得到的 L_2 和 N_2，参见式(5.67)，当 $j=0$ 时，$N_2 = M(M_p/2-1)$；当 $j \geq 1$ 时，$N_2 = M(M_p-2)$，可以看出，不管 $j=0$ 还是 $j \geq 1$，该项模 M 都为零。

第一项利用引理 4.3.2，又可以写为

$$L_3 \left[L_2 K_{e_1} + \frac{1}{2} L_2 (L_2 - 1) N_1 P_{e_1} \right] \bmod M = 0 \tag{5.69}$$

式中，K_{e_1} 和 P_{e_1} 分别为

$$K_{e_1} = \sum_{n=1}^{N_1} \sum_{k=1}^{n} e_1[k], \quad P_{e_1} = \sum_{k=1}^{N_1} e_1[k]$$

显然，当 $j=0$ 时，$L_2=1$，式(5.69)中的第二项等于零。当 $j \geq 1$ 时，$L_2 = 2^{j+1}$，式(5.69)中的第二项表示为

$$\frac{1}{2} L_2 (L_2 - 1) N_1 P_{e_1} = \frac{1}{2} M (2^{j+1} - 1)(M_p - 2) P_{e_1}$$

由于 $(M_p - 2) \bmod 2 = 0$，显然上式模 M 为零。因此，关系式(5.69)中不需要考虑第二项，可以简化为

$$L_3 \left(\sum_{n=1}^{L_2 N_1} \sum_{k=1}^{n} e_1[k] \right) \bmod M = L_3 (L_2 K_{e_1}) \bmod M = 0 \tag{5.70}$$

下面在 $j=0$ 和 $j \geq 1$ 两种情况下，讨论 L_3 的取值问题。

(1) 当 $j=0$ 时，$L_2=1$，$N_2 = M(M_p-2)/2$。

此时，关系式(5.70)简化为

$$L_3 \left(\sum_{n=1}^{L_2 N_1} \sum_{k=1}^{n} e_1[k] \right) \bmod M = L_3 (K_{e_1}) \bmod M = 0 \tag{5.71}$$

式中，K_{e_1} 的表达式为

$$K_{e_1} = \sum_{n=1}^{N_1} \sum_{k=1}^{n} e_1[k] = \sum_{n=1}^{N_1} \sum_{k=1}^{n} \left(e_1[0] + kM\alpha + \sum_{i=1}^{k} d_{m3}[i] \right)$$

① $e_1[0]$ 的求和项。如果初始值 $e_1[0]=0$，自然不必考虑该项，L_3 由其它项确定。当 $e_1[0] \neq 0$ 时，$e_1[0]$ 的求和结果为

$$\sum_{n=1}^{N_1} \sum_{k=1}^{n} (e_1[0]) = \sum_{n=1}^{N_1} (n e_1[0]) = \frac{1}{2} N_1 (N_1 + 1) e_1[0]$$

考虑到此时 $j=0$，$N_1 = M(M_p-2)/2$，代入上式后得到

$$\sum_{n=1}^{N_1} \sum_{k=1}^{n} (e_1[0]) = \frac{1}{2} N_1 (N_1 + 1) e_1[0] = \frac{M}{2} \left(\frac{M_p}{2} - 1 \right) \left[M \left(\frac{M_p}{2} - 1 \right) + 1 \right] e_1[0] \tag{5.72}$$

由于 $(M_p/2 - 1) \bmod 2 = 1$，$[M(M_p/2 - 1) + 1] \bmod 2 = 1$，当 $e_1[0] \bmod 2 = 1$ 时，初始值求和项要求 $L_3 = 2$，确保模 M 为零。

当 $e_1[0] \bmod 2 = 0$ 时，令 $e_1[0] = 2^r B_1$，当 $r \geq 1$ 时，初始值为偶数，此时，关系式(5.72)模 M 为零，对应要求 $L_3 = 1$。

② $M\alpha$ 的求和项。$M\alpha$ 的求和项结果为

$$\sum_{n=1}^{N_1}\sum_{k=1}^{n}(kM\alpha)=\frac{1}{2}\frac{1}{3}N_1(N_1+1)(N_1+2)2^jB$$

考虑到此时 $j=0$，$N_1=M(M_p-2)/2$，$(N_1+1)(N_1+2)$ 可以被 3 整除且留有一个 2 的幂次，所以，上式模 M 为零。

③ $d[i]$ 的求和项。根据引理 5.3.2，考虑到 $P=0$，随机序列 $d[i]$ 在 N_1 周期中的三重求和项为

$$\sum_{n=1}^{N_1}\sum_{k=1}^{n}\sum_{i=1}^{k}d[i]=\sum_{n=1}^{\frac{M}{2}(M_p-2)}\sum_{k=1}^{n}\sum_{i=1}^{k}d[i]=\frac{M}{2}K^*+(M_p-2)K\frac{1}{2}\frac{M}{2}\Big(\frac{M}{2}-1\Big)$$

(5.73)

由于 $K^* \bmod 2=0$，上式第一项模 M 为零；由于 $K \bmod 2=1$，$(M/2-1)\bmod 2=1$，$(M_p-2)\bmod 2=0$，所以，上式第二项模 M 为零要求 $L_3=2$。

综合①、②和③，当初始值 $e_1[0]=0$ 时，K_{e_1} 表达式中的第三项确定 $L_3=2$；当 $e_1[0]\neq0$ 且 $e_1[0]\bmod 2=1$ 时，第一项和第三项之和模 M 为零，要求 $L_3=1$；当 $e_1[0]\neq0$ 且 $e_1[0]\bmod 2=0$ 时，第三项确定 $L_3=2$；因此，我们得到

$$L_3=\begin{cases}2 & (j=0,\ e_1[0]=0,\ \text{或}\ e_1[0]\bmod 2=0)\\1 & (j=0,\ e_1[0]\bmod 2=1)\end{cases}$$

$$N_3=\begin{cases}M(M_p-2) & (j=0,\ e_1[0]=0,\ \text{或}\ e_1[0]\bmod 2=0)\\\dfrac{M(M_p-2)}{2} & (j=0,\ e_1[0]\bmod 2=1)\end{cases}$$

(2) 当 $j\geqslant1$ 时，$L_2=2^{j+1}$，$N_2=M(M_p-2)$。

当 $j\geqslant1$ 时，$L_2=2^{j+1}$，关系式(5.70)简化为

$$L_3\Big(\sum_{n=1}^{L_2N_1}\sum_{k=1}^{n}e_1[k]\Big)\bmod M=L_3(2^{j+1}K_{e_1})\bmod M=0 \tag{5.74}$$

式中，K_{e_1} 为

$$K_{e_1}=\sum_{n=1}^{N_1}\sum_{k=1}^{n}\Big(e_1[0]+kM\alpha+\sum_{i=1}^{k}d_{m3}[i]\Big)$$

前面已经证明了 $M\alpha$ 的求和值模 M 运算为零；$e_1[0]$ 求和为

$$\sum_{n=1}^{N_1}\sum_{k=1}^{n}(e_1[0])=\frac{1}{2}N_1(N_1+1)e_1[0]=\frac{1}{2}\frac{M}{2^{j+1}}(M_p-2)\Big[\frac{M}{2^{j+1}}(M_p-2)-1\Big]e_1[0]$$

代入关系式(5.74)中，模 M 运算为零。式(5.74)进一步简化为

$$L_3(L_2K_{e_1})\bmod M=L_3\Big(2^{j+1}\cdot\sum_{n=1}^{N_1}\sum_{k=1}^{n}\sum_{i=1}^{k}d[i]\Big)\bmod M=0$$

利用引理 5.3.2，并考虑到随机序列的平均值为零，$P=0$，上式写为

$$L_3\Big(2^{j+1}\sum_{n=1}^{N_1}\sum_{k=1}^{n}\sum_{i=1}^{k}d[i]\Big)\bmod M=L_3\Big[MK^*+M\Big(\frac{M}{2}-1\Big)\Big(\frac{M}{2^{j+1}}-1\Big)K\Big]\bmod M=0$$

由于 K^* 和 K 均为常数，上式模 M 为零。因此，关系式(5.74)模 M 为零，要求

$$L_3=1$$

对应的序列长度为

$$N_3 = M(M_p - 2)$$

综合(1)和(2)的结论,我们得到

$$L_3 = \begin{cases} 2 & (j = 0, e_1[0] = 0 \text{ 或 } e_1[0] \bmod 2 = 0) \\ 1 & (j = 0, e_1[0] \bmod 2 = 1) \\ 1 & j \geqslant 1 \end{cases} \tag{5.75}$$

$$N_3 = \begin{cases} M(M_p - 2) & (j = 0, e_1[0] = 0 \text{ 或 } e_1[0] \bmod 2 = 0) \\ M(M_p - 2)/2 & (j = 0, e_1[0] \bmod 2 = 1) \\ M(M_p - 2) & (j \geqslant 1) \end{cases} \tag{5.76}$$

MASH 1-1-1 结构的序列长度应是 N_1、N_2 和 N_3 的最小公倍数,$N_{\text{MASH 1-1-1}}$ 为

$$N_{\text{MASH 1-1-1}} = \begin{cases} M(M_p - 2) & (j = 0, e_1[0] = 0 \text{ 或 } e_1[0] \bmod 2 = 0) \\ M(M_p - 2)/2 & (j = 0, e_1[0] \bmod 2 = 1) \\ M(M_p - 2) & (j \geqslant 1) \end{cases} \tag{5.77}$$

可见,当基于 $d_{m3}[n]$ 抖动的 MASH 1-1-1 模型输出序列长度 $N_{\text{MASH 1-1-1}}$ 与输入数值和初始值基本无关,不存在周期极短的现象。

5.3.4　注入±1 方波调制抖动的 SDM 模型与序列长度

在调制器输入数据的最低有效位(LSB)注入一个由 +1 和 -1 组成的方波序列,序列的重复频率就是 MASH 的时钟频率。虽然 +1 和 -1 方波的周期没有伪随机序列那么长,但对改善调制器结构寄生性能也取得相当好的效果。

假设输入信号 $x[n] = M\alpha$,$M = 2^b$,α 是预期的小数值,$M\alpha$ 是个有理数,在 EFM 的最低有效位注入由 +1 和 -1 构成的方波序列,1 阶 EFM 的输出为

$$y[n] = \frac{1}{M}(x[n] + f[n] + e_q[n] - e_q[n-1])$$

式中,$f[n]$ 为输入的方波序列。假设 EFM 的周期是 N,$e_q[0] = e_q[N]$,则

$$\sum_{n=1}^{N} y[n] = \frac{1}{M} \Big[\sum_{n=1}^{N} (x[n] + f[n]) \Big]$$

由于方波的周期为 2,从最小公倍数的角度确定 EFM 序列长度方面,没有对原先的 $N = M/2^j$ 造成改变。也就是说,加入方波序列后 1 阶 EFM 的序列长度不变。由于 N 是偶数,调制信号在一个周期中的平均值为零。因此,上式可以写为

$$\overline{Y} = \frac{1}{M} \overline{X}$$

式中,$\overline{X}$ 和 $\overline{Y}$ 分别是输入 $x[n]$ 和输出 $y[n]$ 在一个周期 N 内的平均值。

上式说明 $y[n]$ 的平均值 $\overline{Y}$ 取决于输入 $x[n]$ 的平均值 $\overline{X}$ 模 M,平均值也等于想要的小数值,于是基于方波序列调制的 EFM 是准确的。

根据 1 阶 EFM 数学模型和 $e[n]$ 的定义,我们可以得到

$$e[n] = (x[n] + f[n] + e[n-1]) \bmod M$$

假设输入是一个常数，令 $x[n]=M\alpha$，利用递推关系式，上式改写为

$$e[n] = \left(e[0] + nM\alpha + \sum_{k=1}^{n} f[k] \right) \bmod M \tag{5.78}$$

式中，$e[0]$ 是 EFM 中寄存器的初始值。

由于 $e[n]$ 是周期性信号，周期记为 N，有 $e[N]=e[0]$，上式可以表示为

$$\left(NM\alpha + \sum_{k=1}^{N} f[k] \right) \bmod M = 0 \tag{5.79}$$

式(5.79)中的第一项和传统的 EFM 模型是一样的，要求的序列长度 N 由定理 4.3.1 给出，即 $N=2^{b-j}=M/2^j$。由于序列长度 N 是 2 的倍数，$f[k]$ 的周期为 2，因此，$f[k]$ 的求和项为零。因此，加入方波调制并没有改变 1 阶 EFM 的周期序列长度。

基于方波序列的 1 阶 EFM 的量化误差 $e[n]$ 在一个周期 N_1 内的平均值可以通过引理 5.3.1 求出。根据引理 4.3.2，在一个周期内方波 $f[n]$ 的二重求和为

$$\sum_{k=1}^{N_1} \sum_{n=1}^{k} f[n] = \sum_{k=1}^{\frac{M}{2^{j+1}}\cdot 2} \sum_{n=1}^{k} f[n] = \frac{M}{2^{j+1}} K + \frac{M}{2^{j+1}} \left(\frac{M}{2^{j+1}} - 1 \right) \frac{1}{2} P$$

对于 $+1$ 和 -1 方波而言，式中的 $K=1$，$P=0$，因此

$$\sum_{k=1}^{N_1} \sum_{n=1}^{k} d[n] = \frac{M}{2^{j+1}} \tag{5.80}$$

根据引理 5.3.1，基于方波调制的 1 阶 EFM 模型量化误差 $e[n]$ 在周期 N_1 内的平均值为

$$\overline{e[n]} = \frac{1}{N_1} \sum_{k=1}^{N_1} e[k] = \left(M\frac{\beta}{2} + e[0] + \frac{1}{2} \right) \bmod M \tag{5.81}$$

式中，如果 $\alpha \leqslant 0.5$，则 $\beta=1-\alpha$；否则 $\beta=\alpha$。

上式表明，注入方波序列虽然没有改变 1 阶 EFM 模型量化误差 $e[n]$ 序列的长度，但是它改变了 1 阶 EFM 模型量化误差的平均值，从而也影响了高阶 MASH 量化误差的序列长度。MASH 1-1-1 中的第二级量化误差 $e_2[n]$ 为

$$e_2[n] = (e_1[n] + e_2[n-1]) \bmod M = \left(e_2[0] + \sum_{k=1}^{n} e_1[k] \right) \bmod M$$

假设 $e_2[n]$ 的序列长度为 $N_2=L_2 N_1$，L_2 是一个整数，$e_2[0]=e_2[N_2]$，上式改写为

$$\left(\sum_{n=1}^{N_2} e_1[n] \right) \bmod M = L_2 \left(\sum_{n=1}^{N_1} e_1[n] \right) \bmod M = 0$$

根据关系式(5.81)，上式表示为

$$L_2 \left(N_1 M \frac{\beta}{2} + N_1 e_1[0] + \frac{N_1}{2} \right) \bmod M = 0 \tag{5.82}$$

考虑到 $N_1=M/2^j$，当 $\alpha>0.5$ 时，$\beta=\alpha$，$M\alpha=2^j B$，式(5.82)改写为

$$L_2 \left\{ \frac{MB}{2} + \frac{M}{2^j} e_1[0] + \frac{M}{2^{j+1}} \right\} \bmod M = 0 \tag{5.83}$$

下面在 $e_1[0]=0$、$e_1[0]\neq 0$ 且 $e_1[0] \bmod 2=1$ 和 $e_1[0]\neq 0$ 且 $e_1[0] \bmod 2=0$ 三种情形下，分析式(5.83)所描述的周期行为。

(1) 当 $e_1[0]=0$ 时。

当 $e_1[0]=0$ 时，关系式(5.83)简化成

$$L_2 \left\{ \frac{MB}{2} + \frac{M}{2^{j+1}} \right\} \bmod M = 0 \tag{5.84}$$

第一项由于 $B \bmod 2 = 1$，要求 $L_2 = 2$；第二项要求 $L_2 = 2^{j+1}$。当 $j = 0$ 时，两项之和模 M 为零，$L_2 = 1$。因此，我们得到

$$L_2 = \begin{cases} 1 & (j = 0, e_1[0] = 0) \\ 2^{j+1} & (j \geq 1, e_1[0] = 0) \end{cases}$$

（2）当 $e_1[0] \neq 0$ 且 $e_1[0] \bmod 2 = 1$ 时。

当 $e_1[0] \neq 0$ 且 $e_1[0] \bmod 2 = 1$ 时，式(5.83)第二项要求 $L_2 = 2^j$，与第三项相比主要由第三项确定。当 $j = 0$ 时，第一项和第三项之和模 M 为零，第二项模 M 为零，对应要求 $L_2 = 1$；当 $j = 1$ 时，第一项和第二项之和模 M 为零，第三项确定 $L_2 = 4$。最终要求

$$L_2 = \begin{cases} 1 & (j = 0, e_1[0] \bmod 2 = 1) \\ 2^{j+1} & (j \geq 1, e_1[0] \bmod 2 = 1) \end{cases}$$

（3）当 $e_1[0] \neq 0$ 且 $e_1[0] \bmod 2 = 0$ 时。

令 $e_1[0] = 2^r B_1$，$B_1 \bmod 2 = 1$，$r = 0$ 对应于 $e_1[0] \bmod 2 = 1$，$r = 1, 2, \cdots, b-1$ 对应于 $e_1[0] \bmod 2 = 0$ 的情形。式(5.83)可以写为

$$L_2 \left\{ \frac{MB}{2} + \frac{MB_1}{2^{j-r}} + \frac{M}{2^{j+1}} \right\} \bmod M = 0 \tag{5.85}$$

由于 $r = 1, 2, \cdots, b-1$，式(5.85)中主要由第三项确定 $L_2 = 2^{j+1}$。考虑到当 $j = 0$ 时，第一项和第三项之和模 M 为零，此时 $j < r$，第二项模 M 为零，对应的 $L_2 = 1$。因此，我们可以得到

$$L_2 = \begin{cases} 1 & (j = 0, e_1[0] \bmod 2 = 0) \\ 2^{j+1} & (j \geq 1, e_1[0] \bmod 2 = 0) \end{cases}$$

综合（1）、（2）和（3）的结论，关系式都是相同的，第二级误差序列长度和初始值 $e_1[0]$ 是否为零无关，也和它的奇偶性无关。因此，可以得到 L_2 和 N_2 为

$$L_2 = \begin{cases} 1 & (j = 0) \\ 2^{j+1} & (j \geq 1) \end{cases} \tag{5.86}$$

$$N_2 = \begin{cases} M & (j = 0) \\ 2M & (j \geq 1) \end{cases} \tag{5.87}$$

容易证明当 $\alpha \leq 0.5$ 时，$\beta = 1 - \alpha$，上述结论依然成立。

基于方波抖动的 2 阶 MASH 1-1 模型输出序列长度 $N_{\text{MASH 1-1}}$ 是 N_1 和 N_2 的最小公倍数，可见 $N_{\text{MASH 1-1}} = N_2$。

$$N_{\text{MASH 1-1}} = \begin{cases} M & (j = 0) \\ 2M & (j \geq 1) \end{cases} \tag{5.88}$$

式(5.88)表明，基于抖动的 2 阶 MASH 1-1 模型输出序列长度 $N_{\text{MASH 1-1}}$ 与输入数值基本无关，消除了极短周期的现象。与注入 $d_{m1}[n]$ 随机序列相比，序列长度相差 $M_p - 1$ 倍。

接下来我们分析基于注入方波序列的 3 阶 MASH 1-1-1 模型输出序列长度 $N_{\text{MASH 1-1-1}}$，$N_{\text{MASH 1-1-1}}$ 是 N_1、N_2 和 N_3 的最小公倍数，为了得到 $N_{\text{MASH 1-1-1}}$，下面先求解第三级量化误差序列长度 N_3。

第三级的量化误差 $e_3[n]$ 满足关系式(5.37)，即

$$L_3\Big[\sum_{n=1}^{L_2 N_1}\Big(\sum_{k=1}^{n} e_1[k]+e_2[0]\Big)\Big] \bmod M = 0$$

上式中的第二级初始值 $e_2[0]$ 的求和为 $L_2 N_1 e_2[0]=N_2 e_2[0]$，根据所得到的 N_2，参见关系式(5.87)，容易发现 $N_2 e_2[0]$ 模 M 为零。上式进一步简化为

$$L_3\Big[\sum_{n=1}^{L_2 N_1}\sum_{k=1}^{n} e_1[k]\Big] \bmod M = 0$$

根据引理 4.3.2，可以将上式写为

$$L_3\Big[L_2 K_{e_1}+\frac{1}{2}L_2(L_2-1)N_1 P_{e_1}\Big] \bmod M = 0 \tag{5.89}$$

考虑到关系式(5.86)，当 $j=0$ 时，$L_2=1$，式(5.89)中的第二项为零；当 $j\geqslant 1$ 时，$L_2=2^{j+1}$，式(5.89)中的第二项模 M 运算为零。关系式(5.89)中只剩下 K_{e_1} 项，考虑到 K_{e_1} 满足

$$K_{e_1}=\sum_{n=1}^{N_1}\sum_{k=1}^{n}(e_1[k])=\sum_{n=1}^{N_1}\sum_{k=1}^{n}\Big(e_1[0]+kM\alpha+\sum_{i=1}^{k}f[i]\Big)$$

式(5.89)进一步表示为

$$L_3\Big[L_2\sum_{n=1}^{N_1}\sum_{k=1}^{n}\Big(e_1[0]+kM\alpha+\sum_{i=1}^{k}f[i]\Big)\Big] \bmod M = 0 \tag{5.90}$$

下面根据 L_2 的取值情况分别讨论关系式(5.90)所描述的 L_3 的取值。

(1) 当 $j=0$ 时：$L_2=1$，$N_2=M$。

① $e_1[0]$ 的求和项。初始值 $e_1[0]$ 的求和结果为

$$\sum_{n=1}^{N_1}\sum_{k=1}^{n} e_1[0]=\sum_{n=1}^{N_1}(ne_1[0])=\frac{1}{2}N_1(N_1+1)e_1[0]$$

由于 $j=0$，$N_1=M$，所以求和值为

$$\sum_{n=1}^{N_1}\sum_{k=1}^{n} e_1[0]=\frac{1}{2}M(M+1)e_1[0]$$

当 $e_1[0]=0$ 时，该项从方程(5.90)中去除，L_3 由第二项和第三项确定。

当 $e_1[0]\neq 0$ 时，令 $e_1[0]=2^r B_1$，$B_1 \bmod 2=1$。当 $e_1[0] \bmod 2=1$ 时，即 $r=0$，初始值为奇数的情形，所以初始值求和项要求 $L_3=2$；当 $e_1[0] \bmod 2=0$ 时，即 $r\geqslant 1$，初始值为偶数的情形，初始值求和模 M 为零，对应要求 $L_3=1$。

② $M\alpha$ 的求和项。$M\alpha$ 的求和项结果为

$$\sum_{n=1}^{N_1}\sum_{k=1}^{n}(kM\alpha)=\frac{1}{2}\frac{1}{3}N_1(N_1+1)(N_1+2)2^j B=\frac{1}{2}\frac{1}{3}M(M+1)(M+2)B$$

由于 $(M+1)(M+2)$ 可以被 3 整除，且留一个 2 的幂次，所以上式模 M 为零。

③ $f[i]$ 的求和项。根据关系式(5.36)，考虑到方波序列 $P=0$ 和周期长度为 2，可以得到

$$\sum_{n=1}^{N_1}\sum_{k=1}^{n}\sum_{i=1}^{k}f[i]=\frac{M}{2}K^*+2\cdot K\frac{1}{2}\frac{M}{2}\Big(\frac{M}{2}-1\Big)$$

考虑到基于 +1 和 -1 方波调制序列的特性，有 $K=1$，$K^*=2$，因此，方波调制序列 $f[i]$ 的三重求和值简化为

$$\sum_{n=1}^{N_1}\sum_{k=1}^{n}\sum_{i=1}^{k} f[i] = M + \frac{M}{2}\left(\frac{M}{2}-1\right)$$

式中，第一项模 M 为零，第二项要求 $L_3=2$。

根据①、②和③的分析结果，当 $j=0$ 时，关系式(5.90)模 M 为零要求

$$L_3 = \begin{cases} 2 & (j=0,\ e_1[0]=0) \\ 2 & (j=0,\ r\neq 0) \\ 1 & (j=0,\ r=0) \end{cases}$$

（2）当 $j\geqslant 1$ 时：$L_2=2^{j+1}$，$N_2=2M$。

当 $j\geqslant 1$ 时，$L_2=2^{j+1}$，$N_2=2M$，对应的方程为

$$L_3\left[2^{j+1}\sum_{n=1}^{N_1}\sum_{k=1}^{n}\left(e_1[0]+kM\alpha+\sum_{i=1}^{k} f[i]\right)\right] \bmod M = 0 \tag{5.91}$$

① $e_1[0]$ 的求和项。初始值 $e_1[0]$ 的求和结果为

$$\sum_{n=1}^{N_1}\sum_{k=1}^{n} e_1[0] = \sum_{n=1}^{N_1}(ne_1[0]) = \frac{1}{2}N_1(N_1+1)e_1[0] = \frac{1}{2}\frac{M}{2^j}\left(\frac{M}{2^j}+1\right)e_1[0]$$

求和结果代入方程(5.91)后模 M 为零。和 $e_1[0]$ 是否为零无关，L_3 由第二项和第三项确定。

② $M\alpha$ 的求和项。$M\alpha$ 的求和项结果为

$$\sum_{n=1}^{N_1}\sum_{k=1}^{n}(kM\alpha) = \frac{1}{2}\frac{1}{3}N_1(N_1+1)(N_1+2)2^j B = \frac{1}{2}\frac{1}{3}M\left(\frac{M}{2^j}+1\right)\left(\frac{M}{2^j}+2\right)B$$

由于 $(M/2^j+1)(M/2^j+2)$ 可以被 3 整除，且留一个 2 的幂次，该项模 M 为零。

③ $f[i]$ 的求和项。根据关系式(5.36)并考虑到 $P=0$，$K=1$，$K^*=2$，求和的结果为

$$\sum_{n=1}^{N_1}\sum_{k=1}^{n}\sum_{i=1}^{k} f[i] = \frac{M}{2^j} + \frac{M}{2^{j+1}}\left(\frac{M}{2^{j+1}}-1\right)$$

代入式(5.91)中，该项模 M 也为零。

根据①、②和③的分析结果，我们得到当 $j\geqslant 1$ 时，关系式(5.91)模 M 运算为零。

综合（1）和（2）的结论，关系式(5.90)模 M 为零要求

$$L_3 = \begin{cases} 2 & (j=0,\ e_1[0]=0) \\ 2 & (j=0,\ r\neq 0) \\ 1 & (j=0,\ r=0) \\ 1 & (j\geqslant 1) \end{cases} \tag{5.92}$$

对应的 N_3 为

$$N_3 = \begin{cases} 2M & (j=0,\ e_1[0]=0) \\ 2M & (j=0,\ r\neq 0) \\ M & (j=0,\ r=0) \\ 2M & (j\geqslant 1) \end{cases} \tag{5.93}$$

基于方波调制的 MASH 1-1-1 模型结构的序列长度 $N_{\text{MASH 1-1-1}}$ 应为 N_1、N_2 和 N_3 的最小公倍数。根据 $N_1 = M/2^j$、式(5.87)和式(5.93)，容易看出，整个 MASH 1-1-1 结构的序列长度 $N_{\text{MASH 1-1-1}}$ 为

$$N_{\text{MASH 1-1-1}} = \begin{cases} 2M & (j=0, e_1[0]=0) \\ 2M & (j=0, r\neq 0) \\ M & (j=0, r=0) \\ 2M & (j\geqslant 1) \end{cases} \tag{5.94}$$

可见当注入 +1 和 −1 方波调制序列后，MASH 1-1-1 模型结构的序列长度 $N_{\text{MASH 1-1-1}}$ 不存在周期极短的现象，可以将初始值全部清零。最长序列周期没有基于注入伪随机序列时的 MASH 1-1-1 模型序列长度长，但是该方案不像伪随机序列那样增加低频噪声。因此，在近载波相噪方面，该方案比采样伪随机序列要好。采用伪随机序列时，宽带白噪声会对环路输出相噪产生一定的影响。消除这种影响还需要进一步对随机序列成型处理。另外，方波序列 +1 和 −1 的切换速率也是鉴相参考时钟频率，在锁相环路的设计中已有成熟的技术处理方法。

5.3.5 伪随机抖动序列成型处理

在调制器输入数据的最低有效位上注入一个伪随机信号，是降低 Σ-Δ 调制器结构寄生的优先技术之一。它采用了一个周期很长的伪随机信号参与累加，使得量化误差呈现较好的随机性。因此这种方法很好地消除了 Σ-Δ 调制器的结构寄生响应，或者说降低了寄生响应的幅度，但是增加了输出频谱中低频量化噪声。很容易想到，如果我们注入一个成型的抖动信号，在获得较长周期序列的同时，也可以拥有较低的低频量化噪声。成型的抖动信号可以由另一个模拟 Σ-Δ 调制器提供，也可以对随机序列进行成型处理。一种对随机序列成型处理的原理框图如图 5.8 所示。

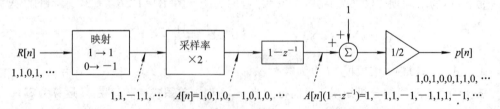

图 5.8 随机序列成型原理框图

图中实现的是 $1-z^{-1}$ 的 1 阶成型随机序列，它的基本工作原理是这样的，将随机序列 $R[n]$ 中的元素进行映射，1→1 和 0→−1，采样率提升两倍，形成新的序列并经过 $1-z^{-1}$ 处理，然后加 1 进行平移，并右移一位实现除 2，最终得到成型序列。对于 2 阶成型也容易得到，就是将图中实现 $1-z^{-1}$ 的框图变换成实现 $(1-z^{-1})^2$。图中 $A[n]=1010-1010\cdots$，$-z^{-1}A[n]=0-10-1010-1\cdots$，与序列 $A[n]$ 相加得到 $1-11-1-111-1\cdots$，平移变换后正是 10100110。事实上，如果输入 $R[n]=1101\cdots$，则 $1-R[n]=0010\cdots$，交替取 $R[n]$ 和 $1-R[n]$ 的序列值，即是想要的输出序列 10100110$\cdots$，容易验证该序列是 1 阶成型后的序列。

第六章

剩余量化噪声抑制与 CP 泵失配误差成型技术

采用 Σ-Δ 调制噪声成型技术将量化噪声推向频率高端，完成量化噪声的频谱搬移，这种高频有色噪声进一步被锁相环路的低通特性所抑制，从而实现了预期的小数 N 频率合成。在传统的 Σ-Δ 调制小数 NPLL 的设计中，通常在输出相噪和环路带宽之间需要折中处理。为了获得优良的输出相噪指标，带宽一般选择得很窄。然而，在很多实际应用中，不但需要拥有较高的相噪性能，而且还需要拥有较大的带宽。例如，应用于蓝牙无线局域网（LAN）发射机和直接变换的蓝牙接收机的本振等场合，在频偏 3 MHz 处的相噪要求 −120 dBc/Hz，具有 460 kHz 环路带宽，实现环内调制，满足 1 Mb/s 发射信号的需求。因此，通常的折中处理手段难以实现高性能的频率合成器，需要利用剩余量化噪声抑制和充电泵失配误差成型等技术手段来解决这个问题。其中，剩余量化噪声抑制技术就是获取成型后的量化噪声，再利用类似 API 技术手段实施有效抑制，降低成型后的量化噪声可以得到两个好处，一是有效地扩宽了环路带宽，实现环内宽带调制；二是降低了环路线性设计要求，避免了由于环路的非线性响应造成的成型量化噪声再次搬移到低端的现象，提高了近载波频谱纯度。充电泵失配误差成型技术主要用来改善宽带小数 NPLL 的寄生性能。因此，剩余量化噪声抑制和 CP 失配误差成型成为大带宽、低相噪、低杂散小数 N 频率合成的关键技术。

6.1　剩余量化噪声的获取和抑制技术

6.1.1　小数环中的剩余量化噪声

小数 N 锁相环路主要由多模分频器（小数 N 控制器）、PFD、充电泵 CP、环路滤波器和 VCO 等构成，如图 6.1 所示。反馈信号 $v_{div}(t)$ 来自于多模分频器的输出，分频器的分频

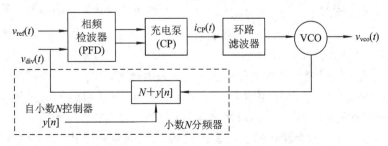

图 6.1　充电泵小数 N 锁相环路原理框图

比为 $N+y[n]$($n=1$, 2, 3, ···)。其中，N 是整数，$y[n]$ 来自小数 N 控制器，通常是由 $\Sigma\text{-}\Delta$ 调制器产生的一个序列。如果参考信号 $v_{\text{ref}}(t)$ 的上升沿超前于 $v_{\text{div}}(t)$，充电泵产生一个幅度为 I_{CP} 的电流脉冲，持续时间等于两个沿的时间差值。如果参考信号 $v_{\text{ref}}(t)$ 的上升沿落后于 $v_{\text{div}}(t)$，除了电流脉冲的极性相反之外，其它的工作情况都是相似的。$y[n]$ 是一个平均值为 $.F=\alpha$ 的整数序列，PLL 的输出频率就可以设置为 $N.F \cdot f_{\text{ref}}$，可以获得在 Nf_{ref} 和 $(N+1)f_{\text{ref}}$ 之间的任何输出频率。

由于 $y[n]$ 是平均值为 $\alpha=.F$ 的整数序列，表示为

$$y[n] = \alpha + e_Q[n] \tag{6.1}$$

上式中的 $e_Q[n]$ 是由整数替代理想小数而导致的均值为零的量化噪声，尽管在附加相噪方面付出一些代价，但是环路输出频率为 $(N+\alpha)f_{\text{ref}}$ 正是所期望得到的。就加到 PLL 相位噪声上的效果来看，量化噪声可以等效成一个加性电荷采样值 $Q_Q[n]$ 序列，并在每个参考周期期间被注入到环路滤波器中，电荷取样值 $Q_Q[n]$ 可以写为

$$Q_Q[n] = T_{\text{VCO}} I_{\text{CP}} \sum_{k=n_0}^{n-1} e_Q[k] \tag{6.2}$$

式中，T_{VCO} 是 VCO 输出信号的周期，$n_0 < n$ 是任何初始时间序号。这个序列进一步对输出信号产生一定的调制，会造成输出相位噪声指标的严重恶化。处于 PLL 环路带外的 $e_Q[n]$ 频谱分量得到较大的抑制，但是，环路带内的部分通过离散时域积分而被放大，并明显地叠加在整个相位噪声中。如果环路带宽设计得比较窄，大量的量化噪声将被环路抑制，这种锁相环就是前面介绍的、大家所熟知的 $\Sigma\text{-}\Delta$ 调制小数 N 锁相环。然而，在 $\Sigma\text{-}\Delta$ 调制小数 N 锁相环中，基带带宽与相噪的折中问题已经限制了许多实际应用，需要进一步对带外量化噪声实施抑制。也就是说，需要设计一个 DAC 取消通道，对 $Q_Q[n]$ 实施抵消处理。

实际上，在早期的小数 N 锁相环的文献中可以发现，G. C. Gillette 早在 20 世纪 60 年代末就数字相位合成器技术，曾经提出过抵消由 $e_Q[n]$ 导致的锁相环相噪的一种方法；在 70 年代初期，N. B. Braymer 提出了一种频率合成器装置的设计方法，其中应用了一种基于 DAC 抵消道路的抑制技术[47]，其核心思想与 API 技术路线是相同的。由于我们已经利用了 $\Sigma\text{-}\Delta$ 调制技术实现了输出频率的精细步进，这里所期待的是把量化噪声 $e_Q[n]$ 抑制 $20\sim30$ dB，这样将会大大地降低锁相环路的设计难度，可以等效地实现较大速率的带内调制，可以减小高频噪声向低端的折叠搬移，提高近端相噪性能。因此，本章节所介绍的抑制方法和策略与早期相比会有较大差别。

由于 $y[n]$ 是 $\Sigma\text{-}\Delta$ 调制器中的数字电路按照一定的运算规律产生的，而运算规律是已知的，所以，$Q_Q[n]$ 也就完全可以通过调制器模型获得，再利用 DAC 将它转换为模拟电流，反向加到充电泵的输出端上。如果 DAC 具有充分的精度和准确的增益，几乎完全可以抵消掉充电泵输出中与 $Q_Q[n]$ 相关的分量。但是，对于大多数小数 N 锁相环来说，$\Sigma\text{-}\Delta$ 调制器都是采用 2 阶到 4 阶结构设计的，虽然可以确保式（6.2）中 $e_Q[n]$ 的求和是有界的，$Q_Q[n]$ 序列还是明显地呈现出非常大的动态范围和寄生分量，在锁相环带宽内也具有明显的已成型的噪声功率谱。如果由于增益误差、失真或 DAC 取消道路没有足够的动态范围，$Q_Q[n]$ 仅仅部分地被抵消的话，$Q_Q[n]$ 的剩余部分包括带内噪声和寄生响应，也会对输出贡献较明显的相位噪声。由于这种技术的目标成本比较高，因此主要用于测试与测量设备中。

在图 6.2 展示的两条曲线中，上面一条曲线是传统的 $\Sigma\text{-}\Delta$ 调制器量化噪声成型后的噪

声 $Q_Q[n]$ 的功率谱密度，环路带宽设计为 48 kHz，环路输出端的相噪依赖于 PLL 低通特性的抑制。应用噪声取消技术后，90％的噪声被抵消掉，成型噪声降低了 20 dB，正如图中下面一条曲线所示。很明显，在同样噪声情况下，环路带宽可以设计为 480 kHz。也就是说，量化噪声的抑制等效增加了环路带宽，可以允许较大速率的带内调制。它不像以往窄带环路那样还需要使用调制信号数字预加重和两点调制。它对模拟器件的误差不敏感，也不需要对硬件实施校准。

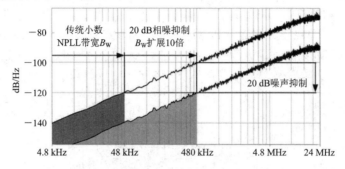

图 6.2　噪声抵消与环路带宽扩展示意图

6.1.2　MASH 结构中剩余量化噪声的获取与抵消方案

采用 MASH 方案的 Σ-Δ 调制器多数是 3 阶或 4 阶结构模型，下面我们以 4 阶结构模型为例，对剩余量化误差进行分析，介绍补偿模型设计原理。4 阶 MASH 结构的剩余量化误差获取与补偿模型如图 6.3 所示，预期分频比的整数部分 N 和小数部分 $.F$ 通过输入接

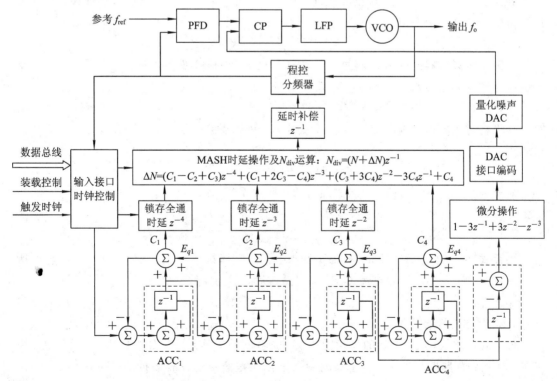

图 6.3　基于锁存累加 MASH 结构的 SDM 剩余量化噪声获取与抑制模型

口分别置入到相应的运算和累加器部分。采用 4 个 48 位锁存累加器完成数字积分器的功能，并将溢出信号 $C_1 \sim C_4$ 经过必要时延操作，完成 ΔN 和瞬时分频比 N_{div} 运算后，控制程控分频器实现不同分频比之间的转换。对于 4 阶 MASH 1-1-1-1 结构的 Σ-Δ 调制器来说，分频比的变化范围是 $N+8 \sim N-7$。图中 E_q 是量化器的量化误差，每级都是采用锁存无波动累加方式，充分运用了小数分频器依赖静态数据的特征，不仅有效地提高了时钟频率，更重要的是为剩余噪声的获取提供了一定的便利。累加器的输出 $C_1 \sim C_4$ 分别通过锁存时延电路，完成无波动所必需的时延操作。

我们首先看一下单级累加器输入和输出的关系。为方便起见，重新给出单级累加器模型，如图 6.4 所示，如果数据输入为 D_i，数据输出 D_o 和进位输出 C_o 的表达式为

$$C_o = D_i z^{-1} + E_q (1 - z^{-1}), \quad D_o = D_i z^{-1} - E_q z^{-1}$$

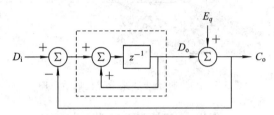

图 6.4　单级累加器模型

根据图 6.3 各级累加器的级联关系，我们可以得到第 m 级累加器的输出为

$$D_{om} = D_{i1} z^{-m} - E_{q1} z^{-m} - E_{q2} z^{-(m-1)} - E_{q3} z^{-(m-2)} \cdots - E_{qm} z^{-1} \qquad (6.3)$$

如果将第 m 级累加器的输出和经过一次时延的第 $m-1$ 级累加器的输出相减，我们可以获得第 m 级的量化噪声如下：

$$D_{om} - z^{-1} D_{o(m-1)} = -z^{-1} E_{qm} \qquad (6.4)$$

将第 k 级累加器的输出 C_k 经过 $m-k+1$ 次时延和 $m-1$ 微分后进行求和运算，可以得到分频比的变化量 ΔN。对于 4 阶 MASH 结构来说，ΔN 关系式如下：

$$\Delta N = (C_1 - C_2 + C_3) z^{-4} + (C_1 + 2C_3 - C_4) z^{-3} + (C_3 + 3C_4) z^{-2} - 3C_4 z^{-1} + C_4$$

如果将每级的进位输出 $C_1 \sim C_4$ 关系式代入，可以得到 4 阶 MASH 结构对应的 ΔN 关系式为

$$\Delta N = D_i z^{-4} + (1 - z^{-1})^4 E_{q4} \qquad (6.5)$$

对于 m 阶 MASH 结构，m 级累加器的一般关系式为

$$\Delta N = D_i z^{-m} + (1 - z^{-1})^m E_{qm} \qquad (6.6)$$

$$N_{\text{div}} = (N + \Delta N) z^{-1}$$

关系式(6.6)中的后一项是 MASH 调制引起的频率抖动，考虑到频率到相位的转换所经历的一次积分环节，然后再经过一次 z^{-1} 操作后，鉴相器的输出电压为

$$V_1 = z^{-1} (1 - z^{-1})^{m-1} E_{qm} K_d \qquad (6.7)$$

式中，K_d 为鉴相器增益。

如果我们将式(6.4)得到的量化噪声 E_{qm}，经过 $m-1$ 次的微分操作后，再进行数/模变换，并加到环路鉴相器中，对主路的剩余量化误差信号进行有效抵消。针对 $m=4$ 的情况，$m-1$ 次的微分就是图 6.3 模型中的 $1 - 3z^{-1} + 3z^{-2} - z^{-3}$ 微分运算环节。

数/模变换后的电压为

$$V_2 = -z^{-1}(1-z^{-1})^{m-1}E_{qm}K_{DAC} \tag{6.8}$$

式中，K_{DAC} 为 D/A 变换器的增益。

从式(6.7)和式(6.8)可以看出，只要确保鉴相器增益 K_d 和 DAC 变换增益 K_{DAC} 相等，则 V_1 和 V_2 量值相等，符号相反。因此，在鉴相器输出端可以实现量化噪声的抵消。

6.1.3　多环结构中剩余量化噪声的获取与抵消方案

一种具有剩余量化噪声抑制的频率合成器框图如图 6.5 所示，从整体结构方案来看，它包括一个 2 阶 Σ-Δ 调制器，作为传统 Σ-Δ 调制小数 N 锁相环使用，它产生 $y[n]$ 控制锁相环路多模分频比数值。另外，还包括一个 3 阶 Σ-Δ 调制器，实现对剩余量化噪声 $e_Q[n]$ 的再量化调制。量化噪声经过失配成型编码后，形成 16 个粗调 1 bit 电流脉冲和 16 个精调 1 bit 电流脉冲。每个 1 bit 电流脉冲 DAC 产生一个正的或负的电流脉冲，取决于它的输入电平的高低，每个脉冲持续 4 个 VCO 周期。对应于粗调和细调 1 bit 电流脉冲 DAC 的幅度分别是 $I_{CP}/16$ 和 $I_{CP}/128$。粗调和细调共同形成 DAC 输出电流注入到滤波器中，形成对剩余量化噪声的抑制。关于 DAC 段失配成型技术将在后面章节中介绍。

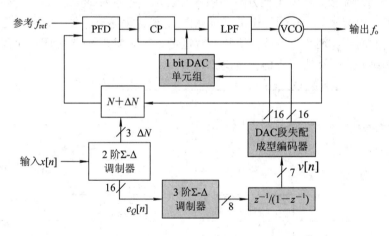

图 6.5　具有剩余量化噪声抑制的频率合成器框图

实现小数分频的 2 阶 Σ-Δ 调制器采用了多环结构方案，SDM 模型如图 6.6 所示。

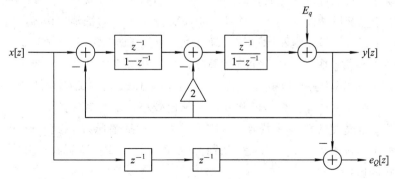

图 6.6　2 阶多环 SDM 的剩余量化噪声获取模型框图

该结构在第三章中已经介绍过了，它具有单位增益和单位量化步长，2 阶 Σ-Δ 调制器的输出表示为

$$y[z] = z^{-2}x[z] + (1 - z^{-1})^2 E_q$$

在离散时域中，有关系式

$$y[n] = x[n-2] + e_Q[n] \tag{6.9}$$

式中，第一项就是 $x[n-2] = x[n]z^{-2}$，第二项 $e_Q[n]$ 表示式为

$$e_Q[n] = (1 - z^{-1})^2 e_q \tag{6.10}$$

一种 2 阶多环 SDM 的剩余量化噪声获取实现原理框图如图 6.7 所示，输入 $x[n]$ 是 16 bit 预期的小数分频比，这里采用 16 bit 是与频率合成器分辨率的设计目标相匹配的。对两级累加器的输出进行量化，采用的量化器非常简单，就是在 18 bit 数据中，丢弃低 14 bit，将高 4 bit 作为量化输出。4 bit 的 $y[n]$ 乘上 2^{14} 后，等于位移到高 4 位，反馈到第一级和第二级累加器中，相当于完成取模操作。$y[n]$ 的取值范围是 $-2, -1, 0, 1, 2$。$y[n]$ 序列携带的量化噪声 $e_Q[n]$ 为

$$e_Q[n] = y[n] - z^{-2}x[n] \tag{6.11}$$

由于这种结构具有单位增益和单位量化步长的特点，$y[n]$ 序列携带的量化噪声的获取可以通过式(6.11)完成，具体实现方案如图 6.7 所示。将输入 $x[n]$ 经过两个位移寄存器延时处理，处理后的信号 $z^{-2}x[n]$ 与输出 $y[n]$ 相减获得量化噪声。在完成了量化噪声的获取后，需要解决的问题有两个，一是补偿脉冲宽度的确定，需要与充电泵脉冲宽度有较好的匹配；二是解决 $Q_Q[n]$ 补偿所需的幅度动态范围。

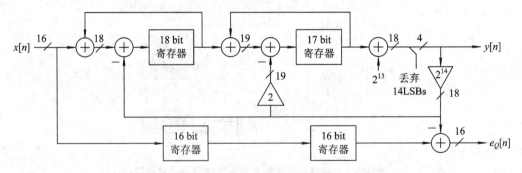

图 6.7　2 阶多环 SDM 的剩余量化噪声获取实现原理框图

理想情况下，我们可以根据式(6.2)对 $e_Q[n]$ 进行数字积分获得 $Q_Q[n]$，然后对于每一个 n 值，将一个电流脉冲注入到环路滤波器中实施量化噪声的抵消，其脉冲宽度等于充电泵电流脉宽。由于不知道充电泵脉冲的精确宽度，而且脉冲宽度非常窄，做到完全抵消是一件非常困难的事情。如果采用一个固定宽度的电流脉冲来替代的话，抵消过程将引入一个电压暂态，$Q_Q[n]$ 不能实时地被抵消掉。不过，与电压暂态相关的大部分功率处于锁相环带外，所以它对锁相环输出信号的相噪的贡献比较小。在大多数抵消通道设计中，传统的做法是选择脉冲宽度等于参考周期。在工程应用上，抵消脉冲的宽度设计为 4 个 VCO 周期可以较好地匹配充电泵脉冲宽度，从而降低 VCO 输入端呈现的暂态现象，减小对锁相环输出相噪的影响。

如果 $Q_Q[n]$ 直接利用式(6.2)对 $e_Q[n]$ 进行计算的话，需要一个 15 bit 电流 DAC，步进

是 $0.5I_{CP}2^{-15}$，通常在 20 nA 左右，可见产生这样的电流脉冲以及 DAC 的设计与实现都相当困难。Nigel J. R. King 在一种可变频率合成器实现装置的设计中，对 $e_Q[n]$ 进行了截短处理，然后利用 DAC 技术实施抵消[48]。在大多数传统的具有 DAC 抵消通道的锁相环设计中，基本上都是采用对 $e_Q[n]$ 进行截短处理的。遗憾的是，截短导致 $e_Q[n]$ 部分功率折叠到带内，造成一定的寄生响应，反过来又会影响相噪抵消。如何解决这个较大的幅度动态呢？目前的一些研究成果主要集中于再量化技术的应用，图 6.5 中采用一个 3 阶 Σ-Δ 调制器对量化噪声 $e_Q[n]$ 实施再量化处理[49]，实现 16 bit 到 8 bit 的变换，3 阶多环 Σ-Δ 调制器如图 6.8 所示。

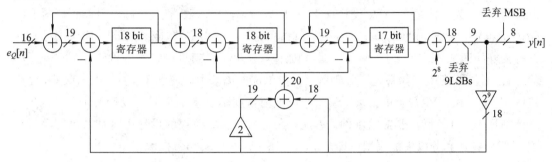

图 6.8　3 阶再量化多环 Σ-Δ 调制器原理框图

3 阶多环 Σ-Δ 调制器对 2 阶 Σ-Δ 调制器的剩余量化噪声 $e_Q[n]$ 进行再次 Σ-Δ 调制处理，也被称为再量化。如图 6.8 中的 3 阶多环 Σ-Δ 调制器采用了三个累加器对输入实施累加，第三级累加器的输出送到量化器中，量化器将第三级累加器的 18 bit 数据输出丢弃低 9 位，再丢弃高 9 bit 数据中的最高位，所得到的数据作为量化器的输出；输出乘上 2^9，将数据移到高端，反馈到第一级累加器，以及第二和第三级累加器中完成相减操作，亦即完成取模操作。第一级的反馈系数为 1，第二级和第三级累加器的反馈系数是 3。根据该类调制器的 z 域模型，输出可以表示为

$$y[z] = z^{-3}e_Q + (1-z^{-1})^3 E_q$$

信号传递函数 STF 和噪声传递函数 NTF 分别是 z^{-3} 和 $(1-z^{-1})^3$。

写成离散时域表达式为

$$y[n] = z^{-3}e_Q[n] + (1-z^{-1})^3 E_q = e_Q[n-3] + e_{Q2}[n]$$

式中，$e_{Q2}[n] = (1-z^{-1})^3 E_q$，是 3 阶调制器的量化噪声。

3 阶多环 Σ-Δ 调制器的输出经过数字积分器 $z^{-1}/(1-z^{-1})$，再进行失配成型编码处理，结果转换成电流脉冲，实现剩余量化噪声的抵消或补偿。数字积分器的输出是一个正比于 $Q_Q[n-1]+e_{rq}[n]$ 的 7 bit 序列，其中，$e_{rq}[n]$ 是 3 阶调制器的量化噪声经过数字积分器后的结果，由于积分器取消掉一个极点，$e_{rq}[n]$ 是一个 2 阶成型量化噪声。由于它具有 2 阶高通特性，同时具有较小的幅度，所以，再量化所引入的噪声不会明显地增加 PLL 相位噪声。因此，对量化噪声进行再量化处理所带来的益处是降低了 DAC 的设计难度。也就是说，它将设计一个 15 bit、最小步进约 20 nA 的 DAC 的难度，降低为 7 bit、最小步进约 10 μA 的 DAC 设计。

数字积分器的输出进入到失配成型数字编码器中，编码后的数据驱动粗调和精调两个 DAC 电流脉冲模块，两个模块分别对应 16 个 1 bit 粗调和 16 个 1 bit 精调 DAC，粗调的电

流脉冲幅度为 $I_{CP}/16$，精调的电流脉冲幅度为 $I_{CP}/128$。数字积分器的输出用 $v[n]$ 来表示的话，$v[n]$ 被上述 DAC 转化为输出电流脉冲，可以表示为

$$v[n] = \left[8\sum_{k=1}^{16} \left(v_{ck}[n] - \frac{1}{2} \right) + \sum_{k=1}^{16} \left(v_{fk}[n] - \frac{1}{2} \right) \right] \Delta_v \tag{6.12}$$

式中，$v[n]$ 是数字积分器的输出，$v_{ck}[n]$ 和 $v_{fk}[n]$ 是第 k 级 1 bit DAC 的 0 或 1 输入值，分别对应粗调和细调 DAC 模块，Δ_v 是 $v[n]$ 的 LSB 权重。

对于大多数 $v[n]$ 的数值，有几种 $v_{ck}[n]$ 和 $v_{fk}[n]$ 的组合都可以满足式(6.12)，例如，$v[n] = -63\Delta_v$，在每个 DAC 模块中的 16 个 1 bit DAC 的任何一个输入可以设置为 1，其余设置为 0。为了使每个 DAC 模块中 1 bit DAC 具有良好匹配性能，确保粗调和精调 1 bit DAC 之间的比例准确为 8，同时还需要考虑输入选择的问题。在传统的分段 DAC 中，假定具有良好的匹配，所以，对于每一个 $v[n]$ 数值，采用一个满足(6.12)式的 $v_{ck}[n]$ 和 $v_{fk}[n]$ 的组合就行了。但是，如果这样处理的话，在单位电流源中即使低于 1% 的失配误差，也会造成 1 bit DAC 产生严重的谐波失真，造成抵消精度不能满足预期的设计要求，而且失配降低到远小于 1% 也是非常困难的。为此，在 1 bit DAC 模块的设计中将涉及动态单元匹配(DEM)技术和分段失配成型(Segmented Mismatch-Shaping)技术。

6.2　动态单元匹配(DEM)技术

在量化噪声 $e_Q[n]$ 获取之后，需要采用 DAC 技术将 $e_Q[n]$ 转换为模拟量，再注入到环路滤波器中形成电荷采样值 $Q_Q[n]$，该值与原小数环中的剩余量化噪声所对应的电荷值大小相等、方向相反，从而实现了剩余量化噪声的抵消。为了达到所需的分辨率和动态范围，对量化噪声 $e_Q[n]$ 实施再量化处理，利用另一个高阶 Σ-Δ 调制器对 $e_Q[n]$ 进行再量化，将 16 bit 的需求变换到 8 bit 需求。若满足更高的小数 N 分辨率的设计要求，还需要从更高的位数(如 24 位和 48 位)变换到低位。在这个过程中产生的截短噪声同时也被调制器所整形，使得输出的低比特信号仍然能够在低频保留较高的精度。接下来，低位数据依然需要采用前面所述的传统 DAC 技术来实现数/模变换，也称为内部多比特 DAC。常用的 DAC 类型和工作原理参见第二章。在剩余量化噪声的抵消 DAC 设计中，多数使用温度计权重电流舵 DAC 技术。在温度计权重电流舵 DAC、分段式电流舵 DAC 和 Σ-Δ 调制型 DAC 设计中，都会涉及由多个 1 比特 DAC 构成多比特 DAC 的情况。

6.2.1　并行多比特 DAC 结构原理与失配误差

传统并行多比特 DAC 结构如图 6.9 所示。假设数字输入信号 $v[n]$ 的位宽为 b_o，对于使用再量化 Σ-Δ 调制 DAC 来说，就是字长被截短至低比特的数据位宽，数字输入信号 $v[n]$ 被单元选择逻辑(ESL)分解成 $M_b = 2^b$ 个 1 bit 序列，$\{sv_j[n]\}(j \in [1, M_b])$，每个 1 比特序列 $sv_j[n]$ 驱动相应的 1 bit DAC，所有 1 bit DAC 的输出求和得到多比特 DAC 的输出。不同的多比特 DAC 结构的主要区别在于多比特的输入序列映射到多个 1 bit DAC 上的方式不同。

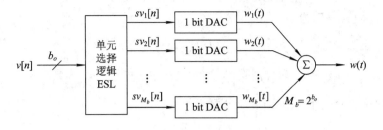

图 6.9　传统多比特 DAC 结构

单元选择逻辑(ESL)将输入 $v[n]$ 译码成矢量 $sv_j[n]$，表示为

$$sv[n] = \{sv_1[n],\ v_2[n],\ \cdots,\ sv_{M_b}[n]\}$$

式中，M_b 是 1 bit DAC 单元的数目。每个 $sv_j[n]$ 取值为 1 或 0，控制第 j 个 1 bit DAC 单元。ESL 模块确保下式成立：

$$v[n] = \sum_{j=1}^{M_b} sv_j[n] \tag{6.13}$$

对于 $\{sv_j[n]\}(j=1,\ 2,\ \cdots,\ M_b)$ 序列来说，单元数目是恒定的。所有 1 bit DAC 单元的输出之和为

$$w(t) = \sum_{j=1}^{M_b} w_j(t) = \sum_{j=1}^{M_b} \sum_{n=0}^{\infty} w_{j,n}(t) \tag{6.14}$$

这里的 $w_j(t)$ 是第 j 个 1 bit DAC 的模拟输出，$w_{j,n}(t)$ 是相应 $w_j(t)$ 第 n 个采样周期的样值，并且仅当 $t \in [nT,\ nT+T]$ 时不为零。

$w_{j,n}(t)$ 与 $sv_j[n]$ 之间的关系为

$$w_{j,n}(t) = \begin{cases} +\dfrac{1}{2}p(t-nT) + e_{h,j}(t-nT) & sv_j[n]=1 \\[2mm] -\dfrac{1}{2}p(t-nT) + e_{l,j}(t-nT) & sv_j[n]=0 \end{cases} \tag{6.15}$$

式中，$e_{h,j}(t-nT)$ 和 $e_{l,j}(t-nT)$ 表示分别在高、低两个电平下 1 bit DAC 单元之间失配的误差脉冲。通常，这个误差是在 DAC 制作过程中由元件失配造成的。

数字编码器的输出是一个向量 $sv_j[n]$，它由 M_b 个 1 bit 序列组成，即 $\{sv_j[n]\}(j=1,\ 2,\cdots,M_b)$，每个 1 bit 序列的值在高电平时被设定为 $\dfrac{1}{2}$，在低电平时被设定为 $-\dfrac{1}{2}$。$p(t-nT)$ 是所有 1 bit DAC 脉冲的平均输出，定义为

$$p(t-nT) = \frac{\displaystyle\sum_{j=1}^{M_b} \left[w_{j,n}(t)\big|_{sv_{j=1}} - w_{j,n}(t)\big|_{sv_{j=0}} \right]}{M_b} \tag{6.16}$$

将关系式(6.15)代入式(6.16)中，可以得到

$$\sum_{j=1}^{M} \left[e_{h,j}(t-nT) - e_{l,j}(t-nT) \right] = 0 \tag{6.17}$$

关系式(6.15)可以合并成一个表达式：

$$w_{j,n}(t) = sv_j[n]\alpha_j(t-nT) + \beta_j(t-nT) \tag{6.18}$$

式中，$\alpha_j(t)$ 和 $\beta_j(t)$ 分别为

$$\alpha_j(t) = p(t) + e_{h,j}(t) - e_{l,j}(t) \tag{6.19}$$

$$\beta_j(t) = -\frac{1}{2}p(t) + e_{l,j}(t) \tag{6.20}$$

ESL 模块确保每一个 $sv_j[n]$ 可以分解成

$$sv_j[n] = \frac{1}{M_b}v[n] + e_j[n] \tag{6.21}$$

$e_j[n]$ 是与 $v[n]$ 无关的噪声项。将式(6.17)、式(6.18)和式(6.21)代入式(6.14)中，我们可以得到在模拟重构滤波器之前的输出表达式为

$$w(t) = \sum_{n=0}^{\infty} p(t - nT)v[n] + \beta(t) + e(t) \tag{6.22}$$

式中，

$$\beta(t) = \sum_{n=0}^{\infty}\sum_{j=1}^{M_b} \beta_j(t - nT) \tag{6.23}$$

$$e(t) = \sum_{n=0}^{\infty}\sum_{j=1}^{M_b} \alpha_j(t - nT)e_j[n] \tag{6.24}$$

关系式(6.22)中的第一项是与 $v[n]$ 成线性关系的信号项，第二项 $\beta(t)$ 是一个偏移，第三项 $e(t)$ 是 1 bit DAC 单元失配引入的误差之和，称为 DAC 的输出噪声。在理想情况下，DAC 的噪声是一个均值为零的序列，且与 DAC 输入无关。在单位电流源的设计中，即使低于 1% 的失配误差，也会造成 DAC 产生严重的谐波失真。而且，将失配误差降低到远小于 1% 也是非常困难的。因此，高精度抵消剩余量化噪声还存在着上述失配误差亟待解决的难题。解决失配误差问题的一个有效方法是通过一些技术手段使误差被数字化整形，即采用动态单元匹配技术(DEM)。

6.2.2 动态单元匹配原理与失配成型

早在 1976 年 Van De Plassche 就提出了一种用于高精度单片 DAC 集成电路设计的动态单元匹配技术，目前，随机选择 DEM、算法选择 DEM 和噪声整形 DEM 等各种失配成型技术已经得到飞速发展。DEM 的核心思想就是插入一个单元选择逻辑 ESL，如图 6.10 所示。ESL 将输入 $v[n]$ 转化为一个矢量 $sv[n]$，矢量中的每个元素不是 1 就是 0，来控制一个相应的 1 bit DAC，$sv[n]$ 的求和值就是 $v[n]$ 预期的输出幅度。由于多比特 DAC 是由等权重 1 bit DAC 组成的，可以有一定的自由度来选择 $sv[n]$ 的元素是 1 或 0，ESL 模块正是

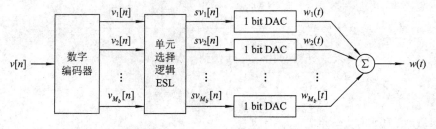

图 6.10　动态单元匹配原理框图

利用了这个自由度，使得 $sv[n]$ 展现出成型的频谱，保证了由于 1 bit DAC 之间失配导致的转化误差总是成型的，而不管失配的幅度大小和分布如何。

根据 DEM 的实现方案，DEM 大体上分为三类，分别为随机选择 DEM、算法选择 DEM 和噪声整形 DEM。随机选择 DEM 将失配误差转化成未经整形的白噪声，实现方法简单。算法选择 DEM 对失配误差进行调制，降低在信号频带内的失配误差功率，通常具有 1 阶成型的效果。噪声整形 DEM 将失配噪声进行 2 阶或更为高阶的整形。

传统的消除内部 DAC 非线性误差的方法是将动态单元随机化，这也是最简单的一种减小失配误差的方法，随机单元选择器由一个蝶形网络和一个伪随机数生成器构成，如图 6.11 所示。它起到随机使用 1 bit DAC 的作用，即每次选中哪个 1 bit DAC 作为输出都是不确定的，就是把 1 bit DAC 之间的误差进行了随机化处理，结果将失配误差转化成分布在整个频带内的高斯白噪声。这种方法显然降低了带内信噪比，不适合在高精度的数/模转换器中应用。值得注意的是，在 Σ-Δ 调制小数分频频率合成器的设计中，当我们考虑剩余量化噪声的补偿问题时，这种随机选择 DEM 方法虽然消除了 1 bit DAC 的失配误差，但换来的是较高的输出相噪。因此，这种方法不太适合高性能剩余量化噪声抑制的场合。

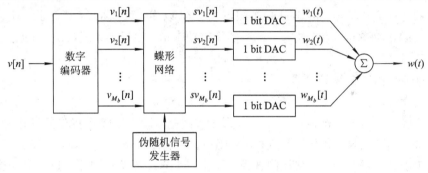

图 6.11　随机选择 DEM 原理框图

利用算法实现 DEM 主要包括数据加权平均法（DWA）、旋转移位法（BS）、独立电平平均法（ILA）、向量反馈法（VF）、树结构（TS）等。下面以数据加权平均法（DWA）为例介绍它的基本工作原理和实现结构。

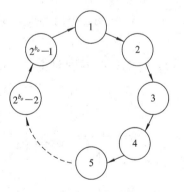

DWA 算法的思路就是让 $2^{b_o}-1$ 个单元的使用率尽可能一样，为此我们将 b_o 比特 DAC 所需要的 $2^{b_o}-1$ 个 1 bit DAC 单元排成一个圈，如图 6.12 所示。单元选择的策略是根据输入数据按照圆圈排列顺序逐个选择，例如，设第一个输入数据为 3，则单元 1、2 和 3 被选中，产生相应的模拟输出；第二个输入数据为 4，则单元 4、5、6，7 开始工作；单元使用超过 $2^{b_o}-1$ 时，重复使用第 1 个单元。这种使用方法使得每个单元都会被尽

图 6.12　DWA 单元选择示意图

可能地利用到。如果不使用 DWA 方法，几乎每次都会选 1、2、3 前面几个单元，编好较大的单元利用的机会就很少，存在一定的失配误差。DWA 方法使得每个单元都得到了充分利用，失配误差被打散。从选择单元的模式看，它又和先前历史相关，不难想到它可以利用累加器来设计实现。从数学角度分析，DWA 算法就是对失配噪声的 1 阶整形。

设 1 bit DAC 在转换过程中产生的失配误差为 $e_j[n]$，反映在输出端则为所有失配噪声之和 $e(n)$，所有失配噪声的和在经过 N_0 个时钟周期积累后的表达式为

$$s(N_0) = \sum_{n=1}^{N_0} e(n) \tag{6.25}$$

每当用到最后一个单元时，相当于累加满量溢出归零。$s(N)$ 将会被置零，并且 M_b 个 1 bit DAC 单元的失配误差之和也是零。因此，对任意的 N，$|s(N)|$ 的值最大只能等于 $P/2$，这里的 P 为 M_b 个单元误差绝对值之和，且 P 为一个非常小的有限值。我们可以得出，在 N 个时钟周期以后，所有误差样本的平均值满足

$$|e(N_0)|_{\text{ave}} = \frac{1}{N_0} |s(N_0)| \leqslant \frac{P}{2N_0} \tag{6.26}$$

式中，

$$P = \sum_{j=1}^{M_b} |e_j[n]|$$

当 N_0 趋于无穷大时，式(6.26)趋于零。因此，在运行一定时间之后，就可以得到所有误差样本的平均值趋于零。由于 $s(n)$ 被限制在 $P/2$ 以内，可以把 $s(n)$ 看成一个受限的白噪声，则 $s(n)$ 的功率谱 $S(\omega)$ 就有了统一的噪声功率谱。根据关系式(6.25)我们可以得到

$$e(n) = s(n) - s(n-1) \tag{6.27}$$

则 $e(n)$ 的功率谱 $E(\omega)$ 满足下式：

$$E(\omega) = |1 - e^{-j\omega}| S(\omega) \tag{6.28}$$

关系式(6.28)表明失配噪声被 1 阶整形了。因此，该算法除了将误差噪声打散之外，还具有 1 阶成型的效果。其具体实现框图如图 6.13 所示，寄存器 REG 和加法器 ADD 就是熟知的 1 阶调制器结构，用来控制选通。要实现 DWA 算法的要求，还需要一个指针控制电路，用以确定桶形移位寄存器在每个时刻所要输出的单元数。其工作过程比较简单，以 3 bit DAC 为例，需要 7 个 1 bit DAC 单元，ADD 采用模 7 运算。假设输入依次为 011、010、101，当第 1 个时钟到来时，输入为 011，寄存器的初始状态为 000，则选通指针指向 000，加法器的输出 011，使能 0、1、2 号 1 bit DAC 工作；第 2 个时钟到来时，输入为 010，REG 的状态为 011，桶形移位寄存器右移 3 位，选通指针指向 011，使能 3、4 号 1 bit DAC

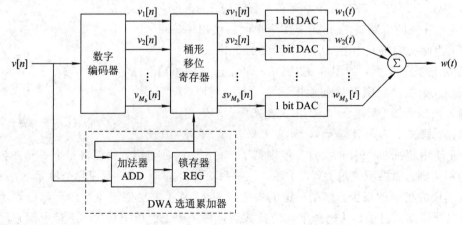

图 6.13　动态单元 DWA 实现原理框图

工作，此时加法器的输出为 101；第 3 个时钟到来时，输入为 101，REG 的状态为 101，桶形移位寄存器右移 5 位，选通指针指向 101，使能 5、6、7、0、1 号 1 bit DAC 工作，加法器的输出为 010。依此类推，满足 DWA 的算法要求。

上述 1 阶成型的工作原理很容易过渡到高阶成型情况，DEM 可以具有 2 阶或高阶成型的效果，这些高阶的称为噪声整形 DEM。根据前面章节的结论，这种方法很明显地具有结构寄生的缺陷。结构寄生的消除可以采用第四章和第五章介绍的技术手段加以处理，也可以利用随机 DWA 算法来解决。

6.3　分段失配成型技术

该章节介绍的内容属于上一章节中 DEM 的延续，这里重点介绍的是分段 DAC 中段间失配成型技术，成型阶数包括 2 阶、3 阶等高阶情况。由于 1 bit DAC 中的器件失配，使得多比特 DAC 并不能保证很好的线性。上一章节介绍的 DEM 技术在一定程度上解决了失配误差成型问题。这些失配成型技术在 DAC 位数小于 5 bit 的情况下，效果很好并得到了广泛应用。但是，它们不太适合位数大于 6 bit 的 DAC。其主要原因是 1 bit DAC 的数目随着位数的增加成指数增长，ESL 电路的复杂度也是按指数增长的。在集成电路的设计中，将会导致出现不可接受的功率和面积的消耗情况。降低 ESL 模块复杂度的关键是降低 1 bit DAC 单元的数目，为此，必须实施分段处理技术来减缓总数量所带来的压力。

6.3.1　段失配及成型原理

分段处理就是把 DAC 分成具有不同权重的段，例如，将 6 bit DAC 中的 63 个 1 bit DAC 分成两段，第一段包括一个 3 bit 的 DAC，它由 7 个 1 bit 的 DAC 组成，具有的单位权重为 1LSB，LSB 是最低有效位；第二段包括另一个 3 bit DAC，它也是由 7 个 1 bit 的 DAC 组成的，但它具有 8LSB 的权重，如图 6.14 所示。我们可以应用前面介绍的失配成型技术来解决同一个段内的 1 bit DAC 之间的失配问题。这里需要设计两个子 ESL 模块，控制 7 个 1 bit 单元。因此，与实现一个控制 63 个 1 bit 单元的 ESL 模块相比，分段的方法使得数字电路的复杂度立刻得到降低。

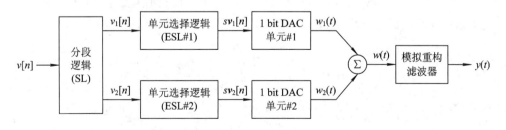

图 6.14　分段($L=2$)失配成型多位 DAC 原理框图

多比特 DAC 分段失配成型结构如图 6.15 所示，输入信号 $v[n]$ 被分段逻辑（SL）模块分解成 $v_1[n]$、$v_2[n]$、…、$v_L[n]$，这里 $v_i[n]$ 是第 i 段的输入，$1 \leqslant i \leqslant L$，$L$ 是段的总数目。每个段中都有一个单元选择逻辑（ESL）和若干个 1 比特 DAC。对所有 1 bit DAC 输出进行

求和得到 $w(t)$，并通过一个模拟重构滤波器产生模拟输出 $y(t)$。

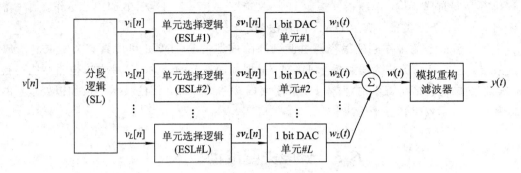

图 6.15　分段失配成型多位 DAC 原理框图

图中的第 i 段中的单元选择逻辑（ESL）模块将段输入 $v_i[n]$ 译码成矢量 $sv_i[n]$，关系式为

$$sv_i[n] = \{sv_{i,1}[n], sv_{i,2}[n], \cdots, sv_{i,M_i}[n]\} \tag{6.29}$$

式中，M_i 是第 i 个段中 1 bit DAC 单元的数目。每个 $sv_{i,j}[n]$ 取值为 1 或 0，控制第 i 段中的第 j 个 1 bit DAC 单元。ESL 模块确保下式成立：

$$v_i[n] = \sum_{j=1}^{M_i} sv_{i,j}[n] \tag{6.30}$$

对于 $\{sv_{i,j}[n]\}$ $(j \in [1, M_i]$ 来说，1 bit DAC 单元数目是恒定的。第 i 段中的所有 1 bit DAC 单元的输出之和为

$$w_i(t) = \sum_{j=1}^{M_i} w_{i,j}(t) = \sum_{j=1}^{M_i} \sum_{n=0}^{\infty} w_{i,j,n}(t) \tag{6.31}$$

这里的 $w_{i,j}(t)$ 是第 i 段中的第 j 个 1 bit DAC 的模拟输出，$w_{i,j,n}(t)$ 是相应 $w_{i,j}(t)$ 第 n 个采样周期的样值，并且仅当 $t \in [nT, nT+T]$ 时不为零。

$w_{i,j,n}(t)$ 与 $sv_{i,j}[n]$ 之间的关系为

$$w_{i,j,n}(t) = \begin{cases} +\dfrac{K_i}{2} p_i(t-nT) + e_{h,i,j}(t-nT) & (sv_{i,j}[n] = 1) \\ -\dfrac{K_i}{2} p_i(t-nT) + e_{l,i,j}(t-nT) & (sv_{i,j}[n] = 0) \end{cases} \tag{6.32}$$

式中，K_i 是第 i 段的权重，$e_{h,i,j}(t-nT)$ 和 $e_{l,i,j}(t-nT)$ 是反映第 i 段内的不同 1 bit DAC 之间的失配误差脉冲，$p_i(t-nT)$ 是第 i 段内的所有 1 bit DAC 脉冲的平均输出，通常定义为

$$p_i(t-nT) = \frac{\sum_{j=1}^{M_i} \left[w_{i,j,n}(t) \big|_{sv_{i,j=1}} - w_{i,j,n}(t) \big|_{sv_{i,j=0}} \right]}{K_i M_i} \tag{6.33}$$

将式（6.32）代入式（6.33）中，可以得到

$$\sum_{j=1}^{M_i} \left[e_{h,i,j}(t-nT) - e_{l,i,j}(t-nT) \right] = 0 \tag{6.34}$$

关系式（6.32）可以合并成一个表达式：

$$w_{i,j,n}(t) = sv_{i,j}[n] \alpha_{i,j}(t-nT) + \beta_{i,j}(t-nT) \tag{6.35}$$

式中，

$$\alpha_{i,j}(t) = K_i p_i(t) + e_{h,i,j}(t) - e_{l,i,j}(t) \tag{6.36}$$

$$\beta_{i,j}(t) = -\frac{K_i}{2} p_i(t) + e_{l,i,j}(t) \tag{6.37}$$

ESL 模块确保每一个 $sv_{i,j}[n]$ 可以分解成

$$sv_{i,j}[n] = \frac{1}{M_i} v_i[n] + e_{i,j}[n] \tag{6.38}$$

式中，$e_{i,j}[n]$ 是与 $v_i[n]$ 无关的噪声项。将式（6.34）、式（6.35）和式（6.38）代入式（6.31），可以得到

$$w_i(t) = \sum_{n=0}^{\infty} K_i p_i(t-nT) v_i[n] + \beta_i(t) + e_i(t) \tag{6.39}$$

$$\beta_i(t) = \sum_{n=0}^{\infty} \sum_{j=1}^{M_i} \beta_{i,j}(t-nT) \tag{6.40}$$

$$e_i(t) = \sum_{n=0}^{\infty} \sum_{j=1}^{M_i} \alpha_{i,j}(t-nT) e_{i,j}[n] \tag{6.41}$$

我们用 $\varepsilon_i(t)$ 表示不同段之间失配导致的误差脉冲，用 $p(t)$ 表示 $\{p_i(t)\}$（$i \in [1,L]$），的平均值。用数学语言描述就是

$$p_i(t) = p(t) + \varepsilon_i(t) \tag{6.42}$$

$$p(t) = \frac{1}{L} \sum_{i=1}^{L} p_i(t) \tag{6.43}$$

由于 $v[n]$ 变换为 $\{v_i[n]\}$（$i \in [1,L]$）满足如下方程：

$$v[n] = \sum_{i=1}^{L} K_i v_i[n] \tag{6.44}$$

利用（6.39）、（6.42）和（6.44）关系式，我们得到预期的分段 DAC 在模拟重构滤波器之前输出的完整的表达式为

$$w(t) = \sum_{i=1}^{L} w_i(t) = \sum_{n=0}^{\infty} p(t-nT) v(n) + \beta(t) + e(t) + \varepsilon(t) \tag{6.45}$$

式中，

$$\beta(t) = \sum_{i=1}^{L} \beta_i(t) \tag{6.46}$$

$$e(t) = \sum_{i=1}^{L} e_i(t) \tag{6.47}$$

$$\varepsilon(t) = \sum_{n=0}^{\infty} \sum_{i=1}^{L} K_i v_i[n] \varepsilon_i(t-nT) \tag{6.48}$$

关系式（6.45）中的第一项是与 $v[n]$ 成线性关系的信号项；第二项 $\beta(t)$ 是一个偏移；第三项 $e(t)$ 是段内 1 bit DAC 单元失配引入的误差和；第四项 $\varepsilon(t)$ 是跨越不同段之间的失配引入的误差和。

可以看出，使用分段处理技术还需要解决两个问题，第一个问题是分段引入的另一个失配源，即不同段之间的失配。在前面 $L=2$ 所示的例子中，由于制造过程中的偏差，第二段的单元权重并不是第一段中的单元平均权重的 8 倍。这个段失配导致 DAC 产生非线性，上一章节介绍的 DEM 技术处理的是同一个段内的 1 bit DAC 之间的失配问题，无法解决

不同段之间的失配。因此，对于段失配导致的噪声来说，我们还需要研究和应用其它的成型技术。第二个问题是分段处理在一定程度上降低了使用 1 bit DAC 方案的灵活度。例如，需要输出 28 时，我们可以在 63 个 1 bit DAC 中任意选择 28 个，共有 C_{63}^{28} 种选择 1 bit DAC 输出为 1，其他 1 bit DAC 输出为 0 的组合方式。采用两段 1 bit DAC 配置之后，我们不得不选择 3 个权重为 8LSB 的 1 bit DAC 输出 1，4 个权重 1LSB 的 1 bit DAC 输出 1，因此，仅有 $C_7^3 C_7^4$ 种方法选择使用 1 bit DAC。尽管分段方法降低了使用 1 bit DAC 的灵活度，不过它仍然满足段内的失配成型要求。

对于段间失配成型来说，它还需要增加额外的灵活度，以便能够选择应用更多的 1 bit DAC。然而，增加额外的灵活度又会导致两个不希望的结果：① 我们需要在每个段内安排较多的 1 bit DAC，总单元数目就会增加，导致 ESL 模块的硬件复杂度提高；② 对于集成芯片而言，增加 1 bit DAC 数目就会增加功耗。换个角度说，如果我们保持同样的功耗，必须降低信号的摆幅以保证其灵活性。这些不利的因素是段间失配成型所付出的代价。然而，如果与分段所节省的集成芯片的功率和面积相比，这些不利因素的影响还是比较小的。

从式（6.45）很容易得到 $w(t)$ 被噪声成型的充分必要条件：

（1）$e(t)$ 是噪声成型的，这个成型可以由 ESL 模块完成，属于段内失配误差成型。为了达到这个目的，已有各种各样的 ESL 模块设计方法，前面介绍的 DEM 技术可以完成 $e(t)$ 噪声成型。

（2）不管 K_i 和 $\varepsilon_i(t-nT)$ 如何，$\varepsilon(t)$ 是噪声成型的，这个成型基本依赖于专门设计的 SL 模块，以便 $\{v_i[n]\}$ $(i\in[1, L])$ 具有频谱成型特性，属于段间失配误差成型。

关系式（6.45）也展示出因为总体失配误差是 $e(t)$ 和 $\varepsilon(t)$ 的和，整个失配成型阶数是 $e(t)$ 和 $\varepsilon(t)$ 之间较低的成型阶数。

综上所述，段间失配噪声成型的关键在于分段逻辑 SL 模块的设计，必须确保 SL 模块的输出 $\{v_i[n]\}$ $(i\in[1, L])$ 是噪声成型的。人们已经研究了多种设计 SL 模块的方法来实现这个目标。以图 6.5 所示方案为例，图中利用一个 3 阶 Σ-Δ 调制器对剩余量化噪声实施再量化处理，通过频率到相位地转换所需的积分单元 $z^{-1}/(1-z^{-1})$ 之后，进行失配成型数字编码。其中的分段失配成型编码器如图 6.16 所示。

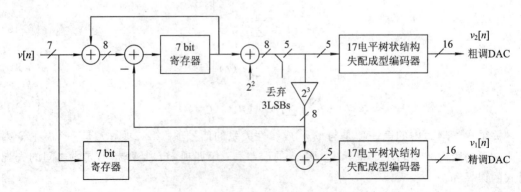

图 6.16　失配成型数字编码器原理框图

它利用一个 Σ-Δ 调制器对 $v[n]$ 进行量化处理，产生 $v_2[n]$ 并利用 $v[n]-v_2[n]$ 产生 $v_1[n]$，再将 $v_1[n]$ 和 $v_2[n]$ 进行编码控制相应段中的 1 bit DAC。图 6.16 中所示的失配成型数字编码器由 1 阶数字 Σ-Δ 调制器和两个 17 电平树状结构失配成型编码器组成，7 bit

的输入信号 $v[n]$ 进入一个累加器然后进行量化,完成一个 1 阶 $\Sigma\text{-}\Delta$ 调制器的作用。输出为 $z^{-1}v+(1-z^{-1})E_q$,高 5 bit 作为 17 电平树状失配成型编码器的输入,产生一个 16 bit 的 $v_2[n]$ 输出,用于 16 个 1 bit 的粗调 DAC。量化器的输出乘上 2^3 一路反馈到累加器中,完成取模运算。另一路与输入信号经过延时后的 $z^{-1}v[n]$ 相减,获得量化器的误差,取 5 bit 的差值作为 17 电平树状失配成型编码器的输入,产生 16 bit 的 $v_1[n]$ 输出,用于 16 个 1 bit 的精调 DAC。在第 n 个参考周期期间,编码器选择满足式(6.12)中 $v_{ck}[n]$ 和 $v_{fk}[n]$ 的组合之一。由于存在部分重合位起到一定的调制打散作用,失配噪声具有 1 阶高通频谱成型特性,大部分的失配噪声功率处于锁相环带外,极大地减小了粗调和精调电流源失配带来的误差。如果能提供标准偏差不大于 5% 的单位电流源的话,性能指标即可满足实用化要求,而且实现标准偏差小于 5% 并不困难。在 5% 单位电流源误差,并且具有 8%DAC 抵消增益误差的情况下,量化噪声抵消技术可以带来 20 dB 的相噪改善。

上述原理和方案可以很方便地推广到较高的分段失配噪声成型阶数、大于两段和可变权重的情况。显然,所需要的单元数目随着段失配成型阶数的增加而增加。对于高阶 $\Sigma\text{-}\Delta$ 调制器来说,因为 $v_2[n]$ 不能严密跟随 $v[n]$,导致 $v_1[n]$ 位宽需要增加,由此增加了第一段单元的数目。如何设计出一个 SL 单元,既要将输入 $v[n]$ 进行分段噪声成型,又要使 1 bit DAC 的单元数目不增加,一直是该领域研究的热点问题,尤其对集成芯片设计来说,那就是降低了功耗和减小了面积资源。

为了达到段失配成型的目的,通过 SL 单元将输入 $v[n]$ 变换成 $\{v_i[n]\}(i\in[1,L])$ 并具有分段噪声成型的频谱。除此之外,$v_i[n]$ 还需要满足两个规律,第一个是数目守恒规律。也就是说,所有段内的单元总数是恒定的。$v[n]$ 变换为 $\{v_i[n]\}(i\in[1,L])$ 满足方程如下:

$$v[n]=\sum_{i=1}^{L}K_i v_i[n] \tag{6.49}$$

式中,K_i 是第 i 段中单元的权重。为简便起见,我们假设 $K_1=J_1=1$,$K_i>K_{i-1}$,并且,$K_i/K_{i-1}=J_i\in N$,因此,K_i 可以表示为

$$K_i=\prod_{j=1}^{i}J_j \tag{6.50}$$

利用关系式(6.49)和(6.50),并考虑到 $\{v_i[n]\}$ 全是整数,我们可以得到模的规律为

$$v[n]\bmod K_i=\sum_{j=1}^{i-1}K_j v_j[n]\bmod K_i \qquad (i\geqslant 2) \tag{6.51}$$

式(6.51)已经考虑到了 $j\geqslant i$ 的部分进行模 K_i 运算均为 0,只有 $j<i$ 的项才存在的事实。这就是 $\{v_i[n]\}$ 需要满足的第二个规律。

6.3.2　1 阶段失配噪声成型

1 阶成型 $v_1[n]$ 发生器原理框型如图 6.17 所示,这个框图类似于一个具有常数 $J_2-0.5$ 输入的标准的 1 阶 $\Sigma\text{-}\Delta$ 调制器,不同的是使用了一个专门设计的模量化器 Q,该量化器定义为

$$v_1[n]=\begin{cases} v[n]\bmod J_2 & (x[n]<0) \\ (v[n]\bmod J_2)+J_2 & (x[n]\geqslant 0) \end{cases} \tag{6.52}$$

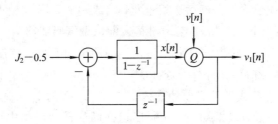

图 6.17   1 阶成型 $v_1[n]$ 发生器原理模型

为了理解这个模累加器,我们画出 $J_2=2$ 和 $J_2=3$ 情况下的模量化器的工作状态,如图 6.18 所示。横轴是 $v[n] \bmod J_2$,纵轴是 $v_1[n]$ 输出,根据 $x[n]<0$ 和 $x[n] \geqslant 0$ 两种情况,确定在 $v[n] \bmod J_2$ 的基础上是否再加上 J_2。这样定义 Q 是想要 $v[n]$ 满足模的规律:

$$v_1[n] \bmod J_2 = v[n] \bmod J_2 \tag{6.53}$$

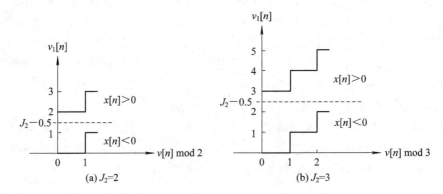

图 6.18 $J_2=2$ 和 $J_2=3$ 时的量化器输出

这是式(6.51)的 $i=2$ 的特殊情况($K_1=1$,$J_2=K_2/K_1=K_2$)。利用图 6.17 模型,我们很容易得到 $x[n]$ 和 $v_1[n]$ 之间的关系为

$$x[n] = x[n-1] + J_2 - 0.5 - v_1[n-1] \tag{6.54}$$

因为 $v[n] \bmod J_2 \leqslant J_2-1$ 是成立的,我们容易证明 $|x[n]|$ 是有界的。实际上,当 $x[n]<0$ 时,由于 $v_1[n]=v[n] \bmod J_2 \leqslant J_2-1$,代入到式(6.54)之后,我们可以得到 $x[n] \geqslant x[n-1]+0.5$,一直到 $x[n] \geqslant 0$ 成立为止。当 $x[n] \geqslant 0$ 时,下一个 $x[n]$ 将减小,由于 $v_1[n]=v[n] \bmod J_2+J_2 \leqslant 2J_2-1$,代入式(6.54)之后,得到 $x[n] \geqslant x[n-1]-J_2+0.5$。显然,如果上一个 $x[n]=0$ 的话,$x[n]=-J_2+0.5$ 就是 $x[n]$ 取值的下限,上限是 $x[n]<0.5$,累加器中的内容 $x[n]$ 的取值范围是 $-(J_2-0.5) \leqslant x[n] < +0.5$,这说明 $|x[n]|$ 是有界的,图 6.17 所示的反馈环路是稳定的。

我们对模量化器进行线性化近似处理,线性化 z 域模型如图 6.19 所示,图中 $E_q(z)$ 是模量化器的量化噪声。这个模型与标准的 1 阶 $\Sigma\text{-}\Delta$ 调制器完全一样,输出 $v_1(z)$ 的表达式为

$$v_1(z) = (J_2 - 0.5) + z^{-1}E_q \text{NTF}_1(z) \tag{6.55}$$

式(6.55)中的 E_q 是模量化器的量化噪声,$\text{NTF}_1(z)=1-z^{-1}$ 是量化噪声的传递函数。第一项 $J_2-0.5$ 是直流量,在模拟输出 $w(t)$ 中仅仅产生一个偏移,并不产生噪声。第二项表示 1 阶成型噪声。

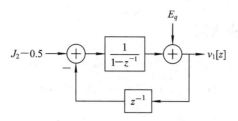

图 6.19　$v_1[n]$ 发生器 z 域噪声模型

可以将上述产生 $v_1[n]$ 的工作原理递归到产生 $v_i[n]$($i \geqslant 2$)的情况，得到 $v_1[n]$ 之后，计算出 $v_2^*[n]$，关系式如下：

$$v_2^*[n] = \frac{(v[n] - v_1[n])}{J_2} \tag{6.56}$$

然后，我们用类似产生 $v_1[n]$ 的框图产生 $v_2[n]$，输入变为 $J_3 - 0.5$，并且定义一个新的模量化器 Q 为

$$v_2[n] = \begin{cases} v_2^*[n] \bmod J_3 & (x[n] < 0) \\ (v_2^*[n] \bmod J_3) + J_3 & (x[n] \geqslant 0) \end{cases} \tag{6.57}$$

容易证明 $v_2[n]$ 也是 1 阶成型的。

一种能够完成 SL 模块功能，产生 $\{v_i[n]\}$($i \in [1, L]$)的模型框图如图 6.20 所示。$v_i^*[n]$ 与 $v_{i-1}^*[n]$ 之间的递推关系由下式给出：

$$v_i^*[n] = \frac{(v_{i-1}^*[n] - v_{i-1}[n])}{J_i} \tag{6.58}$$

$$v_{i-1}[n] = \begin{cases} v_{i-1}^*[n] \bmod J_i & (x[n] < 0) \\ (v_{i-1}^*[n] \bmod J_i) + J_i & (x[n] \geqslant 0) \end{cases} \tag{6.59}$$

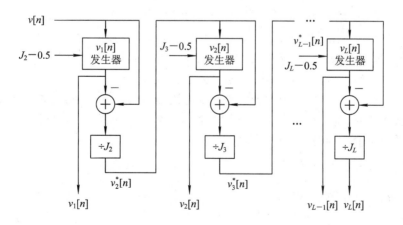

图 6.20　1 阶成型 $v_i[n]$ 发生器原理框图

式(6.59)可以确保

$$v_{i-1}[n] \bmod J_i = v_{i-1}^*[n] \bmod J_i \tag{6.60}$$

关系式(6.60)是式(6.53)的一般表示式。容易证明产生的 $\{v_i[n]\}$($i \in [1, L]$)满足式(6.49)和式(6.51)，并具有一阶噪声成型。因此，利用这种方法设计 SL 模块可以确保段失配是 1 阶成型的。

6.3.3 2 阶段失配噪声成型

上述 1 阶段失配噪声成型的方法可以方便地推广到 2 阶，2 阶成型 $v_1[n]$ 产生框图如图 6.21 所示，它类似于一个标准的 2 阶 Σ-Δ 调制器。2 阶噪声成型的模量化器电路和关系式与 1 阶噪声成型的相同，表达式参见式（6.52）。

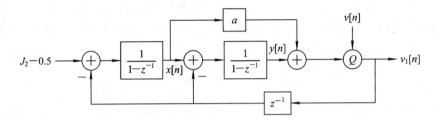

图 6.21 2 阶成型 $v_1[n]$ 发生器原理模型

2 阶段失配成型需要将 $\{v_i[n]\}$ $(i \in [1, L])$ 产生的框图设计为 2 阶噪声成型的，图 6.21 所对应的 z 域模型也类似于一个标准的 2 阶 Σ-Δ 调制器。可以得到 $v_1[z]$ 满足：

$$v_1[z] = (J_2 - 0.5)\mathrm{STF}_2(z) + E_q \cdot \mathrm{NTF}_2(z) \tag{6.61}$$

式中，$\mathrm{STF}_2[z]$ 是信号传递函数，$\mathrm{NTF}_2(z)$ 是噪声传递函数，表达式分别为

$$\mathrm{STF}_2(z) = \frac{1 + a - az^{-1}}{1 + az^{-1} - az^{-2}} \tag{6.62}$$

$$\mathrm{NTF}_2(z) = \frac{(1 - z^{-1})^2}{1 + az^{-1} - az^{-2}} \tag{6.63}$$

从噪声传递函数可以看出，量化噪声是 2 阶成型的。

为了保证环路的稳定性，降低 $y[n]$ 的摆动，图中增加了一个具有增益为 a 的前馈通路。在 $J_2 = 2$ 和正弦输入的情况下，当 a 的取值较大时，可以获得较小的 $\max\{s[n]\}$ 值，此时环路具有较好的稳定性。但是，较大的 a 也存在着由于 $\mathrm{NTF}_2(z)$ 抑制不够强烈而造成带内量化噪声增加的缺陷。也就是说，随着 a 值的增加，量化噪声也是逐渐升高的，通常需要在平衡稳定度和噪声之间进行一个折中处理。

显然，我们可以将 2 阶成型 $v_1[n]$ 的产生电路递推到其它 2 阶成型 $v_i[n]$ $(i \geqslant 2)$ 的情形。2 阶段失配噪声成型 SL 的结构与 1 阶的结构一致，仅仅将 $\{v_i[n]\}$ $(i \in [1, L])$ 产生框图用图 6.21 所示的框图取代而已。容易证明所产生的 $\{v_i[n]\}$ $(i \in [1, L])$ 是 2 阶成型的，并满足式（6.49）和式（6.51）要求。

6.3.4 3 阶段失配噪声成型

产生 3 阶段失配噪声成型 $v_1[n]$ 的框图如图 6.22 所示，模量化器原理与 1 阶成型的相同。所对应的 z 域模型类似于一个标准的 3 阶 Σ-Δ 调制器，可以得到 $v_1[z]$ 满足：

$$v_1[z] = (J_2 - 0.5)\mathrm{STF}_3(z) + E_q\mathrm{NTF}_3(z) \tag{6.64}$$

式中，$\mathrm{STF}_3(z)$ 是信号传递函数，$\mathrm{NTF}_3(z)$ 是噪声传递函数，表达式分别为

$$\mathrm{STF}_3(z) = \frac{1 + a(1 - z^{-1}) + b(1 - z^{-1})}{1 + az^{-1}(1 - z^{-1})^2 + bz^{-1}(1 - z^{-1}) \cdot (2 - z^{-1})} \tag{6.65}$$

$$\mathrm{NTF}_3(z) = \frac{(1-z^{-1})^3}{1 + az^{-1}(1-z^{-1})^2 + bz^{-1}(1-z^{-1}) \cdot (2-z^{-1})} \tag{6.66}$$

从噪声传递函数可以看出，量化噪声是 3 阶成型的。

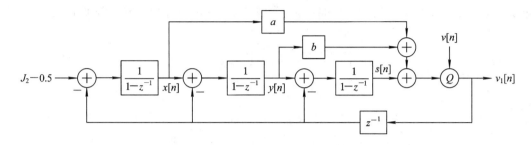

图 6.22　3 阶成型 $v_1[n]$ 发生器原理模型

在图 6.22 框图中，增加了两个增益为 a 和 b 的前馈通路来确保环路的稳定性。研究表明，在 $J_2 = 2$ 和正弦输入的情况下，较小的 a 和 b 取值，将造成 $\max\{s[n]\}$ 非常大，反馈环路容易产生不稳定现象。随着 a 和 b 的逐步增大，$\max\{s[n]\}$ 减小，稳定度将获得显著的改善。当 $a > 32$ 和 $b > 8$ 时，$\max\{s[n]\}$ 的降低将达到饱和。$a = 32$ 和 $b = 8$ 的配置具有较好的稳定度，此时对应的噪声抑制性能并不是最佳的，例如，它的量化噪声在低频段处比 $a = 24$ 和 $b = 6$ 的配置要高些。然而，出于稳定度的设计考虑，许多情况下仍然选择 $a = 32$ 和 $b = 8$ 的配置用于段失配噪声成型。同时，这种 a 和 b 的设置也为 2 的幂次，可以方便地通过位移来实现。

整个三阶段失配噪声成型的 SL 模块的结构与一阶段失配噪声成型的结构框图相同，除了 $\{v_i[n]\}$ $(i \in [1, L])$ 产生框图用图 6.22 框图所取代之外。显然，这里的成型原理和方案还可以扩展到更高阶数的段失配噪声成型中。这种新型的失配成型技术采用专门设计的模量化器，产生的 $\{v_i[n]\}$ $(i \in [1, L])$ 具有一阶或高阶成型特性，当段失配噪声成型的阶数增加时，它的单元数目并不增加，克服了以往失配成型存在的缺陷，并允许高阶段失配噪声成型和任意单元权重。

6.4　剩余量化误差抵消通道的信号处理模型

前面介绍了 Σ-Δ 调制器噪声成型后的剩余量化误差获取技术、再量化技术和分段失配成型编码技术，解决了抵消通道中的高精度 DAC 设计和低电流源失配误差的技术难点。我们还需要建立适当的信号处理模型，进一步评估噪声抵消的效果，以及各种误差对输出相位噪声的影响。完整的信号处理模型包括了主通道和噪声抵消通道两个部分，但重点体现在抵消通道上，涉及误差信号的再量化、增益失配和零阶保持等方面的考虑。

6.4.1　抵消通道的增益失配

一种具有通道增益失配的信号处理模型如图 6.23 所示，下面一条是主通道，上面一条是抵消通道，有时也称为补偿通道。我们知道在 L 阶 MASH 模型结构中，只有最后一级的

量化噪声 $E_{qL}[n]$ 经过 L 次的离散微分器之后对输出产生影响，也就是说，是量化噪声 $e_Q[n]=(1-z^{-1})^L E_{qL}[n]$ 注入到 PLL 环路主通道中，由于 $e_Q[n]$ 的注入形成电荷 $Q[n]$，对 VCO 产生一定的调制作用，进而导致环路输出相位噪声的提高。抵消通道作用就是注入一个等效的 $-Q[n]$，在滤波器的输出端口进行求和，对 $Q[n]$ 引起的相噪进行抵消。

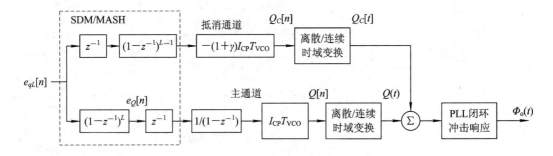

图 6.23　具有增益失配误差的信号处理模型

假设充电泵的电流为 I_{CP}，环路输出信号周期为 T_{VCO}，主通道中的 $Q[n]$ 可以表示为

$$Q[n]=I_{CP}T_{VCO}\sum_{k=n_0}^{n-1}e_Q[k] \tag{6.67}$$

假设抵消 DAC 的增益为 I_{DAC}，X_{DAC} 为 DAC 的输入，那么抵消 DAC 所产生的电流脉冲 $i_D[n]$ 表示为

$$i_D[n]=-I_{DAC}X_{DAC}[n]$$

式中，$X_{DAC}[n]$ 是所有 $n_0 \leqslant k \leqslant n-1$ 中 $e_Q[k]$ 的求和值，即

$$X_{DAC}[n]=\sum_{k=n_0}^{n-1}e_Q[k] \tag{6.68}$$

假设抵消 DAC 电流脉冲持续时间为 T_{DAC}，则抵消通道的 $Q[n]$ 表示为

$$Q_C[n]=i_D[n]T_{DAC}=-I_{DAC}T_{DAC}\sum_{k=n_0}^{n-1}e_Q[k]$$

显然，必须满足 $I_{DAC}T_{DAC}=I_CT_C$ 才能达到抵消 $Q[n]$ 的目的。假设主通道和抵消通道之间存在归一化失配 γ，抵消通道的增益为 $(1+\gamma)I_{DAC}$，关系式改写为

$$Q_C[n]=-(1+\gamma)I_{DAC}T_{DAC}\sum_{k=n_0}^{n-1}e_Q[k]=-(1+\gamma)I_CT_C\sum_{k=n_0}^{n-1}e_Q[k] \tag{6.69}$$

将电荷样值序列加到环路滤波器上的时候，它的作用等效地将序列变换成连续时域信号，并将结果加到低通滤波器的输入端。因为 $Q[n]$ 和抵消电荷样值 $Q_C[n]$ 都加到环路滤波器中，它们被转化成连续时域信号，求和后加在低通滤波器的输入端。求和是以参考频率的速率将离散电荷信号变换成连续时域电荷信号的，因为当环路锁定时，$Q[n]$ 和 $Q_C[n]$ 均以每个参考周期一个样点的速率加到环路滤波器上，由式（6.67）给出的 $Q[n]$ 和量化噪声 $e_Q[n]$ 之间的关系也明确地展示在模型中。

式（6.67）和式（6.69）的差值将在环路中造成抵消后的剩余相位噪声，增益失配 γ 造成的输出相噪功率谱密度关系式为

$$L(f)=\frac{(\gamma\pi)^2}{3f_{ref}}\left[2\sin\left(\frac{\pi f}{f_{ref}}\right)\right]^{2(L-1)}|H(j2\pi f)|^2 \tag{6.70}$$

式中，f_{ref} 是参考频率，f 是相对于 PLL 中心频率的频偏。当 γ 为 1 时，方程式简化为通常已知的 L 阶 $\Sigma\text{-}\Delta$ 调制小数分频 PLL 的功率谱密度表示式。

$H(s)$ 是从 PLL 参考到输出的闭环传递函数，在通带内被归一化为单位增益，它由环路常数确定。如果小数环路构成采用图 6.5 所示的方案，环路滤波器采用 II 型 2 阶 LPF 的话，参见图 1.16(b) 所示，传递函数为

$$H(s) = \frac{1}{1 + \dfrac{s}{K} + \dfrac{s^2}{\sqrt{bK^2}}}$$

式中，K 和 b 分别为

$$K = \frac{I_C R K_{\text{VCO}}}{2\pi N . F}, \quad b = 1 + \frac{C_1}{C_2}$$

在工程设计中，根据可以达到的通道失配 γ 值，利用式(6.70)来确定满足相位噪声和带宽设计要求的调制器阶数 L。例如，参考频率 $f_{\text{ref}} = 48$ MHz，$\gamma = 0.1$，环路带宽设计为 460 kHz，频偏 3 MHz 处的相噪优于 -120 dBc/Hz，那么在设计中，我们通过 PLL 参数的选取使得 $H(s)$ 具有两个有效的极点，一个处在它的通带边缘，另一个处在大约 5 倍的带宽处。$H(s)$ 的零、极点选择确保 PLL 有 $67°$ 的相位余量，同时使得 $|H(s)|$ 在 3 MHz 处拥有大约 -20 dB 的衰减。把这些数值代入到关系式(6.70)中，得到阶数 L 为 2，可以满足设计要求。

由关系式(6.70)可知，在应用噪声抵消技术之后，由 $\Sigma\text{-}\Delta$ 调制器输出的量化噪声 $e_Q[n]$ 导致的峰值相噪降低了 $-20 \log|\gamma|$ dB，同时也为环路带宽的进一步扩展提供了前提条件。假设采用相噪抵消之前的带宽为 B_o，取决于闭环传递函数 $H(s)$，通常可以近似地表示为

$$H(s) = \prod_{k=1}^{R} \left(1 + \frac{s}{2\pi f_k}\right)^{-1} \tag{6.71}$$

式中，f_k 是第 k 个极点频率，R 是极点数目，$f_1 = B_o$，假设 $H(s)$ 没有复数极点，当采用噪声抵消技术之后，带宽扩展后的闭环传递函数为 $H_n(s)$，$H_n(s)$ 具有带宽为 B_n 的低通滤波特性。设带宽扩展后的相噪峰值保持不变，定义带宽扩展系数 λ 为

$$\lambda = \frac{B_n}{B_o} \tag{6.72}$$

我们假设 $H_n(s)$ 的极点由 λ 来定标，这也是一个合理的假设，因为，它将给予环路同样的相位余量。因此，$H_n(s)$ 可以表示为

$$H_n(s) = \prod_{k=1}^{R} \left(1 + \frac{s}{2\pi \lambda f_k}\right)^{-1} \tag{6.73}$$

由于 L 阶 $\Sigma\text{-}\Delta$ 调制器的输出量化噪声以每十倍频程 $20(L-1)$ dB 的速率增长，最大值在 $f_{\text{ref}}/2$ 处。为了应对 $f < f_{\text{ref}}/2$ 的相噪，L 阶 $\Sigma\text{-}\Delta$ 调制小数 PLL 的 $H(s)$ 中至少有 $L-1$ 个极点，当 $f = f_{L-1}$ 时，相噪 $L(\text{j}2\pi f)$ 达到它的最大值。即换句话说，$H(s)$ 的第 $L-1$ 个极点对应其峰值。假设 $f_{L-2} \neq f_{L-1}$，当 $f \gg f_{L-1}$ 时，$|H(\text{j}2\pi f)|$ 可以近似表示为

$$H(\text{j}2\pi f) = \prod_{k=1}^{L-1} \left(\frac{f_k}{f}\right) \tag{6.74}$$

将式(6.74)代入输出相位噪声式(6.70)中，简化为

$$\max\{L(\mathrm{j}2\pi f)\} \approx \frac{\pi^2}{3f_{\mathrm{ref}}}\left(\frac{2\pi}{f_{\mathrm{ref}}}\right)^{2(L-1)}\prod_{k=1}^{L-1}f_k^2 \tag{6.75}$$

同理可以得到带宽扩展后的相噪为

$$\max\{L_n(\mathrm{j}2\pi f)\} \approx \frac{(\gamma\pi)^2}{3f_{\mathrm{ref}}}\left(\frac{2\pi}{f_{\mathrm{ref}}}\right)^{2(L-1)}\prod_{k=1}^{L-1}(\lambda f_k)^2 \tag{6.76}$$

令式(6.75)和式(6.76)两个关系式相等，可以得到带宽扩展系数为

$$\lambda = \left(\frac{1}{\gamma}\right)^{\frac{1}{L-1}} \tag{6.77}$$

关系式(6.70)和式(6.77)表明，在阶数 $L=2$ 和 $\gamma=0.1$ 的情形下，抵消技术使得相噪降低 20 dB，可以获得 10 倍带宽的扩展。2 阶 Σ-Δ 调制的小数分频 PLL 环在没有抵消通道和具有 90％准确度的 DAC 抵消通道的情况下的噪声功率谱密度如图 6.2 所示，应用抵消技术前环路带宽 48 kHz，采用抵消技术之后，调制器阶数 $L=2$，$\gamma=0.1$，可以实现 10 倍的带宽扩展，近似 480 kHz，并仍然保持着同样的峰值相噪。对于 3 阶 Σ-Δ 调制的小数分频 PLL 环来说，也有类似的带宽扩展，同样情况下，带宽扩展了 3 倍。带宽的扩展系数和 PLL 的闭环传递函数没有关系，它仅仅取决于归一化失配和调制器的阶数。带宽的具体大小和 PLL 的闭环传递函数的零点和极点的位置相关。

6.4.2　抵消 DAC 电流脉冲持续时间的误差

在抵消 DAC 电流脉冲持续时间 T_{DAC} 期间，有两条途径影响锁相环输出相噪，首先，在 T_{DAC} 期间的任何静态误差都会导致 $Q[n]$ 不能完全被消除掉，就像增益失配情况一样；第二，抵消电流脉冲的非零宽度使得 $Q[n]$ 仍然会对 VCO 进行调制，这种情况常常称为暂态干扰。

我们先看一下抵消脉冲定时的增益误差所造成的影响。从关系式(6.67)可以看出，由 $e_Q[n]$ 加到环路滤波器上形成的充电电荷是和输出频率有关的，当锁相环从一个频率调谐到另一个频率时，VCO 的周期从 T_{VCO} 变到 T_{VCO}^*，充电电荷为

$$Q[n] = I_{\mathrm{CP}}T_{\mathrm{VCO}}^*\sum_{k=n_0}^{n-1}e_Q[k] \tag{6.78}$$

如前所述，抵消 $Q[n]$ 必须满足 $I_{\mathrm{CP}}T_{\mathrm{VCO}}^* = I_{\mathrm{DAC}}T_{\mathrm{DAC}}$，如果 T_{DAC} 不随 T_{VCO} 而改变的话，抵消等式也就不会成立了。$Q[n]$ 中未抵消的部分留在了环路滤波器中，类似于归一化增益失配的效果。因此，需要取 T_{DAC} 为 VCO 周期的整数倍，即

$$T_{\mathrm{DAC}} = M_{\mathrm{VCO}}T_{\mathrm{VCO}} \tag{6.79}$$

这里，M_{VCO} 是一个整数。T_{DAC} 随着 T_{VCO} 变化而变化，并满足 $I_{\mathrm{CP}}T_{\mathrm{VCO}}^* = I_{\mathrm{DAC}}T_{\mathrm{DAC}}$。利用计数器很容易满足上述需求，不过，在产生抵消 DAC 电流脉冲的电路中，不可避免地存在定时误差 ΔT_D，实际的导致持续时间是 $T_{\mathrm{DAC}}+\Delta T_D$。在抵消通道中，导致一个归一化增益误差 $\Delta T_D/T_{\mathrm{DAC}}$。我们定义等效失配 γ_e 为

$$\gamma_e = \gamma + \frac{\Delta T_D}{T_{\mathrm{DAC}}} \tag{6.80}$$

该增益误差对输出相噪的贡献可以用等效失配 γ_e 替代式(6.70)中的 γ 来获得。但是，

通常的定时误差不用 T_{DAC} 进行定标，而是直接给出定时误差值。例如，环路输出频率为 2.4 GHz，取 $T_{\mathrm{DAC}}=4T_{\mathrm{VCO}}$，如果抵消脉冲的电路产生至少 20 ps 的定时误差的话，将导致 1.2％的归一化增益误差。若要这些定时误差不恶化输出相噪，可以选取一个较宽的抵消 DAC 电流脉冲，以便确保 $\Delta T_D/T_{\mathrm{DAC}}\ll\gamma$。这样做的后果会导致非零 DAC 电流脉冲宽度效应。

我们希望充电泵脉冲和抵消 DAC 脉冲具有同样的宽度，这样就可以将剩余噪声完全地抵消掉。然而，充电泵脉冲非常窄，而抵消 DAC 脉冲宽度比较宽。抵消 DAC 脉冲越宽，电压暂态和寄生相位就越大，这就是非零 DAC 电流脉冲宽度效应。因此，抵消 DAC 电流脉冲持续时间 T_{DAC} 的设计选择对抵消效果的影响很大，也是设计考虑的重点，有必要建立一个有效的非零 DAC 电流脉冲宽度效应分析模型。

在小数 N 芯片的设计中，通常利用分频器输出信号作为片内时钟。每个参考周期噪声抵消技术产生一个 $i_{\mathrm{DAC}}[n]$ 电流脉冲，持续时间为 T_{DAC}，始于分频器输出波形的上升沿，波形可以表示为

$$Q_C(t)=\sum_{n=1}^{\infty}i_{\mathrm{DAC}}[n]\big[u(t-t_{\mathrm{div}}[n])-u(t-t_{\mathrm{div}}[n]-T_{\mathrm{DAC}})\big] \tag{6.81}$$

式中，$u(t)$ 为单位阶跃函数，t_{div} 为分频器输出信号的上升沿时刻，假设从 $n=0$ 开始，$t_{\mathrm{div}}\approx NT_{\mathrm{ref}}$，上式可以改写为

$$Q_C(t)=p(t)*Q_C^*(t)$$

$$p(t)=\big[u(t)-u(t-T_{\mathrm{DAC}})\big]\frac{1}{T_{\mathrm{DAC}}}$$

$$Q_C^*(t)=\sum_{n=1}^{\infty}i_{\mathrm{DAC}}[n]T_{\mathrm{DAC}}\delta(t-nT_{\mathrm{ref}}) \tag{6.82}$$

脉冲串 $Q_C^*(t)$ 等同于离散时域到连续时域变换的输出，它和 $p(t)$ 的卷积可由 Laplace 域中的变换式相乘获得。其中，$p(t)$ 的 Laplace 变换式为零阶保持函数。考虑非零 DAC 电流脉冲宽度效应的抵消通道信号处理模型如图 6.24 所示。

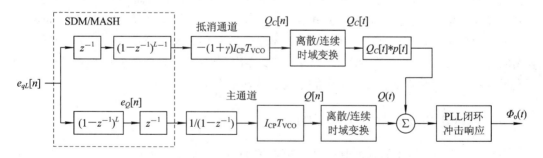

图 6.24　考虑抵消脉冲宽度效应的增益失配信号处理模型

零阶保持函数在 s 域中的表达式为

$$\mathrm{ZOH}=\frac{1-\mathrm{e}^{-sT_{\mathrm{DAC}}}}{sT_{\mathrm{DAC}}}$$

利用指数展开公式，并取前三项得到

$$\mathrm{ZOH}=\frac{1-\mathrm{e}^{-sT_{\mathrm{DAC}}}}{sT_{\mathrm{DAC}}}\approx 1-\frac{sT_{\mathrm{DAC}}}{2}$$

因此，在抵消通道中有

$$- (1 + \gamma) \frac{1 - e^{-sT_{DAC}}}{sT_{DAC}} = - (1 + \gamma) + (1 + \gamma) \frac{sT_{DAC}}{2}$$

考虑到与主路相加，以及 γ 很小的情况下，第二项系数 $1 + \gamma \approx 1$，所以求和的结果为 $-\gamma + (sT_{DAC})/2$，用 $s = j2\pi f$ 代入，改写为 $-\gamma + j\pi f T_{DAC}$，它的模是鉴相器输出端口上的电压值，也是抵消后的剩余值。因此，环路输出相噪为

$$L(f) = \frac{[\gamma^2 + (\pi f T_{DAC})^2]\pi^2}{3f_{ref}} \left[2\sin\left(\frac{\pi f}{f_{ref}}\right) \right]^{2(L-1)} |H(j2\pi f)|^2 \quad \text{rad}^2/\text{Hz} \quad (6.83)$$

式(6.83)中的 $\pi f T_{DAC}$ 项体现了非零 DAC 电流脉冲宽度效应。

在一定的归一化增益失配误差情况下，式(6.83)可以用来选择满足相噪和带宽指标要求的 T_{DAC} 参数。作为一种选择，可以使 T_{DAC} 满足 $\pi f_{crit} T_{DAC} \ll \gamma$，$f_{crit}$ 是临界频偏。满足特定的 $\Sigma\text{-}\Delta$ 小数 NPLL 的相噪需求也是比较困难的，例如，在文献[49]介绍的系统中，$f_{crit} = 3\ \text{MHz}$，并且预期的增益失配至多 10%，即 $\gamma = 0.1$。隐含着 $T_{DAC} \ll 10\ \text{ns}$ 的限制，即大约 26 个 VCO 周期。当选择 $T_{DAC} = 4T_{VCO}$ 时，相应的相噪比系统 $-120\ \text{dBc/Hz}$ 相噪的需求好 14 dB 左右。

综上所述，抵消 DAC 电流脉冲持续时间 T_{DAC} 的选取归纳如下：

(1) T_{DAC} 必须是 VCO 周期的整数倍，即 $T_{DAC} = M_{VCO} T_{VCO}$，$M_{VCO}$ 是整数；

(2) T_{DAC} 必须足够大，满足 $\Delta T_{DAC}/T_{DAC} \ll \gamma$；

(3) T_{DAC} 必须足够小，满足 $\pi f_{crit} T_{DAC} \ll \gamma$。

T_{DAC} 的选取在后两个限制条件上需要进行一定的折中，例如，假设预期的归一化失配是 10%，$\gamma = 0.1$，定时误差为 40 ps，额定的 VCO 的周期是 400 ps，临界频偏 $f_{crit} = 3\ \text{MHz}$。后两个约束条件需要 $M_{VCO} \gg 1$ 和 $M_{VCO} \ll 26$，一个比较好的折中是 $T_{DAC} = 4T_{VCO}$。

值得注意的是，应用量化噪声抵消技术之后，会发现输出存在一定的寄生信号，这主要是由于充电泵脉冲的非均匀采样导致的。充电泵脉冲的起始点有时与参考信号的上升沿一致，有时又与分频器输出波形的上升沿一致，这个时变行为具有固有的非线性效应，它是产生寄生的根源。关于小数分频存在的固有非线性已经在第二章中介绍过了。这种寄生信号存在于传统的 $\Sigma\text{-}\Delta$ 小数 NPLL 中，多数情况下是被 $e_Q[n]$ 导致的相噪所掩盖，当采用量化噪声抵消技术之后，非线性寄生信号就会显现出来。

6.4.3 再量化和段失配噪声的影响

我们对 $e_Q[n]$ 再量化的目的是降低实现抵消 DAC 的难度，如前所述，如果不对 $e_Q[n]$ 实施 $\Sigma\text{-}\Delta$ 调制进行再量化的话，抵消 DAC 就需要一个 15 bit 的 DAC 性能，它的最低位和一个纳安级的电流相对应。再量化后仅仅需要使用一个 7 bit 的 DAC，它的最低位对应于 10 μA。因此，再量化大大放宽了 DAC 的设计要求。

假设采用一个零采样时延、单位增益、L_m 阶 $\Sigma\text{-}\Delta$ 调制器对 $e_Q[n]$ 进行再量化，量化输出序列是 $e_Q^*[n]$，它具有 Δ_{RQ} 最低有效位。例如，在图 6.5 方案中，$e_Q^*[n]$ 具有 8 bit，取值范围为 -2 到 $+2$，对应的最低位为 1/64。再量化的误差 $e_M[n]$ 为 $e_Q^*[n] - e_Q[n]$，它将导致在每个参考周期内有一个误差充电电荷项。因此，这种再量化方案的代价就是在一定程度

上增加了环路相噪。再量化贡献的相噪大小取决于阶数 L_m 和最低有效位 Δ_{RQ}。为了简化分析，在下面的分析中忽略非零脉冲宽度的影响。考虑再量化影响的信号处理模型如图 6.25 所示，图中增加了 L_m 阶 Σ-Δ 调制器信号处理部分。再量化误差 $e_M[n]$ 作为一个附加源并经过 L_m 次离散微分操作后，加到了抵消通道中。

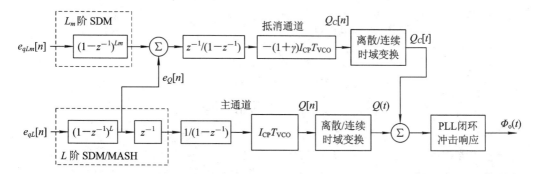

图 6.25　考虑再量化误差的信号处理模型

高阶调制的作用或经过随机化技术处理之后，使得 $e_M[n]$ 酷似白噪声，均匀分布在 $\pm 0.5\Delta_{RQ}$ 之间，具有一个 $\Delta_{RQ}^2/12$ 的方差。当 $\gamma \ll 1$ 时，再量化误差贡献的相噪表达式为

$$L_{RQ}(f)=\frac{\Delta_{RQ}^2 \pi^2}{3 f_{\text{ref}}}\left[2\sin\left(\frac{\pi f}{f_{\text{ref}}}\right)\right]^{2(L_m-1)}\left|H(\text{j}2\pi f)\right|^2 \quad \text{rad}^2/\text{Hz} \qquad (6.84)$$

关系式(6.84)可以用于确定满足相噪和带宽指标要求的再量化调制器阶数 L_m 和 Δ_{RQ} 的数值。通常建议选择 $L_m=L$ 或 $L_m=L+1$，L 是小数分频 Σ-Δ 调制器的阶数。再量化噪声的 LSB 满足 $\Delta_{RQ}<\gamma$，这样的选择可以确保由再量化引起的相噪 $L_{RQ}(f)$ 和 DAC 抵消通道增益失配所导致的相噪相比可以忽略，确保再量化过程不会影响 Σ-Δ 调制小数 NPLL 相位噪声的性能。换句话说，在非零抵消脉冲宽度效应和其它抵消 DAC 误差不存在的情况下，应用再量化手段时所附加的相位噪声 $L_{RQ}(f)$ 小于由式(6.70)给出的 $L(f)$，可以选择 L_m 和 Δ_{RQ} 数值，使得

$$L_{RQ}(f)<L(f) \qquad (6.85)$$

利用关系式(6.84)和(6.70)，求得相噪的比值为

$$\frac{L_{RQ}(f)}{L(f)}=\frac{\Delta_{RQ}^2}{\gamma^2}\left[2\sin\left(\frac{\pi f}{f_{\text{ref}}}\right)\right]^{2(L_m-L)} \qquad (6.86)$$

可以选择 $L_m=L$ 和 $\Delta_{RQ}<\gamma$ 以保证满足式(6.85)要求。如果我们不假思索地选择 $L_m>L$，有可能降低抵消 DAC 应有的性能。

再量化应用在 2 阶 Σ-Δ 调制小数 NPLL 上的几种可能的结果如图 6.26 所示，顶部曲线是增益误差为 2%，并且抵消通道中没有应用再量化情形时的环路输出相位噪声，图中虚线低于顶部曲线 3 dB，如果将 $L_{RQ}(f)$ 曲线限制在虚线以下的话，再量化过程就没有明显地增加 PLL 相噪。图中展示出阶数 L_m 为 2、3 和 4，以及对应于最大 Δ_{RQ} 情况下的三条 $L_{RQ}(f)$ 曲线，在频率低端，$L_{RQ}(f)$ 远低于增益失配误差单独存在时的量值，具有明显的优势。对于 L_m 为 3 和 4 的情形，频率高端的再量化的噪声大于增益失配误差单独存在时的量值。对于 $L_m=L+1$ 的情况，高端还是可以接受的。因此，可以选择 $L_m=L$，$L_m=L+1$ 和 $\Delta_{RQ}<\gamma$ 以保证满足式(6.85)要求。

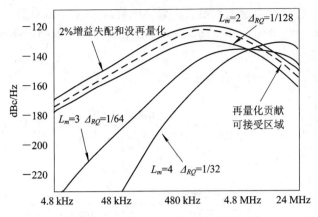

图 6.26 再量化对 PLL 输出相噪的贡献

分段失配成型粗调和精调 DAC 编码模块对输出相噪也会产生一定的影响，可以采用一个偏移、增益误差和归一化加性误差源 $e_D[n]$ 来建立分析模型，包含分段失配噪声成型 DAC 模块的信号处理模型，如图 6.27 所示。其中，$e_D[n]$ 是 1 bit DAC 单元中的失配造成的，它同样会导致相位噪声。常量偏移对 PLL 相噪没有明显的效果，增益误差已经在前面介绍过。从模型中可以得到 $e_D[n]$ 对环路相位噪声功率谱密度的贡献 $L_D(f)$：

$$L_D(f) = \frac{1}{f_{ref}} L_{e_D}(e^{j\frac{2\pi f}{f_{ref}}}) \left| H(j2\pi f) \right|^2 \quad \mathrm{rad}^2/\mathrm{Hz} \tag{6.87}$$

式中，$L_{e_D}(e^{j\omega})$ 是 $e_D[n]$ 的功率谱密度，直流处的零点确保了 $L_{e_D}(e^{j\omega})$ 在接近 PLL 中心频率处具有非常小的功率。

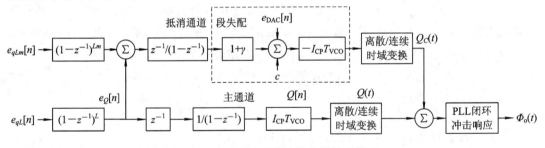

图 6.27 考虑段失配噪声的信号处理模型

6.5 基于 FIR 滤波技术的剩余量化噪声抑制

量化噪声抑制的另一种方法是对 Δ-Σ 调制器输出实施滤波，将输出的分频模控制字序列先经过一个 FIR 低通滤波器，滤除高频量化噪声后的序列再去控制环路多模分频器的分频比。这种 FIR 低通滤波器由数字电路完成，滤波效果不受模拟失配，以及电压、温度及工艺的影响，是一种适合于集成电路实现的剩余噪声抑制方案。

6.5.1 基于 FIR 滤波器的剩余量化噪声抑制原理与框图

基于 FIR 滤波技术的剩余量化噪声抑制就是在 Δ-Σ 调制器输出端增加一个数字滤波器，用滤波后的数据再与 N 求和，形成瞬时分频比，进一步控制环路反馈链路中的多模分频器。这样实现了降低量化噪声的幅度，减小鉴相相位摆幅的目的。它的原理框图如图 6.28 所示。

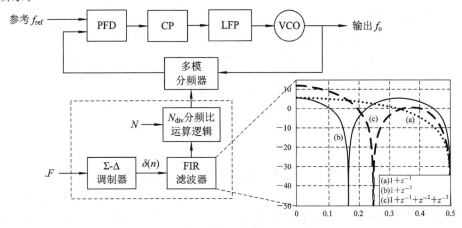

图 6.28　具有数字 FIR 滤波器抑制量化噪声的原理框图

由于数字 FIR 滤波器有限字长效应，在实现分数系数时，例如 0.5 系数，就需要进行比特移位操作，这样就会导致最低位信息丢失，形成所谓的截断误差。在锁相环的应用中，这种误差将造成环路输出相噪的恶化。因此，FIR 滤波器的传递函数通常采用整数系数，然而，整数 FIR 数字滤波器具有一定的直流增益，例如，传递函数为 $H(z) = 1 + z^{-1}$，直流增益为 6.02 dB；传递函数为 $H(z) = 1 + z^{-1} + z^{-2} + z^{-3}$，直流增益为 15.05 dB，几种滤波器的传递函数和幅频特性如图中所示。

以 3 阶 Δ-Σ 调制器为例，输出 ΔN 经过 FIR 滤波器后为

$$\Delta N^* = \Delta N H_q(z) = .F H_q(z) + (1 - z^{-1})^3 E_{q3} H_q(z) \qquad (6.88)$$

式中，$H_q(z)$ 为 FIR 滤波器传递函数。

Δ-Σ 调制器输出的量化噪声 $e_Q = (1 - z^{-1})^3 E_{q3}$ 被 FIR 低通特性抑制，频率高端的噪声大为下降。但是，频率低端的噪声却因为 FIR 滤波器的直流增益而被恶化。不但如此，由于直流增益的存在，.F 也被放大，已经不是预期的分频比值。如果通过数据比特右移进行消除，必然产生截短误差，造成相位噪声的恶化。如果通过输入 .F 数值进行预校正，可以获得直流增益的补偿。但是，量化噪声在低频处的恶化还是没有解决。

如果选取直流增益为 6.02 dB 的 FIR 传递函数的话，例如，$H(z) = 1 + z^{-1}$ 或 $H(z) = 1 + z^{-3}$ 等，6.02 dB 的直流增益就是将 .F 放大了一倍，一种解决方法是采用半周期分频技术设计多模分频器，实现分频模的步进为 0.5，恰好可以补偿 FIR 滤波器的增益。这种方案实现其它增益的 FIR 滤波器的补偿，需要设计分频模的最小步进为 0.25、0.125 等，此外，还需要根据预期的 .F 数值大小来确定区域分段算法。

解决上述问题的另外一种方法，就是设计一个具有单位直流增益的 FIR 滤波器。一种具有单位直流增益的数模混合型 FIR 滤波器结构框图如图 6.29 所示，它解决数字 FIR 噪声滤除技术中的噪声增益问题。该方案采用了多个鉴相器并联的形式，其中一路与传统 PLL 结构形式一样，Δ-Σ 调制器的输出控制分频器，分频器的输出与参考信号进行鉴相；在其余通路中，Δ-Σ 调制器的输出经过一个或多个时钟周期的延时后，再去控制对应的分频器，各路的瞬时相位误差分别经过鉴相后，通过多输入电荷泵合成为总误差电荷。

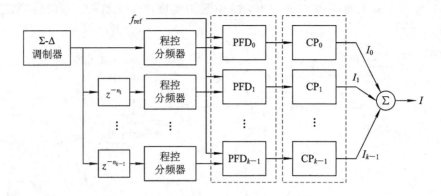

图 6.29　数模混合型 FIR 滤波器结构框图

我们可以建立一个线性化模型，如图 6.30 所示，由于每条通道的结构形式相同，仅仅存在着不同的时延，那么在同一个参考周期内每条通道的瞬时环路分频器 N_{div} 是不同的，环路反馈信号的瞬时相位也是不同的。当环路锁定之后，每条通道中反馈信号的平均相位等于 $\Phi_{VCO}/N.F$，因此，电荷泵的输出 I_{CPO} 可以写为

$$I_{CPO} = \left[\Phi_{ref} - \frac{\Phi_{VCO}}{N.F} \right] \frac{\sum\limits_{i=0}^{k-1} I_i}{2\pi} - e_Q (I_0 + I_1 e^{-sTn_1} + I_2 e^{-sTn_2} + \cdots + I_{k-1} e^{-sTn_{k-1}}) \frac{1}{2\pi}$$

$$= \left[\Phi_{ref} - \frac{\Phi_{VCO}}{N.F} - e_Q H_q(s) \right] \frac{\sum\limits_{i=0}^{k-1} I_i}{2\pi} \qquad (6.89)$$

式中，Φ_{ref} 为参考信号相位，Φ_{VCO} 为 VCO 输出信号相位，e_Q 为 Δ-Σ 输出的量化噪声，n_i 为 Δ-Σ 调制器输出的延时深度，I_i 为电荷泵支路的电流，$i=0,1,2,\cdots,k-1$。$H_q(s)$ 为量化噪声 e_Q 的等效 FIR 滤波器传递函数，表达式为

$$H_q(s) = \frac{I_0 + I_1 e^{-sTn_1} + I_2 e^{-sTn_2} + \cdots + I_{k-1} e^{-sTn_{k-1}}}{\sum\limits_{i=0}^{k-1} I_i} = \frac{\sum\limits_{i=0}^{k-1} I_i e^{-sTn_i}}{\sum\limits_{i=0}^{k-1} I_i} \qquad (6.90)$$

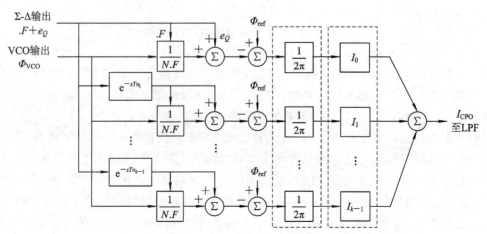

图 6.30　混合型 FIR 滤波器线性相位模型

等效传递函数的 z 域表达式为

$$H_q(z) = \frac{I_0 + I_1 z^{-n_1} + I_2 z^{-n_2} + \cdots + I_{k-1} z^{-n_{k-1}}}{\sum\limits_{i=0}^{k-1} I_i} = \frac{\sum\limits_{i=0}^{k-1} I_i z^{-n_i}}{\sum\limits_{i=0}^{k-1} I_i} \tag{6.91}$$

式中，$s = j2\pi f$，$z = e^{j2\pi f / f_{ref}} = e^{sT}$，$T = 1/f_{ref}$。

从关系式 (6.89) 和 (6.90) 可以看出，总电流影响环路的动态特性，各支路电流决定了 FIR 滤波器传递函数的系数。我们通过改变延时深度和支路电流的比例，就可以实现不同的 FIR 滤波器传递函数，可以实现根据不同频偏处的相位噪声的需求，进行特殊的或专用的 FIR 滤波器传递函数的设计来满足设计目标。因此，该方案具有全定制的噪声成型的灵活度。当 $z = 1$ 时，对应于零频，即直流量，从式 (6.91) 可以得到 $H_q(z) \equiv 1$。这表明无论设计参数如何选取，这种结构所实现的 FIR 滤波器具有单位直流增益。因此，这种结构解决了 FIR 噪声滤除技术中的增益问题。

下面以 8 抽头混合型 FIR 滤波器为例，采用并行 8 通路鉴相器和一个 8 输入电荷泵，为每路电荷泵分配相同的电流，设置 Δ-Σ 调制器输出的每级延时为单个时钟周期，则传递函数如下：

$$H_q(z) = \frac{1}{8}(1 + z^{-1} + z^{-2} + \cdots + z^{-7}) \tag{6.92}$$

滤波器的频域响应如图 6.31 所示，Δ-Σ 调制量化噪声滤波后所呈现的频谱如图 6.32 所示，可见混合型 FIR 滤波器实现了预期的对量化噪声的抑制。由于这种多输入电荷泵的总电流与传统结构保持一致，所以混合型 FIR 滤波器的使用基本上不会影响环路动态特性。当量化噪声获得一定抑制后，可以进一步扩宽环路带宽满足带内宽带调制需求，此时，FIR 滤波器的截止频率将是环路扩宽的限制因素之一。在充电泵非线性方面，由于环路中并行的鉴相器 $\mathrm{PFD}_0 \sim \mathrm{PFD}_{k-1}$ 和电荷泵 $\mathrm{CP}_0 \sim \mathrm{CP}_{k-1}$ 是由 Δ-Σ 调制器的输出经过不同时钟周期延时后依次控制的，这种多支路的并行工作使得所有相位误差电荷合成后，输出摆幅远小于传统结构，这意味着对电荷泵的线性度要求有所放宽。

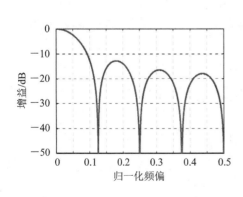

图 6.31　8 抽头 FIR 滤波器频响

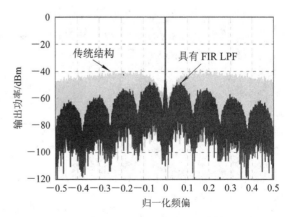

图 6.32　量化噪声滤波后的频谱

6.5.2 一种降低延时误差的改进型实现方案

在混合型 FIR 滤波技术中采用了多路分频器、鉴相器和充电泵等数/模电路,不可避免地引入了较多的失配因素,其中,有两个重要的失配因素是不容忽视的:

(1) 充电泵 $CP_0 \sim CP_{k-1}$ 各支路的电流失配 $\Delta I_i(0 \leqslant i \leqslant k-1)$,它改变了 FIR 滤波器传递函数的系数。

(2) 延时误差 Δn_i 会引起 SDM 量化噪声输出的延时深度的改变。由于 SDM 的工作时钟通常不采用频率参考时钟,而是多模分频器的输出信号,由于受到 SDM 输出信号的调制,分频器输出信号相对于参考信号的定时偏差由式(2.27)给出,即

$$\Delta t(n+1) = \Delta t(n) + T_{\text{ref}} - [N + \delta(n+1)]T_{\text{VCO}}$$

式中,$\delta(n)$ 是 Δ-Σ 调制器输出序列,它控制多模分频器分频模的抖动。

相对定时的抖动量为

$$\Delta t(n+1) = \Delta t(n) - \frac{T_{\text{ref}}\delta^*(n)}{N.F}$$

式中,$\delta^*(n) = \delta(n) - .F$,最大的相位抖动为

$$\Delta \Phi_{\max} = 2\pi \frac{\delta^*(n)}{N.F} \tag{6.93}$$

定时抖动的大小是由 Δ-Σ 调制器输出序列 $\delta(n)$ 决定的,由于这种技术采用了多路分频器的结构,而 SDM 只能选取一个分频器的输出作为工作时钟,其余支路的 $z^{-n_1} \sim z^{-n_{k-1}}$ 时延操作必然受到影响,决定了每路分频模的控制字有效时刻。因此,需要解决对各路信号进行同步控制的问题。虽然每个通道受控于不同的控制字,不可能实现零相差的完全同步,但要求每路信号的相差仅由分频模控制字的差异引起,无任何附加相位差。只有这样才能满足任何一个通道的工作状态都和传统结构的完全一致,实现真正意义上的并行操作和离散时域信号的合成。因此,实际应用中必须充分考虑同步问题,否则难以实现预期的效果。

为了降低延时误差 Δn_i,较好地满足实用化要求,我们可以采用一种新的结构形式,将第一路多模分频器的输出信号进行 $z^{-n_1} \sim z^{-n_{k-1}}$ 延时处理,延时是参考信号周期 T_{ref} 的整数倍,构成 $k-1$ 个信号通路。一种新型的数模混合型 FIR 滤波器结构如图 6.33 所示,其线性相位模型如图 6.34 所示。

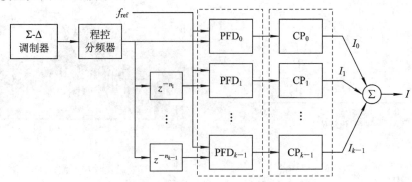

图 6.33 数模混合型 FIR 滤波器结构框图

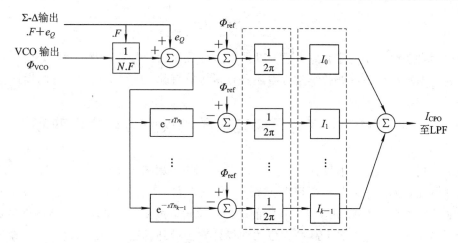

图 6.34　混合型 FIR 滤波器线性相位模型

新结构的 $H_q(z)$ 与关系式(6.90)一样。这种结构需要设计一个精确的时延电路，完成 $n_1 T_{ref} \sim n_{k-1} T_{ref}$ 的功能，这样的电路设计并不难。考虑到上述失配因素和多通道中的固有相位延时 $\Delta \Phi_i$ 之后，FIR 滤波器的传递函数改写为

$$H_q(\mathrm{j}2\pi f) = \sum_{i=0}^{k-1} \left\{ \frac{I_i + \Delta I_i}{\sum\limits_{i=0}^{k-1}(I_i + \Delta I_i)} \exp\left[-\mathrm{j}\frac{2\pi f n_i}{f_{ref}}(n_i + \Delta n_i) + \mathrm{j}\Delta \Phi_i\right] \right\} \quad (6.94)$$

每个通道的延时误差如图 6.35 所示，假如延时电路所采用的时钟频率为 1 GHz，并且它是锁定在频率参考 f_{ref} 上的，延时电路产生 $n_1 T_{ref}$ 到 $n_{k-1} T_{ref}$ 等 $k-1$ 个所需要的延时。延时电路产生的误差 $\Delta \tau_i \leqslant 1$ ns，总是比理想的延时滞后 $0 \sim 1$ ns，由于 $\Delta \tau_i$ 受到输入信号沿抖动的影响，变得具有充分的随机性，进一步形成对环路输出的调制，它的调制率为参考频率，带外受到环路低通特性的抑制，但是带内相噪会受到一定的影响。

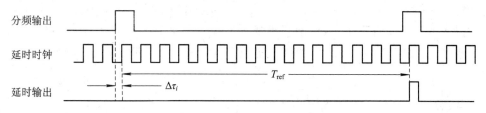

图 6.35　延时误差示意图

电流源失配引起的各支路电流的改变是不可避免的，也是影响 FIR 滤波器传递函数的系数的主要因素，相对 ΔI_i $(0 \leqslant i \leqslant k-1)$ 来说，Δn_i 和 $\Delta \Phi_i$ 都是比较小的。研究表明，在混合型 FIR 滤波技术中，失配通常主要影响 FIR 传递函数零点的位置，在远离零点的频偏处，滤波器增益的变化一般在 ± 3 dB 以内；而在预期的零点位置处，即便有失配存在，仍然能保证有至少 25 dB 的抑制，足以把量化噪声降低到不再影响整体性能的水平。

该方案需要用一个整数分频产生一个比环路 VCO 频率更高的时钟信号，用来准确地产生 $n_1 T_{ref} \sim n_{k-1} T_{ref}$ 的延时。为了减小定时抖动的影响，需要采用较高的时钟频率，也就提高时钟频率与参考频率的比值 M_{CLK}。考虑到分频器输出信号的最大相位抖动为 $\Delta \Phi_{max} = 2\pi \delta^*(n)/N.F$，延时电路产生的相位误差 $\Delta \Phi_{\tau i}$ 应该远小于分频器输出信号的相位抖动，即满足 $\Delta \Phi_{\tau i} \ll \Delta \Phi_{max}$，比值 M_{CLK} 需要满足

$$M_{\text{CLK}} \gg \left(\frac{\delta^{*}(n)}{N.F} \right)^{-1} \qquad (6.95)$$

尽管时钟信号是个固定频率，还可以采用多相位时钟信号，有效提高分辨率，进一步减小 $\Delta\Phi_{ri}$，但这种模拟滤波的结构方案还是显得比较臃肿，适用于集成芯片的设计。

6.6　小数 N 锁相环中充电泵的误差与非线性效应

在无线通信领域中，小数 N 频率合成器无论用于发射机中产生矢量调制信号，还是用于接收机本振，都会对近端相位噪声、远端相位噪声和寄生响应等指标提出比较苛刻的要求。通常设计的小数 N 频率合成器在它的输出功率谱密度中，会呈现出一定的寄生响应和一定的近端相位噪声，对要求高性能应用的场合就会受到一定的限制。这主要是充电泵的失配误差和环路非线性的缘故。充电泵是单片集成电路的重要部分，也是寄生信号的一个主要来源之一。由于在充电和放电电流源之间存在着失配现象，它与 $\Sigma\text{-}\Delta$ 调制器量化噪声联合作用会导致难以抑制的寄生响应。传统的方法都是瞄准改善匹配设计和完善线路排版方面，但是，随着性能指标的进一步提升，这些手段都已经做到了极限，需要引入充电泵线性化技术和失配误差成型技术加以改善。

6.6.1　充电泵的误差及来源

通常的鉴频鉴相器 PFD 电路原理图如图 6.36(a) 所示，鉴频鉴相器对两路输入信号的相位和频率进行比较，先到达的时钟相位较早，会触发鉴频鉴相器的输出，等待较迟的一路信号也到来时输出消失。因此，两路信号的相位差转化成输出高电平的持续时间，相位差越大，相应输出高电平的持续时间就越长。假设 $v_{\text{ref}}(t)$ 的上升沿超前于 $v_{\text{div}}(t)$，上面的 U_1 首先打开，输出 $U(t)$ 变为高电平，当 $v_{\text{div}}(t)$ 的上升沿到来时，下面的 U_2 打开，输出 $D(t)$ 变为高电平。同时，与门 U_3 的输出成为高电平，这个高电平送给 U_1 和 U_2 的复位端，使得它们的输出 $U(t)$ 和 $D(t)$ 都回到低电平，完成一个周期的相位比较。

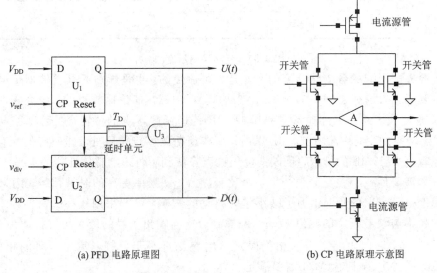

(a) PFD 电路原理图　　　　　　　　　(b) CP 电路原理示意图

图 6.36　鉴频鉴相器 PFD 与电荷泵 CP 原理图

电荷泵 CP 电路原理示意图如图 6.36(b) 所示，电荷泵的上路电流源管开启时会从电源端向输出端充电，相应的下路开启时会从输出端向地端放电，为了减小充放电电流的失配，通常采用共源共栅结构来实现。开关管开启速度很快，不是影响频率提高的主要因素。而电流源管从关断到饱和的过程是限制频率提高的主要因素。随着参考频率的提高，电荷泵要具有较高的开启速度，可以将电荷泵的电流源管设计成始终处于导通状态。当充放电支路关闭时，电流源电流流过虚拟支路，使得电流源管始终处于开启状态，可以大大提高工作速度。

综上所述，电荷泵就是能够以电流形式注入或吸取电荷的电路，等效为 Up 和 Down 两个电流源，电流分别为 I_{CP+} 和 I_{CP-}，包括相应开关与控制模块在一起的等效框图如图 6.37(a) 所示。电荷泵在环路中位于鉴频鉴相器之后，将鉴频鉴相器输出的反映相位差的电压信号转换成电流信号。确切地说，代表相位差的电压信号高电平时间的长短转化为电流源 Up 和 Down 开启时间的长短，最终转化为环路滤波器电容上电荷的增减。鉴频鉴相器的输出信号 $U(t)$ 和 $D(t)$ 分别控制电荷泵注入和吸取电荷。一个理想充电泵的电流源 Up 和 Down 具有相同的电流 I_{CP+} 和 I_{CP-}，在鉴频鉴相器产生的 $U(t)$ 和 $D(t)$ 信号的控制下工作，充放电时间通常正比于参考信号 $v_{ref}(t)$ 和分频器输出信号 $v_{div}(t)$ 的上升沿之间的相位差，PFD/CP 的工作时序如图 6.37(b) 所示。

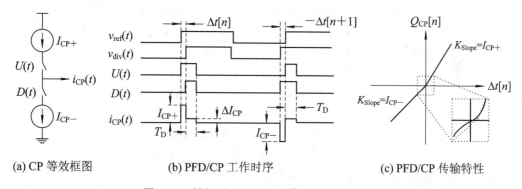

(a) CP 等效框图　　　　(b) PFD/CP 工作时序　　　　(c) PFD/CP 传输特性

图 6.37　锁相环 PFD/CP 工作时序与传输特性

锁相环鉴频鉴相器与充电泵 PFD/CP 的转移函数是由充电电流 $i_{CP}(t)$ 在第 n 个参考周期中加载到环路滤波器的电量 $Q_{CP}[n]$ 与定时误差 $\Delta t[n]$ 之间的关系来描述的，图 6.37(c) 展示了 PFD/CP 在具有电流失配情况下的合成传输特性，除了偏移之外，通常还存在着一些多重非线性效应。首先，对于较大的 $\pm\Delta t[n]$ 来说，电流失配（$I_{CP+} \neq I_{CP-}$）会导致不同的斜率。第二，对于非常小的 $\Delta t[n]$ 来说，传输函数的斜率非常小。当电流源打开时，如果充电泵没有足够的时间来建立最终达到的数值，就会发生死区现象。第三，电流源在打开与关闭之间的切换也会产生动态误差，例如，电荷注入、电荷分配和振铃等现象。电荷注入来源于电荷泵中的 MOS 管开关，当 MOS 管处于导通状态时，二氧化硅与硅界面必然存在沟道，当开关断开后，MOS 管断开，沟道消失。形成沟道的电荷会通过源端和漏端流出，其中的一部分就会注入到电荷泵输出端。当开关由断到开时，需要从电荷泵输出端抽取一部分电荷形成沟道，这就是电荷注入现象。电荷注入会引起 VCO 控制电压的周期性抖动，形成不希望的参考杂散。一般可以通过采用 PMOS 与 NMOS 互补开关来消除它。电荷分享效应发生在 MOS 开关从断开到导通的过程中。当开关断开时，两开关管漏极的电位分别为电源电位和地电位,而当开关导通时电位发生变化,因此就会有一部分电荷从输出端流出,影响输出点的电位变化。在图 6.36(b)中采用了一个箝位放大器,对开关管漏端电压进行箝位可以很大程度上避免电荷分享效应。另外,当鉴相参考频率提高后,参考时钟会通过 MOS 开关栅漏或栅源交叠电容耦合到电荷泵输出端上,形成难以解决的时钟馈通效应。还有一种叫作沟道长度调制效应,是指电荷泵中电流源管的输出电流会随着其源漏电压的变化而改变,这将导致电荷泵充放电两路电流的不匹配。由于沟道长度调制效应同沟道长度值是成反比的,可以采用较大的沟道长度值来减小这个效应。

6.6.2 失配误差的非线性效应

在实际应用中,鉴频鉴相器存在的较严重问题是它的死区问题,在两个输入信号相位差为零的附近区域内,$v_{\text{ref}}(t)$ 和 $v_{\text{div}}(t)$ 之间的相位差很小,产生的输出脉冲持续时间非常短。数字电路内部触发器和逻辑门的延时会造成无法对如此窄的脉冲做出正确的响应,Up 和 Down 充电泵也不可能在这么短的时间内达到正确的充电电荷数值。脉冲电平所持续的时间非常短时,也无法充分打开 Up 和 Down 充电泵。因此,产生了所谓的死区现象。由于死区的存在,只有当两路输入信号之间的相位差积累到 PFD 可以识别的范围时,整个 PLL 环路才能正常地工作。因此,造成环路输出信号相位噪声性能的恶化。

为了克服死区现象,在复位信号后面加上一个 T_{D} 延时单元。延时单元使得复位信号多保持了 T_{D} 一段时间,对应的 Up 和 Down 在 T_{D} 一段时间内同时处于高电平,同时打开电荷泵的充电电流和放电电流,时序波形如图 6.37(b)所示。采用这种设计方案,即使相位差很小,电荷泵也会开启,虽然充电和放电电流会同时开启,但是它们开启时间的差值反映了这个很小的相位差,因此可以较好地解决死区问题。延时单元 T_{D} 的选取也是需要谨慎考虑的,为了消除死区所带来的非线性,延迟时间越长,系统的线性度越好。在延迟时间内,电荷泵充电和放电电流同时开启,理想的充电泵具有相同的电流,即 $I_{\text{CP}+}=I_{\text{CP}-}$,简单地将相位误差转变成环路输出相位噪声。然而,充电泵存在着非理想特性,$I_{\text{CP}+}\neq I_{\text{CP}-}$,就会带来充电泵失配新的问题,这将造成很强的寄生响应,增加环路的输出带内相噪。因此,一般都是折中选择 T_{D} 的大小。

在小数 N 频率合成器中,环路分频器分频比的变化取决于 Σ-Δ 调制器的输出 $y[n]$,虽然分频器输出频率变化的平均值与参考频率 f_{ref} 一致,使环路达到预期的锁定状态。但是,在分频器输出频率变化的同时,也带来了 $v_{\text{ref}}(t)$ 和 $v_{\text{div}}(t)$ 之间的定时误差 $\Delta T[n]$ 问题。

根据小数 N 锁相环的非均匀采样定时波形,定时偏差由式(2.27)给出:

$$\Delta t(n+1) = \Delta t(n) + T_{\text{ref}} - [N+\delta(n+1)]T_{\text{VCO}}$$

考虑到环路锁定后 $T_{\text{ref}}=N.FT_{\text{VCO}}$ 成立,上式改写为

$$\Delta t(n+1) = \Delta t(n) + T_{\text{VCO}}[.F - \delta(n+1)]$$

根据递推关系,上式可以写为

$$\Delta t[n] = T_{\text{VCO}} \sum_{k=n_0}^{n-1} (y[k] - .F) + \Delta t[n_0] \tag{6.96}$$

初始值 $\Delta t[n_0]$ 是初始相位 $\Phi(t_{n_0})$ 引起的,表示为

$$\Delta t[n_0] = T_{\text{VCO}} \frac{\Phi(t_{n_0})}{2\pi}$$

代入式(6.96)，得到

$$\Delta t[n] = T_{\text{VCO}} \sum_{k=n_0}^{n-1} (y[k] - . F) + T_{\text{VCO}} \frac{\Phi(t_{n_0})}{2\pi} \qquad (6.97)$$

式中，$y[n] = \delta(n)$，$. F = \alpha$。

式(6.97)就是 Σ-Δ 调制小数 N 锁相环中存在的定时误差关系式，正是定时误差 $\Delta t[n]$ 的存在，严重影响了环路输出信号的相位噪声和杂散性能指标，在高性能小数 N 频率合成器的设计中必须加以解决。尽管前面提到的充电泵误差很多，也都很重要，但是充电泵失配误差常常是最重要的一个。

为了进一步描述充电泵电流失配情况，我们假设电流源失配为 ΔI_{CP}，电流源 $I_{\text{CP}+}$ 和 $I_{\text{CP}-}$ 可以表示为

$$I_{\text{CP}+} = I_{\text{CP}} + \frac{\Delta I_{\text{CP}}}{2} \qquad (6.98)$$

$$I_{\text{CP}-} = I_{\text{CP}} - \frac{\Delta I_{\text{CP}}}{2} \qquad (6.99)$$

根据定时波形关系，忽略充电泵的其它误差，在第 n 个参考周期期间，由 $i_{\text{CP}}(t)$ 电流充电形成的电荷可以写为

$$Q_{\text{CP}}[n] = \Delta t[n] I_{\text{CP}} + T_D \Delta I_{\text{CP}} + |\Delta t[n]| \frac{\Delta I_{\text{CP}}}{2} \qquad (6.100)$$

式(6.100)右边第一项是想要的充电泵输出线性项，后面两项表示由于 $I_{\text{CP}+}$ 和 $I_{\text{CP}-}$ 不完善的匹配导致的误差项，记为

$$\Delta Q_{\text{CP}}[n] = T_D \Delta I_{\text{CP}} + |\Delta t[n]| \frac{\Delta I_{\text{CP}}}{2}$$

误差的第一项是一个常数项，在小数 N 锁相环的相噪中仅仅是一个小的偏移，误差的第二项是和 $\Delta t[n]$ 相关的非线性项。非线性项在 PLL 相位噪声中引入 αf_{ref} 整数倍的寄生响应，并增加带内相位噪声。这种寄生响应通常称为小数寄生，近端相位噪声的增加就是所谓量化噪声折叠引起的。即使采用第五章中介绍的引入抖动的 Σ-Δ 调制器来产生 $y[n]$，充电泵的非线性同样会导致小数寄生和带内相噪的增加。非线性导致寄生响应是由于 $\Delta t[n]$ 依赖于式(6.97)中 $(y[n] - \alpha)$ 的连续求和。

充电泵电流失配引起一个重要的小数 N 锁相环的应用问题，因为实际的 CP 充电泵 Up 和 Down 的电流可能存在较大的差别，主要的失配原因是电流源的输出阻抗不同，电压降也不一样。制作不精确导致的失配分量往往是在 $I_{\text{CP}+}$ 和 $I_{\text{CP}-}$ 之间存在一个小的差值，这个差值通常是一个很小的量值。J. S. Lee、M. S. Keel 采用了一种模拟反馈方法来均衡 $I_{\text{CP}+}$ 和 $I_{\text{CP}-}$ 解决充电泵失配的问题，可以实现具有良好电流匹配特性的充电泵[50]。然而，有效的模拟补偿电路的设计是非常困难的，尤其是要面对在宽带小数 N 锁相环中陡峭的充电泵输出电压的变化。而且还存在较小的环路带宽、附加死区和反馈环路放大器带来的高功耗等诸多不利因素。另一个技术是故意引入一个较大的相位偏移，限制充电泵仅仅在 Up 或 Down 电流源一种情形下工作。相移增加电流源工作的持续时间，导致充电泵噪声贡献部分增加，使得充电泵噪声成为小数 N 锁相环带内相噪的主要贡献者。在对带内相噪有较高要求的情况下，这是不希望也是难以接受的。此外，还伴有很强的参考寄生响应。

一种新颖的 Pedestal 充电泵线性化技术可以解决上述缺点，使得小数 N 锁相环的寄生响应至少降低 8 dB。

6.7　充电泵线性化技术

6.7.1　Pedestal 充电泵线性化技术

Sudhakar Pamarti 给出了 Pedestal 充电泵线性化技术方案和具体实现方法[51]，这是一个基于基准的充电泵线性化技术（Pedestal-Based Charge Pump Linearezation），这里的基准就是充电泵电流 I_{CP} 的基底。该技术利用鉴频鉴相器的输出信号，控制充电泵规律性交替工作，实现了对式（6.100）中的非线性误差项 $|\Delta t[n]|\Delta I_{CP}/2$ 的补偿。它不但大大降低了充电泵失配存在的非线性效应，还避免免了模拟反馈及其相关的不利因素。

Pedestal 充电泵线性化技术方案是将电流源 I_{CP+} 和 I_{CP-} 分别设计成两个等值的电流源，就是将 I_{CP+} 分裂成 I_{P1} 和 I_{P2}，满足 $I_{P1}=I_{P2}=I_{CP+}/2$；将 I_{CP-} 分裂成 I_{n1} 和 I_{n2}，满足 $I_{n1}=I_{n2}=I_{CP-}/2$，控制信号分别为 $U(t)$、$U_{ped}(t)$、$D(t)$ 和 $D_{ped}(t)$。Pedestal 充电泵和 PFD/CP 工作时序图如图 6.38 所示。

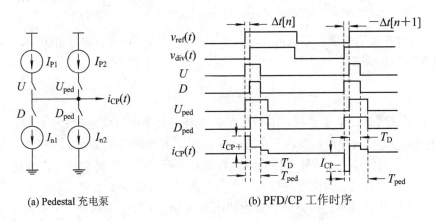

(a) Pedestal 充电泵　　　　　　　　(b) PFD/CP 工作时序

图 6.38　Pedestal 充电泵和 PFD/CP 工作时序

我们知道，实际的电流源是不可能完全相等的，通常写为

$$
\left.
\begin{aligned}
I_{P1} &= \frac{I_{CP+}+\Delta I_{p}}{2} \\[2mm]
I_{P2} &= \frac{I_{CP+}-\Delta I_{p}}{2} \\[2mm]
I_{n1} &= \frac{I_{CP-}+\Delta I_{n}}{2} \\[2mm]
I_{n2} &= \frac{I_{CP-}-\Delta I_{n}}{2}
\end{aligned}
\right\}
\tag{6.101}
$$

这里 ΔI_{p} 和 ΔI_{n} 是两个正电流源和两个负电流源之间的差值，也是电流源的失配分量。I_{P1} 和 I_{n1} 电流源与通常的充电泵一样，受控于 $U(t)$ 和 $D(t)$，不同的是 I_{P2} 和 I_{n2} 电流源受控

于附加的信号 $U_{ped}(t)$ 和 $D_{ped}(t)$，它产生于一种改进的 PFD 电路，称为 Pedestal 鉴频鉴相器，如图 6.39 所示。

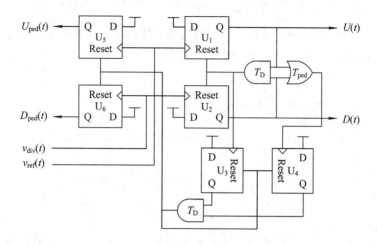

图 6.39 Pedestal 鉴频鉴相器电路

与图 6.36(a) 鉴频鉴相器的电路相比，图 6.39 中增加了 T_{ped} 延时单元，以及相应的触发器 $U_3 \sim U_6$，也给出了 T_D 延时单元。从工作原理看，产生 $U(t)$ 和 $D(t)$ 的工作原理与以前一样，$U_{ped}(t)$ 和 $D_{ped}(t)$ 的上升沿与 $U(t)$ 和 $D(t)$ 信号的上升沿是一致的，都是 $v_{ref}(t)$ 和 $v_{div}(t)$ 上升沿触发的。当 $v_{ref}(t)$ 和 $v_{div}(t)$ 两个上升沿都到来后，U_1 和 U_2 的输出全为高电平，$U(t)$ 和 $D(t)$ 全为高电平，U_5 和 U_6 的输出也全为高电平，$U_{ped}(t)$ 和 $D_{ped}(t)$ 全为高电平。在 $U(t)$ 和 $D(t)$ 全为高电平时，T_D 延时单元的输出高电平复位 U_1 和 U_2，使得 $U(t)$ 和 $D(t)$ 全为低电平。同时，T_D 延时单元的输出触发 U_3，输出为高电平。设计时选择 T_{ped} 延时单元比较大，确保 $T_{ped} > |\Delta T_{max}[n]| + T_D$ 成立。不管 $U(t)$ 和 $D(t)$ 哪个先变高，T_{ped} 延时单元就已经开始工作了，T_{ped} 是一个固定的时间参数，就是说 T_{ped} 的上升沿是和 $v_{ref}(t)$ 和 $v_{div}(t)$ 上升沿到达较早的那个对齐，经过 T_{ped} 的延时后变为高电平，T_{ped} 设计的比 $|\Delta T_{max}[n]| + T_D$ 稍微大一点点即可。

采用 Pedestal 线性化技术后的正负充电泵的输出如图 6.40 所示，图中的 T_D 区域的幅度是 ΔI_{CP}，$T_C = T_{ped} - T_D - |\Delta t[n]|$ 区域的幅度是 $I_{P2} - I_{n2} = (\Delta I_{CP} + \Delta I_n - \Delta I_p)/2$，$\Delta t[n]$ 域的幅度是 I_{CP+}。不同区域对应的充电电荷分别如下：

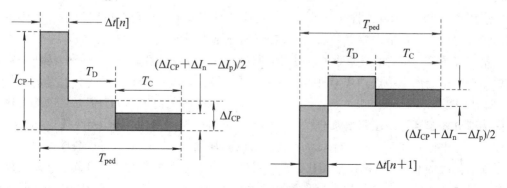

图 6.40 采用 Pedestal 线性化技术的正负 CP 输出

$\Delta t[n]$区间内的充电电荷$Q_{\Delta t}[n]$为

$$Q_{\Delta t}[n] = \Delta t[n]I_{CP+} = \Delta t[n]\left(I_{CP} + \frac{\Delta I_{CP}}{2}\right) = \Delta t[n]I_{CP} + \Delta t[n]\frac{\Delta I_{CP}}{2} \tag{6.102}$$

关系式(6.102)中的第一项是预期的线性分量,第二项是非线性项,正是需要补偿的。T_D区间内的充电电荷$Q_{T_D}[n]$是个常数,表达式为

$$Q_{T_D}[n] = T_D\Delta I_{CP} \tag{6.103}$$

阴影部分区域,即补偿区域T_C的充电电荷$Q_{T_C}[n]$为

$$Q_{T_C}[n] = (T_{ped} - T_D - |\Delta t[n]|)\frac{\Delta I_{CP} + \Delta I_n - \Delta I_p}{2}$$

$$= \frac{1}{2}(T_{ped} - T_D)(\Delta I_{CP} + \Delta I_n - \Delta I_p)$$

$$- |\Delta t[n]|\frac{\Delta I_{CP}}{2} + |\Delta t[n]|\frac{\Delta I_p - \Delta I_n}{2} \tag{6.104}$$

从关系式(6.104)可以看出,第一项是个常数项,第二项是一个非线性项,它的大小和式(6.102)中的第二项相同,但符号相反,求和后将起到补偿作用。在 Pedestal 线性化技术中,正是阴影部分补偿非线性项注入到环路中的附加电荷。

我们将式(6.102)、式(6.103)和式(6.104)相加,可以得到在第 n 个参考周期时刻,充电泵电流 $i_{CP}(t)$ 形成的充电电荷 $Q_{CP}[n]$ 为

$$Q_{CP}[n] = Q_{CP,0} + \Delta t[n]I_{CP} + \frac{1}{2}(\Delta I_p - \Delta I_n)|\Delta t[n]| \tag{6.105}$$

式中,$Q_{CP,0}$是一个常数,表达式为

$$Q_{CP,0} = \frac{1}{2}\Delta I_{CP}(T_{ped} + T_D) - \frac{1}{2}(\Delta I_p - \Delta I_n)(T_{ped} - T_D)$$

通过式(6.105)我们可以看到,式中的最后一项仍然是与 $\Delta t[n]$ 有关的非线性项,但是,现在它正比于 $\Delta I_p - \Delta I_n$,与 ΔI_p 和 ΔI_n 相关,替代了原先的充电泵失配 ΔI_{CP} 项。ΔI_{CP} 是两个不同 Up 和 Down 电流源之间的失配,ΔI_p 和 ΔI_n 是各自相同材料电流源的失配。因此,电流源失配误差 ΔI_p 和 ΔI_n 的量值比原先的电流源失配误差 ΔI_{CP} 要小很多,非线性效应明显降低。通常,基于基准的充电泵线性化技术可以获得降低小数寄生至少 8 dB 的效果。

应该指出,Pedestal 线性化技术有两个附带效应,一个是在环路的输出信号上产生较小的参考寄生,主要是常数电荷项 $Q_{CP,0}$ 在锁相环路中引入一个偏移 $Q_{CP,0}/I_{CP}$,但增加的偏移量仅仅是 T_{ped} 相关的很微小的一部分,所以出现的参考寄生较小。另一个是环路输出相位噪声稍微增加了一点。CP 噪声贡献升高的原因是 Up 和 Down 泵的一半打开的时间较长,即在阴影部分的持续时间 $T_{ped} - T_D - |\Delta t[n]|$ 内充电电荷造成的。但是,也正是这一块阴影部分才起到了补偿充电泵非线性的作用。正如前面提到的,Pedestal 线性化技术仅仅需要 T_{ped} 比 $|\Delta t_{max}[n]| + T_D$ 稍微大一点,所以附加的 CP 噪声贡献可以忽略不计。与引入相移的传统的 CP 线性化技术相比,噪声贡献和参考寄生都非常小。另外,对充电泵噪声具有显著贡献的是来自偏置电路的噪声,然而,Pedestal 线性化技术中的 Up 和 Down 充电泵在这个期间都处于工作状态,偏置电路的噪声在充电泵的输出端口被抵消掉,不会

注入到环路滤波器中。在传统的相移技术中，仅仅一个 Up 充电泵或 Down 充电泵在工作，偏置电路的噪声不能被抵消掉，全部进入到环路滤波器中。因此，与传统的相移技术相比，基于基准的线性化技术的应用使得充电泵噪声对输出的贡献明显减小。

6.7.2　NMES 失配误差成型技术

Pedestal 线性化技术的应用消除了充电泵失配 ΔI_{CP} 对输出的贡献，非线性效应得到明显降低。但是，仍然存在着与 ΔI_{p} 和 ΔI_{n} 相关的失配对输出产生影响的问题，如关系式（6.105）中最后一项所示。由于非零的 ΔI_{p} 和 ΔI_{n} 造成的剩余非线性项，仍存在微小的小数寄生和带内噪声略有提升的遗憾。对于要求更高的小数 N 频率合成器的应用场合，需要进一步研究消除剩余非线性项影响的方法。

该章节介绍的充电泵线性化技术是在 Pedestal 线性化技术基础上的一种改进，称为 Naïve 失配误差成型技术，就是单纯地将 ΔI_{p} 和 ΔI_{n} 造成的剩余非线性误差进行随机化，并且具有高通成型的功率谱密度，简称 NMES 技术。NMES 需要将 I_{P1} 和 I_{P2} 以及 I_{n1} 和 I_{n2} 随机使用，也就是需要将相应的开关信号随机交换。图 6.41 展示了 NMES 原理框图，$U(t)$ 与 $U_{\mathrm{ped}}(t)$ 以及 $D(t)$ 与 $D_{\mathrm{ped}}(t)$ 的角色和以前一样，区别就是增加了 $p[n]$ 二进制随机序列的控制，使得它们的输出会出现交换。如果 $p[n]=1$，则 $U_1=U$，$U_2=U_{\mathrm{ped}}$，$D_1=D$，$D_2=D_{\mathrm{ped}}$，这时和 Pedestal 线性化技术完全一样。如果 $p[n]=0$，则 $U_1=U_{\mathrm{ped}}$，$U_2=U$，$D_1=D_{\mathrm{ped}}$，$D_2=D$，这时 I_{P1} 和 I_{n1} 电流源与 I_{P2} 和 I_{n2} 电流源角色互换，即由 I_{P1} 和 I_{n1} 电流源替代 I_{P2} 和 I_{n2} 电流源。

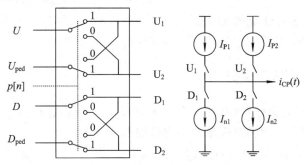

图 6.41　NMES 原理框图

我们先看一种简单的情况，也称为"白化技术"，$p[n]$ 的样本是 0 和 1，具有等概率分布且相互独立的序列，实际应用中用一个具有较长重复周期的 m 序列来近似，该伪随机序列可以用线性反馈位移寄存器（LFSR）结构实现，关于 m 序列参见第五章。充电泵电流 $i_{\mathrm{CP}}(t)$ 进入环路滤波器形成的充电电荷 $Q_{\mathrm{CP}}[n]$ 为

$$Q_{\mathrm{CP}}[n]=Q_{\mathrm{CP},1}+\Delta t[n]I_{\mathrm{CP}}+\frac{\Delta I_{\mathrm{p}}-\Delta I_{\mathrm{n}}}{2}p^{*}[n]|\Delta t[n]|-\frac{\Delta I_{\mathrm{p}}-\Delta I_{\mathrm{n}}}{2}p^{*}[n](T_{\mathrm{ped}}-T_{\mathrm{D}})$$

$$(6.106)$$

式（6.106）中的 $Q_{\mathrm{CP},1}$ 是常数项，关系式为

$$Q_{\mathrm{CP},1}=\frac{1}{2}\Delta I_{\mathrm{CP}}(T_{\mathrm{ped}}+T_{\mathrm{D}})$$

关系式（6.106）中，$\Delta t[n]I_{\mathrm{CP}}$ 是预期的充电泵输出的线性项，$p^{*}[n]$ 是 $p[n]$ 的双极性

表示形式，即

$$p^*[n] = \begin{cases} 1 & (p[n] = 1) \\ -1 & (p[n] = 0) \end{cases} \tag{6.107}$$

可以看出，白噪声序列 $p^*[n]$ 将式(6.105)中的 $(\Delta I_p - \Delta I_n)|\Delta T[n]|/2$ 非线性电荷项，以及常数项 $Q_{CP,0}$ 中的 $(\Delta I_p - \Delta I_n)(T_{ped} - T_D)/2$ 进行了调制打散。我们称这两项的和为剩余电荷 $Q_{ex}[n]$，表达式为

$$Q_{ex}[n] = \frac{\Delta I_p - \Delta I_n}{2} p^*[n] |\Delta t[n]| - \frac{\Delta I_p - \Delta I_n}{2} p^*[n](T_{ped} - T_D) \tag{6.108}$$

随机序列 $p[n]$ 打散了剩余电荷 $Q_{ex}[n]$ 的第一项，消除了环路输出相噪曲线上所呈现的寄生响应。由于 $Q_{ex}[n]$ 中的第二项剩余电荷的缘故，随机序列 $p[n]$ 导致较高的输出相噪，因此，这种白化技术适合寄生要求高而相噪要求不高的场合。换句话说，对于寄生响应和相位噪声都有较高需求的应用场合，采用白化技术不能同时解决寄生和相噪的问题，它仅仅解决了寄生响应问题，但造成带内相噪并不理想。因此，必须采用具有高通成型特性的 $p[n]$ 序列。

NMES 技术应用一个具有高通成型特性的 $p^*[n]$ 序列，可以明显地降低带内噪声。成型的抖动信号可以由另一个 Σ-Δ 调制器提供，也可以对随机序列进行成型处理，在第五章中介绍的对随机序列成型处理技术，如图5.8所示，可以用于剩余电荷的成型处理。采用一阶高通成型的 $p[n]$ 可以确保式(6.108)中的第二项拥有一个高通成型的功率谱密度，明显地降低带内噪声，并消除寄生响应。剩余的近端噪声基底依然比较明显，这个噪声基底取决于打散项 $(\Delta I_p - \Delta I_n)p^*[n]|\Delta t[n]|/2$ 的谱功率密度被高通成型的效果。可以应用高阶成型的 $p[n]$ 来达到较为理想的效果。采用 NMES 技术的小数 N 频率合成器除了苛刻的近端相噪需求之外，几乎可以适应所有的应用场合。

6.7.3　PMES 失配误差成型技术

Proper 误差失配成型技术(PMES)是一种对误差进行连续求和运算，并使其有界的一种失配误差成型技术，称为常义失配误差成型技术。PMES 选择了更有效的充电泵开关序列作为 $p[n]$，它使得进入到环路滤波器的全部剩余电荷 $Q_{ex}[n]$ 的功率谱密度被高通成型，并且输出没有寄生响应。下面重点介绍 PMES 充电泵开关序列的设计方法，确保剩余电荷的功率谱密度在 DC 处为零。PMES 设计选择序列 $p[n]$ 的两个基本原则如下：

(1) 随机地选择 $p[n]$，目的是打散剩余电荷 $Q_{ex}[n]$ 中的任何周期性行为，否则在它的功率谱密度中就会出现寄生响应。

(2) 采用一定的算法选择 $p[n]$，将剩余电荷 $Q_{ex}[n]$ 的连续求和值限制在一定的范围之内。限制剩余电荷 $Q_{ex}[n]$ 的连续求和的目的是当 n 趋于无限大时，使得它变成零均值序列，而且序列的功率谱密度在 DC 处为零。

我们将剩余电荷 $Q_{ex}[n]$ 对 $(\Delta I_p - \Delta I_n)T_{VCO}/2$ 进行归一化，并且把它定义为 $T_{ex}[n]$。利用关系式(6.108)和(6.97)，忽略初始相位项，可以得到 $T_{ex}[n]$ 的表示式为

$$T_{ex}[n] = p^*[n]\left\{ \left| \sum_{k=0}^{n-1}(y[k] - \alpha) \right| - (M_{ped} - M_D) \right\} \tag{6.109}$$

式中，M_{ped} 和 M_D 分别为 $M_{ped} = T_{ped}/T_{VCO}$，$M_D = T_D/T_{VCO}$。

我们可以对每一个样本序号 n 计算剩余电荷的连续求和 $S[n]$ 的数值：

$$S[n] = \sum_{m=0}^{n-1} T_{ex}[m]$$

根据 $S[n]$ 的计算结果来选择开关序列。对于每个样品序号 n，算法将检查连续求和 $S[n]$ 是否在门限 $\pm B$ 范围之内，一旦 $S[n]$ 超出边界，例如 $S[n] > B$，算法选择 $p[n+1]=1$，结果在第 $n+1$ 个参考周期期间，进入到环路滤波器的剩余电荷是负的，$T_{ex}[n+1] < 0$，因此，$S[n+1]$ 降低到一个较小的数值。换句话说，如果 $S[n] > B$，$p[n+1]$ 的选择确保 $S[n+1] < S[n]$。如果 $S[n] < -B$，算法选择 $p[n+1]=0$，结果在第 $n+1$ 个参考周期期间，进入到环路滤波器的剩余电荷是正的，$T_{ex}[n+1] > 0$，因此，$S[n+1]$ 增加到一个较大数值上。换句话说，如果 $S[n] < -B$，$p[n+1]$ 的选择确保 $S[n+1] > S[n]$。如果 $S[n]$ 处于 $\pm B$ 范围之内，下一个样点 $p[n+1]$ 是随机选择的，例如选择随机序列 $r[n]$。这样一来，无论何时 $|S[n]| > B$，$p[n+1]$ 确定性的选择就是为了满足前面所讲的第二个原则。无论何时 $|S[n]| \leqslant B$，所对应的随机性选择可以打散剩余电荷功率谱密度中的任何寄生响应，就是满足前面所讲的第一个原则。图 6.42 给出了描述基于上述原则的选择序列的流程图。

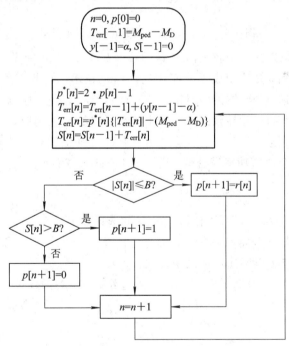

图 6.42　PMES 失配成型 $p[n]$ 序列选择流程图

值得注意的是基准时间 T_{ped} 应设计得足够长，以适应最坏的相位误差情况。

$$T_{ped} > T_D + \max_m \left\{ T_{VCO} \sum_{k=0}^{m-1} (y[k] - \alpha) \right\}$$

亦即

$$M_{ped} > M_D + \max_m \left\{ \sum_{k=0}^{m-1} (y[k] - \alpha) \right\} \tag{6.110}$$

图 6.43 显示了 PMES 失配成型开关序列的选择示意图，可以看出，当 $-B \leqslant S[n] \leqslant B$ 时，$p[n+1]=r[n]$，在超出边界 $\pm B$ 的情况下，$p[n+1]$ 分别选择 1 和 0。这样一来，选择序列 $p[n]$ 并不是一个固定的随机序列 $r[n]$，而是具有某些确定性的随机序列。这样做的目的主要是将求和值限制在一个固定的区域内，使得最终的剩余电荷项全部被高通成型。

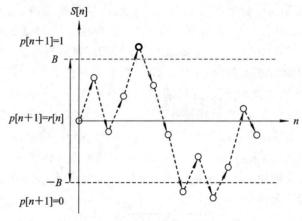

图 6.43　PMES 开关序列 $p[n]$ 选择示意图

直观上理解，如果选择一个较大门限 B 的话，大部分 $S[n]$ 处于界内，$p[n]$ 就类似于一个随机的白噪声序列，算法变成了前面讨论的白化技术。如果选择一个较小门限的话，大部分 $S[n]$ 处于界外，这样就导致 $p[n]$ 类似于 $\{1,0,1,0 \cdots\}$ 序列，虽然剩余电荷被高通成型，但这样确定性的行为导致在 $f_{\text{ref}}/2$ 处产生强烈的寄生响应，依靠环路的低通特性加以滤除。因此，选择既不是太大也不是太小的中等的 B 值比较合适，可以获得没有寄生响应和高通成型的剩余电荷功率谱密度。通常，B 值的选择满足

$$\frac{1}{3}(M_{\text{ped}}-M_{\text{D}}) < B < (M_{\text{ped}}-M_{\text{D}}) \tag{6.111}$$

在工程应用中，式(6.111)可以作为门限 B 的选择依据。

PMES 的开关选择序列将归一化剩余充电电荷 $T_{\text{ex}}[n]$ 的连续求和值 $S[n]$ 限制在了一定的区域之内，这一点可以利用反证法来证明。

证明　假设当 $n=n_0 > 0$ 时，$S[n]$ 超出约束边界，满足关系式

$$S[n_0] > B + T_{\text{ex,max}} \tag{6.112}$$

式中，$T_{\text{ex,max}}$ 为

$$T_{\text{ex,max}} = \max_m \{T_{\text{ex}}[m]\} = \max_m \left\{ (M_{\text{ped}}-M_{\text{D}}) - \sum_{k=0}^{m-1}(y[k]-\alpha) \right\}$$

由于 $S[n]$ 是一个连续求和值，关系式 $S[n_0] > B + T_{\text{ex,max}}$ 仅仅在两种可能的情况下出现。第一种情况是 $S[n_0-1] < S[n_0]$ 并且 $p^*[n]=-1$；第二种情况是 $S[n_0-1] > S[n_0]$ 并且 $p^*[n]=1$，这表明 $S[n_0-1]$ 已经超出上界，算法选择了 $p^*[n]=1$，求和值得到降低，但是仍然处于门限之外。由于关系式(6.112)隐含着 $S[n_0-1] > B$，不属于第一种情况，隐含着 $p^*[n]=1$ 而不是 $p^*[n]=-1$。也就是说，第二种情况下满足

$$S[n_0-1] > B + 2T_{\text{ex,max}}$$

由此，我们可以得到

$$B + T_{ex, max} < S[n_0] < S[n_0 - 1] < S[n_0 - 2] < \cdots < S[-1]$$

由于算法定义了 $S[-1] < B$。因此，关系式（6.112）是不成立的。对于所有的 n 一定有关系式

$$S[n] < B + T_{ex, max}$$

类似方法也可以证明，对于所有的 n 有

$$S[n] > -(B + T_{ex, max})$$

由此可见，PMES 算法将 $S[n]$ 限制在一定的区域之内，环路反馈是稳定的。

PMES 算法可以利用 Moore 有限状态序列机（FSSM）模型进行分析，量化噪声序列 $e[n]$ 和随机序列 $r[n]$ 是该模型的输入，归一化剩余充电电荷 $T_{ex}[n]$ 作为它的输出，模型中的状态序列为 $S[n]$，归一化剩余充电电荷 $T_{ex}[n]$ 是状态约束函数，可以表示为

$$T_{ex}[n] = S[n] - S[n-1]$$

这个有限状态机的输出与它的状态相关，而状态是用有限连续数字求和（FRDS）编码方式形成的。这种 FRDS 编码器的输出功率谱密度在 DC 处为零。

当数字化 SDM 产生的输出序列 $y[n]$ 充分随机时，FSSM 的输入序列是由相互独立的具有相同分布的样值组成的，Proper 失配误差成型算法可以作为一个 Moore FSSM 来分析，Moore FSSM 可以定义为一个有限连续数字求和（FRDS）编码器。当且仅当编码器是一个有限数字求和编码器时，其输出序列的频谱在 DC 处为零。因此，归一化剩余充电电荷 $T_{ex}[n]$ 的功率谱密度在 DC 处为零，也就是说剩余充电电荷 $Q_{ex}[n]$ 的功率谱密度在 DC 处为零。

上述的几种线性化技术对输出相噪和寄生响应的改善都各有优、缺点。Pedestal 线性化技术有一个较低的带内噪声，但存在着由于同类型 CP 电流源失配而引起的小数寄生响应。白化技术可以消除这种小数寄生，但是，由于 CP 电流源失配没有被适当地成型，所以小数寄生的消除是以提升噪声基底为代价的。NMES 技术用具有一定随机性的高通成型的序列去扰乱充电泵极性，然而，它不能完全打散全部的剩余电荷实现高通成型效果，带内噪声基底的稍微提升，改善效果比 Pedestal 线性化技术和白化技术要好。PMES 技术对进入环路滤波器的剩余电荷连续求和值实施控制，并产生一个序列使它束缚在一定的门限内。这个序列有效地将 CP 失配噪声推到较高的频率上，从而，很好地消除了小数寄生，并获得较低的带内相噪性能，改善效果是最好的。

第七章

微波毫米波频率合成信号发生器技术方案

微波毫米波频率合成信号发生器作为信号的发生装置，是现代测试设备的重要组成部分，并广泛应用在各类系统、整机、部件和元器件的测试中。目前，单台频率合成信号发生器的频率范围已经达到 250 kHz～67 GHz，实现了同轴连续覆盖；使用波导连接器时，基波频率合成器已经超过 170 GHz；利用倍频组件已经实现了超过 500 GHz 的频率拓展，进入太赫兹工作频段。它的体系结构主要包括频率合成扫频信号源、模拟信号发生器、矢量信号发生器、捷变频信号发生器、倍频源模块、大功率多制式信号源、宽带模拟直接频率合成器（WADS）、宽带数字直接频率合成器（WDDS）和鉴频鉴相频率合成信号发生器，以及各种信号模拟器等等。

现代信号发生器主要呈现出五个发展方向：一是宽带化和矢量调制，表现为信号频率范围的拓展和调制带宽的提高，上限频率拓展到亚毫米波段，甚至太赫兹波段，矢量调制带宽在千兆赫兹以上；二是数字化和集成化，大规模集成电路的应用使得信号发生器的体积越来越小，功能越来越强大，可编程逻辑阵列器件的应用增添了柔性化可重构的功能拓展；三是高纯和频率捷变，信号发生器的单边带相位噪声进一步降低，频率切换时间更快，满足现代雷达、电子战等军事装备的测试需求；四是信号模拟和仿真，满足多目标模拟、多通道信号模拟、多载波信号模拟和复杂电磁环境构造等测试需求；五是模块化和小型化，进一步降低频率合成信号发生器的成本，形成高性价比、高可靠性和小型化的信号发生器。

本章将首先介绍信号发生器的主要技术参数，然后介绍几种微波、毫米波频率合成信号发生器的工作原理、主要指标和技术方案，其中包括基于 FLL＋PLL 的射频捷变频信号发生器、250 kHz～67 GHz 微波毫米波频率合成信号发生器、2 mm 基波频率合成信号发生器。在这些频率合成信号发生器的方案设计中，成功应用了 API 小数分频和 Σ-Δ 调制小数分频技术实现高分辨率频率合成，结合整机环路的设计与优化，实现了高分辨率、高频谱纯度和低杂散性能的频率合成。

7.1　信号发生器的主要技术参数

信号发生器的种类很多，其作用是为设备测试与模拟提供必要的频谱资源。要准确地评价信号源的性能特性，必须掌握其输出信号的表征方法。信号发生器的性能特性可以概括为频率特性、输出特性和调制特性。频率特性包括频率范围、频率分辨率、频率准确度、频率稳定度、频率切换时间、频谱纯度(包括信号的谐波、分谐波、非谐波、剩余调频、相位噪声和输出噪声基底)、扫频特性(包括扫描形式、扫描速度和扫描准确度)等；输出特性包括功率范围、功率平坦度、功率稳定度、功率准确度、输出阻抗与源驻波、功率扫描特性等；调制特性包括调幅、调频、调相、脉冲调制、复合调制和矢量调制等。

7.1.1　频率特性

1. 频率范围

信号发生器的频率特性主要包括频率范围、频率分辨率、频率准确度、频率转换时间以及内部时基等。

频率范围亦称频率覆盖，是指信号发生器所产生的载波频率范围，通常用其上、下限频率表示。该范围既可连续亦可由若干频段或一系列离散频率来覆盖。频率范围较宽的微波信号源通常采用多波段拼接的方式来实现。目前，微波信号源已实现从 250 kHz 到 67 GHz 的同轴连续覆盖。再往上扩展则分别覆盖每个波导波段，现在已经有 500 GHz 甚至更高的仪器产品问世，实验室产品已经出现了太赫兹信号源。

2. 频率分辨率

频率分辨率是指信号发生器在有效频率范围内可得到并可重复产生的频率最小增量，表明信号源能够精确控制的输出频率间隔。例如 1 MHz、1 kHz、1 Hz、1 mHz 等。频率分辨率体现了窄带测量的能力，取决于频率合成器的设计水平。目前，频率合成信号发生器可做到 1 mHz，理论上还可以更加精细，主要取决于完成小数分频的累加器的位数。

3. 频率准确度

频率准确度是信号发生器的实际输出频率与理想输出频率的差别，代表信号发生器频率指示值和相应的真值的接近程度。它分为绝对准确度和相对准确度。绝对准确度是输出频率误差的实际大小，一般以 kHz、MHz 等表示；相对准确度是输出频率误差与理想输出频率的比值，一般以 10 的幂次方表示，如 1×10^{-6} 和 1×10^{-8} 等。

4. 频率稳定度

频率稳定度是准确度随时间变化的量度。合成信号发生器在正常工作时，频率稳定度只取决于所采用的频率基准的准确度和稳定度，稳定度还与具体设计有关。合成信号发生器通常采用晶体振荡器作为内部频率基准，影响长期稳定性的主要因素是环境温度、湿度和电源等的缓慢变化，尤其是温度。因此根据需要不同，可分别采用普通、温补甚至恒温晶振，必要时可让晶振处在不断电工作状态，目前通用恒温晶振的日稳定度可以达到 5×10^{-10}，校准后准确度可优于 10^{-8}。若采用外部频率基准，则表现为输出频率与时基同步。

5. 频率切换时间

频率切换时间是指信号发生器从一个稳态输出频率过渡到另一个稳态输出频率所需要的时间，描述了频率的瞬态响应特性。对间接频率合成而言，主要是锁相环路的建立时间，通常可以达到毫秒级或者更快；对直接数字频率合成而言，主要是数据传输、处理和 D/A 转换时间，通常可以达到微秒级以下。高速频率切换主要应用于捷变频雷达、跳频通信等电子装备中。

在跳频通信领域中，通常还引入跳频带宽、跳频速率等指标参数。其中，跳频速率是指单位时间内频率跳变次数，以跳/秒为单位。跳频时间是跳频速率的倒数。跳频时间是频率切换时间、驻留时间与开关时间的总和。驻留时间指一个频率点在稳定状态所持续的时间，其频率和幅度都应该在稳定状态。频率切换时间越小，跳频速率越高，驻留时间越短，抗截获和抗干扰能力越强。

6. 频谱纯度

频谱纯度是频率合成信号发生器的最重要的指标，理想的信号发生器所输出的连续波信号应该是纯净的单一线谱。由于器件内部或外部的热噪声，以及设备中的各种干扰信号的存在，信号发生器的输出不可避免地伴有不希望的杂波和多种调制，影响了信号发生器的输出频谱纯度。有关信号发生器频谱纯度的指标主要包括谐波、分谐波、非谐波寄生、相位噪声和剩余调频等，如图 7.1 所示。在信号发生器的设计中，通常由于振荡单元和功率放大器的非线性导致了输出谐波分量，由于电路结构设计不理想导致了寄生调制、交调、泄漏等非谐波输出。另外一个重要的指标是相位噪声，是随机噪声对载波信号的调相产生的连续谱边带，一般来说越靠近载频越大。因此，用偏离载频的某一频偏处的单个边带中单位带宽内的噪声功率对载波功率的比值来表示，单位为 dBc/Hz。

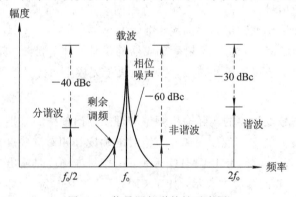

图 7.1　信号源频谱特性示意图

7.1.2　输出特性

1. 输出电平

信号发生器的功率或幅度特性包括最大输出功率、最小输出功率、功率准确度、功率平坦度、功率分辨率等。

输出电平一般以功率来计量，规定了特性阻抗后，可以折合为电压。作为通用微波测量信号源，其最大输出电平一般可达到 +10 dBm，大功率应用时要求更高。最小输出电平应当能够连续衰减到 -110 dBm 以下。

2. 功率准确度

功率准确度是信号发生器的实际输出功率与理想输出功率的差别，代表信号发生器功率指示值和相应的真值的接近程度。其具体指标取决于信号发生器的内部幅度控制装置，以及输出步进衰减器的准确度。

3．功率平坦度

功率平坦度表征了信号发生器输出幅度在全部频率范围内的幅度一致性，具体指标取决于信号发生器的内部稳幅装置，或自动电平控制（ALC）系统的性能。智能化信号发生器的功率平坦度指标通过软件补偿技术已经变得越来越好。

4．功率稳定度

功率稳定度表征了信号发生器输出幅度的时间稳定性，取决于 ALC 与参考电压的性能，有些信号源通过采用温度补偿技术而获得了很大提升。另外，实际输出功率还与源阻抗是否匹配有关，一般来说，信号源电压驻波比小于 1.5。

7.1.3　调制特性

信号发生器的调制特性主要包括调制种类、调制信号特性、调制指数、调制失真、寄生调制等。调制种类有调幅、调频及调相；调制波形则可以是正弦、方波、脉冲、三角波、锯齿波和噪声，也可以是数字基带信号，用于产生 FSK、PSK、QAM 等矢量（数字）调制。例如，天线测量需要对数调幅，雷达测量需要脉冲调制，现代数字通信测试需要矢量调制。

1．幅度调制

幅度调制是指按照给定的规律，改变载波幅度的过程。如图 7.2 所示，已调载波信号的幅度随着调制信号的变化而变化。有关信号发生器幅度调制特性的指标主要包括调幅带宽、调幅频响、调幅因数、调幅深度、调幅失真、调幅灵敏度和调幅准确度等。

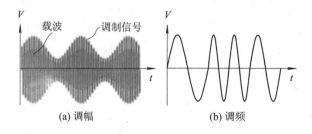

图 7.2　调幅和调频示意图

2．频率调制

频率调制是按照给定的规律，改变载波频率的过程。频率调制的主要技术参数包括调频带宽、调频失真、调频频偏、调制频偏准确度和调频频偏灵敏度等。

3．相位调制

相位调制是指按照给定的规律，改变载波信号相位的过程。由于相位是频率的积分，因此调频可以通过调相来实现。相反，频率是相位的微分，调相也可以通过调频来实现。利用调制信号微分后得到的信号进行调频实际上就是利用调制信号进行了调相。相位调制也分带内调相和带外调相两种方法。在带内调相时，信号微分以数字方式实现，只需要将相邻两个时钟周期的数据求差。在带外调相时，实际微分电路利用了串联电容的微分作用。相位调制的主要技术参数包括调相带宽、调相失真、调相相偏、调相相偏准确度和调相相偏灵敏度等。

4. 脉冲调制

脉冲调制是指按给定规律，载波在未调制电平和零电平之间重复接通和断开，而形成载波脉冲的过程。脉冲调制的主要技术参数包括脉冲重复周期、脉冲重复频率、脉冲宽度、开关比、上升/下降时间、脉冲压缩、射频脉冲延迟、脉冲过冲和电平准确度等。脉冲调制主要技术指标的含义见图 7.3。

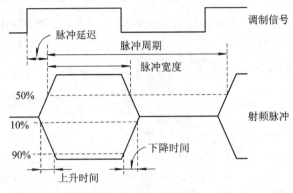

图 7.3 脉冲调制波形与参数示意图

5. 矢量调制

所谓矢量调制，就是将需要传送的信息进行数字量化，转换成一串二进制代码，然后利用载波的幅度值或相位值分别代表这些代码来传送信息。数字调制也有调幅、调相和调频三种基本方式，极坐标图中的不同调制形式如图 7.4 所示。幅度是到圆心的距离，而相位是倾角。幅度调制只改变信号的幅度。角度调制只改变信号的相位。幅度调制和角度调制可以同时发生。常见的矢量调制种类包括振幅键控（ASK）、频移键控（FSK）、相移键控（PSK）和正交调幅（QAM）四种基本形式。矢量调制误差主要包括幅度误差、相位误差、误差矢量幅度 EVM、I/Q 偏移、I/Q 不平衡等。主要技术指标的含义参见图 7.5 和图 7.6。

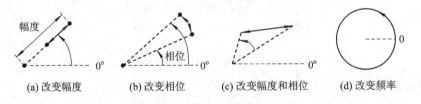

(a) 改变幅度   (b) 改变相位   (c) 改变幅度和相位   (d) 改变频率

图 7.4 极坐标中的调制示意图

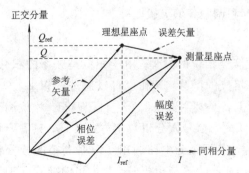

图 7.5 误差矢量的极坐标图

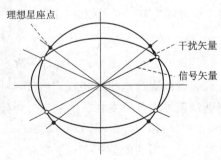

图 7.6 I/Q 不平衡的极坐标图

・幅度误差

$$信号幅度误差 = \sqrt{I^2 + Q^2} - \sqrt{I_{ref}^2 + Q_{ref}^2}$$

其中，I 和 Q 为被测信号的两路正交分量，I_{ref} 和 Q_{ref} 为理想的 I 和 Q 分量。

・相位误差

$$相位误差 = \arctan\frac{Q}{I} - \arctan\frac{Q_{ref}}{I_{ref}}$$

・误差矢量幅度 EVM

$$EVM = \sqrt{(I - I_{ref})^2 + (Q - Q_{ref})^2}$$

误差矢量的实部和虚部分别为 $I - I_{ref}$ 和 $Q - Q_{ref}$。

・I/Q 偏移

I/Q 偏移表示为坐标图中的零点偏移。零点偏移通常是由 I/Q 调制器的本振馈通导致的。如果本振被 100% 地抑制掉的话，I/Q 偏移为零。

・I/Q 不平衡

I/Q 不平衡用于衡量 I/Q 调制器的对称性。I/Q 增益误差是 I 和 Q 路增益不同造成的。I/Q 不平衡可由下式计算获得：

$$I/Q\ 不平衡 = 100 \times \sqrt{\sum \frac{|Int|^2}{|S|^2}}\%$$

式中，Int 表示干扰矢量，S 表示信号矢量。

7.1.4　扫描特性

信号发生器的扫描功能有斜坡扫描和数字扫描两类。数字扫描又包括步进扫描和列表扫描两种。

斜坡扫描是一种模拟扫描，由扫描发生器产生一个周期性锯齿波电压或电流对振荡器进行频率调谐，使得振荡器的输出频率在任意频段上进行扫变。通常通过两种方式设置频率扫描，一种是设置中心频率和扫宽，另一种是设置起始频率和终止频率。为了方便和精确地进行频率读数，在扫频信号中还会夹带输出若干个可移动并可读数的频率标记脉冲，以便标识扫描区段中任意点上的信号频率值。

数字扫描是一种采用数字化方式实现频率或功率的不连续扫描，有步进扫描和列表扫描两种工作方式。步进扫描是在给定的频率和功率范围内呈线性的步进变化，体现为一系列等频率间距、等输出功率的连续波状态下的跳频，一般用于窄带精密扫频测试。其频率点通过起始频率、终止频率、步进间隔和频率点数目四个参数中的任意三个进行设置，每个频率点上的驻留时间是相同的。列表扫描是步进扫频功能的进一步扩展，是按照事先给定的信号序列进行的一种扫描。输出信号的频率、功率偏移和驻留时间都可以独立任意设置，可用于模拟复杂数字微波通信和电子对抗环境。与扫描相关的技术参数主要包括扫描范围、扫描宽度、扫描时间和扫描准确度等。

7.2　基于 FLL＋PLL 的射频捷变频信号发生器

随着现代军事通信的发展，世界各国都在大力开展频率捷变信号的产生与分析技术的研究，进一步加强反截获和抗干扰的能力。在闭环产生频率捷变信号的产品中，国外的产品达到了频率切换时间 15 μs～500 μs，频率准确度可达±2 ppm，单边带相位噪声－127 dBc/Hz(频偏 20 kHz)的水平，解决了高分辨率、低相噪和频率捷变等关键技术。本章节介绍一种射频频率捷变信号发生器的工作原理和设计方案，涉及单环频率合成、模拟相位内插(API)、延时鉴频器、单环频率合成和频率快速跳变等关键技术，对于高纯频率捷变合成信号源和数字通信设备中频率合成器的设计具有重要意义。

7.2.1　整机基本工作原理

一种 FLL＋PLL 高性能的射频频率捷变信号发生器的原理框图如图 7.7 所示，包括了频率参考、频率合成、延时鉴频、内调制、快速跳频控制等部分。该方案主要采用单环小数分频频率合成技术和延时鉴频器技术实现一个频率范围为 515～1030 MHz 的频率合成器，然后运用分频与倍频的方法进行频率向低端和高端扩展，实现 252 kHz～4120 MHz 的频率覆盖。

频率向下扩展是由分频组件对 515～1030 MHz 的 VCO 输出信号进行分频实现的，共完成了 2^N 次分频，$N=1$～11，实现了频率下限 252 kHz。频率向上扩展是由倍频组件完成的，二次倍频实现频率上限 2060 MHz 的覆盖，再经过二次倍频实现 4120 MHz 的覆盖。在信号输出部分还包括 ALC、滤波器和程控步进衰减器。在分频和变频组件中，包含有各种性能要求的低通、高通、带通和陷波滤波器，用以滤除不必要的频谱分量，组件中也包括 ALC 电路。程控步进衰减器扩大了信号输出幅度范围，将输出功率下限扩展到－127 dBm。

频率合成部分由 PLL 和锁频环(FLL)两大部分构成，PLL 采用单环频率合成实现500 kHz～1000 MHz 的基本频段，采用了小数 N 频率合成技术实现频率的精细步进，分辨率为 0.01 Hz，参考频率为 200 kHz。在尾数调制处理方面采用 API 技术手段，API 内插数据通过 DAC 控制 5 个具有十进制补偿量值关系的精密电流源，改变了主路充电的起始电平，消除了尾数造成的电平抖动，尾数寄生抑制优于 70 dB，获得了较高的输出频谱纯度。同时，设计了一个寄生检测单元，检测到的电平由主控单元 CPU 处理，并通过 API 电流补偿数据端口对电流源发送微调数据，弥补了 API 模拟电路随温度变化的缺陷，进一步拓宽了 API 内插温度适应范围。采用延迟线、可变移相器和鉴频器构成的宽带锁频环路，在 10 kHz～1 MHz 频偏内，相位噪声获得了 15～20 dB 的改善。同时，利用 FLL 环路的宽带特性，采用频率校准和预置实现快速闭环频率捷变，最快频率捷变达到了 15 μs，可以输出多达 4000 个频率信道，满足±2 ppm 的跳频频率准确度。

在静态和跳频状态下，它均能同时提供调频和调幅功能，特别是将直流耦合调频(DC FM)信号经过数字化后同步进入小数分频 N 控制器中，改变瞬时信号频率，实现数

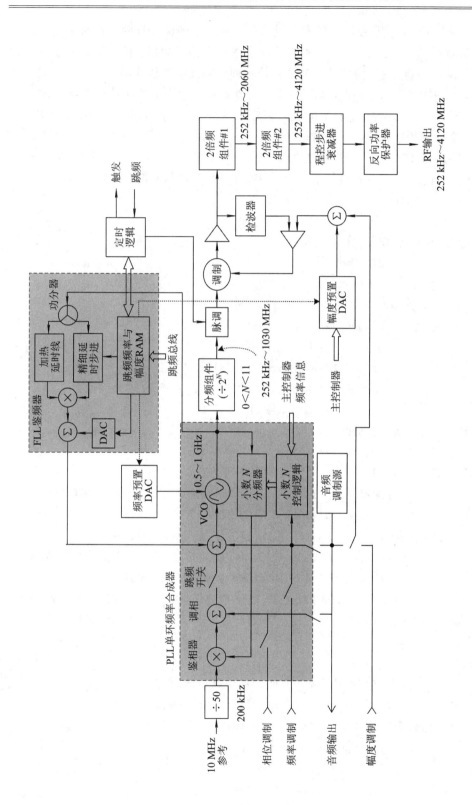

图 7.7　一种 FLL＋PLL 的射频频率捷变信号发生器原理框图

字化调频。传统的 DC FM 是在开环状态下进行的，目的是确保较低的调制频率信号不会被环路反馈信号所抵消。显而易见，这种方法存在着频率漂移问题。该方案采用了数字调频和线性调频两种调制方案。数字化调频方式是一种消除频率漂移的标准 DC FM，它将调频信号数字化，用改变 $N.F$ 分频比数值的方法实现调频，大大降低了传统方案中的频率漂移和偏移。剩余的漂移主要来自 ADC 器件，与开环 VCO 的漂移相比完全可以忽略，因此，这种方法在低调频速率情况下非常准确。

调制源实现 0.1 Hz～400 kHz 的正弦波和高斯白噪声，0.1 Hz～50 kHz 方波、三角波和锯齿波的调制信号，完成各种组合调制。用该方案设计的信号源技术指标为：

- 频率范围：252 kHz～4120 MHz
- 频率分辨率：0.01 Hz
- 最大稳幅功率：+13 dBm
- 最小输出功率：−127 dBm
- 功率准确度：±1.5 dB（+13 dBm～−90 dBm）
  　　　　　　±2 dB（−90 dBm～−127 dBm）
- AM 3 dB 带宽：>5 kHz（252 kHz～8 MHz）
  　　　　　　　>50 kHz（8 MHz～128 MHz）
  　　　　　　　>100 kHz（128 MHz～4120 MHz）
- FM 最大调制率（3 dB 带宽）：10 MHz（515 MHz～4120 MHz），其余频段为 10 MHz
  　　　　　　除以分频次数
- 最大脉冲调制速率：1 MHz
- 脉冲调制开关比：>35 dB
- 单边带相噪：−127 dBc/Hz（1 GHz，20 kHz 频偏）
- 剩余调频：<1.5 Hz rms（0.3 kHz～3 kHz 检波带宽，0.252 MHz～515 MHz）
  　　　　　<2.5 Hz rms（0.3 kHz～3 kHz 检波带宽，515 MHz～1030 MHz）
  　　　　　<5 Hz rms（0.3 kHz～3 kHz 检波带宽，1030 MHz～2060 MHz）
  　　　　　<2.5 Hz rms（0.05 kHz～15 kHz 检波带宽，0.252 MHz～515 MHz）
  　　　　　<5 Hz rms（0.05 kHz～15 kHz 检波带宽，515 MHz～1030 MHz）
  　　　　　<10 Hz rms（0.05 kHz～15 kHz 检波带宽，1030 MHz～2060 MHz）
  　　　　　<20 Hz rms（0.05 kHz～15 kHz 检波带宽，2060 MHz～4120 MHz）
- 谐波：<−30 dBc
- 非谐波：<−94 dBc（252 kHz～1030 MHz，20 kHz 频偏以外）
  　　　　<−88 dBc（1030 MHz～2060 MHz，20 kHz 频偏以外）
  　　　　<−82 dBc（2060 MHz～4120 MHz，20 kHz 频偏以外）
- 频率捷变时间：500 μs（252 kHz～1030 MHz）
  　　　　　　　85 μs（8 MHz～1030 MHz）
  　　　　　　　30 μs（2060 MHz～4120 MHz）
  　　　　　　　20 μs（1030 MHz～2060 MHz）
  　　　　　　　15 μs（128 MHz～1030 MHz）
- 捷变频频率准确度：±2 ppm

7.2.2　延时鉴频器及传递函数

在整机原理框图 7.7 中，FLL 是低相噪频率合成器的一个重要部分，如图中阴影部分所示。详细的延时鉴频器的结构框图如图 7.8 所示，主要由压控振荡器、功分器、延时网络、移相器和鉴相器等几部分组成。VCO 输出信号通过功分器被分成两路，一路经过可变移相器到鉴相器的一端，另一路经过延时网络，时延为 τ，再经过可变移相器到鉴相器另一端。两路信号保持正交状态，由于延时网络的存在，任何频率的变化都会产生一定的附加相移，两路信号在低噪声鉴相器上检出相位误差信号，再到 VCO 的控制端形成强烈的负反馈。鉴相器的输出正比于输入信号相位差的余弦，为了保证两个输入信号正交，分别在两路设置可变移相器。

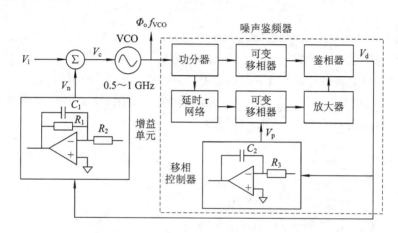

图 7.8　延时鉴频器的结构框图

通常定义传递函数为输出相位 Φ_o 与控制信号 V_i 之间的关系。根据负反馈理论，传递函数的表达式可以写为

$$\frac{\Phi_o(s)}{V_i(s)} = \frac{H_1(s)}{[1+H_1(s)H_2(s)H_3(s)]} \tag{7.1}$$

式中，$\Phi_o(s)$ 为 VCO 输出相位的 Laplace 变换形式，$H_1(s)$、$H_2(s)$ 和 $H_3(s)$ 分别为 VCO、噪声鉴频器和增益单元的传递函数，关系式如下：

$$H_1(s) = \frac{\Phi_o(s)}{V_c(s)}, \quad H_2(s) = \frac{V_d(s)}{\Phi_o(s)}, \quad H_3(s) = \frac{V_n(s)}{V_d(s)}$$

假设 VCO 调谐灵敏度为 K_v，鉴相器增益为 K_d，可变移相器增益为 K_s，增益单元的比例增益为 A_0，以及谐振频率为 ω_0，移相控制器的谐振频率为 ω_1。我们忽略在实际设计与实现中可能由功分器和延时单元所引起的传递函数的奇点，假定鉴相器具有理性的传输特性，噪声鉴频器的传输特性近似为

$$H_2(s) = \frac{V_d(s)}{\Phi_o(s)} = \frac{s^2 K_d \tau}{s+\omega_2} \tag{7.2}$$

式中，$\omega_2 = K_d K_s \omega_1$，$\omega_1 = 1/(R_3 C_2)$。

考虑到频率是相位的微分关系，VCO 的传递函数 $\Phi_o(s)/V_c(s)$ 表示为

$$H_1(s) = \frac{\Phi_o(s)}{V_c(s)} = \frac{K_V}{s} \tag{7.3}$$

V_d 到 V_n 的传递函数表示为

$$H_3(s) = \frac{V_n(s)}{V_d(s)} = -\frac{A_0 \omega_0}{s + \omega_0} \tag{7.4}$$

式中，$A_0 = R_1/R_2$，$\omega_0 = 1/(R_1 C_1)$。

将上述 $H_1(s)$、$H_2(s)$ 和 $H_3(s)$ 关系式代入式(7.1)，得到传递函数为

$$\frac{\Phi_o(s)}{V_i(s)} = \frac{K_V(s + \omega_0)(s + \omega_2)}{s[s^2 + s(\omega_0 G_0 + \omega_2) + \omega_0 \omega_2]} \tag{7.5}$$

假设 $\omega_0 G_0 \gg \omega_2$ 成立，方程进一步简化为

$$\frac{\Phi_o(s)}{V_i(s)} = \frac{K_V(s + \omega_0)(s + \omega_2)}{s(s + \omega_0 G_0)(s + \omega_2/G_0)} \tag{7.6}$$

关系式(7.6)表明了引入鉴频环路后 VCO 固有噪声的改善情况。为了确定相位噪声相对于 VCO 单独存在时的固有噪声所降低的量值大小，我们假设鉴频器反馈环路呈开路状态，并在求和端口上施加一个无噪直流调谐电压，使得 VCO 输出的噪声量值恒等于内部产生的噪声。噪声可以用一个具有平坦频谱的调制噪声电压表示，等效表示为 $\Phi_o = V_\Phi K_V/s$。基于上述假设，可以把关系式(7.6)进一步写为

$$\Phi_o(s) = \frac{V_\Phi K_V}{s} \cdot \frac{(s + \omega_0)(s + \omega_2)}{(s + \omega_0 G_0)(s + \omega_2/G_0)} \tag{7.7}$$

显然，传递特性的极点和零点把输出相噪的特性分割成四个截然不同的区域，如图 7.9 所示。在 ω_2/G_0 和 $\omega_0 G_0$ 整个区间内的相噪低于 VCO 单独的噪声响应 $V_\Phi K_V/\omega$，在 ω_2 和 ω_0 区间上的相噪，是原 VCO 相噪除以增益 G_0，并表现出新的调谐灵敏度。在 ω_2/G_0 到 ω_2 和 ω_0 到 $\omega_0 G_0$ 区间，相噪也有相应的改善。低于 ω_2/G_0 和高于 $\omega_0 G_0$ 区域的相噪和 VCO 单独时的情况一致。上述结果表明了网络在两个传输极点之间的频率范围内形成了有效的负反馈，通过适当设计传输函数的极点和零点，可以充分地降低输出信号的相

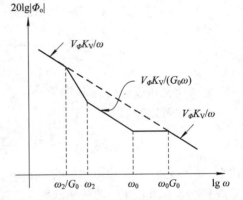

图 7.9 闭环与开环 VCO 相噪特性

噪，并保证正常的频率调谐控制。根据现有器件的性能，增益单元可获得较低的噪声系数，环路性能主要由噪声鉴频器确定，其中的低损耗延时网络、移相器和低相噪鉴相器成为设计中的关键。但是，噪声的降低不会超过噪声鉴频器和增益单元的噪声基底。

根据一直被工程采用的 Leeson 相噪模型，单边带相噪表示为

$$L(f) = \frac{FkT}{2P_o}\Big[1 + \Big(\frac{f_o}{2Q_L f}\Big)^2\Big] \tag{7.8}$$

式中，F 为有源器件噪声因子，k 为玻尔兹曼常数，T 为温度(K)，P_o 为输出功率，Q_L 为有载谐振因子，f_o 为载波频率，f 为频偏。在每十倍频程 -20 dB 所对应的频偏范围内的相噪近似为

$$L(f) = \frac{FkT}{2P_o}\left(\frac{f_o}{2Q_L f}\right)^2 \tag{7.9}$$

我们把鉴频器环路与振荡器视为一个整体，并设 P_o 为延时网络输出的有效功率，F 是图中放大器有源器件的噪声因子，$f_o/(2Q_L)$ 为 $1/(2\pi\tau)$，通常定义为延时网络的"有效半带宽"，则相对于 1 Hz 带宽的输出信噪比为

$$\frac{S}{N} = 10\log\left[\frac{2P_o}{kTF}(2\pi\tau f)^2\right] \tag{7.10}$$

公式表明，参数 P_o、F 和 τ 的设计水平决定最后信噪比的指标，在 20 kHz 频偏处，通常可以获得 140 dB/Hz 的理论性能极限。

7.2.3　FLL＋PLL 方案设计及相位噪声传递函数

将延时鉴频技术与锁相技术结合构成的单环频率合成器如图 7.10 所示，包括锁相环 PLL 和锁频环 FLL 两部分，定义整个环路的传递函数为输出相位 Φ_o 和参考相位 Φ_i 之间的比值关系，可以推出传递函数为

$$\frac{\Phi_o(s)}{\Phi_i(s)} = \frac{K_V K_\Phi (s+\omega_0)(s+\omega_2)}{[s^3 + s^2(\omega_0 G_0 + \omega_2 + \omega_3) + s(\omega_0\omega_2 + \omega_0\omega_3 + \omega_2\omega_3) + \omega_0\omega_2\omega_3]} \tag{7.11}$$

式中，K_Φ 是锁相环路的鉴相器增益，

$$\omega_3 = \frac{K_V K_\Phi}{N}$$

在 ω_2 小于 $0.2\omega_3/G_0$ 成立的情况下，上式可以简化为

$$\frac{\Phi_o(s)}{\Phi_i(s)} = \frac{K_V K_\Phi (s+\omega_0)}{[(s+\omega_3/G_0)(s+\omega_0 G_0)]} \tag{7.12}$$

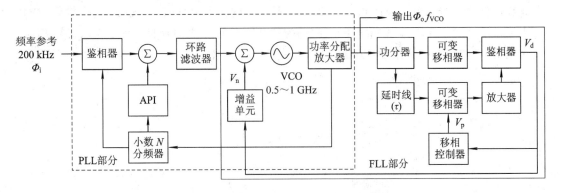

图 7.10　PLL＋FLL 环路频率合成器原理框图

假设将幅度为 V_Φ 的平坦噪声源注入 VCO 的求和点上，去调制一个无噪的 VCO，依据方程(7.12)得到的系统输出为

$$\Phi_o(s) = \frac{V_\Phi K_V (s+\omega_0)}{[(s+\omega_3/G_0)(s+\omega_0 G_0)]} \tag{7.13}$$

根据关系式(7.12)和(7.13)可以得到 PLL＋FLL 相噪传递函数特性与输出相噪的曲线，如图 7.11 和图 7.12 所示。图 7.11 中的虚线为噪声抑制通路开路后，锁相环路和频率控制通路所展现出的幅度响应：在小于 ω_3 的频率区间内为 N；大于 ω_3 以后，以每十倍频程

20 dB 的速率下降。在频偏小于 ω_3/G_0 时，传输特性与通常锁相环一致，ω_3/G_0 决定了整个环路带宽。当 $\omega_2 < \omega_3/G_0 < \omega_0$ 时，环路保持稳定，调谐特性和具有同样交越点频率的通常锁相环路的调谐特性一致。从图 7.12 可以得到输出相噪的改善情况，在系统带宽 ω_3/G_0 内，相噪为 NV_Φ/K_Φ，它和仅有锁相环的情况相比，改善了 G_0 倍，在 ω_3/G_0 到 ω_0 区间，也获得同样的改善效果；在 ω_0 和 $\omega_0 G_0$ 区间，改善效果与频偏有关。虚线表示没有鉴频通路，并且将鉴相增益系数降低为 K_Φ/G_0 来满足在同样的系统带宽 ω_3/G_0 条件下的相噪曲线。

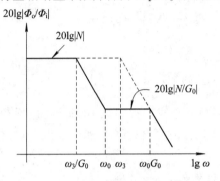

图 7.11　相噪传递函数特性曲线

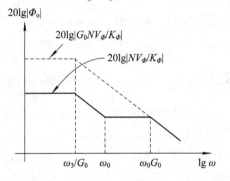

图 7.12　环路输出相噪特性曲线

锁频锁相环的合成相噪曲线如图 7.13 所示，曲线 1 为 VCO 的相噪曲线，当锁相环路应用时，近端相噪取决于参考和环路噪声基底，如曲线 2 所示，沿虚线与曲线 1 相交，最后相噪将跟随 VCO 的相噪特性。也就是通常所说的环路输出相噪带内取决于参考，带外取决于 VCO 结论。当鉴频鉴相环路运用后，可获得曲线 2 和 3 所示的结果。输出相噪先是以锁相环 PLL 确定的相噪曲线的斜率下降，取决于参考源相噪和 PLL 基底。然后，以 30 dB/10 倍频程的斜率沿着锁频环 FLL 噪声下降，经过 FLL 拐点频率后，按照 20 dB/10 倍频程的斜率下降。当频偏达到 FLL 反馈增益单元的谐振频率时，曲线斜率变成零，达到 FLL 稳定化的 VCO 噪声基底电平，并且在超出 FLL 带宽之前保持平坦。在较高偏离时，超过 FLL 带宽的相噪将跟随 VCO 的相噪特性。

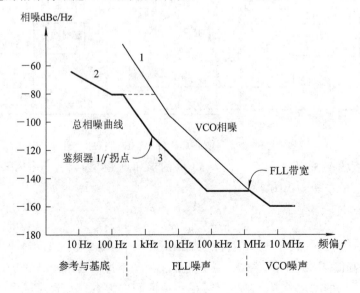

图 7.13　PLL 和 FLL 环路的合成相噪曲线

由于在功分后的两条通路中运用了较少的有源器件，故加性相噪极小。鉴相器的变频损耗、鉴相器的加性相位噪声和放大器的等效输入噪声成为影响锁频环路相噪的主要因素。延时网络的设计与制造也是设计中比较关键的，需要综合考虑相噪、延时网络的损耗、鉴频环路允许的调制速率和噪声峰化等因素的影响，在 500～1000 MHz 频率范围内，$\tau=$ 70 ns 是一种合理的选择。采用长度为 13.3 m 的 50 Ω 半刚同轴电缆缠绕在一块可以加热的电路板上形成一个延时组件，不但满足了时延和非色散要求，而且温控机构将电缆加热并稳定在 70℃ 左右，解决了环境温度变化造成的延时线性能的改变，进一步提高了整机性能的温度稳定性。

应该指出，电缆组件在设计加工时需要采取必要的工艺措施，既要减小组件的体积，又要避免因过小的曲率半径而导致的群时延特性的剧烈波动，这种波动大约为 5 ns，发生在 700～800 MHz 的频率范围内。利用合理的制造工艺过程，在 500～1000 MHz 的范围内满足群时延波动小于 0.5 ns，损耗小于 5～6 dB，绕制好的电缆外形如图 7.14 所示。FLL 环中的功分器采用四线兰格耦合器，设计成 −1 dB 和 −7 dB 的功分特性，以补偿延时线

图 7.14　同轴半刚电缆延时线组件

的损耗，使输入至鉴相器的信号功率相等。

关系式(7.10)表明可以选用较大的时延 τ 来获得优越的相噪性能，但在方程的推导中，我们忽略了延时网络的非理想特性，并假设了 FLL 环路中鉴相器的输出变化相对较小，在调制速率相对较低的条件下，使得 $dV_d/d\omega=K_d\tau$ 关系式能够充分满足。实际上，在 $\omega=\pi/\tau$ 处，鉴频环路的传递函数已经降低了约 4 dB，并有 $\pi/2$ 相移，鉴频环路趋于自激振荡。必须在鉴频环路的增益单元的设计中，在 $\omega=\pi/\tau$ 处增加一个附加零点，使得此处的增益提高 3 dB，并且减小 $\pi/4$ 相移量，使系统无条件稳定并具有 $\pi/4$ 相位余量。锁频环路的带宽可以设计的很宽，但由于相位和增益余量的问题，锁频环路带宽也不宜太宽，如果 ω_3/G_0 接近于 ω_0，在 ω_3/G_0 附近，Φ_o/Φ_i 的幅度有峰化现象。锁频环路带宽为 1 MHz 是比较合适的，可以获得 15～20 dB 的相噪改善。图 7.15 展示了载频 1000 MHz 的相位噪声曲

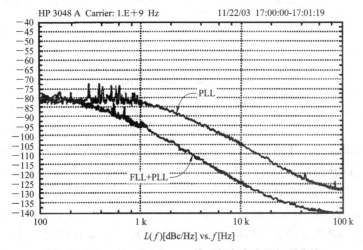

图 7.15　PLL 和 FLL＋PLL 单环频率合成器相噪曲线

线，一条是 PLL 相噪曲线，另一条是 FLL＋PLL 相噪曲线，可以清楚地看到 FLL 环路改善相噪的效果。输出相噪在 100 Hz 频偏内由锁相环决定，在 100 Hz～1 MHz 频偏区间则由锁频环决定。1 MHz 以外通常取决于 VCO 自身相噪。可见，在 10 kHz 以外由鉴频环确定的频偏内，输出相噪达到 −125 dBc/Hz，满足高纯源的相噪要求。

7.2.4 频率捷变特性

捷变频信号发生器通常有两种典型的设计方案，一种是基于 PLL 的频率捷变；另一种是基于直接数字合成(DDS)的频率捷变。前一种方案因受到 PLL 闭环特性的影响，频率切换时间在几十到几百微秒之间。后一种方案是一种开环结构，频率切换取决于 DDS 中的 ADC 工作速率。为了进一步拓宽信号发生器的频率范围，DDS 通常还需要和微波毫米波上变频组件相互配合，依托模拟直接频率合成技术实现频率扩展，可实现的频率切换时间优于 100 ns。

我们这里介绍的频率捷变方案不同于上述两种，它是依托 FLL 环路的宽带特性，通过一个所谓的跳频学习功能达到快速准确的频率预置，进而实现频率捷变功能的。跳频学习功能是根据信道表、序列表、跳频速率和驻留时间的设置，在跳频之前先对每个跳频点的预置参数进行校准并存储，以便在跳频工作时能快速锁定并满足设计技术指标，捷变频校准控制原理示意图如图 7.16 所示。

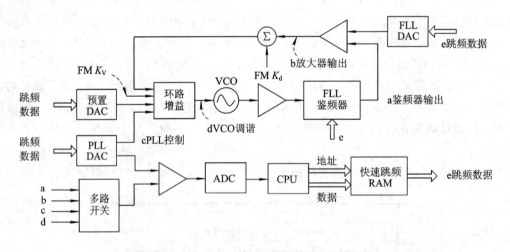

图 7.16　捷变频校准控制原理示意图

根据信道表、序列表、跳频速率和驻留时间的设置，在跳频之前利用 PLL 环将输出锁定在每个跳频点上，通过图 7.16 中的多路开关分别读取 a、b、c 和 d 点的电压进行 ADC 并进行存储。在跳频工作状态下，这些数据通过从快速跳频 RAM 中读取并送到相应控制端，等效调谐电压就被直接送到 VCO 控制线上，快速控制输出频率。完成这个任务需要测量并存储 a～d 点电压，形成 3 个 DAC 数据组，分别为预置 DAC、PLL DAC 和 FLL DAC，利用这 3 个 DAC 数据组可以准确地再现 VCO 调谐电压。其中，预置 DAC 数据的获取是通过设置与预期频率相对应的 PLL 分频比，调节预置 DAC 数值使 VCO 调谐线上的电压为零而获得的；PLL DAC 数据是通过检测 PLL 鉴相输出电压并经过 ADC 获取的；

FLL DAC 用于补偿延时线鉴频器正交时的剩余偏置电压,保证正交时 FLL 鉴相器输出为零。同时,通过 PLL 和 FLL 环路增益的校准,使 PLL 和 FLL 在整个频段内拥有尽量一致的环路增益。

在频率捷变状态下,按跳频序列置入每个频率点的校准值,减少频率和幅度建立的时间。可以存储 2400 个信道和 4000 个序列,跳频速率可达 10 Hz～50 kHz,滞留时间为 6.4 μs～99 ms。由于锁频环路的带宽为 $B_L=1$ MHz,频率切换时间一般为$(4\sim6)/B_L$,相应的频率切换时间为 4～6 μs,加上程序指令执行时间和 D/A 切换时间,最终可以达到 9 μs。

跳频频率准确度或相位误差在信号源各项技术指标中非常引人关注,也是最基本的指标。在静态工作模式下,频率准确度和稳定度取决于 10 MHz 参考时基,输出准确度直接是时基误差的倍乘关系。假设选用的时基日老化率为 0.0005 ppm,在不计内部其它误差情况下,1 GHz 的输出频率在 10 天之后的最坏误差为 5 Hz。

在频率捷变模式下,最大频率误差为 2 ppm。该频率误差的来源主要有两个,一个是时基误差;另一个是与温度相关的漂移。时基的任何误差都将反映到调谐电压上并影响跳频频率准确度,时基误差可以在跳频学习过程中通过校准给予一定的扣除。和温度关联的误差主要来自捷变频通路中的元器件随温度的变化。因此,在工程应用中采取恒温延时线和可控风扇转速等有效措施,就可以大大降低频率捷变准确度随温度变化的敏感度。在最坏情况下,频率误差小于 1 ppm,如果在 5 μs 的持续时间内信号滞留在最终相位的话,相位累计获得的最大累计相位误差是 0.032 rad。

频率捷变的触发和同步时序如图 7.17 所示,输出幅度动态范围与切换时间及电平准确度关系如图 7.18 所示。可以看出,频率捷变幅度动态范围是幅度切换时间的函数,频率切换时间限制在 VCO 的基本速度上,典型值为 9 μs 左右。但是最终的切换时间还要受幅度切换时间的限制,这是由于频率捷变时必须考虑幅度钝化措施。否则,在实际运用中,由脉冲调制效应造成的输出杂散谱会落入邻近信道而造成干扰。为了将频谱杂散降至最低,采用脉冲调制与 ALC 环路相结合,有效地控制幅度暂态的形状。先是通过内部定时器送出负向阶梯信号至 ALC 环路,使输出幅度以一定的速率跌落。跌落速率和 ALC 环路带宽是协调一致的。数微秒后,ALC 环路将幅度衰减 30 dB 左右。然后,再利用脉冲调制器继续将幅度衰减 40 dB 左右。这个定时序列在下一个新的频率点上,反向控制幅度的打开过程。该钝化措施获得了优于 70 dB 的频谱杂散抑制。

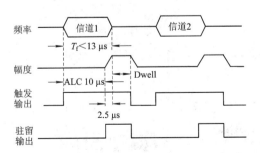

图 7.17　内触发频率捷变同步时序

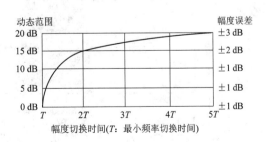

图 7.18　动态范围与幅度切换时间及电平准确度关系

根据上述频率捷变的设计考虑并采取必要的措施后,频率捷变时间优于 15 μs,频率准确度优于 2 ppm。频率捷变时间和频率准确度可以用调制域分析仪进行测试验证,也可以用实时频谱分析仪的频率时间分析模式测试。一种推荐的测试方案如图 7.19 所示,包括一个参考信号源用于混频本振,脉冲信号发生器用于捷变频触发和测试信号参考。被测捷变频信号发生器设置在两个频率点之间跳变,混频输出端口的低通滤波器滤除其中一个频率点产生的中频,测试另外一个频点,滤波后的中频信号输入到调制域分析仪中进行统计分析。

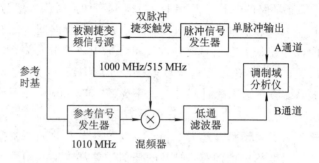

图 7.19 频率捷变时间和频率准确度测试框图

参考信号发生器频率设置为 1010 MHz,输出功率为 +10 dBm;脉冲信号发生器(HP8110A)频率设置为 5 kHz,单脉冲输出信号的占空比为 5%,双脉冲输出占空比为 5%,延时 100 μs,TTL 电平。被测捷变频信号发生器输出功率为 +5 dBm,捷变频点为 1000 MHz 和 515 MHz,驻留时间为 20 μs。调制域分析仪(HP53310A)设置 INPUT A 为 2.5 V 电压门限、DC、1 MΩ;INPUT B 为 400 mV 电压门限、DC、1 MΩ。测试结果如图 7.20 和图 7.21 所示,水平坐标显示的是时间,垂直坐标显示的是频率。图 7.20 是捷变频时间统计的测试结果,可以看出,捷变时间的统计平均值约为 11.6 μs。跳频频率统计结果如图 7.21 所示,统计平均频率为 10.000150672 MHz,标准偏差为 365.6 Hz。

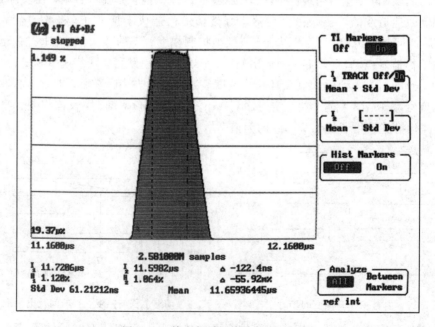

图 7.20 捷变频时间统计的测试结果

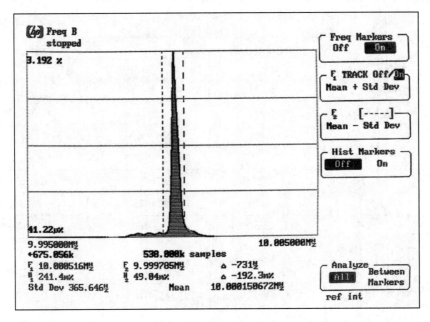

图 7.21　捷变频频率统计的测试结果

7.3　250 kHz～67 GHz 微波毫米波频率合成信号发生器

　　宽带高纯频率合成器主要突出频率覆盖、高频谱纯度和大动态范围等重要指标，并能提供性能优异的 AM、FM、ΦM 调制功能和脉冲调制能力。例如安捷伦公司的 E8257D、安立公司的 MG3696B 都属于这一类产品，拥有 250 kHz～67 GHz 超宽频率覆盖；10 GHz 载波，1 kHz 频偏处的相位噪声为－110 dBc/Hz；功率动态范围大于 110 dB；高精度模拟扫频输出，扫频准确度优于扫宽的 0.05％；优异的宽带 DCFM、DCΦM 功能；高精度线性 AM 和指数 AM；高性能的脉冲调制能力。该器件的实现需要解决的关键技术主要有超宽带高纯频率合成、超宽带高精度大动态范围功率控制、67 GHz 超宽带高性能毫米波部件设计与制造和 67 GHz 超宽带低噪声倍频滤波等。国内外 250 kHz～67 GHz 微波毫米波频率合成信号发生器达到的主要技术指标对比情况如表 7.1 所示。

表 7.1　典型的宽带高纯频率合成信号发生器主要技术指标对比

技术指标		美国安捷伦公司 E8257D （选件 567）	日本安立公司 MG3696B （67 GHz 选件）	中国电科集团 41 所 AV1464
频率范围		250 kHz～67 GHz	10 MHz～67 GHz	250 kHz～67 GHz
频率分辨率		0.001 Hz	0.01 Hz	0.001 Hz
斜坡扫频准确度		0.05％扫宽	0.25％扫宽	0.05％扫宽
谐波	＜2 GHz	－30 dBc	－40 dBc	－30 dBc
	2～20 GHz	－55 dBc	－60 dBc	－55 dBc
	20～50 GHz	－45 dBc	－40 dBc	－45 dBc

技术指标		美国安捷伦公司 E8257D （选件 567）	日本安立公司 MG3696B （67 GHz 选件）	中国电科集团 41 所 AV1464
非谐波	<2 GHz	−65 dBc	−60 dBc	−65 dBc
	2～40 GHz	−50 dBc	−40 dBc	−50 dBc
	>40 GHz	−44 dBc	−34 dBc	−44 dBc
单边带 相位噪声 （10 GHz）	100 Hz	−74 dBc/Hz	−75 dBc/Hz	−78 dBc/Hz
	1 kHz	−98 dBc/Hz	−98 dBc/Hz	−101 dBc/Hz
	10 kHz	−110 dBc/Hz	−107 dBc/Hz	−110 dBc/Hz
	100 kHz	−110 dBc/Hz	−107 dBc/Hz	−110 dBc/Hz
单边带 相位噪声 （67 GHz）	100 Hz	−56 dBc/Hz	−57 dBc/Hz	−60 dBc/Hz
	1 kHz	−80 dBc/Hz	−80 dBc/Hz	−83 dBc/Hz
	10 kHz	−92 dBc/Hz	−92 dBc/Hz	−92 dBc/Hz
	100 kHz	−92 dBc/Hz	−90 dBc/Hz	−92 dBc/Hz
最大稳幅输出功率		+3 dBm	0 dBm	+3 dBm
最小稳幅输出功率		−110 dBm	−105 dBm	−110 dBm
调频带宽		DC～10 MHz	DC～100 kHz	DC～10 MHz
调相带宽（窄带模式）		DC～100 kHz	DC～100 kHz	DC～100 kHz
调幅带宽（线性）		DC～100 kHz	DC～50 kHz	DC～100 kHz
脉冲调制上升下降沿		10 ns	10 ns	10 ns

7.3.1　整机基本工作原理

宽带频率合成器原理框图如图 7.22 所示，主要由 3～10 GHz 频率合成器、250 kHz～67 GHz 微波毫米波通路和驱动与控制等部分组成。从总体方案来看，它是采用基波振荡与下变频及分段倍频相结合来实现全频段频率覆盖的。其基本设计思想是采用超低噪声晶体振荡器作为近载波噪声基准，采用宽带低噪声 YIG 调谐振荡器（YTO）作为基本的微波振荡单元，通过各种低噪声频率合成技术实现宽带低噪声微波合成，然后通过多次分段倍频方式实现高端频率覆盖，用分频方案实现低端的射频频率覆盖。

图中的微波振荡单元是 3～10 GHz 的宽带低噪声 YIG 调谐振荡器（YTO），由于 YTO 在频率覆盖、调谐线性、频谱纯度和可靠性等方面的优势，现代的宽带微波合成信号源几乎无一例外地采用 YTO 作为核心微波振荡器。YTO 在主控计算机和驱动电路的控制下输出 3～10 GHz 的基波信号，由 20 GHz 倍频滤波组件对 5～10 GHz 的信号进行二次倍频，获得 10～20 GHz 的信号。在 20 GHz 倍频滤波组件中，输入的 3～10 GHz 的信号耦合出两路信号，一路送采样下变频提供高纯频率合成所需的反馈信号，另一路送低波段组件进行分频和混频，得到 3 GHz 以下的信号输出。二次倍频之后的分谐波抑制在 20 GHz 倍频

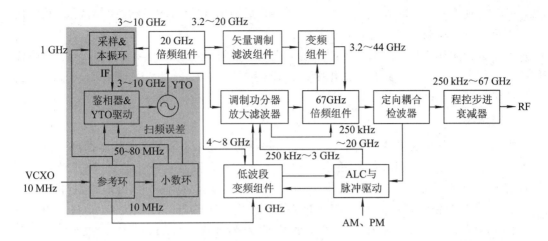

图 7.22　250 kHz～67 GHz 频率合成信号发生器原理框图

滤波组件中完成。20 GHz 倍频组件的主路输出信号 3～20 GHz 进入调制功分放大滤波组件，实现功率放大、线性调制、脉冲调制和谐波抑制。

3～20 GHz 微波主路和 250 kHz～3 GHz 下变频波段在调制功分放大滤波组件中通过开关合并为 250 kHz～20 GHz 信号，作为调制功分放大滤波组件的主路输出。放大滤波组件的副路输出 10～20 GHz 信号，专门用于倍频实现 40 GHz 和 67 GHz 高端频率覆盖。

调制功分放大滤波组件的副路输出 10～20 GHz 信号进入 67 GHz 宽带倍频滤波组件，用于进行一次 2 倍频实现 20～40 GHz 的频率覆盖，两次 2 倍频实现 40～67 GHz 的频率覆盖。67 GHz 宽带倍频滤波组件内部通过开关切换选择，进行一次 2 倍频或者两次 2 倍频。此外，主路输出 250 kHz～20 GHz 也进入 67 GHz 倍频滤波组件，与 20～40 GHz 的倍频输出和 40～67 GHz 的倍频输出在 67 GHz 宽带倍频滤波组件中经过开关合并，实现 250 kHz～67 GHz 的频率覆盖。

整机的功率控制、幅度调制和脉冲调制分成高、低波段两部分。当输出频率大于 3.2 GHz 时，由高波段定向耦合检波器将射频输出信号耦合出一小部分并将它转换为对应的直流电压，此电压与 ALC 环板中的参考电压相比较，得到的误差电压去驱动线性调制器，来调节射频功率，从而实现稳幅功率控制。幅度调制和脉冲调制将分别由线性调制器和脉冲调制器来实现。为了便于指标分配和器件实现，在高端微波毫米波通路中分三段利用三个调制器实现对功率的控制，分别是 3～20 GHz、20～40 GHz 和 40～67 GHz。当输出频率小于 3.2 GHz 时，由射频定向耦合检波和调制器实现，工作原理与 3.2 GHz 以上时相同。最后由稳幅环和程控步进衰减器一起实现超宽带大动态范围的稳幅功率输出。高波段脉冲调制同样分为 3 个波段来实现，波段划分与线性调制器一样。

7.3.2　3～10 GHz 波段频率合成器设计方案

上述的微波毫米波通路采用多次倍频和下变频技术实现了 250 kHz～67 GHz 超宽频率的覆盖，但从频率合成的角度来说，基波频段 3～10 GHz 频率合成器才是 250 kHz～67 GHz 超宽带高纯频率合成器的关键。3～10 GHz 频率合成器主要由高性能参考环、采样/YTO 环、高纯采样本振环和高分辨率小数环等组成。YTO 是采样/YTO 环中的主振荡器，所产生的 3～10 GHz 微波信号经过采样器之后输出 30～64 MHz 的中频信号。采样器本振由高纯采样本振环产生，本振频率为 618～905 MHz，锁定在 1 GHz 频率参考上。高分辨率小数分频环产生 500 MHz～1 GHz 的信号，经过分频后作为频率参考，与来自采样器的中频信号进行鉴相，鉴相器输出的误差信号控制 YTO，最终将采样/YTO 环路锁定。高性能参考环为整机提供各种频率参考。

1. 参考环

参考环要为整机提供各种频率参考，更为关键的是要为小数环和采样本振环提供频率参考。因此，频率参考直接决定了最终整机的频率稳定度和近端频谱纯度。为了使频率参考具有最佳的相位噪声，设计中采用了 10 MHz 和 100 MHz 两个恒温压控晶体振荡器（OVCXO），通过锁相环路将 100 MHz OVCXO 锁定在 10 MHz OVCXO 上，利用锁相环频率再生特性，使得 100 MHz 频率参考的近端相噪（频偏 100 Hz 以内）取决于 10 MHz OVCXO，远端相噪（频偏 100 Hz 以外）取决于 100 MHz OVCXO。参考环原理框图如图 7.23 所示。

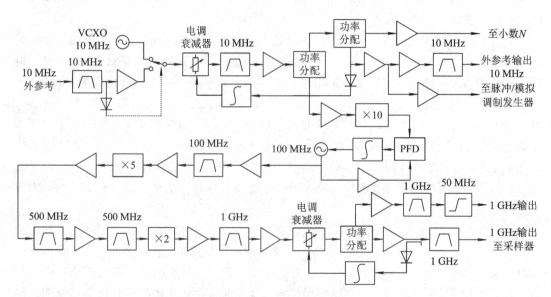

图 7.23　频率参考发生器原理框图

在锁相环路设计方面，该方案没有采用以往常见的利用反馈分频器将 100 MHz 锁定在参考上，而是采用直接将 10 MHz 参考倍频到 100 MHz，再与 100 MHz 的反馈信号进行鉴相。哪种方案更优除了取决于所使用的倍频器件和分频器件的噪声之外，方案上的不同也会带来参考环输出相噪的不同。当鉴相参考频率提高为 100 MHz 时，允许环路带宽设计的较大一些，环路带宽之内的相噪取决于 10 MHz 参考信号经过 10 倍频之后的相噪，环路带宽之外的相噪取决于 100 MHz OVCXO。

在实现 1 GHz 低噪声参考上，采用了肖特基势垒二极管倍频器首先实现 5 次倍频，然后再进行 2 倍频的设计方案。在低倍频次数情况下，与采用变容二极管倍频和阶跃恢复二极管（SRD）倍频相比，具有变频损耗较小和相位噪声恶化也不太明显的特点。

高性能参考环 1000 MHz 输出相位噪声可达到 −66 dBc/Hz（1 Hz 频偏）、−88 dBc/

Hz(10 Hz 频偏)、—105 dBc/Hz(100 Hz 频偏)、—137 dBc/Hz(1 kHz 频偏)、—150 dBc/Hz(10 kHz 频偏)和—152 dBc/Hz(100 kHz 频偏)。其相位噪声曲线如图 7.24 所示。

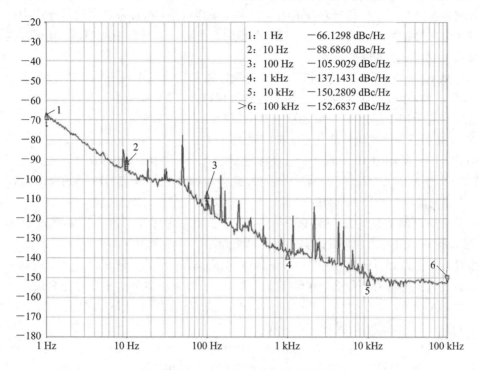

图 7.24　1000 MHz 参考相位噪声曲线

2. 采样/YTO 环

实现微波频率合成器必须采用频率垫枕技术，亦即锁相环的反馈网络采用谐波混频器或采样器，把微波主振频率下变频到射频频段进行鉴相，最终实现对微波主振的锁定。采样/YTO 环原理框图如图 7.25 所示，3～10 GHz 的 YTO 微波信号经过放大隔离和滤波环节后输出到采样器中作为 RF 信号，现代测试仪器微波组件已经高度集成化，放大隔离和滤波环节被集成在 20 GHz 倍频器组件中，进一步减小了体积，降低了连接损耗，提高了可靠性。放大隔离和滤波器互相配合，阻止采样本振及其在采样器中产生的谐波干扰 YTO造成不希望的泄漏或调制寄生输出。

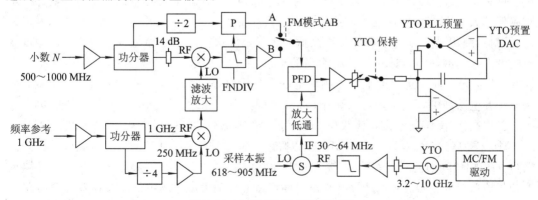

图 7.25　采样/YTO 环原理框图

微波采样器将 3～10 GHz 的微波信号下变频到 30～64 MHz 的中频信号，它是在微波和中频之间建立桥梁的关键微波部件，通常由窄脉冲发生器和微波采样电路构成。窄脉冲发生器将本振大功率正弦信号转换成尖脉冲驱动采样电路，微波采样电路的作用则像一个电子开关，在尖脉冲到来的瞬间把微波振荡该时刻的电压采样到中频端口。采样脉宽应远小于微波周期，一般为皮秒量级。

在点频 CW 方式下，要产生准确的输出频率需要完成两个任务，一是 YIG 驱动预置 DAC 提供一种粗调，也为采样器和小数 N 提供精调；二是频率监测或反馈。以产生 5 GHz CW 信号为例，CPU 通过 YIG 驱动预调 DAC 使 YIG 振荡器输出频率近似为 5 GHz，通常经过 YIG 振荡器调谐非线性修正后，设置误差可以在 3～10 MHz 以内。CPU 也设置采样器 VCO 和小数 N 环的 VCO 频率，这个频率就是 YTO 产生 5 GHz 输出所对应的频率数值。YTO 产生的信号在采样器中被下变频，采样本振 618～905 MHz 由采样本振环路提供，采样器的输出为 30～64 MHz 中频。该中频信号经过放大滤波后输入到相频检波器中，来自小数分频环路的输出信号经过分频后作为鉴相参考频率，鉴相误差经过放大并与 YTO 预调谐电压进行求和，最终实现环路输出频率精确锁定在 5 GHz 上。

采样器贡献的相位噪声在 10～100 kHz 频偏之间。在调频 FM 关闭模式下的相噪比调频 FM 打开模式时的要好许多，在调频 FM 关闭模式下，小数环输出经过分频后作为相位比较器的参考频率，分别为 10 MHz 和 80 MHz。在 FM 模式且 FM 调制速率高于 230 Hz 时，由于需要获得更高的调频速率而采用了一个混频器，然后才作为参考频率，这就导致了相位噪声指标的下降。调频 FM 模式 A 和调频 FM 模式 B 由 FM 模式 AB 控制来切换。图中的其它开关实现 YTO 预置和 YTO 环路保持，主要用于 YTO 扫频功能。

在微波频率合成器的设计中，还有采用谐波混频器将微波频率变换到中频的设计方案，其制造工艺、成本和变频损耗性能具有一定的优势，但要求本振与微波输出有同样的相对频宽，而宽带的本振设计往往是同对其要求更苛刻的低相噪设计相矛盾的，适用于带宽较窄的场合。另外，也有直接采用微波分频器的设计方案，但考虑到频率上限、频率范围以及分辨率等性能指标的限制，一般只在强调整机个别特性（例如扫描特性）时候的一个应用。

3. 采样本振环

上述微波信号的下变频绝大多数时候采用采样器或混频器两种频率垫枕技术方案，但是，频率垫枕的作用在把本振载波 N 倍频到微波范围的同时，也把本振上不希望的噪声调频频偏扩大了 N 倍，或者说，噪声边带恶化了 $20\lg N(\mathrm{dB})$，N 为采样谐波次数，这是倍频的固有特性。因此，采样本振的噪声高低和采样谐波次数的大小会直接影响或决定微波输出的带内噪声的好坏。要改善微波输出的近载频噪声，关键是本振频率合成的低相噪设计，为此甚至需要一定程度上牺牲频率范围和分辨率等，而这方面的不足通常采用微波振荡器预置电路和中频合成技巧来弥补。高纯采样本振环原理框图如图 7.26 所示，在频率选择上采用高频率本振方案，该设计方案将采样本振的频率范围从通常的 200 MHz～300 MHz 提高到 600 MHz～900 MHz，以降低采样谐波次数，从而降低了本振环路引入的噪声。在采样本振环路方案中，反馈方式由通常的分频方式改为混频方式，降低因环路反馈分频器造成的相噪恶化，且混频本振和环路参考分别由参考环中的晶体振荡器直接倍频和处理后得到。在环路带宽设计上选用低噪声宽带环路，以充分利用晶体振荡器的近端噪声特性。在振荡器的设计上，选用高截止频率、低噪声系数的微波晶体管作为振荡管，选用高 Q 值的变容管以提高谐振回路 Q 值并降低压控灵敏度，从而降低振荡器的自由振荡噪声。为保证振荡器的输出稳定性，电源偏置电路采用了温度补偿技术。为避免内部各种频率信号之间相互串扰，在电源处理上，每一功能电路单元分别单独稳压得到，以做到更好的电源隔离。

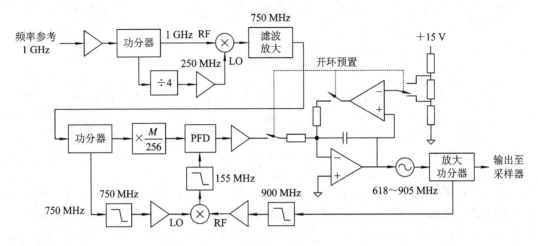

图 7.26 高纯采样本振环原理框图

采样本振在输出 900 MHz 时单边带相位噪声为 -136 dBc/Hz（1 kHz 频偏）和 -140 dBc/Hz（10 kHz 频偏），达到了整机相位噪声对高纯采样本振环的要求。

4. 小数分频环

采样器输出的中频与小数分频环路的输出进行鉴相，所以微波输出频率分辨率与小数分频环路输出分辨率是相等的。因此，小数分频技术是实现精细频率分辨率的一项关键技术。由于小数分频环的输出在 YTO 环中是作为频率参考的，所以它的相位噪声将直接影响到整机输出的近载波相位噪声。由于小数分频环路的相噪是随载波线性地叠加到微波上的，而且就工程设计而言，中频的相噪一般要比微波的相噪至少低 20 dB，因此，与采样本振相比，小数分频环路的相噪特性虽然要求很高，但不是设计中的最大难点，其频率分辨率、API 补偿、结构寄生和环路非线性折叠效应等才是设计中的最大难点。

在小数分频应用之前，为了解决频率分辨率与频率参考之间的矛盾，中频合成器的设计是整个频率合成器设计中的重点。上一代微波频率合成器的中频合成一般都采用了 M/N 环、相加环、20/30 环、倍频分频环等多环嵌套的方法来实现，分辨率可以达到 1 Hz。虽然整体上实现了高分辨率，但电路结构复杂，电磁干扰抑制较为困难，设计与调试复杂，体积大且成本高昂。因此，除了为专门用途设计的微波合成源之外，现在已经很少采用多环结构实现高分辨率设计，而更侧重小数分频等新技术的应用。

小数分频与调制原理框图如图 7.27 所示，利用大规模可编程逻辑器件或专用集成电路来实现 Σ-Δ 调制小数分频器，小数分频的工作时钟从过去的 1 MHz 提高到 5 MHz。鉴相频率的提高进一步降低了近载波 Σ-Δ 调制器量化噪声，同时有效提高了环路带宽，并降低环路反馈分频比，从而进一步降低了小数分频环输出的相位噪声。目前，Σ-Δ 调制小数分频频率合成器产品中的最高时钟工作频率超过 50 MHz 甚至上百兆。

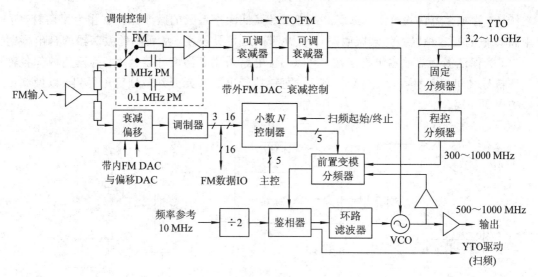

图 7.27　小数分频与调制原理框图

　　根据整机系统设计，为了获得更加理想的鉴相参考噪声，对小数分频环的输出进行 16 分频后再作为采样/YTO 环的频率参考，从而要求小数分频环路输出具有较大频率带宽。在 VCO 设计上选用宽带的 LC 型压控振荡器，输出频率范围为 500 MHz～1000 MHz。通常在 VCO 的谐振回路设计上采用多个变容二极管串并联的方式，在保证足够谐振回路 Q 值的基础上增加调谐范围，并在振荡器的电源偏置上采用低噪声且带温度补偿的恒流源电路进一步减小直流偏置电路对振荡信号的分流来降低振荡器的噪声。

　　在合成扫频模式下，不再使用采样器，而是采用前面介绍的利用分频器直接对微波主振荡器 YTO 实施分频的技术方案。由 YTO 驱动控制电路中的扫描发生器对 YTO 进行扫频预置，然后通过分频器对 3.2～10 GHz 的信号进行固定分频和程控分频，得到 300～1000 MHz 的信号，再利用小数 N 分频器实施分频之后与 5 MHz 的参考信号进行频率/相位比较，得到的误差电压再反馈回到 YTO 驱动，通过把 YTO 的扫频驱动与小数环上分频比的扫描同步起来，最终实现 YTO 的扫频锁定。这实际上是一种数字扫频，与步进扫频有点类似，区别在于锁相扫频的频率跳变间隔远小于频率分辨率。由于锁相扫频是反馈回路的改变造成的，实际输出频率是按照设定的时间常数在两个频率点之间平滑过渡。由于锁相环的同步带宽较小，为了避免失锁，必须保证预置扫描信号的准确度，并对调谐线性进行适当的补偿。为了满足点频和扫频的需要，通常设计成可变的环路带宽，在保证跟踪速度的前提下，尽量获得线性平滑的频率过渡。可见，锁相扫频的核心思想是利用锁相环的同步跟踪特性弥补扫频过程中的非线性误差，该方法能够达到扫宽万分之一以上的扫频准确度。

　　在斜坡扫描模式下，YIG 驱动、频率参考和小数 N 都用于这种扫描模式，也不使用采样器。通常的基本设计原理和方法是根据 YTO 的调谐特性，用频率预置信号把 YTO 调谐到扫频起始频率上，由扫描发生器产生一个与扫频宽度相对应的斜坡扫描信号输入到 YTO 的驱动电路中，由此实现微波模拟扫频信号输出。由于 YTO 与驱动电路的温漂、YTO 的非线性和迟滞效应等因素，会产生各种频率误差。首先，预置误差，体现为扫频起始频率不准确；其次，扫宽误差，无法保证扫频准确地终止于预计终止频率；第三，扫速误差，各种非线性因素导致扫频过程中速度不均匀。利用频率合成可以消除或减小这些频率误差，完成合成扫源功能。其中涉及"锁滚"和扫频准确度校准技术。

"锁滚"是把 YTO 主振调谐到起始频率附近，通过锁相环得到很高的频率准确度。接下来断锁相电路，利用采样-保持电路维持起始频率准确度所需的驱动电压，并将扫描斜坡叠加到 YTO 主振驱动电路中实现所希望的扫频，这就是所谓的"锁滚"式合成扫频技术。"锁滚"技术的应用获得了准确的扫频起始频率，但对于和扫速与扫宽相关因素所造成的扫频过程中的频率误差却无能为力。如果不考虑扫描非线性造成的频率误差，则扫频误差体现为扫频终止频率不准确。在维持线性特性不变的条件下校准终止频率，实际上是校准扫频速度，扫频速度的误差等于扫描频率误差与扫描时间的比值。扫频准确度校准技术是在扫频时利用锁相环测量规定频点的瞬时频率，获得扫频误差并应用于扫描发生器的扫描坡度调整，从而修正扫速得到准确的扫宽。该方法通常可以达到千分之一的扫频准确度。因此，通常在小数 N 控制芯片中增加一个计数器功能，设计或共用一个相位锁定电路，在扫描期间监视和保持相位锁定，为 YTO 提供频率校正电压。

为了实现闭环带内调频，通常将调制信号叠加到鉴相器输出上，由于是在环路带内，环路的响应将成比例地调整输出相位，从而线性地调整鉴相器反馈端输入相位，使之输出负向的误差电压，把合成电位拉回平衡点，从而实现了从调制信号输入到环路输出带内调相输出的变换。由于相位和频率是一对微积分变换关系，带内不能实现的高频调相，可以通过把调制信号微分后直接驱动主振，以带外调频方式实现。而低频调频也可以将调制信号积分后，叠加到鉴相器输出的相位误差信号上，在不切断锁相环的条件下以调相方式实现。这种跨越锁相环通频带的两点调制已经在前面章节中介绍过。调频、调相分别在 YTO 环和小数环中实现，其中调制率在 50 kHz 以上时主要在 YTO 环中实现，小于 50 kHz 时在小数分频环中实现。

3～10 GHz 频率合成器相位噪声曲线和倍频到 67 GHz 的相位噪声曲线如图 7.28 和图 7.29 所示，从图中可以看出，10 GHz 载波的单边带相位噪声为，100 Hz 频偏处是 −91.89 dBc/Hz，1 kHz 频偏处是 −111.58 dBc/Hz，10 kHz 频偏处是 −115.62 dBc/Hz，100 kHz 频偏处是 −114.13 dBc/Hz；67 GHz 载波的单边带相位噪声为，100 Hz 频偏处是

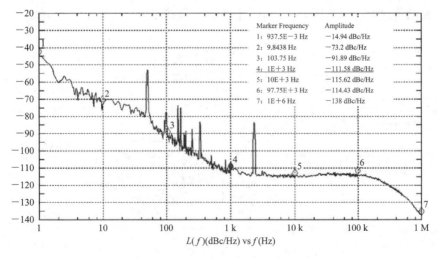

图 7.28　10 GHz 输出相位噪声曲线

—76.89 dBc/Hz，1 kHz 频偏处是 —94.47 dBc/Hz，10 kHz 频偏处是 —96.16 dBc/Hz，100 kHz 频偏处是 —96.5 dBc/Hz。

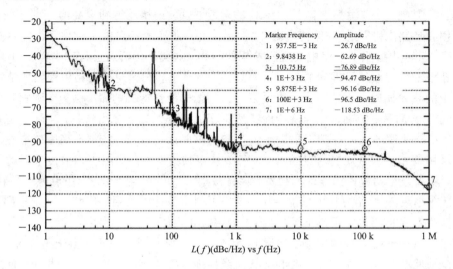

图 7.29　67 GHz 输出相位噪声曲线

7.3.3　低频段和微波毫米波频段的扩展

1. 250 kHz～3.2 GHz 低频段扩展

250 kHz～3.2 GHz 低频段扩展由一个分频链和下变频器组成。首先将来自 YTO 的 4～8 GHz 微波信号实施滤波后进行多模分频处理，进行除 2、除 4 或除 8 分频产生 250 MHz～3.2 GHz 射频信号，其谐波抑制根据输出频段采用多个低通滤波器来实现。滤波器的截止点分别设置在 400 MHz、630 MHz、1 GHz、1.5 GHz、2.4 GHz 和 3.2 GHz 处。在放大滤波通路中设计了一个预稳幅电路，防止后级放大器功率过大造成较大的谐波成分。250 kHz～250 MHz 频段的生成是由分频得到的 750 MHz～1 GHz 信号与来自参考环的 1 GHz 本振信号经过下变频得到的。250 kHz～3.2 GHz 低频段扩展的原理框图如图 7.30 所示。

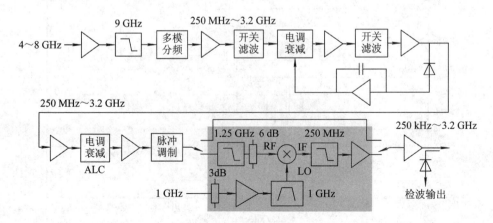

图 7.30　250 kHz～3.2 GHz 低频段扩展原理框图

250 kHz～3.2 GHz 低频段扩展后的相位噪声曲线如图 7.31 所示，2 GHz 载波的单边带相位噪声为：100 Hz 频偏处是－102.68 dBc/Hz，1 kHz 频偏处是－123.95 dBc/Hz，10 kHz 频偏处是－128.42 dBc/Hz，100 kHz 频偏处是－129.22 dBc/Hz。

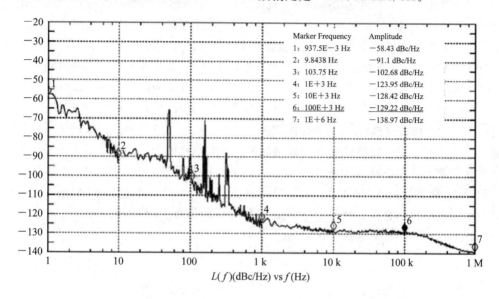

图 7.31　2 GHz 输出相位噪声曲线

2. 20 GHz 微波倍频滤波组件

20 GHz 倍频滤波组件由倍频单元和开关滤波单元组成，如图 7.32 所示，当信号源输出 3.2～10 GHz 的信号时，工作在直通模式，输入信号通过波段开关由主微带线直接输出；当信号源输出 10～20 GHz 的信号时，其工作于二次倍频模式，5～10 GHz 的输入信号经倍频得到 10～20 GHz 的信号。倍频器后的信号不但包含有输入信号的二次谐波，也包含有输入信号的基波及其它高次谐波，必须采用分段开关滤波技术实现对它们的抑制。为防止信号泄漏，每路滤波器控制开关采用两组串/并联型 PIN 管开关构成，以提高隔离度。由于微带滤波器高低阻抗线的阻抗电平差较小，不可避免地会产生寄生通带，为此采用不同截止频率的双滤波器结构。

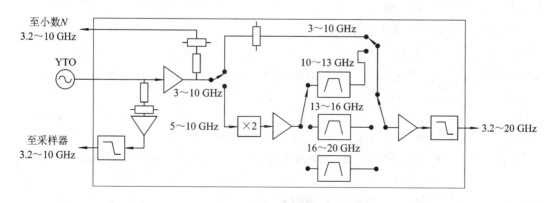

图 7.32　20 GHz 倍频组件原理框图

3. 40 GHz/67 GHz 倍频放大滤波组件

40 GHz/67 GHz 倍频放大滤波组件是实现 40 GHz～67 GHz 频率覆盖的关键微波毫米波组件,其输出频率特性、功率特性、幅度调制特性和脉冲调制特性等都直接决定了整机性能。它包括 40 GHz 倍频滤波单元和 67 GHz 倍频滤波单元,并集成到一个微波组件中,进一步减少了连接器个数,减小了通路连接损耗,提高了可靠性和可生产性。

40 GHz/67 GHz 倍频放大滤波组件原理框图如图 7.33 所示。在谐波和分谐波的抑制上,同样采用了分段开关滤波的技术方案,在 20～40 GHz 频率范围内,信号分成 3 个波段,分别为 20～25.4 GHz、25.4～32 GHz 和 32～40 GHz,滤波器采用四分之一波长平行耦合线耦合器,波段选择由两个同步的 PIN 管单刀三掷开关来完成。开关滤波后的信号功率被进一步放大,用以提高倍频器的输出功率。为了滤除由于功率放大器非线性产生的二次谐波和倍频器产生的高次谐波,采用了截止频率可变低通滤波器。当输出频率为 40～67 GHz 时,信号被分成两个波段(40～51 GHz、51～67 GHz)进行滤波。然后经过调制放大后与低端输出频率合并,输出 250 kHz～67 GHz 的信号。4 倍频放大滤波组件的最大输出功率在 67 GHz 频段上达到＋16 dBm。

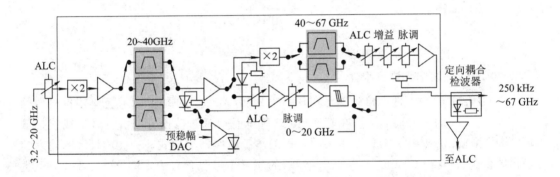

图 7.33　40 GHz/67 GHz 倍频放大滤波组件原理框图

4 倍频放大滤波组件采用了偶次倍频方案,二次倍频器采用共面波导/槽线/微带结构。如何解决好倍频后信号至槽线转换以及槽线至微带的转换,尤其是倍频后信号至槽线的转换问题是设计中的关键。

4. 射频、微波矢量调制组件

矢量调制模块的主要功能是产生 250 kHz～44 GHz 频段的矢量信号,共分为 3 个单元完成全频段的覆盖,如图 7.34 所示,包括射频 250 kHz～3.2 GHz 调制单元、3.2 GHz～20 GHz 矢量调制单元,以及 20 GHz～44 GHz 矢量调制信号产生单元。

3.2 GHz～10 GHz 微波信号(实际上只用到 4 GHz～8 GHz 信号)经过放大、分频和滤波处理实现了 250 MHz～3.2 GHz 的频率覆盖。预稳幅单元(图中未画出)将 250 MHz～3.2 GHz 信号的功率控制在射频矢量调制器最佳工作点上,由射频矢量调制器完成 250 MHz～3.2 GHz 频段的矢量信号调制。这个射频矢量信号再经过放大滤波后进入自动电平控制(ALC)调制器和脉冲调制器(图中未画出),实现功率控制和脉冲调制,然后信号经过开关直接输出,或与 1 GHz 本振信号混频产生 250 kHz～250 MHz 的信号覆盖。

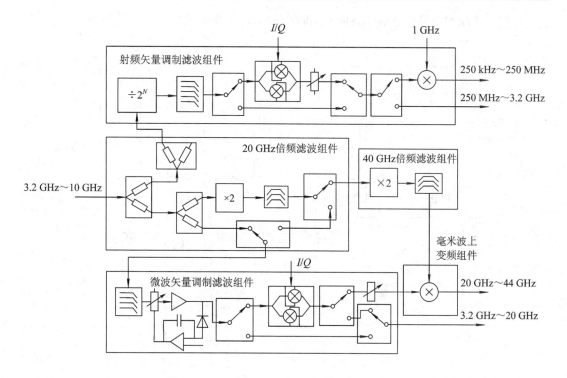

图 7.34　250 kHz～44 GHz 矢量调制原理框图

微波矢量调制组件采用基波调制方式，产生 3.2 GHz～20 GHz 频段矢量调制信号。3.2 GHz～10 GHz 信号在 20 GHz 倍频器中经过开关选择，输入到微波矢量调制组件中，首先经过滤波和预稳幅单元，将 3.2 GHz～20 GHz 信号的功率控制在微波矢量调制器最佳工作点上，由微波矢量调制器实现 3.2 GHz～20 GHz 矢量调制信号。为了简化框图，突出重点，图中省略了实现 3.2 GHz～20 GHz 频段功率控制的线性调制器和脉冲调制器。当工作频率大于 20 GHz 时，受限于 I/Q 调制芯片的频率，20 GHz～44 GHz 频段的调制采用 3.2 GHz～10 GHz 矢量信号上变频产生，利用毫米波倍频技术产生 20 GHz～40 GHz 的信号作为混频器的本振信号，与 3.2 GHz～10 GHz 矢量信号进行混频，利用毫米波上变频技术实现 20 GHz～44 GHz 矢量调制的频率覆盖。

根据所述工作原理，产生 250 MHz～3.2 GHz 射频矢量信号和 3.2 GHz～20 GHz 微波矢量信号，需要解决工作频率宽、调制速率高、载波泄漏小的射频和微波矢量调制，以及大带宽 I/Q 通道设计及精密补偿等关键技术，需要分析影响矢量调制信号的各种因素，建立大带宽(200 MHz)I/Q 通道调理及精密补偿模型。

在所有关键技术中，重点和难点还是宽带 I/Q 调制器的设计，为了精确保持 90 度移相必须增加移相网络，然而移相网络同时也产生了幅度变化，而本振的幅度变化又将造成混频器的附加移相。通常需要确保输入电平为本振额定电平的 70% 左右，具有非常好的平坦度，甚至需要增加一个伺服系统来保持 90 度移相。在射频调制器的设计中，利用 RC 网络实现移相和用环形混频器实现调制，采用零偏置 FET 降低下变频的 1/f 噪声。其中的 RC 移相网络原理简图如图 7.35 所示，芯片中利用输入级提供较高的频响和较低的源阻抗，为 RC 移相器的容性负载提供大电流。并且利用微带传输线增加 I/Q 通路之间的相位差，在频率高端用来补偿形成 I 路的 R_i 和 Q 路的 R_q 的场效应管的寄生电容。

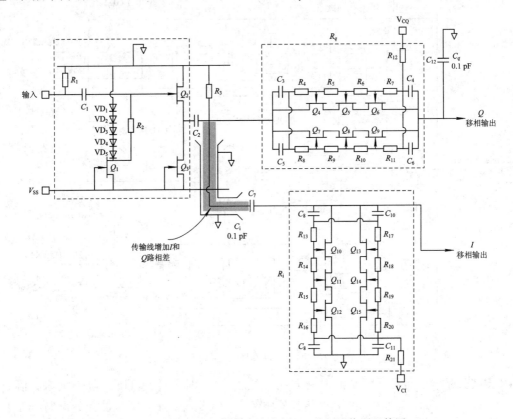

图 7.35 射频 I/Q 调制器芯片内部 RC 移相网络原理简图

微波矢量调制器同样是个关键，电路原理如图 7.36 所示。图（a）中的输入载波作为本振信号通过宽带 90°功分单元产生两个幅度相等、相位相差 90°的两路本振信号，然后分别与 I 信号和 Q 信号进行混频，混频后的两路信号合并输出，提供一个复合的调制信号。90°功分器采用带状线结构的宽带定向耦合器可以将本振输入信号功分为相位相差 90 度的两个信号。微波矢量调制器要求实现频率范围为 3.2 GHz～20 GHz、输入功率为 13 dBm、功分臂功率平衡优于±0.8 dB、90°移相误差优于±4°。采用对称渐变耦合线耦合器，在功率平衡和移相误差之间可以取得较好的折中。混频器采用环形双平衡混频电路，需要满足频率范围为 3.2 GHz～20 GHz、输入功率为＋7 dBm、变频损耗小于 8 dB、本振到射频的隔离优于 50 dB、动态范围优于 50 dB、镜像抑制大于 45 dB。平衡到不平衡变换器也非常关键，它对本振隔离、幅度平衡和相位误差都有影响。目前，国内外仪器厂家都已经采用专用 MMIC 芯片实现上述功能，微波调制器达到的主要技术指标为：工作频率为 250 MHz～8 GHz 和 3 GHz～20 GHz，1 dB 调制带宽为±500 MHz，输出噪底为－160 dBm/Hz，正交误差优于±5°，增益平衡优于 0.2 dB。

调制带宽是矢量信号发生器的核心技术指标之一，达到调制带宽 160 MHz，也要求从基带信号发生、矢量调制和微波信号通道等所有环节级联后满足要求。由于印制板损耗，运算放大器带宽等限制因素，基带 I/Q 信号频率越高，到达矢量调制器时的损耗就越大。因此，必须在驱动电路中针对其损耗情况进行相应补偿，以改善基带调制信号的带内频率

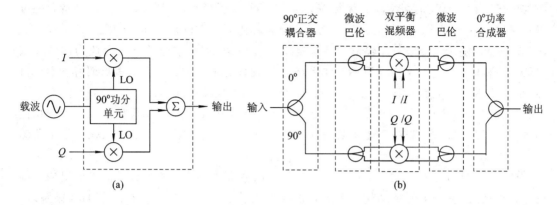

图 7.36 微波矢量调制器原理框图

响应。由于基带调制率较高，两个通道电长度相差几毫米就会造成 I/Q 通道信号的相位相差 $1°$，而且两个通道分别要经过放大、求和、衰减、补偿等诸多环节，因此要保证两通道的电长度相等有一定困难。除了严格进行电路板布局和对称布线之外，还需要在基带信号发生器中设置延时调制电路，单独调整内部 I/Q 信号的相位。

以上描述了矢量调制的硬件构成和指标要求，若想达到整机设计指标，使产品工程化，还需解决相位和幅度检测与误差修正方法，矢量调制器的正交测量与校准技术，正交调制器的调制准确度的调整方法和装置，以及如何利用完整信号捕获同时获得幅度和相位信息，以便实现自校准等等。

7.4　75～110 GHz /110～170 GHz BWO 基波频率合成信号发生器

频率合成信号发生器向毫米波频段的扩展主要采用两种方案，一种是采用倍频器方案，利用已有的微波频率合成信号源，信号经功率放大后驱动倍频器产生毫米波信号输出，具有系统配置灵活的优点，频率上限可达到 170 GHz 或更高（但就倍频器而言，上限频率已经达到 1.2 THz），但输出功率较低，3 mm 波段的输出功率大约为 0 dBm，2 mm 波段的输出功率大约为 −6 dBm，而且不易实现对输出信号的调制。另一种是采用基波输出设计方案，例如，俄罗斯的 KVARZ 电子仪器测量研究所和 ELVA-1 公司等采用返波管振荡器（BWO）作为毫米波振荡单元的核心，开发出系列宽带毫米波频率信号源，波段分别为 37.5～53.57 GHz、58.57～78.33 GHz、78.33～118.1 GHz、118.1～178.4 GHz 和 178.4 ～260 GHz，其中 3 mm 波段的输出功率达到 +4 dBm，2 mm 波段的输出功率达到 +3 dBm，并具有较好的相位噪声指标。由于基波方案减少了倍频环节，也减缓了倍频造成的相噪基底的恶化，在频谱纯度上具有较大的优势。由于返波管振荡器基波输出功率相对较大，在信号源稳幅环路中有较大的功率裕量用以抵消隔离器、电调衰减器和定向耦合器等部件的插损，可以在实现调幅和脉冲调制功能时游刃有余。本小节主要介绍毫米波波段 BWO 基波频率合成信号发生器的设计方案。

7.4.1　系列化 BWO 频率合成信号发生器整机方案

BWO 是微波电真空器件中的一种。在研究行波管的过程中，发现慢波结构上存在返波与电子注相互作用时可实现自激振荡，从而发明了返波管这种器件。它的显著特点是可以在很宽频带内实现电子调谐。在现代集成电路和固态器件的世界里，返波管几乎被人们遗忘。然而，随着当今太赫兹辐射源与探测技术的发展，太赫兹返波管已经成为国内外众多研究机构的研发方向，返波管的高频系统是返波管的主体部分，也是重点研究内容。目前，国内外生产的返波管已有几百余种，频率范围已经覆盖 500 MHz～1500 GHz。与其它固态振荡器和远红外气体激光器等信号发生器件相比，返波管的功率重量比或功率体积比是最高的。换句话说，返波管是最具有实现小型化毫米波基波输出频率合成信号发生器的主振之一。

BWO 主要由电子枪、磁聚焦系统、慢波结构、终端吸收器、收集极和能量输出装置等几个构件组成。其中，慢波结构、终端吸收器和能量输出装置构成了返波管的高频系统，它是微波真空电子器件中电子注同高频场发生相互作用，并且能够进行能量交换来实现微波振荡或放大的机构，其特性会影响 BWO 的工作频率、频带宽度、换能效率和输出功率。返波管的主要特性参数有电子调谐带宽、电子调谐斜率、输出功率、频谱特性和频率稳定性等。

系列化频率合成信号发生器原理框图如图 7.37 所示，BWO 作为信号发生器的主振单元，BWO 振荡输出信号通过直流隔离器、隔离器、定向耦合器、电调衰减器和定向耦合器等毫米波部件输出。根据使用不同波段的 BWO，输出频率范围可以分别为 37.5～53.57 GHz、53.57～78.33 GHz、78.33～118.1 GHz 和 118.1～178.4 GHz。整机最大输出功率取决于 BWO 输出功率和主路中毫米波部件的插入损耗，动态范围取决于电调衰减器的线性范围和主路开环频响。

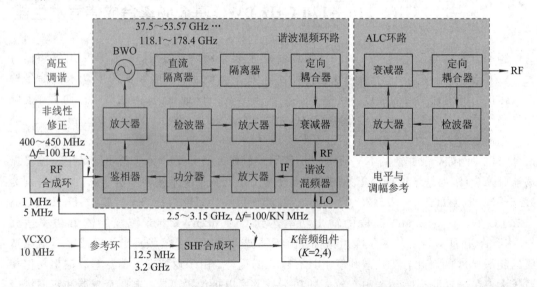

图 7.37　系列化毫米波频率合成信号发生器原理框图

频率合成部分主要由参考环、谐波混频环、RF 合成环和 SHF 合成环等 4 个环路组成。ALC 环路用于对毫米波信号电平进行控制，包括稳幅、衰减和调幅。ALC 设计中使用了两个检波器，一个用于毫米波检波，另一个用于 10 MHz 电平参考信号检波。系统通过比较放大两个检波器输出，控制电调衰减器，进而控制毫米波电平变化，使毫米波检波器跟踪参考信号检波器的输出,把参考信号的电平和调制信息传递到毫米波输出中,较好地消除了检波器的温漂和非线性。

我们以频率合成部分为重点,介绍参考环、谐波混频环、RF 合成环和 SHF 合成环的工作原理以及相位噪声传递模型。

1. 参考环

参考环采用 10 MHz VCXO 高稳频率参考,通过倍频、分频和混频等技术手段生成 1 MHz、5 MHz、10 MHz、12.5 MHz 和 3.2 GHz 高稳信号,分别作为 SHF 合成器、RF 合成器的频率参考以及毫米波单元 ALC 参考信号源,同时也为系统提供 10 MHz 的时基输出。

2. 谐波混频环

谐波混频环是实现 BWO 毫米波频率合成器中最为关键的环路,也是有别于射频微波频率合成器的一个环路,涉及毫米波谐波混频、正交鉴相、数字鉴相、BWO 调谐线性修正和动态补偿、高稳定高压电源和 BWO 锁相等众多关键技术。

谐波混频环是一个在锁相环反馈通路中利用谐波混频器将微波毫米波信号下变频实现频率垫枕的锁相环路,与通常的采样环的区别就是采用了谐波混频器而不是采样器。利用谐波混频环实现微波毫米波频率合成是一种有效的锁相技术和方法,它具有制造工艺简单、成本和变频损耗低等优势。与采样器相比,由于谐波次数 N 较小,对相噪的倍频效应就小,因此拥有较好的输出相噪性能。但是,环路设计的技术难点转移到了频段相对较宽的混频本振上。谐波混频环的原理框图如图 7.38 所示。

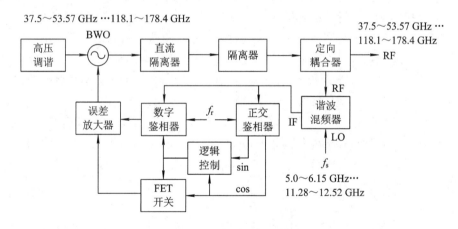

图 7.38　谐波混频环原理框图

频率范围为 37.5～53.57 GHz、53.57～78.33 GHz、78.33～118.1 GHz 和 118.1～178.4 GHz 的毫米波输出信号被谐波混频器下变频到 IF 中频信号,谐波混频器的本振信号由 SHF 合成器所产生的 2.5～3.13 GHz 步进调谐信号,通过倍频($K=2$ 或 4)和放大后提供,频率范围为 5.0～6.15 GHz、10.016～12.3 GHz、10.71～12.36 GHz 和 11.28～12.52 GHz,频率分辨率为 100 MHz。IF 中频信号经过放大后被功分为两路,一路中频进入正交鉴相器(QPD),QPD 的另一路输入的是 RF 合成器提供的 400～450 MHz 参考信号 f_r,频率分辨率为 100 Hz。为了满足 100 MHz 的频率覆盖,谐波混频采用了 $f_{BWO}=Nf_s\pm$

f_r两种工作模式。鉴相的余弦输出通过一个 FET 开关进入误差放大器，放大输出信号用于驱动并锁定 BWO。另一路中频信号经过检波放大后通过电调衰减器控制谐波混频器的射频输入电平，如图 7.37 所示，这个 ALC 环路可以确保谐波混频器输出的中频信号功率在预期的范围内，其变化范围取决于检波器的频响，相对固定的中频信号保障了鉴相器灵敏度的一致性。

BWO 作为锁相频率合成器的振荡源，它的频率稳定度对整机设计是非常重要的。振荡频率在标称值 f_o 附近某一频带内变化的相对值，即 $\Delta f / f_o$ 定义为频率稳定度，有时也直接用 Δf 表示。频率稳定度有瞬时频率稳定度和长期频率稳定度之分。BWO 的频率稳定度 $\Delta f / f_o$ 与高压稳定度 $\Delta U_o / U_o$ 之间的关系为

$$\frac{\Delta f}{f_o} = \frac{S}{f_o}\frac{\Delta U_o}{U_o}U_o \tag{7.14}$$

式中，S 是 BWO 调谐斜率，U_o 是 BWO 调谐高压。以 ISTOK 公司的 BWO 为例，频段为 110 GHz～170 GHz，调谐电压为 −400 V～−2600 V，调谐斜率为 $S = 27$ MHz/V。

高压电源的纹波是造成瞬时稳定度变差的重要因素之一，形成强烈的剩余调频现象。当高压电源纹波在 0.01%～0.1% 时，剩余调频为 $\Delta f = 6.8～68$ MHz。实现毫米波锁相是非常困难的，除了要求高压调谐电源拥有较高的精度之外，在毫米波谐波混频环的设计上同时采用了正交鉴相器和数字鉴相器(DPD)，首先实现鉴频，然后鉴相。同时，还利用环路变带宽技术，实现进一步扩大锁相环路的捕获范围和增大环路的保持范围。

图中的逻辑控制单元通过正交鉴相器的正弦和余弦输出判断并控制环路工作状态。正常锁定状态下鉴相器输入相差约等于 $\pi/2$，故余弦输出约为 0，正弦输出约为 1，逻辑控制单元使数字鉴相器处于保持状态，并通过 FET 开关用余弦输出维持环路锁定状态。在环路失锁或电路干扰使环路偏离同步带中心太远时，仅靠鉴相器余弦输出一路不能提供足够的捕获带宽，此时，正弦和余弦输出电平的变化促使逻辑控制单元使能数字鉴相器并切断 FET 开关，使锁相环进入搜索状态，直到进入捕获带后再切换回来，实现环路锁定。

数字鉴相器(DPD)原理框图如图 7.39 所示，在搜索模式下，输入信号 $f_i/16$ 和 $f_r/16$ 的差频控制双向计数器进行加减计数，计数结果经过 DAC 后，不断地牵引 BWO 输出频率向预期频率靠近，从而抵消环路失锁电压。当失调电压足够小而进入环路捕捉带时，逻辑控制单元停止分频器工作，从而停止计数器动作，使 DAC 输出稳定下来，同时导通 FET 开关，使环路在此基础上锁定。

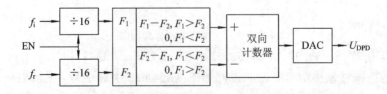

图 7.39　数字鉴相器(DPD)原理框图

实现 BWO 的锁定还涉及稳定度极高的高压电源设计、BWO 调谐线性修正和锁相误差控制技术等。在 BWO 高压电源的设计中，通常将滤波后的 220 V 交流电进行多路调理，包括电压变换和电压调整，再进行电压叠加后输出。其中需要设计一个反馈增益控制机构来实现高稳定的输出电压。BWO 调谐电压范围应满足器件生产厂家的额定值，例如 110～

178 GHz 的 BWO 要求 -400 V~-2600 V。同时要求具有优于 100 ms 的快速调谐能力，以及优于 150 mV 的电压纹波性能。因此，需要实现优于万分之一精度的返波管驱动电压。

　　BWO 调谐线性修正就是为了获得准确的频率预置，目的是保证预置频率进入毫米波锁相环的捕捉带内。由于 BWO 慢波线上所加的加速电压 U 决定了电子注的速度 v，从而决定了振荡频率 f_{BWO} 并与调谐电压成平方根关系，即 $f_{BWO} = K\sqrt{U}$。为获得稳定和准确的频率调谐驱动，除设计一个稳定的高压调谐电源以外，还必须设计一个适当的非线性补偿单元。基于 f_{BWO} 和 U 的关系，要实现线性调谐必须进行平方率补偿。所谓平方率补偿，就是将对应于波段起止频率的 $0\sim10$ V 电压变换为具有平方率特性的驱动电压。俄罗斯 ISTOK 的预置电压补偿经验公式为

$$U = 10\left\{a\left[\frac{f_{BWO}^2 - f_{start}^2}{f_{stop}^2 - f_{start}^2}\right]^2 + (1-a)\frac{f_{BWO}^2 - f_{start}^2}{f_{stop}^2 - f_{start}^2}\right\} \tag{7.15}$$

式中，f_{start} 为 BWO 波段起始频率，f_{stop} 为 BWO 波段的终止频率，f_{BWO} 为 BWO 当前设置频率，a 是针对不同波段 BWO 的补偿经验参数，选择如下：

$$a = 0.1192, \quad 37.5\sim53.57 \text{ GHz}$$
$$a = 0.1094, \quad 53.57\sim78.33 \text{ GHz}$$
$$a = 0.15843, \quad 78.33\sim118.1 \text{ GHz}$$
$$a = 0.14735, \quad 118.1\sim178.4 \text{ GHz}$$

　　非线性补偿单元通常有两种设计方案可以选择，一种是利用二极管特性分段控制放大器的增益，获得预置电压的一个折线近似，采用八段拟合可使得拟合误差在 0.5% 以内。理论上增加分段数目可以进一步提高拟合精度，但在实际应用中会受到二极管拐点电压温度漂移等影响，处理不好会发生预置补偿效果变差，严重时还会造成锁相环失锁。另一种设计方案是利用软件进行折算补偿，采用数字校准实现非线性补偿，并且可以实现自校准。这种非线性补偿单元主要由地址发生器、数据存储器、D/A 转换器及信号放大通路等组成。一种简单的方法是在 75$\sim$110 GHz 波段内均匀选择若干个频点，每点对应一个校准补偿数据，这些数据通过 DAC 转换后成为该点的频率预置值，中间的频率点采用线性内插的方法计算求得。为了获得较高的预置频率分辨率，可以采用高分辨率 DAC，例如，采用 16 位高分辨率 DAC 预置频率分辨率可达到 1 MHz。以 118.1$\sim$178.4 GHz 波段的 BWO 为例，补偿前的 BWO 频率预置误差大约是 5$\sim$7 GHz，补偿后的频率预置误差小于 100 MHz。

　　实现补偿功能并不困难，也不复杂，而相关的变带宽技术、动态扫频预置技术和自校准技术等却是设计中的难点，也是仪器设备产品化的重点。为了满足点频和扫频两种工作状态下对驱动线路带宽提出的不同需求，即点频时驱动噪声要求小，要求设计的驱动线路带宽较窄，而扫频时驱动速度要快，要求设计的驱动线路带宽较宽，整机设置宽带和窄带两种工作模式，点频时工作在窄带，扫频时工作在宽带。

　　为获得较高的扫频预置精度，需要提供一种扫频补偿算法来解决由于高压调谐电源和返波管的惯性引起的扫频预置误差。该补偿算法与扫描速度密切相关，其效果等效为在原扫描电压的基础上叠加了一个斜率和截距可调的动态扫描补偿电压曲线。该动态补偿数据与基本扫描数据求和后，送入 DAC 转换成 BWO 的扫描驱动电压。除了尽量选择温度特性较好的器件设计驱动电路减小驱动电压的温度漂移以外，通过自动监测谐波混频器的中频

信号的频率，实施 BWO 非线性补偿的自校准。这为整机的生产调试和 BWO 的维护更换提供了极大的便利，同时也进一步提高了仪器的环境适应性。

由于 BWO 是高压调谐非线性器件，要在几千伏的高压下保持电压稳定，必然导致电压调谐惰性极大，在此基础上进行宽带锁相是很困难的。一个实现的技巧是使 BWO 的地与仪器的电源地隔离，而 BWO 地电位受锁相环调谐电压控制，这也是在 BWO 输出端采用直流隔离器的缘故。

3. SHF 合成环

该环路为谐波混频提供本振信号，也称谐波混频本振环，SHF 合成环的原理框图如图 7.40 所示。高频谱纯度的 YIG 调谐振荡器（YTO）产生频率为 2.5～3.13 GHz 的输出信号，经定向耦合器将一部分信号送到混频器中，与参考环提供的 3.2 GHz 信号进行混频获得 71～700 MHz 的中频信号。这里采用 3.2 GHz 参考信号进行频率垫枕，避免了环路反馈通路中使用较大分频比，可以获得优异的相噪性能。中频信号经过预分频器进行 8 分频后，再经过 $M/4$ 分频（$M=40\sim167$）后参与鉴相，鉴相器的另一路输入是 N 分频（$N=5\sim15$）后的 12.5 MHz 参考信号，该 12.5 MHz 信号也来自参考频率合成器。鉴相误差输出通过 SHF 振荡驱动器分成高、低两路调整并锁定 YTO，其中 $M/M_{\max}$ 的增益变换通过 DAC 实现，用以补偿不同分频比 M 情况下的环路增益差，实现 10 kHz 频偏处的相噪指标为 -110 dBc/Hz。根据环路构成，输出频率可以写为

$$f_{\text{SHF}} = 3200 - 12.5 \times 2 \frac{M}{N} = 3200 - 25 \frac{M}{N} \tag{7.16}$$

该信号经过 K 倍频后产生谐波混频器本振信号 f_s，其中 K 为 2 或 4，进而以 N 次谐波与 BWO 毫米波反馈频率混频，等效频率为

$$f_{\text{SHF}} \times KN = 3200KN - 25KM$$

最终毫米波输出为

$$f_{\text{BWO}} = Nf_s \pm f_r = 3200KN - 25KM \pm f_r \tag{7.17}$$

式中，f_r 为 RF 合成环提供的 400～450 MHz 的参考频率，分辨率为 100 Hz。

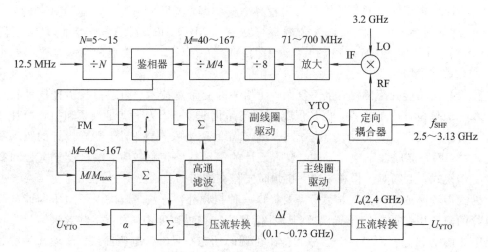

图 7.40　SHF 合成环原理框图

YTO 的频率预置是通过预置电压 U_{YTO} 实现的，包括 2.4 GHz 的基准和 $100\sim730$ MHz 的偏置，其中偏置是通过 DAC 的转换比 α 实现的。频率调制是通过把调制信号注入到 SHF 合成器来实现的，考虑到采样谐波数的变化，调频驱动器中需要有相应的调制灵敏度控制系统。FM 调频的高频部分直接驱动 YTO 的调频线圈，低频部分则积分后并入鉴相误差电压，以调相的方式驱动 YTO 的主线圈实现。考虑到锁相环的低通特性，调制率的下限受到 SHF 合成器环路带宽的限制。

对于不同波段的 BWO，关系式中的 K、N 和 M 的取值范围如表 7.2 所示。不同波段的 BWO 所对应的谐波混频环本振 f_s、SHF 环路输出 f_{SHF} 和谐波混频环中频 f_{IF} 的取值范围如表 7.3 所示。

表 7.2　不同波段 K、N 和 M 的取值范围

频率范围	K	N	M
$37.5\sim53.57$ GHz	2	$7\sim9$	$40\sim166$(2 分频)
$53.57\sim78.33$ GHz	4	$5\sim7$	$40\sim167$
$78.33\sim118.1$ GHz	4	$7\sim10$	$40\sim167$
$118.1\sim178.4$ GHz	4	$10\sim15$	$40\sim167$

表 7.3　不同波段 f_{IF}、f_{SHF} 和 f_s 的取值范围

频率范围	谐波混频环中频 f_{IF}	SHF 环路输出 f_{SHF}	谐波混频环本振 f_s
$37.5\sim53.57$ GHz	$125\sim700$ MHz	$2.500\sim3.057$ GHz	$5.0\sim6.15$ GHz
$53.57\sim78.33$ GHz	$166.6\sim695.83$ MHz	$2.504\sim3.033$ GHz	$10.016\sim12.3$ GHz
$78.33\sim118.1$ GHz	$111.1\sim521.875$ MHz	$2.678\sim3.089$ GHz	$10.71\sim12.36$ GHz
$118.1\sim178.4$ GHz	$71.429\sim379.545$ MHz	$2.82\sim3.13$ GHz	$11.28\sim12.52$ GHz

4. RF 合成环

RF 合成环实质是中频环或小数分频环，在频率合成器设计中，它是实现整机频率分辨率的关键环路，该环路的设计还要保证频率切换速度和稳定度满足设计要求。

RF 合成环原理框图如图 7.41 所示，它由三个锁相环路构成，PLL1 合成一个以 10 kHz 步进的频率范围为 $340\sim390$ MHz 的信号，PLL2 合成一个以 0.5 MHz 步进的频率范围为 $396.5\sim446.5$ MHz 的信号，PLL3 合成一个以 100 Hz 步进的频率范围为 $400\sim450$ MHz 的射频信号。根据环路构成，PLL3 的输出可以写为

$$f_{RF} = f_{r2}N_2 + 0.01N_1 f_{r1} \quad \text{MHz}$$

式中，f_{r1} 和 f_{r2} 是由参考环提供的频率参考，分别为 $f_{r1}=1$ MHz 和 $f_{r2}=5$ MHz。所以，上式简化为

$$f_{RF} = 5N_2 + 0.01N_1 \quad \text{MHz} \tag{7.18}$$

可以看出 N_1 和 N_2 都不是整数，PLL1 和 PLL2 都采用了小数分频技术。但是，由于小数位数不多，尾数调制频率较高，可以设计在环路通带以外，因此不需要补偿电路。

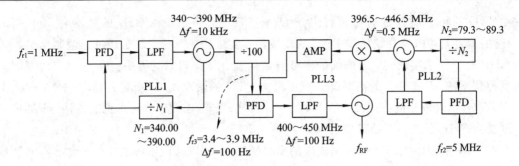

图 7.41 RF 合成环原理框图

RF 合成环的输出 f_{RF} 作为谐波混频环的参考信号 f_r，将式(7.18)代入式(7.17)中，可以得到毫米波频率合成信号的输出为

$$f_{BWO} = 3200KN - 25KM \pm (5N_2 + 0.01N_1) \tag{7.19}$$

环路 PLL2 起到频率垫枕的作用，目的是实现 RF 合成环输出具有较好的相噪性能。环路 PLL1 利用小数分频原理实现 10 kHz 频率分辨率，再利用 100 分频得到 3.4 MHz～3.9 MHz，以 100 Hz 步进，为 PLL3 提供鉴相参考，实现 100 Hz 频率分辨率。

7.4.2 毫米波频率合成相位噪声传递模型

上述系列化的毫米波 BWO 频率合成信号发生器的整机相位噪声传递模型如图 7.42 所示，图中的 $H_1(j2\pi f)$、$H_2(j2\pi f)$ 和 $H_3(j2\pi f)$ 分别是参考环、SHF 环和毫米波谐波混频环的闭环传递函数，$H_{2I}(j2\pi f)$ 是采样中频到 SHF 输出的闭环传递函数，$H_2(j2\pi f)$ 和 $H_{2I}(j2\pi f)$ 之间的差别就是前者多了一个 $2M$ 分频，$M=40\sim167$。$H_{r1}(j2\pi f)$、$H_{r2}(j2\pi f)$、$H_{r3}(j2\pi f)$ 和 $H_{r4}(j2\pi f)$ 是参考环中分别对应于 1 MHz、5 MHz、12.5 MHz 和 3.2 GHz 参考的闭环传递函数。图中符号中带有下标 XXe 的，例如 $H_{XXe}(j2\pi f)$，表示 XX 环路误差传递函数。

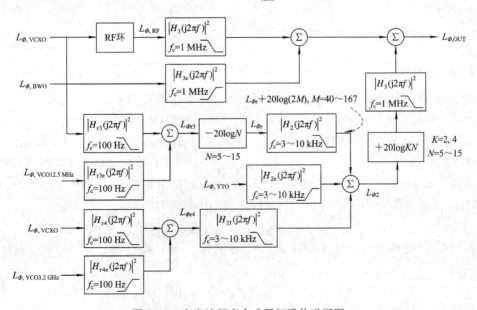

图 7.42 毫米波频率合成器相噪传递框图

VCXO 的近端相噪通过 $|H_{r3}(\mathrm{j}2\pi f)|^2$ 低通特性的抑制与经历 $|H_{r3e}(\mathrm{j}2\pi f)|^2$ 高通特性抑制的 12.5 MHz VCO 的相噪 $L_{\Phi,\,\mathrm{VCO\,12.5\,MHz}}$ 进行求和，形成了 12.5 MHz 参考的相噪 $L_{\Phi r3}$。$L_{\Phi r3}$ 经过 5～15 分频后相噪降低了 $20\,\log N$，$N=5\sim15$，大约 14～24 dB，由于在 SHF 环中作为混频器输出中频的鉴相参考，因此，仅仅经历了 $|H_2(\mathrm{j}2\pi f)|^2$ SHF 环低通特性的抑制，这是 SHF 环输出相噪 $L_{\Phi2}$ 中近端相噪的主要来源之一。SHF 环输出近端相噪的另一个来源是偏置环的参考 $L_{\Phi r4}$，$L_{\Phi r4}$ 是 3.2 GHz 频率参考的相噪，它的近端相噪由 VCXO 的 $L_{\Phi,\,\mathrm{VCXO}}$ 决定，远端相噪取决于 3.2 GHz VCO 的相噪 $L_{\Phi,\,\mathrm{VCO\,3.2\,GHz}}$。$L_{\Phi r4}$ 经历 $|H_{2\mathrm{I}}(\mathrm{j}2\pi f)|^2$ 低通特性的抑制后线性叠加在 SHF 环的输出上。

SHF 环输出相噪的近载波部分由 $L_{\Phi r3}$ 和 $L_{\Phi r4}$ 共同决定，其中，3.2 GHz 频率参考的设计方案是比较关键的，需要充分降低 $L_{\Phi r4}$ 近端相噪。考虑到 $L_{\Phi r3}$ 经历的 N 分频，以及环路反馈中分频环节造成的 $20\,\log(2M)$ 恶化，对 SHF 环输出相噪的贡献大约为 $L_{\Phi r3}+26$ dB。因此，在 3.2 GHz 频率参考的设计中，需要用频率垫枕技术优化提升相噪 26 dB，倍频效应不应超过 22 dB。这时，$L_{\Phi r3}$ 和 $L_{\Phi r4}$ 对 SHF 环输出相噪的贡献基本相当。否则，$L_{\Phi r4}$ 这一路相噪的贡献将成为 SHF 环输出的重要来源。SHF 环输出的远端相噪取决于 YTO 的相噪 $L_{\Phi,\,\mathrm{YTO}}$，YTO 在 3 kHz～30 kHz 频偏以及远端都具有很好的相噪性能，这也是在这种设计方案中绝大多数时候采用 YTO 的缘故。

SHF 环的输出信号经过倍频后作为毫米波谐波混频器的本振信号，因此，在毫米波输出端的相噪恶化了 $20\,\log(KN)$，式中 $K=2$ 或 4，$N=5\sim15$，K 为倍频次数，N 为谐波混频次数。K 和 N 的数值大小取决于不同频段的毫米波信号发生器设计。

毫米波锁相环的输出相位噪声近端取决于两个通路的相噪之和，一个是 RF 环输出相噪 $L_{\Phi,\,\mathrm{RF}}$ 经过毫米波谐波混频环 $|H_3(\mathrm{j}2\pi f)|^2$ 的低通特性传输之后的相噪。另一个是 SHF 环输出相噪 $L_{\Phi2}$ 经过倍频环节和谐波混频环节，再经过 $|H_3(\mathrm{j}2\pi f)|^2$ 传输之后的相噪，相噪恶化了 $20\,\log(KN)$。以 118.1～178.4 GHz 毫米波合成器为例，式中 $K=4$，$N=10\sim15$，最大相噪恶化 35.5 dB。因此，这条通路的相噪是毫米波输出近载波相噪的重要来源。可以说毫米波输出的近端相噪取决于 SHF 环的相噪，远端相噪由 BWO 自身的相噪 S_{BWO} 决定。在整机相噪传递模型中，RF 环的输出在谐波混频环中作为混频中频的参考，对其相噪的要求并不苛刻，主要以实现 100 Hz 频率分辨率为主要目的。此外，小数分频引起杂散是设计中需要重点关注的，其抑制程度主要取决于 RF 环中 $H_{\mathrm{RF1}}(\mathrm{j}2\pi f)$ 和 $H_{\mathrm{RF2}}(\mathrm{j}2\pi f)$ 闭环传递函数的设计结果。

图 7.43 是 RF 环的相噪传递框图，图中的 $H_{r1}(\mathrm{j}2\pi f)$ 和 $H_{r2}(\mathrm{j}2\pi f)$ 分别对应参考环中 1 MHz 和 5 MHz 输出的闭环传递函数，$H_{\mathrm{RF1}}(\mathrm{j}2\pi f)$、$H_{\mathrm{RF2}}(\mathrm{j}2\pi f)$ 和 $H_{\mathrm{RF3}}(\mathrm{j}2\pi f)$ 分别为 RF 环中 PLL1、PLL2 和 PLL3 所对应的闭环传递函数，$H_{\mathrm{RF1e}}(\mathrm{j}2\pi f)$、$H_{\mathrm{RF2e}}(\mathrm{j}2\pi f)$ 和 $H_{\mathrm{RF3e}}(\mathrm{j}2\pi f)$ 分别为 RF 环中 PLL1、PLL2 和 PLL3 所对应的误差传递函数。

PLL1 为 RF 输出环 PLL3 提供鉴相参考，满足 100 Hz 的频率分辨率，RF 环的输出近载波相噪主要来源之一是 PLL1 输出近端相噪，由于 $H_{\mathrm{RF1}}(\mathrm{j}2\pi f)$ 包含反馈分频 N_1，输出比其参考的相噪至少恶化了 $20\log N_1$，$N_1=340.00\sim390.00$，大约 50 dB。考虑到除 100 的分频环节，相噪降低了 40 dB。因此，作为 PLL3 的参考，近载波相噪至少比 $L_{\Phi r1}$ 差 10 dB，该噪声通过 PLL3 闭环低通特性滤波后形成 RF 环输出近载波相噪。

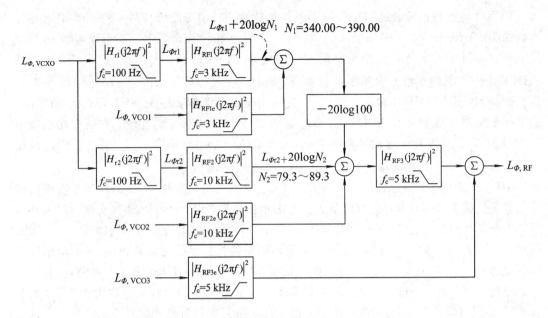

图 7.43　RF 合成环相噪传递框图

RF 环输出近载波相噪的另一个来源是 PLL2 环路，该环路属于频率垫枕环或偏置环。PLL2 的输出相噪经过 PLL3 闭环低通特性滤波后线性叠加在 RF 环的输出上，等效于 PLL3 环路参考对输出的贡献。PLL2 的输出相噪取决于 5 MHz 参考的 $L_{\Phi r2}$，由于 $H_{RF2}(j2\pi f)$ 包含反馈分频 N_2，输出比 $L_{\Phi r2}$ 至少恶化了 $20\log N_2$，式中 $N_2 = 79.3 \sim 89.3$，恶化大约 40 dB。经过 $|H_{RF3}(j2\pi f)|^2$ 低通特性滤波后作为 RF 环近端相噪的输出。

RF 环输出的远端相噪取决于 PLL3 中 VCO$_3$ 的相噪 S_{VCO3}。但是，在中等频偏处，PLL1 和 PLL2 输出的远端相噪具有一定的贡献，它们主要来自 PLL1 中 VCO$_1$ 的相噪 $L_{\Phi, VCO1}$ 和 PLL2 中 VCO$_2$ 的相噪 $L_{\Phi, VCO2}$，这取决于 PLL1、PLL2 和 PLL3 环路带宽的设计，同时还要兼顾整机相噪的优化。

通过相位噪声传递分析和环路优化设计，最终的 BWO 毫米波频率合成信号发生器的相噪指标如表 7.4 所示。

表 7.4　BWO 基波合成信号发生器单边带相位噪声（dBc/Hz）

频率范围/GHz	37.5～53.57	53.57～78.33	78.33～118.1	118.1～178.4
频偏 10 kHz	70	65	60	55
频偏 100 kHz	90	85	80	75

7.4.3　高分辨率毫米波频率合成信号发生器整机方案

上面介绍的方案实现了 100 Hz 分辨率的毫米波频率合成信号发生器，其中在 RF 合成环路中利用了小数分频技术，由于位数不多，依靠 $H_{RF1}(j2\pi f)$ 和 $H_{RF2}(j2\pi f)$ 闭环传递函数的低通特性进行抑制，没有使用任何尾数调制补偿电路。这种方案与传统的多环结构相似，当我们对毫米波输出的频率分辨率进一步提出要求时，上述方案凸显出不少缺点，除了环路复杂、体积大且成本高之外，环路间的辐射、传导泄漏和交调的抑制，以及小数尾数调制等都是设计中比较头疼的事情，而一系列的折中处理又难以获得低相噪和高分辨率的频率合成器。

随着小数分频 API 内插技术和 Σ-Δ 调制技术的逐步成熟，毫米波频率合成器的整体方案可以进一步得到简化。我们以 110～170 GHz 频段为例，BWO 毫米波频率合成器的整机原理框图如图 7.44 所示，所实现的性能指标与其它方案包括倍频方案所获得的性能指标对比如表 7.5 所示。

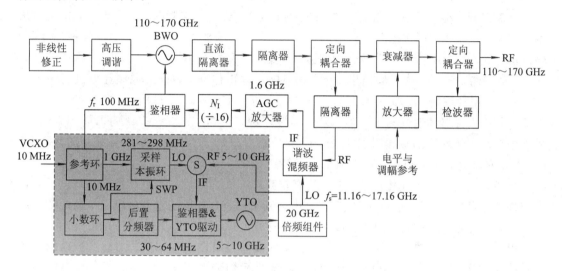

图 7.44　110～170 GHz BWO 频率合成信号发生器原理框图

表 7.5　典型毫米波频率合成信号发生器主要指标对比

技术指标	KVARZ 118.1 - 178.4	OML 源模块 S06MS - AG	中国电科集团 41 所毫米波信号发生器
频率范围	118.1～178.4 GHz	110～170 GHz	110～170 GHz
频率分辨率	100 Hz	—②	1 Hz
单边带相位噪声①	优于－55 dBc/Hz	—②	优于－70 dBc/Hz
非谐波寄生	—	优于－20 dBc	优于－30 dBc
扫频准确度	—	—	优于 0.01% 扫宽
最大输出功率	＋3 dBm	－6 dBm	＋5 dBm

注：① 频偏 10 kHz 处的相噪；② 与倍频源相关。

图 7.44 所示的毫米波频率合成器原理框图适合于不同波段，这里仅仅以 2 mm 为例介绍它的主要工作原理和技术方案。其主要关键技术包括 2 mm 基波频率合成技术、2 mm 锁相跟踪扫频技术和 2 mm BWO 非线性修正技术。从整体方案看，整个毫米波通道与图 7.37 方案是相同的，所不同的是其频率合成方案。谐波混频环的鉴相参考不再是由 RF 环提供的 400～450 MHz，而是参考环路提供的固定的 100 MHz 参考，频率分辨率由 YTO

环输出频率分辨率来保证。谐波混频的中频输出为 1.6 GHz，经过自动增益控制电路后得到适中的功率电平，再经 16 分频后与 100 MHz 参考进行鉴相，误差控制 BWO 最终锁定。其中，鉴相器采用正交鉴相器与数字鉴相器联合工作，其工作原理与图 7.38 中的一致。毫米波输出频率为

$$f_{\text{BWO}} = Nf_s - 16f_r$$

式中，f_s 为谐波混频本振 11.16～17.16 GHz；N 为谐波次数，此处 $N=10$；谐波混频环参考 $f_r = 100$ MHz。

谐波混频本振 f_s 是由 YTO 环输出的 5～10 GHz 经过二倍频获得的，具有非常高的频率分辨率，确保了 BWO 输出的频率分辨率满足 1 Hz 的要求，甚至更高。高性能的 YTO 输出信号在 20 GHz 倍频器中被分为两路，一路是送采样器提供高纯频率合成所需的反馈信号；另一路则进行二次倍频产生 10～20 GHz 的输出信号，为谐波混频环提供混频本振 f_s，实际使用频率为 11.16～17.16 GHz，功率大于 +15 dBm。YTO 输出的 5～10 GHz 反馈信号作为采样器的射频输出信号，采样本振环路产生 281～298 MHz 的采样本振信号，采样中频与小数环路的输出进行鉴相，误差控制 YTO 最终锁定。小数分频环提供 30～64 MHz 的参考信号，频率分辨率通常可以做到 0.01 Hz。

整机扫频功能采用锁相扫频实现，具有较高的扫频准确度。从毫米波锁相环来看，频率扫描是通过扫频谐波混频本振实现的，中频频率固定，毫米波输出将跟随本振的变化而变化。该方案可实现较宽的扫频宽度。当 f_s 实现 11.16～17.16 GHz 范围的扫频时，毫米波输出实现 110～170 GHz 频段的扫频。为了实现 f_s 在 11.16～17.16 GHz 频段内的连续扫频，在 YTO 环中可以采取扫描中频和扫描采样本振两种方式。扫中频方式就是频率扫描在中频环中实现，也就是在小数分频环中实现，此时采样本振频率固定，YTO 的输出频率将跟随小数环的输出频率变化而变化，实现锁相扫频。考虑到小数分频环的频率范围有限，以及采样环路其他参数的搭配需求，因此，这种方式的扫频只在小跨度扫频时使用，例如 SPAN=10 MHz，虽然扫频宽度有限，但具有良好的相位噪声特性。第二种方式是扫描采样本振频率，由于采样本振环路的设计是以确保相位噪声为重点考虑的，以避免采样器的倍频效应而造成输出相噪的恶化。因此，采样本振环路的输出是 281～298 MHz 频段范围内的若干个离散的频点。为了实现精细扫频，将小数分频环路的输出频率范围设计成可以完全覆盖采样本振的频率范围，其分频后再作为采样环的参考。在具有高频率分辨率的前提下，同时拥有较好的相位噪声。更重要的是在大跨度扫频时，采样环参考采用固定的频率参考，利用小数分频环直接取代采样本振环，实现采样本振的频率扫描。该方案可实现较宽的扫频宽度，并且具有更细微的频率分辨率，但是，由于采样器的倍频效应使得输出相噪与原来相比变差了一点。这种大跨度扫频技术方案是高分辨率设计与低相噪设计之间的一种有效折中，较好地满足了不同的测试需求。

小数分频环路的扫频是利用改变反馈分频比 $N.F$ 实现锁相扫频的，只要确保每次频率跳变都维持在环路同步带之内，则小数分频环的输出频率将同步于分频比的扫描。分频比 $N.F$ 的扫描是一种数字扫描，通常在实现小数 N 芯片设计中增加由高速计数器和累加器组成的扫描电路，就可以很方便地实现扫频功能，并具有很高的扫描准确度。有两个问题值得注意，一是同扫宽和调谐非线性相比，锁相环的同步带宽较小，为了避免失锁，必须保证预置扫描信号的准确度，并对调谐线性进行适当的补偿；二是精心设计环路带宽，

在保证跟踪速度的前提下，尽量获得线性平滑的频率过渡。锁相扫频的核心思想是利用锁相环的同步跟踪特性弥补扫频过程中的非线性误差，此时的锁相环路处于同步跟踪状态，并没有实现真正的锁定。锁相扫频是一种高阶补偿，对于 $110 \sim 170$ GHz 的毫米波锁相环来说，跟踪扫频误差可以控制在 1 MHz 以内，从而获得了优于万分之一扫宽的扫频准确度。

为了获得准确的频率预置，采用数字校准与补偿技术，利用 16 bit DAC 实现 BWO 的非线性修正，修正前后的数据显示 BWO 的预置误差从 7 GHz 降低到 100 MHz 以内，如图 7.45 所示。除频率预置之外，为了弥补硬件电路的不足来保证整机指标，需对 YTO 在不同扫速情况下的预置准确度、功率准确度、倍频器偏置电压等进行软件补偿修正，还必须是实时动态补偿，需要在一个同步信号协调控制下实时完成。

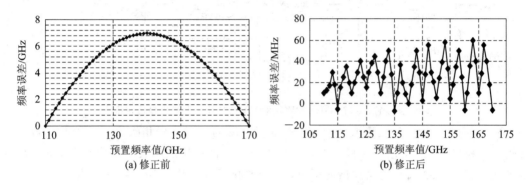

图 7.45　BWO 非线性修正前、后的频率预置误差

整机相噪传递模型框图如图 7.46 所示，其中 $H_1(\mathrm{j}2\pi f)$、$H_2(\mathrm{j}2\pi f)$ 和 $H_3(\mathrm{j}2\pi f)$ 分别是采样本振环、YTO 环和毫米波谐波混频环的闭环传递函数，$H_{1e}(\mathrm{j}2\pi f)$、$H_{2e}(\mathrm{j}2\pi f)$ 和 $H_{3e}(\mathrm{j}2\pi f)$ 分别为对应的误差传递函数，$H_{3I}(\mathrm{j}2\pi f)$ 是谐波混频中频端口到毫米波输出的闭环传递函数，$H_3(\mathrm{j}2\pi f)$ 和 $H_{3I}(\mathrm{j}2\pi f)$ 之间相差一个谐波混频中频通路的分频器 $N_I = 16$，$L_{\Phi,\mathrm{VCXO}}$、$L_{\Phi,\mathrm{BWO}}$、$L_{\Phi,\mathrm{S\text{-}LO\text{-}VCO}}$、$L_{\Phi,N.F}$、$L_{\Phi,\mathrm{YTO}}$ 分别为 VCXO、BWO、$281 \sim 298$ MHz 采样本振 VCO、小数分频 $N.F$ 和 YTO 的输出相位噪声。

毫米波谐波混频环的输出相位噪声近端取决于两个通路的相噪之和，第一个通路的相噪是 100 MHz 频率参考的相噪 $L_{\Phi r1}$ 经过毫米波谐波混频环的闭环传递函数 $|H_3(\mathrm{j}2\pi f)|^2$ 的低通特性传输之后的相噪。100 MHz 参考信号由参考环路得到，其近端相噪取决于 VCXO 的相噪 $L_{\Phi,\mathrm{VCXO}}$ 与参考环闭环传递函数的低通特性，100 MHz 参考信号的近端相噪比 $L_{\Phi,\mathrm{VCXO}}$ 恶化了 20 dB，它的远端取决于 100 MHz VCO 或 VCXO 自身。在高性能频率参考设计中，通常不采用 VCO 而采用 VCXO 方案，进一步提升参考的远端相噪性能。第二个通路的相噪是 YTO 环输出相噪 $L_{\Phi 2}$ 经过倍频环节和谐波混频环节，再经过 $|H_{3I}(\mathrm{j}2\pi f)|^2$ 传输之后的相噪。毫米波混频本振是由 YTO 环路输出经过 2 倍频得到的，考虑到谐波混频次数为 10，对毫米波锁相环输出的相噪贡献增加了 $20\lg 20$，大约恶化了 26 dB。虽然 $|H_3(\mathrm{j}2\pi f)|^2$ 包含了 $N_I = 16$ 分频的作用，使得第一个通路的输出相噪增加了大约 24 dB，但考虑到 YTO 环中采样器的倍频效应，还是 YTO 环输出相噪 $L_{\Phi 2}$ 为毫米波输出近端相噪的主要来源。毫米波锁相环的输出远端相噪取决于毫米波主振荡器 BWO 自身相噪 $L_{\Phi,\mathrm{BWO}}$。

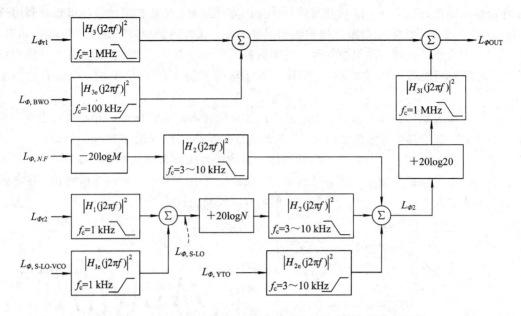

图 7.46　110～170 GHz BWO 频率合成信号发生器相噪传递框图

YTO 环输出的近端相噪取决于 281～298 MHz 的采样本振相噪 $L_{\Phi,\,S\text{-}LO}$ 以及小数分频环输出的相噪 $L_{\Phi,\,N.F}$，由于采样倍频效应的存在，采样本振的相噪对 YTO 环输出相噪的贡献增加了 20log$N$，N 为采样谐波次数，大约恶化了 30 dB。因此，采样本振的相噪成为设计中的关键。小数分频环的输出经过后置分频器处理后，相噪降低了 20 log$M$，M 为倍频器分频比。由于小数分频环的输出与采样中频进行鉴相，不存在倍频效应，经过 $|H_2(\mathrm{j}2\pi f)|^2$ 低通抑制之后，仅仅对 YTO 环输出的近端相噪有一定的贡献。与采样本振相比，对小数分频环的近端相噪要求放宽了许多，而对输出分辨率和杂散指标提出较高的要求。然而，小数分频环在中等频偏 1 kHz～3 kHz 范围内的相噪对 YTO 环输出的贡献不容忽视。

采样本振的近端相噪取决于 1 GHz 频率参考的相噪 $L_{\Phi r2}$，远端相噪取决于 281～298 MHz VCO 的相噪 $L_{\Phi,\,S\text{-}LO\text{-}VCO}$，通过合理地设计采样本振环、YTO 环和毫米波谐波混频环的环路带宽之后，它会不同程度地受到 YTO 环和毫米波谐波混频环的闭环传递函数的低通特性的抑制，对输出相噪的贡献主要体现在 1 kHz～3 kHz 频偏范围内。

YTO 环路输出的相噪 $L_{\Phi,\,YTO}$ 远端取决于 YTO 自身，从 YIG 振荡器这种器件本身设计来看，它的相噪主要取决于谐振腔的 Q 值、振荡管的噪声系数、增益及缓冲放大器的噪声系数和匹配电路设计。YTO 的相位噪声也和 YIG 小球的特性有直接的关系，采用高 Q 值掺镓 YIG 小球，接在振荡晶体管的 E 极并通过半圆形金带耦合，信号不直接从振荡管输出，而是通过 YIG 小球另一侧的耦合电路输出，以便获得更好的信号频谱纯度。高功率低相噪的 YTO 设计制造技术已经得到解决，例如，频率范围为 5～10 GHz 输出功率大于 +13 dBm 的 YTO，10 kHz 频偏的相噪优于 −110 dBc/Hz，20 kHz～150 kHz 频偏的相噪优于 −113 dBc/Hz。

根据相噪传递模型框图可以对整机的相噪指标进行分配，表 7.6 展示了毫米波输出相噪在不同频偏处的整机设计要求和主要环路的贡献。第一列是偏离载波的不同的频偏，第二列是毫米波输出的相噪指标要求，第三列是对整机相噪贡献较大的环路。

表 7.6　毫米波输出相噪与主要环路的贡献

偏离载波	整机相噪指标	对相噪贡献较大的 PLL
100 Hz	优于 −50 dBc/Hz	参考环(VCXO，1 GHz)
1 kHz～3 kHz	优于 −60～−70 dBc/Hz	参考环(1 GHz VCO)、小数分频环、采样本振环(VCO)
10 kHz～150 kHz	优于 −85 dBc/Hz	YTO 环、谐波混频环
>150 kHz	优于 −95 dBc/Hz	谐波混频环、BWO

频偏 100 Hz 处相噪的主要贡献来自参考环的 VCXO，参考环输出的 1 GHz 信号作为采样本振环路的参考，由于采样倍频效应和谐波混频倍频效应要恶化约 56 dB，因此，1 GHz 参考的相噪必须做到 −106 dBc/Hz 的指标才能满足整机要求。采用图 7.23 的参考环路设计方案，1 GHz 参考相噪可以做到 −110 dBc/Hz，载频 140 GHz 输出相噪可以达到 −54 dBc/Hz。

频偏 1 kHz～3 kHz 处相噪的主要贡献来自三个环路，一个是参考环的 1 GHz VCO，这个和参考环具体设计有关；另一个是小数分频环路；再一个就是采样本振环(VCO)。如果采用图 7.23 的参考环路设计方案的话，在频偏 1 kHz～3 kHz 处，1 GHz 参考的相噪可以做到 −135～−142 dBc/Hz，等效到毫米波输出端为 −79～−86 dBc/Hz，完全满足优于 −60～−70 dBc/Hz 的整机相噪指标要求。这样的话，参考环的 1 GHz VCO 就不再是相噪的主要贡献者。当参考环的设计不像图 7.23 方案那样，而采用 10 MHz 锁定 1 GHz VCO 时，1 kHz～3 kHz 处的相噪不会这么优异，参考环中的 1 GHz VCO 仍然是相噪的主要贡献者。

对整机输出相噪来说，由于谐波混频环倍频效应的影响，小数分频环路的相噪将恶化 26 dB 左右，因此，要求小数分频环路的相噪必须优于 −86～−96 dBc/Hz(频偏 1 kHz～3 kHz)，在小数分频环路的设计与优化中，这种频偏处的相噪是需要重点关注的。换句话说，在频偏 100 Hz 处，相噪贡献最大的是参考环；在频偏 1～3 kHz 处，相噪贡献最大的环路之一是小数分频环。

考虑到采样倍频效应和谐波混频效应的影响，采样本振的相噪在毫米波输出端将恶化 56 dB 左右。因此，在频偏 1～3 kHz 处，对采样本振的相噪要求优于 −116～−126 dBc/Hz。采样本振环 VCO 的频率范围是 281～298 MHz，属于窄带 VCO，环路的设计通常采用一个频率较高的 VCXO 进行频率垫枕形成所谓的偏置环，在频偏 1～3 kHz 处的相噪可以满足 −116～−126 dBc/Hz 的指标要求。应该指出，在频偏接近 10 kHz 处，相噪要求满足 −141 dBc/Hz 确实具有很大的难度。这就要求 YTO 环带宽设计要小于 10 kHz，使得 10 kHz 的频偏处于 YTO 环的带外。

频偏 10～150 kHz 处相噪主要来自 YTO 环和谐波混频环，由于谐波混频的倍频效应的影响，要求 YTO 的相噪优于 −111 dBc/Hz。考虑到相噪设计余量，要求 YTO 相噪优于 −116 dBc/Hz。频偏大于 150 kHz 的相噪主要来自谐波混频环以及 BWO 的相噪。

　　图 7.47 给出了毫米波频率合成信号发生器的相噪实测曲线，这是载频 140 GHz 频偏 1 kHz～10 MHz 范围内的相噪曲线。可以看出，在 1 kHz 频偏处，相噪达到－60 dBc/Hz，在 10 kHz 频偏处，相噪达到－78 dBc/Hz，在 100 kHz 频偏处，相噪达到－85 dBc/Hz。

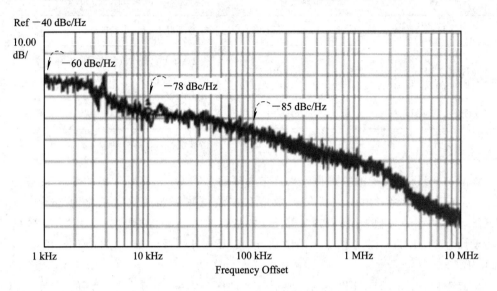

图 7.47　载频 140 GHz 频偏 1 kHz～10 MHz 的相位噪声曲线

参 考 文 献

[1] 万心平，张厥盛，郑继禹，锁相技术．西安：西安电子科技大学出版社，1989．

[2] Eric Drucker. Model PLL Dynamics And Phase-Noise Performance. MICROWAVES & RF, FEBRUARY 2000. 73 – 117.

[3] 庄卉，等．锁相与频率合成技术．北京：北京气象出版社，1996．

[4] 刘金华，等．采用冲激敏感函数的差分 LC 振荡器相位噪声分析．西安交通大学学报：2010，44 (12)．

[5] 严杰锋．电荷泵锁相环的模型研究和电路设计．复旦大学博士学位论文，2006．

[6] Kong Weixin. LOW PHASE NOISE DESIGN TECHNIQUES FOR PHASE LOCKED LOOP BASED INTEGRATED RF FREQUENCY SYNTHESIZERS. Dissertation submitted to the Faculty of the Graduate School of the University of Maryland，2005.

[7] King，Nigel J R. Phase locked loop variable frequency generator. US PATENT 4，204，174.

[8] Oishi, et al. Fractional N-frequency synthesizer and spurious signal cancel circuit. US PATENT5，818，303.

[9] Rhee. Phase interpolated fractional-N frequency synthesizer with on-chip tuning. US PATENT6，064，272.

[10] Dufour. Method and apparatus for performing fractional division charge compensation in a frequency synthesizer. US PATENT6，130，561.

[11] Thomas Jackson. Fractional N synthesizer. US PATENT4，758，802.

[12] 刘祖深，王积勤．用 Σ-Δ 调制噪声成形技术实现小数 N 频率合成器的设计讨论．电子测量与仪器学报，2003，17(4)．

[13] Marco Cassia. Analytical Model and Behavioral Simulation Approach for a Σ-Δ Fractional-N Synthesizer Employing a Sample-Hold Element. IEEE TRANSACTION ON CIRCUITS AND SYSTEMS. Vol 50，No 11. Nov 2003.

[14] Matsuya. A 16-Bit Oversampling A-to-D Conversion Technology Using Triple-Integration Noise Shaping. IEEE Journal of Solid State Circuits. Vol SC-22, Dec 1987. 921 – 928.

[15] Muer B De，Steyaert M S J. On The Analysis of Σ-Δ Fractional-N Frequency Synthesizers for High-Spectral Purity. IEEE TRANSACTIONS ON CIUCUITS AND SYSTEMS-Ⅱ：ANALOG AND DIGITAL SIGNAL PROCESSING，Vol 50，No 11，Nov 2003. 784 – 793.

[16] JACK BROWNE. PLL Line Augmented By Fractional-N Ics. MICRO-WAVES & RF. Feb 1998. 53 – 54.

[17] Craig Conkling. Fractional-N Synthesizers Trim Current，Phase Noise. MICROWAVES & RF, Feb 1998. 126 – 134.

[18] Ulrich L Rohde. Fractional-N Methods Tune Base-Station Synthesizer. MICROWAVES & RF. Apr 1998. 151 – 162.

[19] Ribner D B. A Comparison of Modulator Networks for High-Order Oversampled SIGMA. increment. Analog-to-Digital Converters. IEEE Transaction on Circuits and Systems，Feb，No 2. 1991.

[20] Cabler. Fourth-order cascaded sigma-delta modulator. US PATENT5，414，424.

[21] Wu, et al. Frequency synthesizer accomplished by using multiphase reference signal source. U S

PATENT6，249，189.

[22]　Fan. Sigma delta fractional-N frequency divider with improved noise and spur performance. 6，456，164.

[23]　Ribner，David. Sigma-delta oversampled Analog-to-Digital Converter with network with chopper stabilization. US PATENT 5，148，167.

[24]　Brian Miller. A MULTIPLE MODULATOR FRACTIONAL DIVIDER. FORTY-FOURTH ANNUAL SYMPOSIUM ON FREQUCNCY CONTROL，1990. 559 - 567.

[25]　Jieh-Tsorng Wu. Frequency Synthesizer Accomplished by Using Multiphase Signal Source. US PATENT 6，249，189B1.

[26]　Fan Yiping. SIGMA DELTA FRACTIONAL-N FREQUENCY DIVIDER WITH IMPROVED NOISE AND SPUR PERFORMANCE. US PATENT 6，456，164.

[27]　KIRK C-H CHAO. A Higher Order Topology for Interpolative Modulators for Oversampling A/D Converters. IEEE TRANSACTIONS ON CIRCUITS AND SYSTEMS，Vol 37，No 3，March 1990. 309 - 318.

[28]　Sleiman S Bot，Atallah J G，Rodriguez S，et al. Optimal sigma-delta madulator architectures for fractional-N frequency synthesis. IEEE Trans. Very Large Scale Integr. （VLSI）S yst，Vol 18，No 2，Feb 2010. 94 - 200.

[29]　Sleiman S Bout. Multimode Reconfigurable Digital Σ-Δ Modulator Architecture for Fractional-N PLLs. IEEE TRANSACTIONS ON CIRCUITS AND SYSTEMS - Ⅱ：EXPRESS BRIEFS，Vol 57，No 8，August 2010. 592 - 596.

[30]　Rhee W，Song B -S，Ali A. A 1. 1-GHz CMOS Fractional-N Frequency Synthesizer with a 3-b Third-Order-Modulator. IEEE JOURNAL OF SOLID-STATE CIRCUITS，Vol 35，No 10，October 2000. 1453 - 1460.

[31]　Muer B De，Steyaert M S J. On the analysis of Σ-Δ fractional-N frequency synthesizers for high-spectral purity. IEEE Trans Circuits Syst Ⅱ，Analog Digit Signal Process，Vol 50，No 11，Nov 2003. 784 - 793.

[32]　Hietala，et al. Multiaccumulator sigma-delta fractional-N synthesis. US PATENT5，055，802.

[33]　Hwwang I-C，Lee H-I，Lee K-S，et al. A Σ-Δ fractional-N frequency synthesizer with a fully-integrated loop filter for a GSM/GPRS direct-conversion transceiver. in Proc Symp. VLSI Circuits Dig Tech Paper，2004，42 - 45.

[34]　Lee H-I，Cho J-K，Lee K-S，et al. A Σ-Δ fractional-N frequency synthesizer using a WCDMA application. IEEE J Solid-State Circuits，Vol 39，No 7，Jul 2004. 1164 - 1169.

[35]　Fahim A M，Elmasry M I. A wideband sigma-delta phase-locked-loop modulator for wireless applications. IEEE Trans Circuits Syst Ⅱ，Analog Digit Signal Process，Vol 50，No 2，Feb 2003. 53 - 62.

[36]　Kenny T P. Design and realization of a digital Σ-Δ modulator for fractional-n frequency synthesis. IEEE Trans Veh Technol，Vol 48，No 2，Mar 1999. 510 - 521.

[37]　Lee S Y，Cheng C -H，Huang M -F，et al. A 1 - V 2. 4GHz low-Power fractional-N frequency synthesizer with sigma-delta controller. in Proc IEEE ISCAS，May 2005，2811 - 2814.

[38]　Jinook Song，In-Cheol Park. Spur-Free MASH Delta-Sigma Modulation. IEEE TRANSACTIONS ON CIRCUITS AND SYSTEMS- Ⅰ：REGULAR PAPERS，Vol 57，No 9，September 2010. 2426 - 2437.

[39]　陈景良. 近代分析数学概要. 北京：清华大学出版社，1987.

[40] ROBERT M GRAY. Oversampled Sigma-Delta Modulation. IEEE TRANSACTIONS ON COM-MUNICATION, Vol COM-35, No 5. May 1987. 481－488.

[41] Hosseini K, Kennedy M P. Maximum Sequence Length MASH Digital sigma-delta modulators. IEEE TRANSACTIONS ON CIRCUITS AND SYSTEMS-Ⅰ：REGULAR PAPERS, Vol 54, No 12, Dec 2007, 2628－2638.

[42] Hosseini K, Kennedy M P. Architectures for Maximum-Sequence-Length Digital sigma-delta modulators. IEEE TRANSACTIONS ON CIRCUITS AND SYSTEMS-Ⅱ：EXPRESS BRIEFS, Vol 55, No 11, Nov 2008, 1104－1108.

[43] Hosseini K, Kennedy M P. Mathematical Analysis of a Prime Modulus Quantizer MASH Digital Delta － Sigma Modulator. IEEE TRANSACTIONS ON CIRCUITS AND SYSTEMS-Ⅱ：EX-PRESS BRIEFS, Vol 54, No 12, Dec 2007.

[44] 刘祖深，王积勤. Σ-Δ 调制小数 N 频率合成器中结构寄生与随机模型的研究. 宇航计测技术：2004, 24(5). 19－22.

[45] Brian Fitzgibbon, Michael Peter Kennedy. Calculation of Cycle Lengths in Higher Order Error Feed-back Modulators With Constant Inputs. IEEE TRANSACTIONS ON CIRCUITS AND SYSTEMS-Ⅱ：EXPRESS BRIEFS, Vol 58, No 1, Jan 2011.

[46] GONZALEZ-DIAZ, et al. Efficient Dithering in MASH Sigma-Delta Modulators for Fractional Fre-quency Synthesizers. IEEE Transactions on Circuits and Systems-Ⅰ：Regular Papers, Vol 57, No 9, Sep 2010. 2396－2403.

[47] Braymer N B. Frequency synthesizer. US Patent 3555446, Jan 12, 1971.

[48] King N. Phase locked loop variable frequency generator. US Patent 4204174, May 20, 1980.

[49] Sudhakar Pamarti, Lars Jansson, Ian Galton. A Wideband 2. 4-GHz Delta-Sigma Fractional-N PLL With 1-Mb/s In-Loop Modulation. IEEE JOURNAL OF SOLID-STATE CIRCUITS, Vol 39, No 1, Jan 2004.

[50] Lee J S, Keel M S, Lim S I, et al. Charge pump with perfect current matching characteristics in phase-locked loop. Electron Lett, Vol 36, No 23, Nov 2000. 1907－1908.

[51] Sudhakar Pamarti. Phase-Noise Cancellation Design Tradeoffs in Delta-Sigma Fractional-N PLLs. IEEE TRANSACTIONS ON CIUCUITS AND SYSTEMS-Ⅱ：ANALOG AND DIGITAL SIGNAL PROCESSING, Vol 50, No 11, Nov 2003. 829－838.

[52] Meninger S E, Perrott M H. A 1-MHz bandwith 3. 6GHz 0. 18-um CMOS fractional-N synthesizer utilizing a hybrid PFD/DAC structure for reduced broadband phase noise. IEEE J. Solid-State Cir-cuits, Vol 41, No 4, Apr 2006. 966－980.

[53] Pin-En Su. Misrnatch Shaping Techniques to Linearize Charge Pump Errors in Fractional-N PLLs. IEEE TRANSACTIONS ON CIRCUITS AND SYSTEMSI：REFULAR PAPERS. Vol 57, No 6, June 2010.

[54] Hietala, Alexander W, Rabe, Duane C. Latched accumulator fractional N synthesis with residual error reduction United States Patent, 5, 093, 632.

[55] Scott E. A Fractional-N Frequcncy Synthesizer Architecture Utilizing a Mismatch compansated PFD/DAC Structure for Reduced Quantization-Induced phase Noise. IEEE TRANSACTION ON CIRCUITS AND SYSTEMS, Vol 50, No 11. Nov 2003.

[56] R J Van De Plassche. Dynamic element matching for high accuracy monolithic DA converters. IEEE Circuit 61 systems, SC-11, Dec 1976. 795－800.

[57] Riley T A D, Filiol N M, Du Q, et al. Techniques for In-Band Phase Noise Reduction in Σ-Δ Syn-

thesizers. IEEE TRANSACTIONS ON CIUCUITS AND SYSTEMS-II：ANALOG AND DIGITAL SIGNAL PROCESSING，Vol 50，No 11，Nov 2003. 794 - 803.

[58] Chen Jian zhong，Xu Yong Ping. A Novel Noise-Shaping DAC for Multi-Bit Sigma-Delta Modulator. IEEE Transactions on circuits and systems-II：EXPRESS BRIEFS，Vol 53，No 5，May 2006. 344 - 348.

[59] Fornasari，Borghetti A and Malcovati P，Maloberti F. On-line calibration and digital correction of multi-bit sigma-delta modulators. IEEE Symposium on Transactions VLSI Circuits Digest of Technical Popers 2005，184 - 187.

[60] Adams R，Nguyen K Q. A 113-dB SNR oversampling DAC with segmented noise-shaped scrambling. IEEE J. Solid-State Circuits，Vol 33，Dec. 1998，1871 - 1878.

[61] Fishov A，Siragusa E，Welz J，Fogleman E，et al. Segmented mismatch-shaping D/A conversion. in Proc. IEEE Int Symp Circuits and Systems，Vol 4，May 2002，679 - 682.

[62] 刘祖深，王积勤. 频率合成器中延时线鉴频技术研究. 空军工程大学学报：2004，5(5). 46 - 49.

[63] Meyer，Donald G. Controlled frequency signal source apparatus including a feedback path for the reduction of phase noise. US PATENT 4，336，505.

[64] Ulrich L Rohde，Frank Hagemeyer. Feedback Technique Improves Oscillator Phase Noise. MICROWAVES&RF. Nov 1998. 61 - 70.

[65] 刘祖深，王积勤. 射频频率捷变信号发生器的设计讨论. 2004 年全国微波毫米波测量技术学术交流会.

[66] HP8645A AGILE SIGNAL GENERATOR OPERATION AND CALIBRATION MANUAL. Hewlett-Packard Co.

[67] 刘祖深，王积勤. 高性能接收机合成本振设计技术研究. 制造业自动化：2004，26(8). 19 - 21.

[68] HP83650 Synthesized Sweeper Service Guide. Hewlett-Packard Co.

[69] E8257C Signal Generator Service Guide. Agilent Techonologies Co.

[70] MILIMETER-WAVE SYNTHSIZERS 37，5 - 178，4GHz Operating and service manual. Institute of Electronic Measurements KVARZ.